中国传统建筑木作知识入门

北京地区清官式建筑木构架、翼角

汤崇平 编著
马炳坚 主审

全国百佳图书出版单位
化学工业出版社
·北京·

内容简介

本书第一章深入讲解了传统建筑中主要建筑形式的木构架，第二章重点讲解了翼角的位置、构成与尺度、制作与安装，多边形建筑翼角的一些不同做法，并总结了官式建筑翼角做法与其他地方做法的主要区别。

本书中有大量实际照片，标注了各个建筑构件的名称，非常适合初级施工人员、技术人员学习掌握古建筑的基本知识。本书中也都有相应的技术要点、加工制作与安装方法，具有很强的实操性。

图书在版编目 (CIP) 数据

中国传统建筑木作知识入门：北京地区清官式建筑木构架、翼角 / 汤崇平编著. —北京：化学工业出版社，2021.8（2024.7重印）
ISBN 978-7-122-39082-0

Ⅰ. ①中… Ⅱ. ①汤… Ⅲ. ①木结构－建筑结构－基本知识－中国 Ⅳ. ① TU366.2

中国版本图书馆 CIP 数据核字（2021）第 083783 号

责任编辑：徐　娟　　文字编辑：刘　璐　　封面设计：尹琳琳
责任校对：张雨彤　　装帧设计：中图智业

出版发行：化学工业出版社（北京市东城区青年湖南街13号　邮政编码100011）
印　　装：涿州市般润文化传播有限公司
889mm×1194mm　1/16　印张 16½　字数 408 千字　2024年7月北京第1版第3次印刷

购书咨询：010-64518888　　售后服务：010-64518899
网　　址：http://www.cip.com.cn
凡购买本书，如有缺损质量问题，本社销售中心负责调换。

定　　价：98.00元

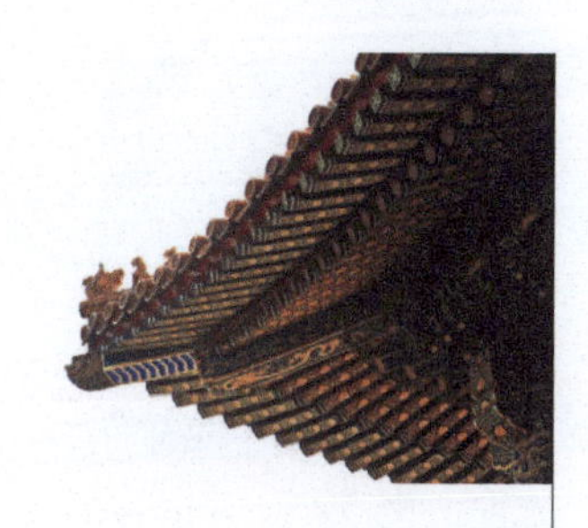

序一

汤崇平同志的《中国传统建筑木作知识入门——北京地区清官式建筑木构架、翼角》一书顺利杀青，我向他表示衷心的祝贺！

汤崇平同志完成丛书的第一本——《木结构、斗栱知识》是在2016年。当我见到这本书稿的时候，就被他细致、缜密的治学态度以及将他半生所学毫无保留地教给后人的精神所感动。之后，他的治学热情一发不可收拾，以每年一册的速度相继完成了《木装修、榫卯、木材》（第二册），《修缮、木雕刻》（第三册），这本《木构架、翼角》是第四册。

写这类专业技术书不同于写小说，编剧本。小说、剧本可以发挥，可以杜撰，而技术书是非常专业、非常严谨的，是1加1必须等于2，绝不能等于3、等于4、等于8、等于10……连等于2.01也不允许。将专业、枯燥、古板、不为一般人所了解的专业技术知识用大家都能看懂的语言表达清楚，更是一件难度相当大的工作。汤崇平同志能在五年的时间内完成四本古建筑专业技术书，可见他的执着、坚韧和为实现初心而忘我工作的精神。

在我动手写这篇序言之前，还特别关注了他写的前言。这篇前言回顾了他当学徒时的坎坷经历，这些经历让我思绪万千，并引发出很多想法。

汤崇平同志立志撰写这套丛书，将其所学的古建筑知识、技艺毫无保留地“告诉”业内的所有人，源自他入职之初当学徒时的一段经历。他在做古建木工之初，遇到一个有翼角的古建修缮工程。翼角是古建筑的难点，他为能遇到这样的工程而兴奋。当他满怀希望地向一位技术不错的木工师傅请教与翼角有关知识时，那位掌握这门技术但心胸却不够豁达的师傅既想在年轻人面前炫耀，又不肯向他们真正传授技术，于是故弄玄虚，有意混淆不相关概念戏弄天真的年轻人。这件事使他深受刺激，于是立下一个“气不忿”的心愿：“等我弄懂这些，谁问我我都告诉他！”

“等我弄懂了这些，谁问我我都告诉他”乍听起来似乎是被工人中某种落后意识激发出的一种逆反情绪，实际上，它是一种觉悟，一种初心，一种出自对古建筑传统技艺热爱而立下的要将这门绝技传承下去的宏愿。

正是因为有了这个宏愿，汤崇平同志不仅在几十年的工作中潜心学习技术，还将所学知识进行详细记录、整理并系统化，一旦时机成熟，便将其所学毫无保留地传授给业内后学，并陆续撰写成书，实现了自己的宏愿。为实现他的宏愿，他反复进行讲解，不仅有详尽的文字叙述，而且大量引用实物及模型照片，并在照片上用彩线标出重点，指明关键所在，唯恐初学者不明白，可谓是“掰开、揉碎”地分析讲解，以至形成了独有的表达风格。他这种高度的责任心和事业心很值得业内同仁学习。

汤崇平同志总结四十余年之所学，潜心整理，编著这套丛书的举动，使我想起了自己八年前曾萌生过的一个想法：我国地大物博，各地域、各民族都有各自的传统建筑。它们与官式建筑共同构成了丰富的中华传统建筑文化和技艺体系。但对这些文化和技艺的发掘却因种种原因发展极度不平衡。关于官式建筑在二十世纪八九十年代就陆续诞生了《中国古建筑木作营造技术》《中国古建筑瓦石营法》《中国清代官式建筑彩画技术》以及《斗栱》等专业技术著作，使官式建筑的古老技艺见于经传，避免了因社会生产力和现代科学技术的发展而失传的危险。除官式之外的各地方、各民族建筑的技艺则因种种原因很少有人总结而面临失传的危险。于是我萌生了要动员各方面力量组织编写一部《中国地方传统建筑营造大典》（暂定名）的想法。

这是一个宏大的计划。这部大典将囊括全国二十多个文化圈的传统建筑，每部书中将包含木作、瓦作、石作、土作、油漆、彩绘、雕刻等内容。对于完成这样一部前无古人的鸿篇巨著，我是有信心的：其一，当前在全国各地还有很多优秀勤奋的古建工匠活跃在传统建筑营建一线传承着这门古老技艺；其二，当今的工匠已不再像中华人民共和国成立初期的工匠那样，斗大的字不识半升，他们普遍具有一定的文化知识，具备一定的文字表达能力；其三，近年来大学建筑教育强调注重实践，一些大学的学生主动和老工匠联系，认真学习古建筑传统工艺技术；其四，录音、录像、动画、VR 等现代科技手段，为系统记录、整理地方传统建筑工艺技术创造了优越的客观条件。只要有人立志去做这件事，相信在若干年之后，将会有相当数量的成果展现在世人面前。

中国的传统建筑有数千年的发展史，它是中华民族的先人在“人法地，地法天，天法道，道法自然”的“天人合一”的宇宙认知的引导下，在顺应自然、师法自然、巧妙利用自然为人类谋福祉的不懈努力中创造出的一种充满东方智慧和创造力的特殊建筑。无数事实和例证已经证明，中国传统木构建筑是世界上最先进的建筑之一，它的科学性和先进性不仅表现在建筑选址，更表现在建筑材料的选择，榫卯结合的特殊技术，材料重复再利用的优势，表现在绿色、环保、节能以及排水、通风、纳光等与自然的高度适应性，尤其表现在抗震方面，大量事实已经证明，中国传统木构建筑具有“墙倒屋不塌”的独特优点，是世界上抗震性能最优越的建筑。

总之，中国的建筑文化和建筑技艺是人类宝贵的文化遗产，对当代建筑仍有重要的研究、学习、借鉴和利用价值。继承、弘扬中华优秀传统建筑文化及其技艺是从事传统建筑行业的仁人志士们共同的历史责任。在这方面，汤崇平同志和一些先行者已经做出了榜样。我想，他们能做到的事情，我们同行当中许多人也一定能够做到。

二〇二〇年八月于京华营宸斋

序二

这本书是《中国传统建筑木作知识入门》的第四册，核心内容是关于古建筑屋檐转角向外伸出上扬的部分，即翼角部分的构造技术。想要真正掌握古建筑的木作技术，得要把木作技术的四大部分都要学会才行。木作技术的四大部分指的是梁架（包括角梁）、装修、斗栱和翼角。其中翼角部分的规矩最不固定，空间形态最复杂，可变的因素最多。梁架、装修和斗栱的规矩做法早已定型，但翼角的规矩做法从古至今一直处于不断探索之中。对于学习者而言，不但需要有较好的空间感，还需要有更多实际操作的机会才能真正掌握，因此相比其他三大部分来说，翼角制作放线的难度更大。

中国建筑的翼角有着向上扬起且逐渐伸出的风姿，如同鸟的张开的羽翼一般，《诗经》中就有“如鸟斯革，如翚斯飞”这样的美好形容。要如何才能做成这羽翼般的翼角？自古各地一直有不同的做法，这本书介绍的是清代官式建筑的翼角做法。按这种做法做出的翼角既好看又规矩，但也最难做。以翼角中的翘飞椽子为例，既要向上翘，又要向外伸（冲），还要拧（扭）着，又要斜着放。既要求椽子的上下两边是斜（撇）的，又要求椽子的左右两边是垂直的。除此之外，影响翘飞椽子形态的因素还有屋面的平面角度有大有小（方形、六方、八方等），屋面的出檐有长有短，椽子的椽径有宽有窄，翼角椽的间距有密有稀。可以看出，翼角椽自身的空间形态本就很复杂，影响其空间形态的变量又很多，再加上每一根翼角椽的形态都不一样。在这种情况下，要想把它在一根木头上预先都画出来得有多难。所以这也是工匠们从古至今一直还在研究探索的原因。汤崇平先生经过多年的研究和实践，终于在学习和继承前人成果的基础上，对翼角放线又有了一些新的心得体会。同时他还在如何把这一复杂的放线过程能让读者更容易看懂方面下了很大的功夫。这应该是本书的最大特点。

我曾经说过，汤崇平先生所做的是在前人劳动的基础上，对传统木作技术进行的一次“深耕细作”。你会发现，经过他的深耕细作，又结出了一些新的果实。除了翼角放线方面的新体会，其他例如:（1）他列出的构件尺寸权衡表，在前人总结的成果基础上，不但增补了一些构件，补全了一些尺寸，还增加了一些细部尺寸。（2）构造讲解得很详细，例如榫卯就讲得非常详细。（3）对部分问题做了一些对比讲解，例如清官式翼角做法与山西地区做法的比较，与日本古建筑做法的比较，还特别介绍了甘肃、宁夏地区翼角的独特做法。（4）既讲授规矩，又分析规矩，使读者能“知其然”也能“知其所以然”。（5）除了介绍通行的规矩做法外，也介绍他见到的有独到之处的更好的做法。例如翼角翘飞椽的撇度搬增板就介绍了两种方法。（6）讲解构件制作画线时，不仅讲各类线型和具体的画法，还采用了画在木构件上的方式进行演示。（7）书中实际照片和插图特别多，而且形式也很多。一是有远景、中景、近景，也有特写。二是有实物照片，也有模型照片。三是多层结构的，每层都有照片，且每个角度都有照片。四是采用实物照片与墨线图相互对照的表现方式。五是在实物照片上直接标注尺寸。以上所说这些特点总结起来就是一句话：有深度。汤崇平先生总是说他的书就是入门级的，但在我看来，这本书不仅仅可以把还没入门的人领进门，就是对于已经入了门的人来说也一定会有所裨益。

汤崇平先生不但继承了老一代手艺人的技艺，也继承了他们厚道本分的传统美德。他能做到让名让利于属下，从不与同行“抢阳夺盛”。他是个自我争强的人，但与人相处时又是个不争强的人。他一直看淡名利，也因此吃过不少亏，例如失去过进修的机会，主动降低过在业内的辈分，放弃过分配利益，等等。我认为这样的品格也是工匠精神的一部分。我们从这本书的字里行间也能了解到他的为人和心境，例如哪些知识点是别人的心得体会，他都会提到别人的名字，绝不掠人之美。又如仔角梁的底皮的几种定位方法，他认为虽有不同，但风格差别不大，无所谓对与不对，并不坚持自己师父传授的方法。再如关于悬山檩件的挑出尺寸，他自己受业的做法规矩是“四椽四当”，但他把“三椽三当”“五椽五当”等其他门派的做法规矩也都写进了书里。正是有了这样宽容平和的心境，才能使得他总结出的做法规矩更加丰富和全面。

汤崇平先生是幸运的，因为他得到了众多前辈的指导，这些人中有二十世纪四五十年代学成并传承了清朝营造技艺的老一代手艺人，也有六七十年代学成的既传承有序又有文化的新一代手艺人，又得益于专业权威专家的指导。他深知这样的学习条件的难得，也因此一直念念不忘那些指导过他的前辈们。其实后来人也是幸运的，虽然他们没有机会得到前辈手艺人的亲自教导，但前辈们的技艺和新一代的心得已经完整详细地记录在汤崇平先生的书中了。

对汤崇平先生的专业水平已无须过多评价，他掌握的知识需要四本书才能讲完已经很能说明问题了。毫无疑问，他对清官式木作技艺的传承是有重要贡献的。

2020年9月

前言

当我的《中国传统建筑木作知识入门》丛书《北京地区清官式建筑——木构架、翼角》分册杀青时，不由得从内心升起一股释然的轻松，踏实了！

在1992年第34期《古建园林技术》上发表我的第一篇拙作《历代帝王庙大殿构造》时，心里一个目标就渐渐清晰起来：可以用这种方法来圆自己的一个心愿！那个心愿萌发于1975年修缮天坛东、西配殿，我在屋面上给同班组一位中年师傅做下手时。记得当时正在整修东北角翼角，当他告诉我这个叫角梁、那个叫翘飞时，他一脸神秘地指着角梁后尾上那一段段均匀排列的墨线段以及上面……9、8、7、6、5……的数字标识，问我知不知道这是什么。我当然不知道了，刚参加工作一年多，那是第一次上屋顶。我满心崇拜地问他，他说："这可不是什么简单的学问，木匠里没有几个人懂！知道怎么划出来的吗？也就是我告诉你，这都是有口诀的：方八、八四、六方五……"接着他又把我拉到翘飞椽前，说："这也是有口诀的：冲三、翘四、撇半椽……"他又给我讲了谁当年放角梁、放翘飞，熬了一宿放不出来，最后只好求他，还有谁放的翘飞上了架子钉不上，全废了重做……听得我恨不得尊他为神！就在我顺势问他什么是方八、八四、六方五……时，他一下子转了神情，一脸不屑地说"跟你说也不明白"，我还接着追问，他转了脸看着别处嘴里嘟囔着"方八、八四、六方五，叉四、插五、方框六，垂七、昂八、奋拉十……"不理我了。后来，别的师傅告诉我"垂七、昂八、奋拉十"是做斗栱的口诀。几个月后父亲告诉我"叉四、插五、方框六"是一种查字典的"四角号码"方法。1979年，修缮中山公园中山堂时，由于不是整体更换而只是添配个别翘飞椽，这个难度相对整体更换要大一些，因为在一块板上要放出好几根不同翘数的翘飞椽。放线时，我是给一个1968届的师兄打下手，只管弹线。到划尺寸点、计算尺寸点时，他要不就是打发我取东西，要不就是一脸思考状，于是我马上闭嘴，生怕打扰了他的思路……这些让我认识到：手艺不是那么容易学的，翼角更是不容易！于是，我就有了一个心愿：等我弄懂了这些，谁问我我都告诉他！

有幸的是，自己刚工作没两年就进了单位顺应潮流而办的“七二一大学”。虽然赶上 1976 年那个特殊时期，修建纪念堂打乱了课程安排，但在有限的脱产学习时间里，张海青、王德宸、尤贵友、房庆福几位前辈老师傅口传心授一辈子的心得秘籍；张三来、林伟生、董均亭等多位学长的上手示范；程万里老师系统的历史理论、识图制图讲解，都让我对古建有了深刻的理解。更有幸的是，1984 年一个偶然的机会我被推荐到房二古建设计研究所制作模型，直接受教于马炳坚老师；还有博学多识、多才多艺的职大校长王希富老师，认真严谨的刘大可老师，古建处的孙永林老师、金荣川、张三来老师都给予了我无私的帮助。这里还要提到故宫博物院的赵崇茂、戴季秋、李永革老师，我听过他们的课，受益至今。

此外要着重提一下马炳坚老师在 20 世纪 90 年代初出版的《中国古建筑木作营造技术》，这本书中更多、更系统、更实用的古建知识让我有一种豁然开朗的感觉，也让我有了今天。感恩这些老师！感恩他们无私的帮助！

五年前，我把近年来参与编写的几本施工工艺、操作规程和工艺标准的资料，以及在培训中心和几所大学里授课的讲稿做了整理，陆续出版了《中国传统建筑木作知识入门》的木结构、斗栱篇（第一册），木装修、榫卯、木材篇（第二册），以及修缮、木雕刻篇（第三册）这三本“入门”级别的书。之所以称“入门”，是笔者本人文化水平有限，知识积累不够，只能在工匠这个层次把自己近 50 年来掌握的技艺和积累的经验用很浅显的语言写出来，让古建门槛再低一些，让初入古建行当的人少走一些弯路，这就是我的初衷。我知道，书中原始的图示和近乎啰嗦的文字语言决定了这本书的层次，但我想我的书就是“下里巴人”，就是一本古建工匠的“看图识活儿”，让有需求的人不要像我当年那样遇到“……叉四、插五、方框六……”时一头雾水，这也就是我萌发于 1975 年的心愿和初衷。

也是这个心愿和初衷，我把当年弄得我一头雾水的“翼角”留到了最后来写。在我的这几本书中，“翼角”这一册我下的力气最大，为了写好它，我请朋友专门做了模型，用小学生般的初级手法一个步骤一个步骤地描写，一个角度一个角度地拍照；当模型与初衷不符时，我亲手拿起多年不用的刨子刨光重划……为了让内容更经得起推敲，还请了实操经验远高于我的师弟王建平把关、审改，而后又请马炳坚、刘大可老师再审改……这一切，也都是为了让我的“入门”有一个好的收尾，对我的家人、我的团队、我的读者有一个好的交代，以对得起他们！

感谢马炳坚老师、刘大可老师和王希富老师，没有他们的帮助就没有我的今天！

还需要感谢的是我的工匠师父张平安，从北海修缮初识的嫌弃到前门箭楼的认可，再到而后三十多年的相伴相助，他教了我很多。在房二古建处他是以做装修（门窗、家具）而闻名。虽然在大木上他教我的不多，但我锛凿斧锯、刮拉砍凿的木工技艺全得自于他，更让我受益的是他对工作的态度，他“恨活儿”，闲下来就难受。当年在北海施工，他拿着我有生以来第一次做出的窗扇问我“这是人干的活儿吗？”然后随手给扔在地上……我当时无地自容，恨不得再踩上一脚把窗扇踩碎。谁想到接下来他又抱给我一捧料：“接着做。”……如此，成就了我的后来，也成就了我们的师徒关系。

在《中国传统建筑木作知识入门》这四册书的编写过程中，我的团队——北京同兴古建筑工程有限责任公司第三分公司给了我巨大的帮助，首先是时间上，他们承担了大部分分公司的运营、管理工作，使我有了更多的时间来完成这几本书的编写。他们提供的照片，让这本书内容更丰富、通俗易懂，老少咸宜；特别是弟子周彬，同事李影、郭美婷，直接参与了本书的编写，我深表感谢！

本册“翼角”一章，极富实操经验的师弟王建平、甄智勇给予了大量的帮助，除耐心教授外还逐图逐字审稿指正，倾注了大量的心血，在此深表感谢！

感谢故宫工程管理处、修缮技艺部尚国华、付卫东两位处长，以及夏荣祥、王丹毅、赵鹏、黄占均、卓媛媛等多位老师提供的帮助！

感谢提供模型教具及其他帮助的陈来宝、赵凤新、陈海流、郝明合几位师傅！

感谢北京大学考古文博学院继续教育项目主任张蓉芳女士、项目班主任马靖女士！

感谢中国标准化协会传统工艺技术委员会培训处副主任、中国建筑劳动学会古建筑专委会副秘书长间霓女士！

感谢查群老师、刘敬丽女士及好友吴世昌先生提供的照片！

感谢宋慧杰女士、赵嵛先生的审改、指正！

感谢好友董瑞华、万彩林、祝小明、刘永亮、祝飞翔、刘明先生及孔云宏老师在本书编写过程中给予的各种帮助！

感谢“哲匠之家”这个平台给予我的帮助！

最后要感谢化学工业出版社对本书的重视和编辑、校对、审稿等工作人员细致、认真、高效的工作，让这本书能尽快并相对完美地呈现给读者。

书中不足之处希望读者提出指正意见，以免误人子弟！

2020年7月28日

本书补充图片

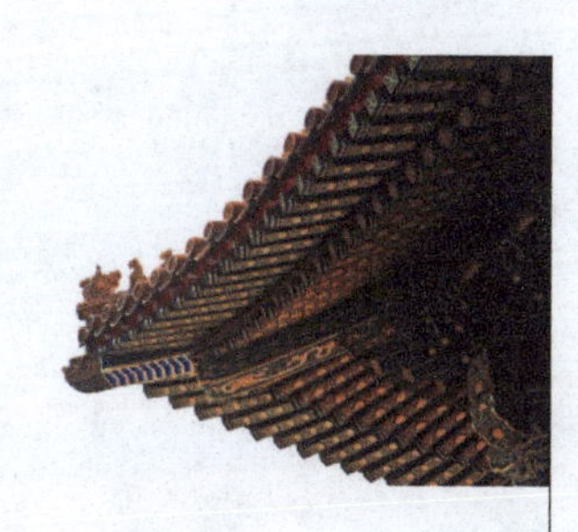

目录

第一章

清官式建筑木构架

第一节　硬山建筑木构架

一、硬山建筑的认识、应用及外形特征

（一）硬山建筑的认识及应用

硬山建筑在中国传统建筑中是应用最为普遍的建筑形式，形制等级虽然较低，但因其外形端庄且实用，在民居、殿堂、庙宇、府邸、衙署、园林中都大量使用。

硬山建筑以小式居多，也有大式，详见图 1-1、图 1-2。大式硬山建筑中有带斗栱和不带斗栱两种，不带斗栱的大式硬山建筑在体量、规模、用材等各项上明显高于小式建筑［大、小式建筑区分详见《中国传统建筑木作知识入门——传统建筑基本知识及北京地区清官式建筑木结构、斗栱知识》（以下简称《入门》第一册）］。

（a）　（b）　（c）

图 1-1　各式硬山建筑（大式）

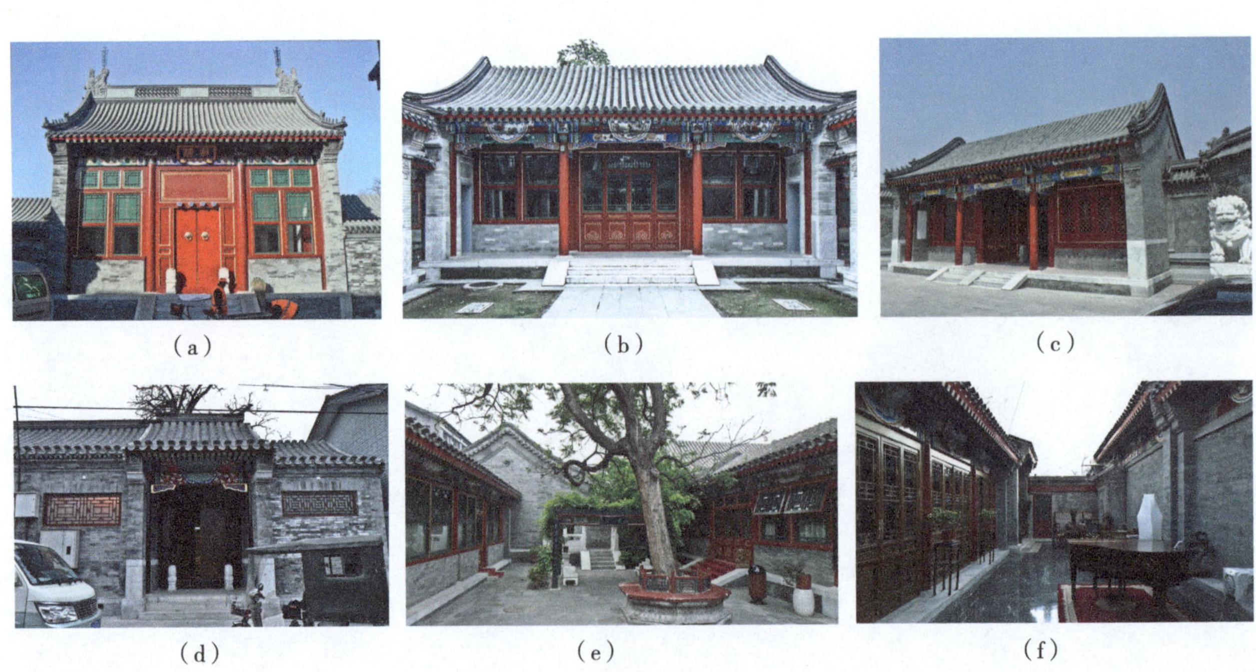

（a）　（b）　（c）

（d）　（e）　（f）

图 1-2　各式硬山建筑（小式）

（二）硬山建筑的外形特征

硬山建筑的屋面只有前后两坡，两侧山墙与屋面相交一平，两山桁檩梁架全部封砌在山墙内，如图 1-3、图 1-4 所示。

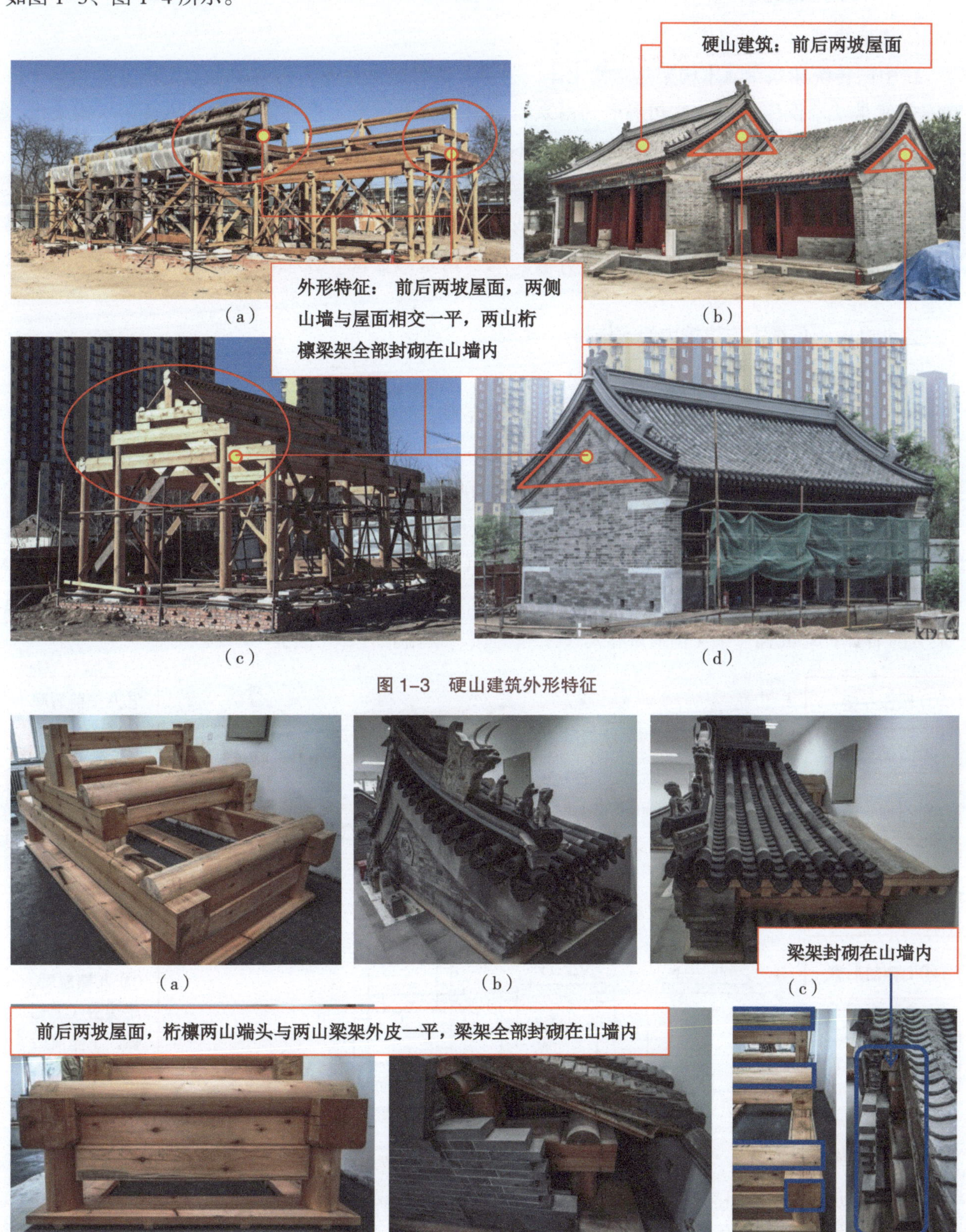

(a)　(b)　(c)　(d)

图 1-3　硬山建筑外形特征

(a)　(b)　(c)　(d)　(e)　(f)　(g)

图 1-4　硬山建筑详解

二、硬山建筑木构架的认识及应用

（一）木构架的认识

1. 构造原理

在中国传统建筑中，木构架是结构主体，就像人的骨架支撑起人的整个身体一样支撑起整个房屋，也就是“墙倒屋不塌”这句俗语的由来。而由成百上千个木构件组合构成的整体木构架也并不是像我们想象中的是一个坚固刚强、纹丝不动的框架整体，而是用一种独特的榫卯连接方式也就是柔性连接方式连接而成的框架叠压在一起，构建出一个整体的房屋骨架。这个骨架根据各式房屋建筑形式的不同，配置相应的构件以完成造型的需要；各层构件之间利用榫卯完成同层框架之间的连接；各层框架之间利用榫卯、自重完成各框架的连接、叠压，进而完成房屋造型的整体骨架……

这就是中国传统木构建筑中的木构架。

2. 构架类型

传统建筑的木构架根据不同的建筑形式分别有庑殿、攒尖、歇山、悬山、硬山等多种类型。虽然它们的造型不一，但构造原理是一样的；再就是，虽然构架的造型不一，但无论哪种建筑形式，它正身的构架是一样的，是共用的，区别只在于建筑物的两山构架。由此可见硬山构架的普遍性和重要性。

硬山建筑木构架类型有如下几种，详见图 1-5 所示：①四檩（架）卷棚；②五檩（架）无廊；③六檩（架）卷棚；④六檩（架）前出廊；⑤七檩（架）无廊；⑥七檩（架）前后廊；⑦七檩（架）前廊（檐平脊正）；⑧八檩（架）前后廊卷棚；⑨八檩（架）前廊；⑩九檩（架）无廊；⑪九檩（架）前后廊；⑫九檩（架）前后廊楼房（上檐七檩、下檐前后各一檩）。

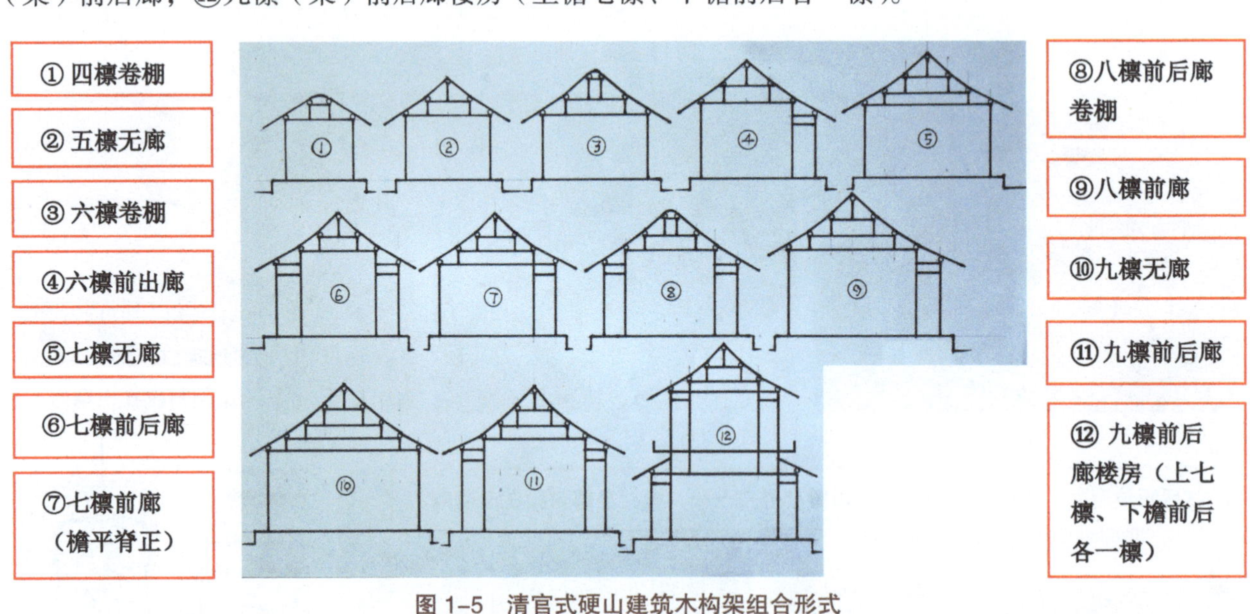

图 1-5　清官式硬山建筑木构架组合形式

3. 构架构成

不带斗栱的大式硬山房及小式硬山房木构架由三部分构成：①下架；②上架；③木基层。

带斗栱大式硬山房的木构架由四部分构成：①下架；②斗栱；③上架；④木基层。木构架中的构件详见图 1-6。

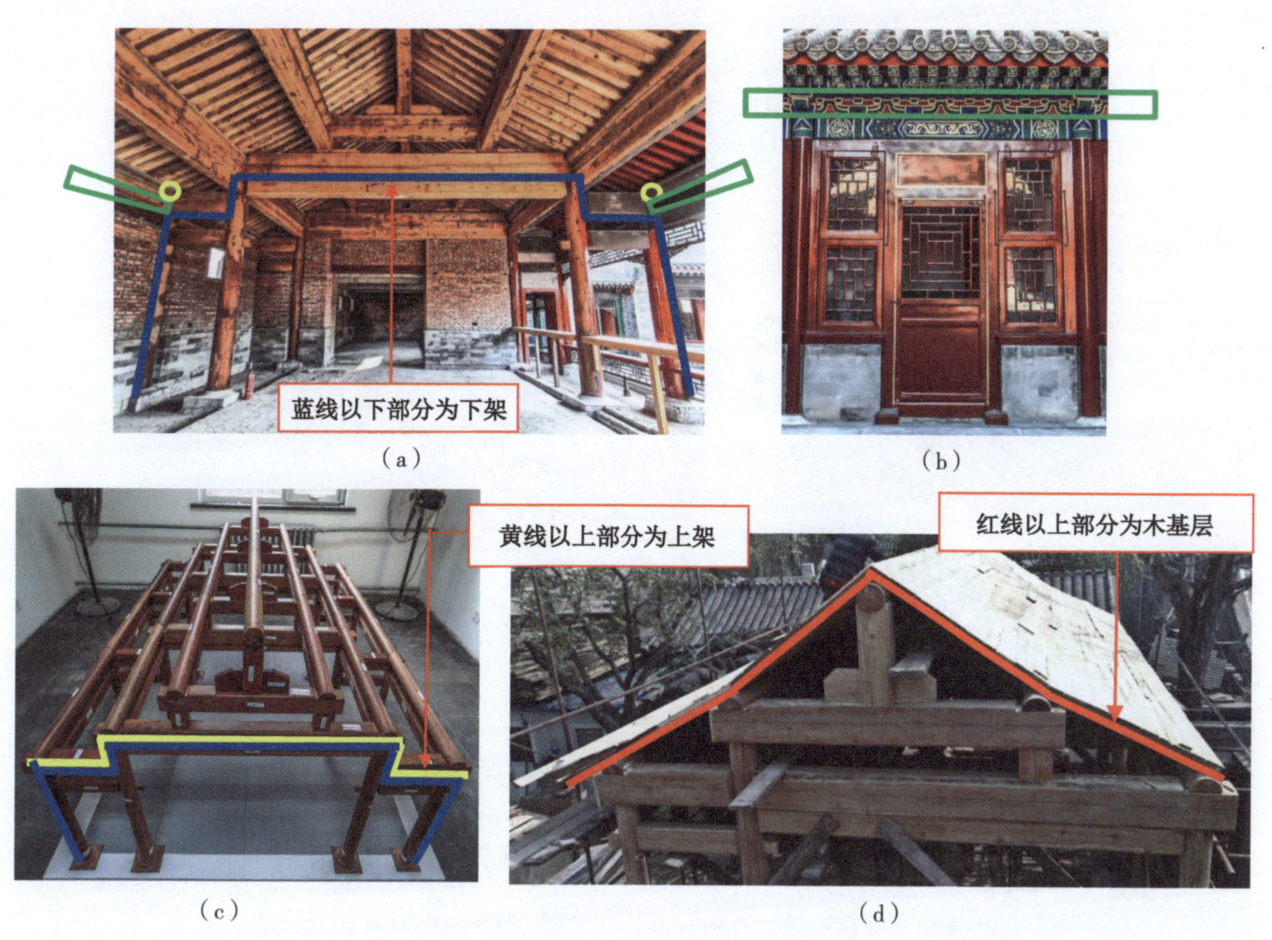

（a）　（b）

（c）　（d）

图 1-6　木构架中的下架、斗栱、上架、木基层

4. 构件种类及名称（斗栱详见《入门》第一册）

木构架的构件共分为六大类，分别为：柱、梁、枋、檩、板、椽，详见图 1-7（见本书二维码）、图 1-8。

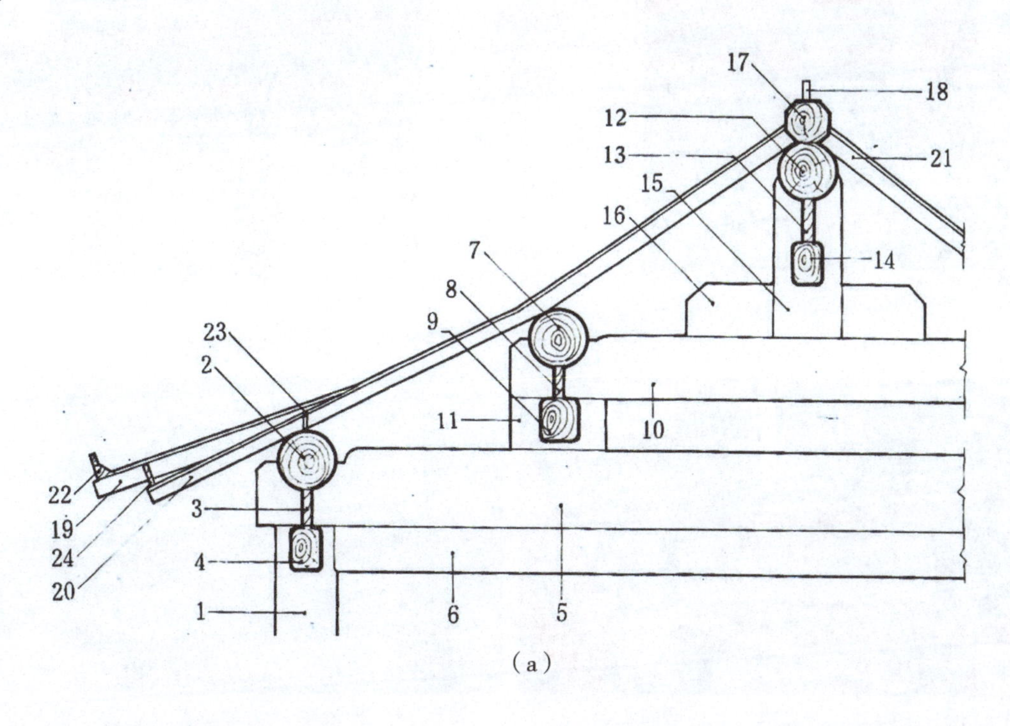

（a）

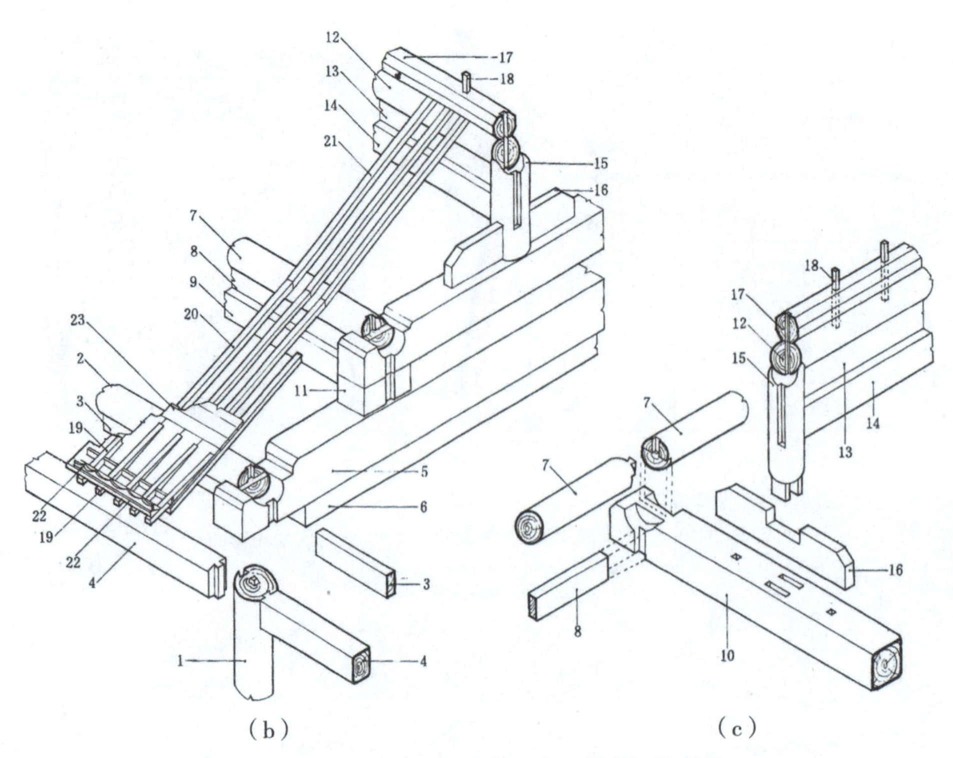

（b）　　　　（c）

图 1-8　清——五檩硬山建筑木构件名称

注：引自《中国古代建筑技术史》。

1—檐柱；2—檐檩；3—檐垫板；4—檐枋；5—五架梁；6—随梁枋；7—金檩；8—金垫板；9—金枋；10—三架梁；11—柁墩；12—脊檩；13—脊垫板；14—脊枋；15—脊瓜柱；16—角背；17—扶脊木（用六角形或八角形）18—脊桩；19—飞椽；20—檐椽；21—脑椽；22—瓦口、连檐；23—望板、椽椀；24—小连檐、闸档板

下架构件主要有柱、枋、随梁等，上架构件主要有梁、板、枋、檩、瓜柱、角背等，木基层主要有椽、望板等。

各式木构架及构件名称，详见图 1-9～图 1-29。

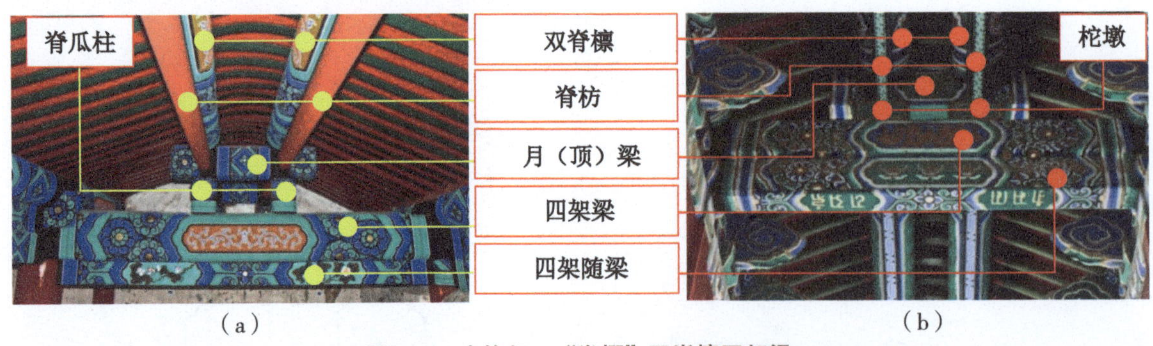

（a）　　　　（b）

图 1-9　木构架："卷棚"双脊檩四架梁

图 1-10　木构架："卷棚"双脊檩四架梁

图 1-11　木构架：五架梁民居草架（栿）做法

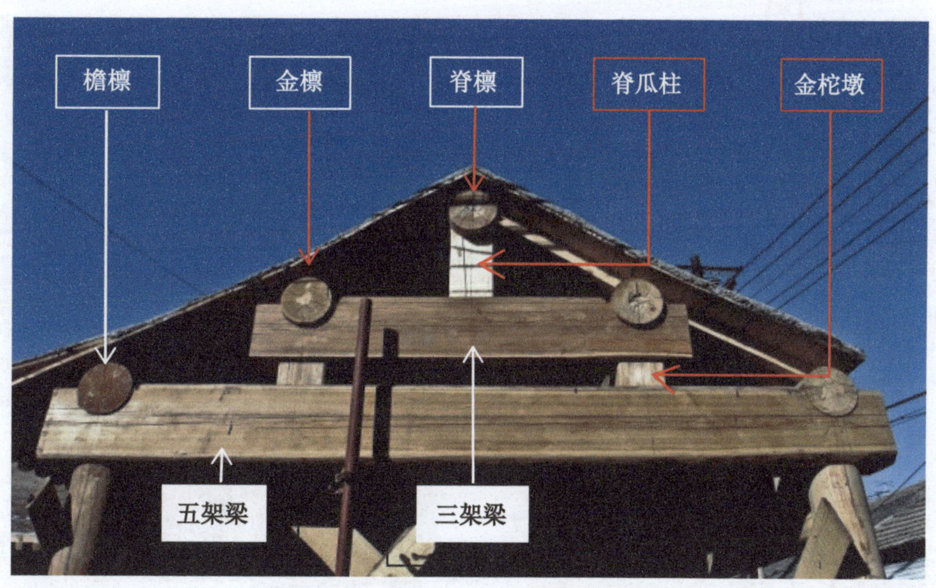

图 1-12　木构架：五架梁（无角背）

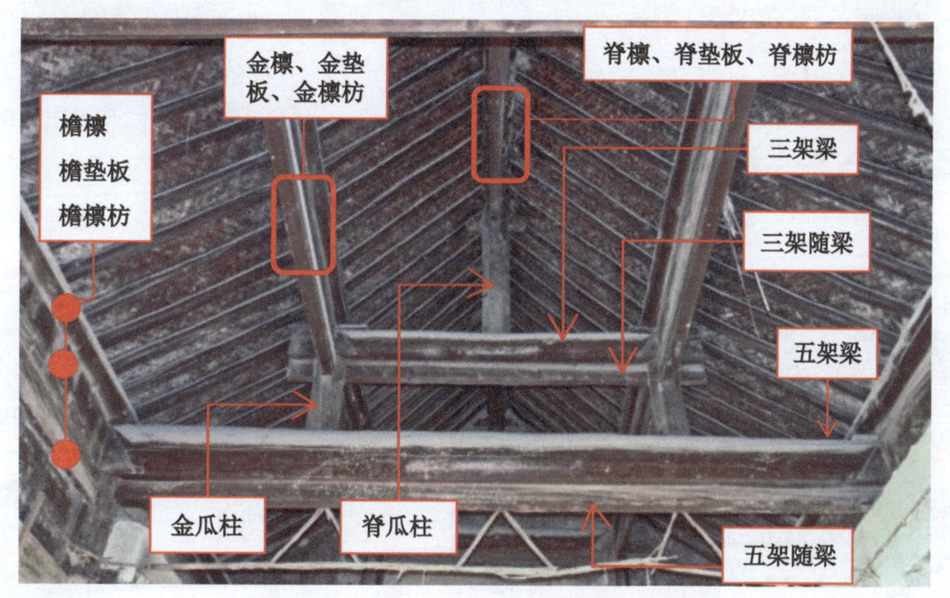

图 1-13　木构架：五架梁（无角背，宁夏）

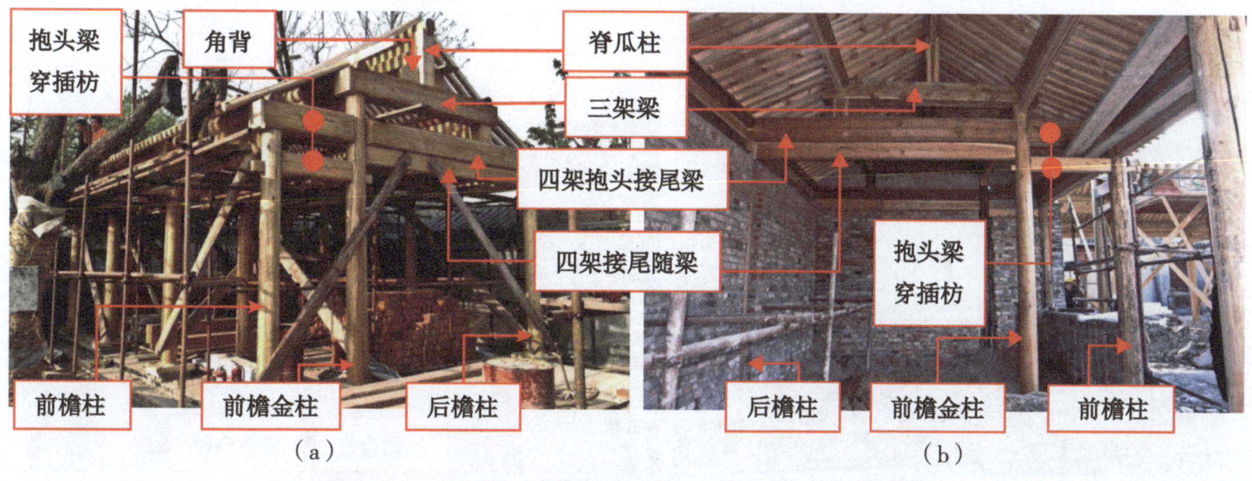

图 1-14　木构架："前廊后无廊——檐平脊正"五檩梁架

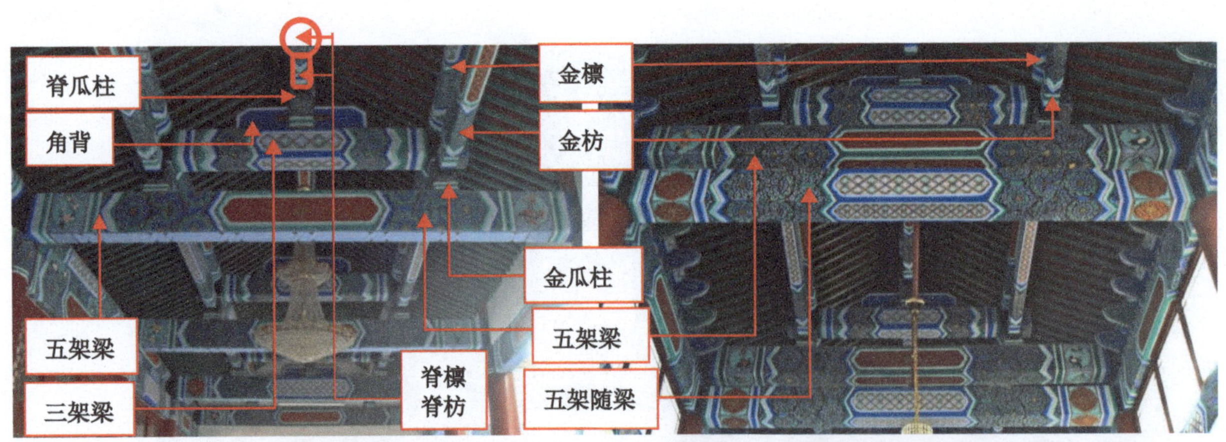

图 1-15　木构架：五架梁

图 1-16　木构架：麻叶（或丁头栱）五架梁

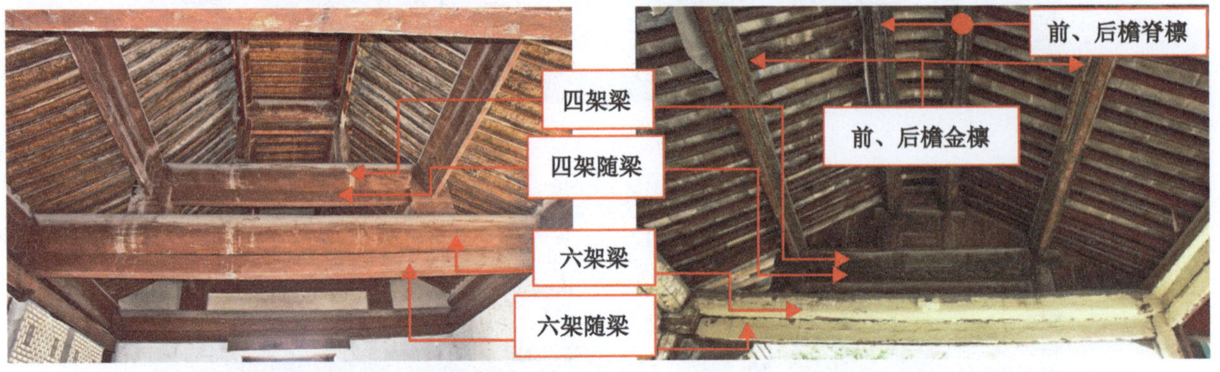

图 1-17　木构架：“盝顶”双脊檩六架梁

图 1-18　木构架：“卷棚”双脊檩六架梁

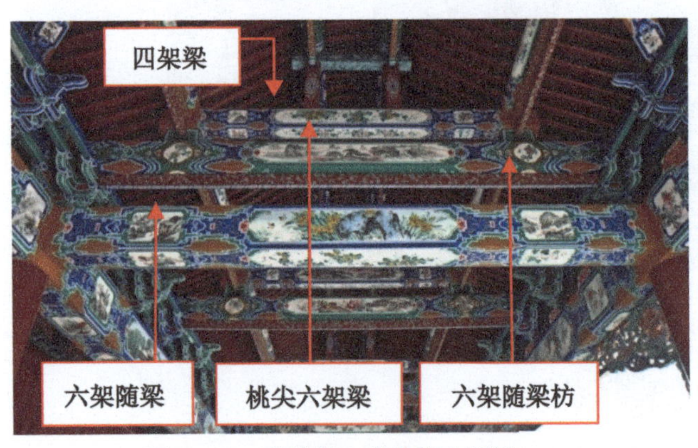

图 1-19　木构架：带斗栱六架梁

图 1-20　木构架：“前廊后无廊”六檩梁架

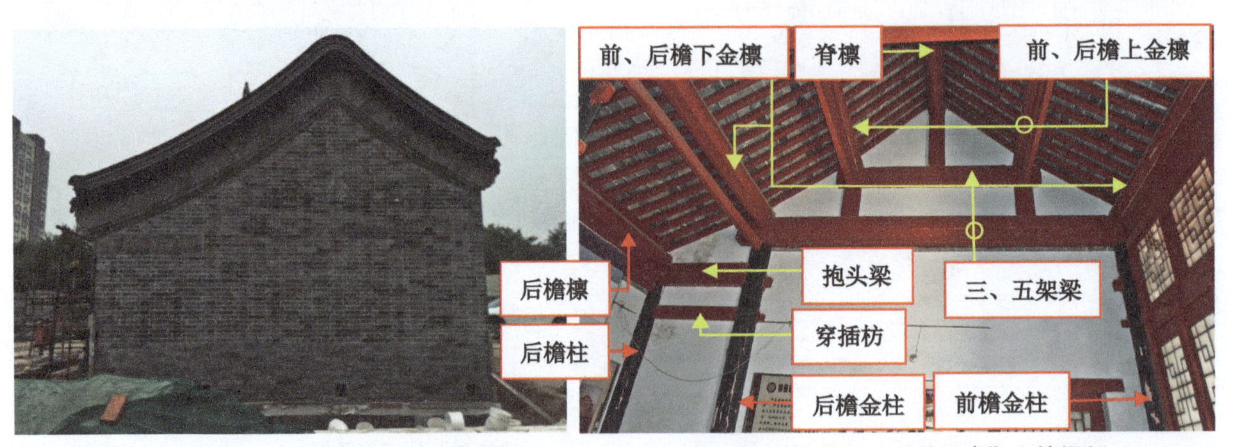

图 1-21　木构架：“前廊后无廊”六檩梁架（“撅尾巴”房）

图 1-22　木构架：“前后廊”七檩梁架

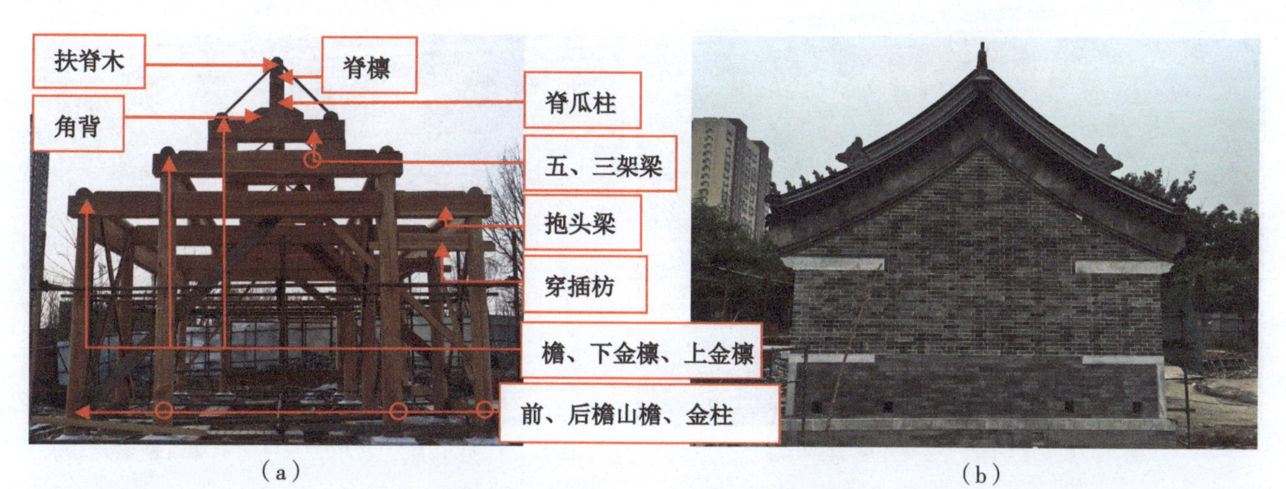

图 1-23 木构架：“前后廊”七檩梁架

图 1-24 木构架：包镶梁架

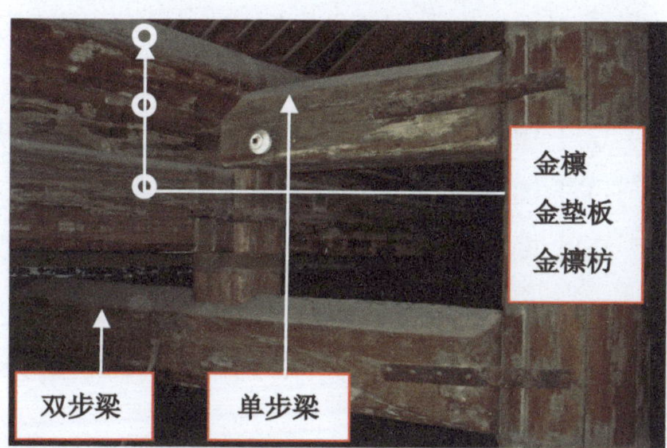

图 1-25 木构架：双步梁、单步梁

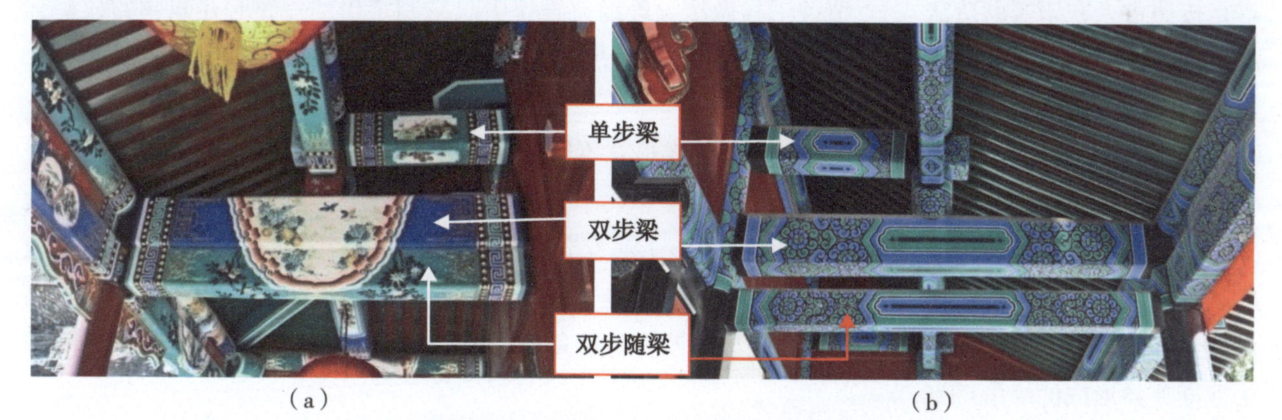

图 1-26 木构架：门庑式建筑五檩梁架

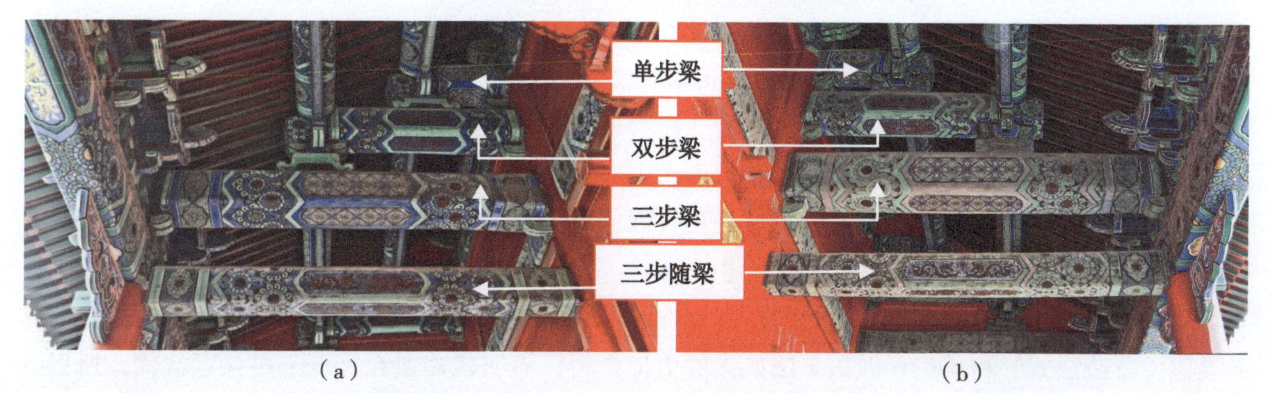

图 1-27 木构架：带斗栱门庑式建筑七檩梁架

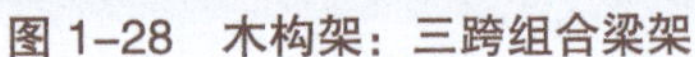

图 1-28 木构架：三跨组合梁架

图 1-29 木构架：前后廊减柱造七檩改型梁架

（二）木构架的应用

①五檩无廊：用于无廊厢房、耳房、倒座房、后罩房，等级较低。

②六檩前出廊：有廊厢房、配房。

③七檩前后廊：用于有廊正房、过厅，等级较高。

④七檩无廊：无廊正房。

⑤七檩前出廊（檐平脊正）：有廊正房、过厅。

三、硬山建筑木构架的权衡尺度及构件定尺

中国传统木构建筑无论是在唐、宋、辽、金还是元、明、清，以及民国时期，包括现在，都基本是按照古人在宋《营造法式》、清《工程做法》等经典著作中总结制定出的一整套建筑物的权衡标准来进行营建的，在这个标准中，对各式建筑的权衡尺度、构件尺寸及规矩做法都做了详细的规定，给我们带来了极大的方便。

从唐到清，社会在不断发展，人们的审美观也在不断变化，建筑物的外形就经历了屋面由和缓到陡峻、出檐由大变小等的演变；再从木构件尺寸大小来讲，柱子也经历了由“胖梭柱”到“瘦收分柱”的变化过程；而梁的断面高宽比则从 2∶1 演变到 3∶2 再到 5∶4 甚至 6∶5……这些明显地反映出各朝代演变的脉络。暂且不去说这样的变化是否合理，但起码说明每个时代的人都在以自己对建筑的理解来对前人传留下来的东西做出修改，这就是宋《营造法式》和清《工程做法》之间做法标准差异形成的缘由。

清《工程做法》是颁布于清雍正十二年（1734 年）的一部权威的建筑法典，也是我国历史上仅存的两部由官方颁布的完整、权威的建筑标准之一。在这个标准中，详细列出了 27 种式样建筑的权衡尺度、构件尺寸包括规矩做法，为后人的传承、借鉴和使用带来了极大的便利。

在这部权威的建筑法典中，有一些我们现在看来有些刻板的尺度规定和做法，但这些规定尤其是结构和构件的尺度规定是历经了几百年风雨天灾对结构的考验和人们审美观点不断演变而传承至今的，“存在即为合理”，在没有出现更好、更合理、更完整的权衡规定前，我们仍然需遵循清《工程做法》所规定的权衡尺度和做法进行营建。

有一点需要加以说明的是：清代的这个标准，不仅规定了清代的建筑尺度，还因为明代没有留下类似《营造法式》和《工程做法》法典类的史记资料，而明代建筑在尺度上更接近清代，所以我

们在接触明代建筑时也通常以清代的这个尺度标准作为参考借鉴。

（一）木构架的权衡尺度

木构架的权衡尺度源自建筑物整体的权衡尺度，包括房屋的面宽开间、进深间量、整体尺度等（详见《入门》第一册）。而作为木构架所涉及的尺度则主要为柱径、柱高、步架、举架、檐出、山出（出梢）及各构件的截面尺寸等。

在清《工程做法》中，对硬山建筑大木构架大、小式做法有着详细的权衡尺度规定，我们以“间架结构定分通则”中“七檩大木前后廊做法”[详见图 1-30～图 1-40（图 1-30 见本书二维码）]为例，对硬山木构架各部位权衡标准及尺度做一个详解。

（a）

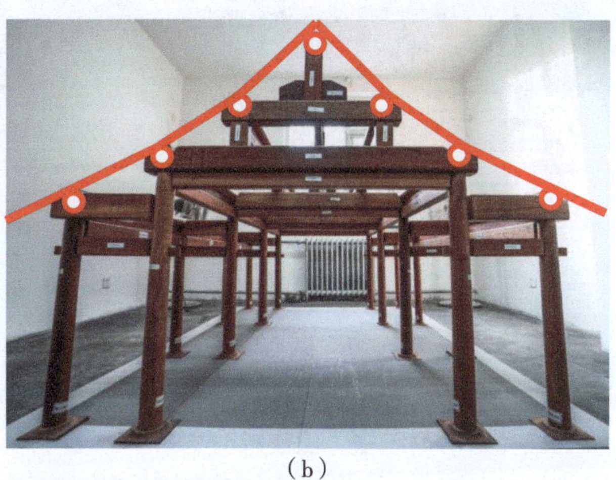

（b）

图 1-31　七檩前后廊木构架

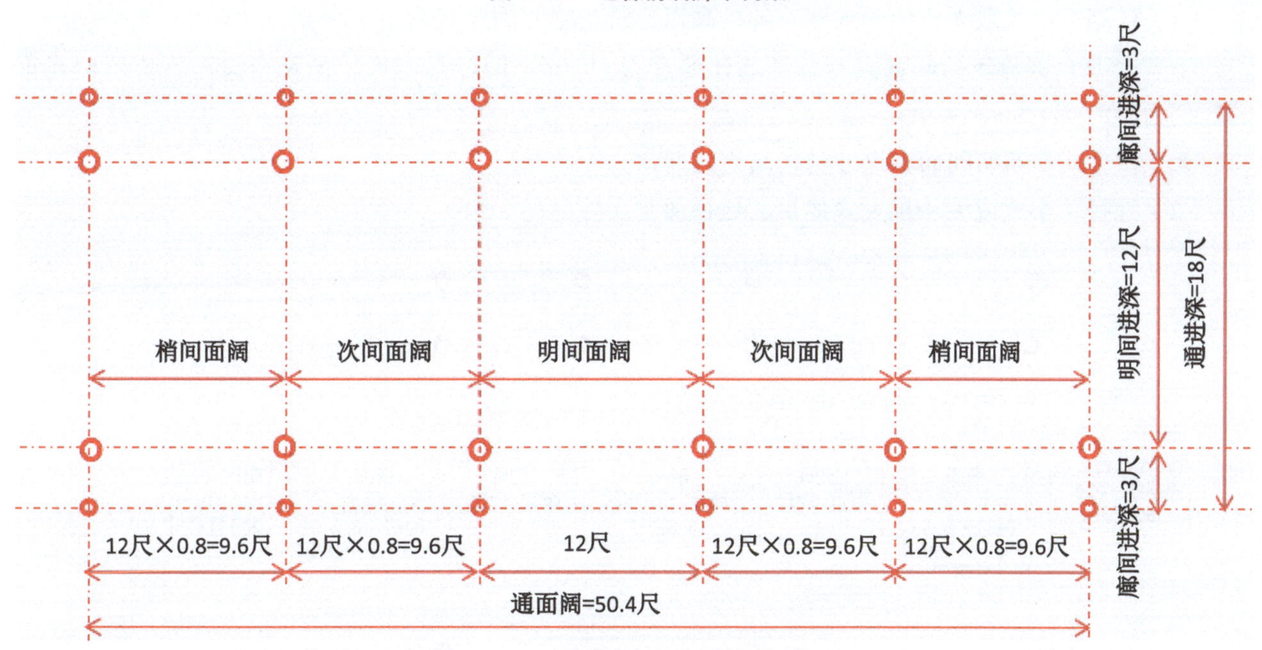

图 1-32　七檩前后廊建筑平面权衡定尺

1. 面阔（面宽）、进深（纵深）

①面阔（面宽）：建筑物迎面（长向）两柱间的水平距离。

②进深（纵深）：建筑物侧面（短向）两柱间的水平距离。

③明间：当（中）心间。

④次间：当（中）心间两侧的间。

⑤梢间：次间外侧的间。

⑥廊间：建筑物外侧的廊子。

图 1-33　七檩前后廊建筑：面阔（面宽）、进深（纵深）

2. 檐（廊）柱高、柱径

檐（廊）柱高是自建筑物台明（地面）起至柱头（梁下皮）的高度。

柱径是前檐（廊）柱柱根的直径。

清《工程做法》的权衡规定如下。

（1）柱高　小式或无斗栱大式建筑的柱高以建筑物明间面宽尺寸定。

小式七或六檩建筑明间面宽与柱高之比通常为 10：8，即柱高八尺，面宽一丈；五或四檩建筑的比例为 10：7。

无斗栱大式建筑明间面宽尺寸与柱高之比通常为 10：8.6。

（2）柱径　小式或无斗栱大式建筑的柱径通常为柱高的 1/11。

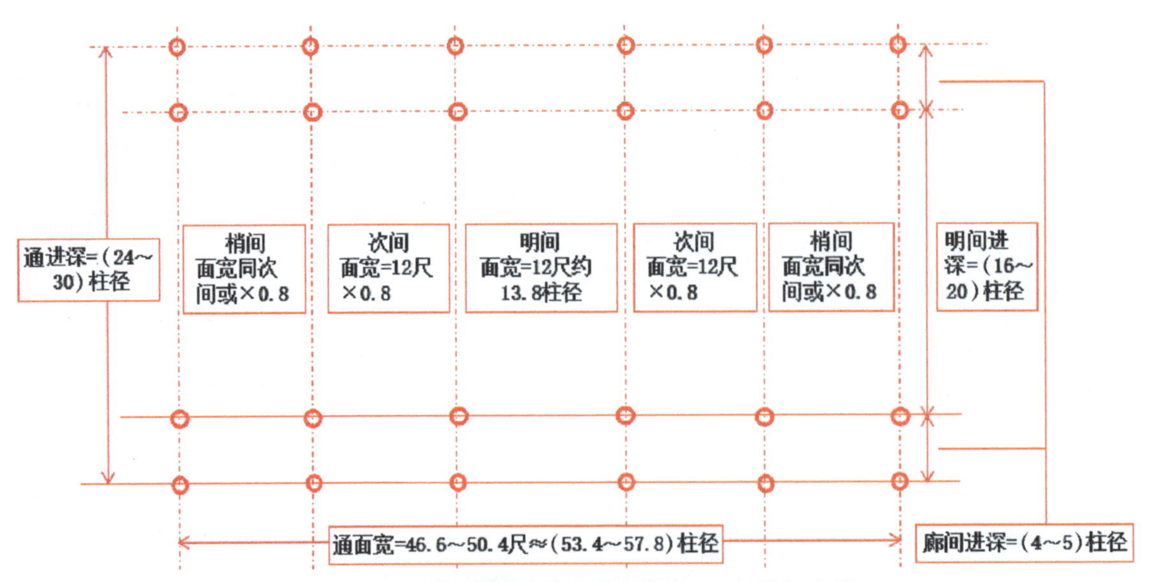

图 1-34　七檩前后廊建筑平面权衡定尺——柱径定尺

注：按权衡定尺计算而定（柱径 = 面宽 ×0.8÷11）。

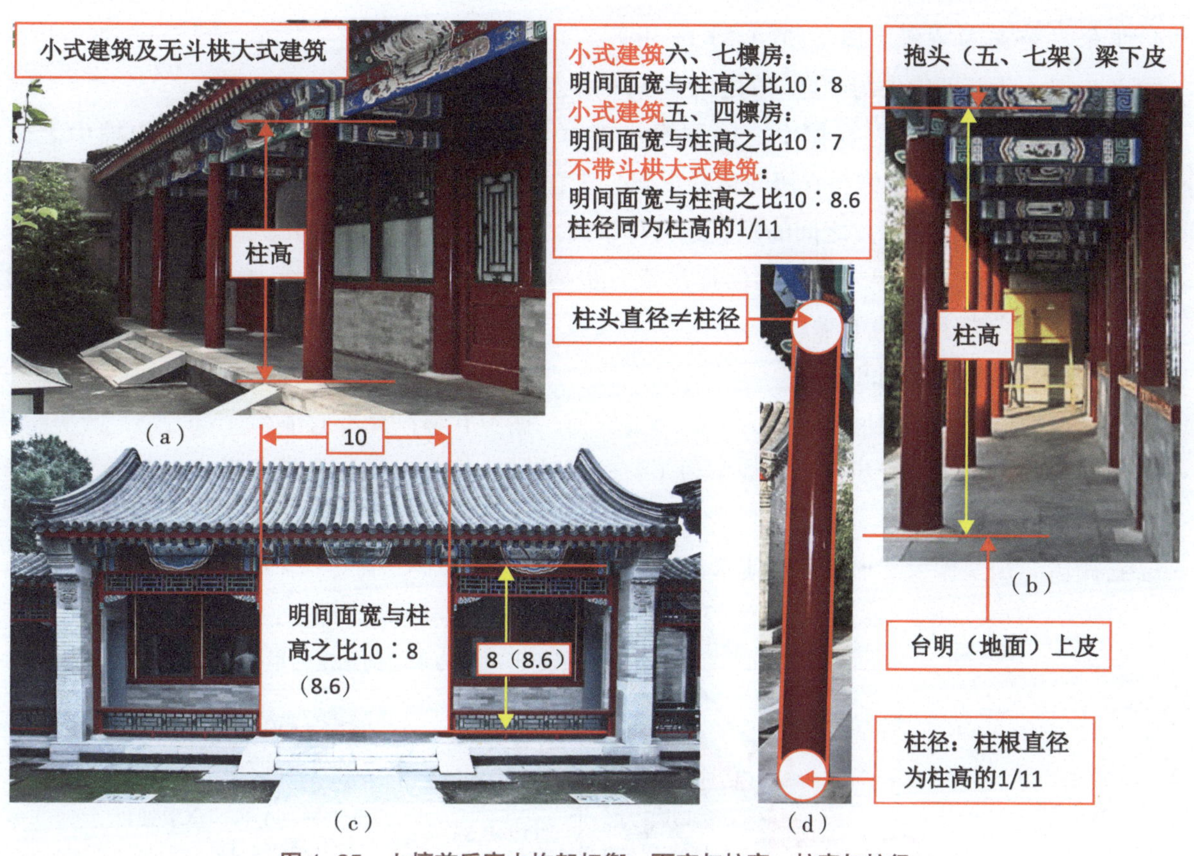

图 1-35　七檩前后廊木构架权衡：面宽与柱高、柱高与柱径

3. 收分与侧脚

（1）收分（掛、溜）　柱子根部与头部的直径不一，下大上小，收分尺寸通常为柱高的 1/100～7/1000。

（2）侧脚　柱脚外移，使木构架更为稳固，“侧脚”尺寸与收分（溜）尺寸同为 1/100 或 7/1000（通常说的图纸平面尺寸是指柱头部位木构架的平面尺寸，而柱脚的平面尺寸则大于这个尺寸，这个尺寸加了侧脚尺寸。施工中，由石工在图纸尺寸基础上按木作规矩向外掰升柱顶，掰升后的平面尺寸与图纸不一致）。详见图 1-36。

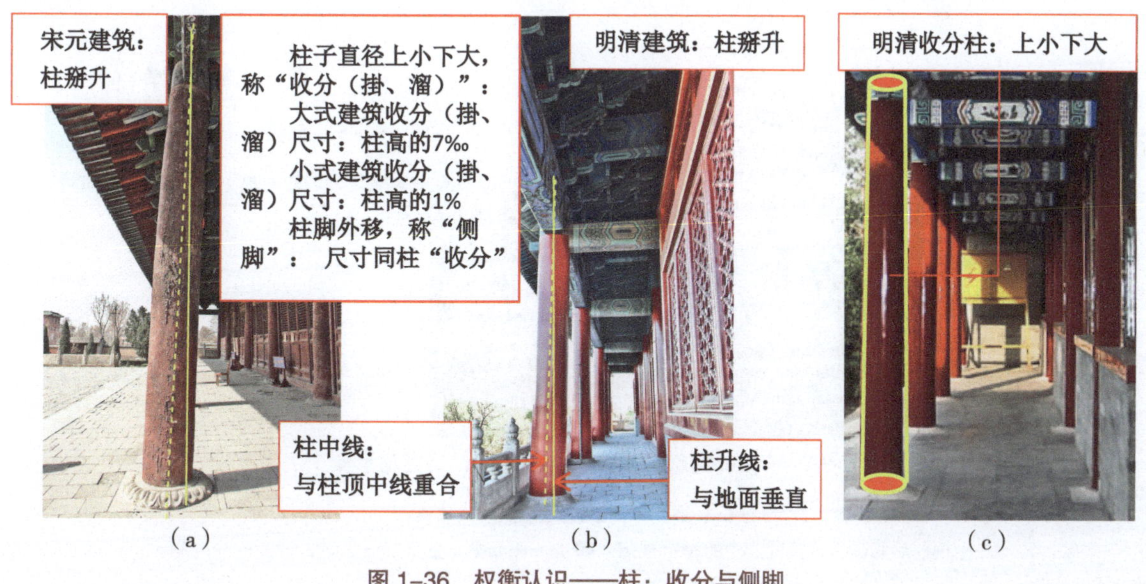

图 1-36　权衡认识——柱：收分与侧脚

4. 步架、举高与举架（图 1-37、图 1-38）

（1）步架　相邻两檩中与中之间的水平距离称步架。

檐檩中与（老檐、下）金檩中之间称檐步架；（下、中）金檩中与（中、上）金檩中之间称（下、上）金步架；（上）金檩与脊檩间称脊步架；双脊檩卷棚建筑两脊檩间称顶步架。

（2）举高　相邻两檩下皮之间的垂直距离称举高。（注：各檩径相同情况下。）

（3）举架　举高与步架之间的比值称举架。步架为 1、举高为 0.5 时举架被称为五举；步架为 1、举高为 0.7 时举架被称为七举。

（4）步架、举架的应用和排序

①五檩房。檐、脊步架尺寸通常为（4～5）柱径；檐步五举；脊步七举。

②七檩房。檐、金、脊步架尺寸通常为（4～5）柱径；檐步五举，金步七举（六五举），脊步九举（八五举）。

③卷棚房。顶步架尺寸通常不小于 2 柱径。

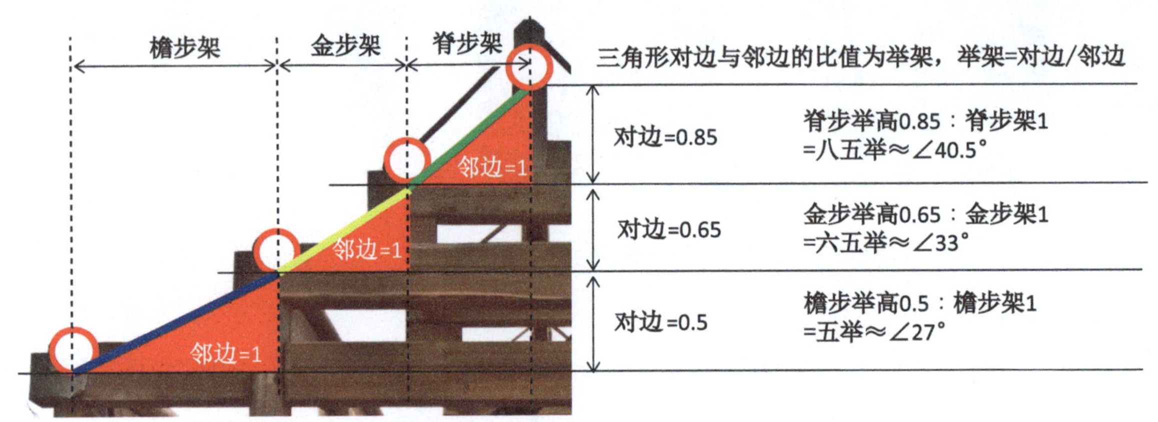

图 1-37　七檩前后廊木构架权衡：步架、举高与举架（一）

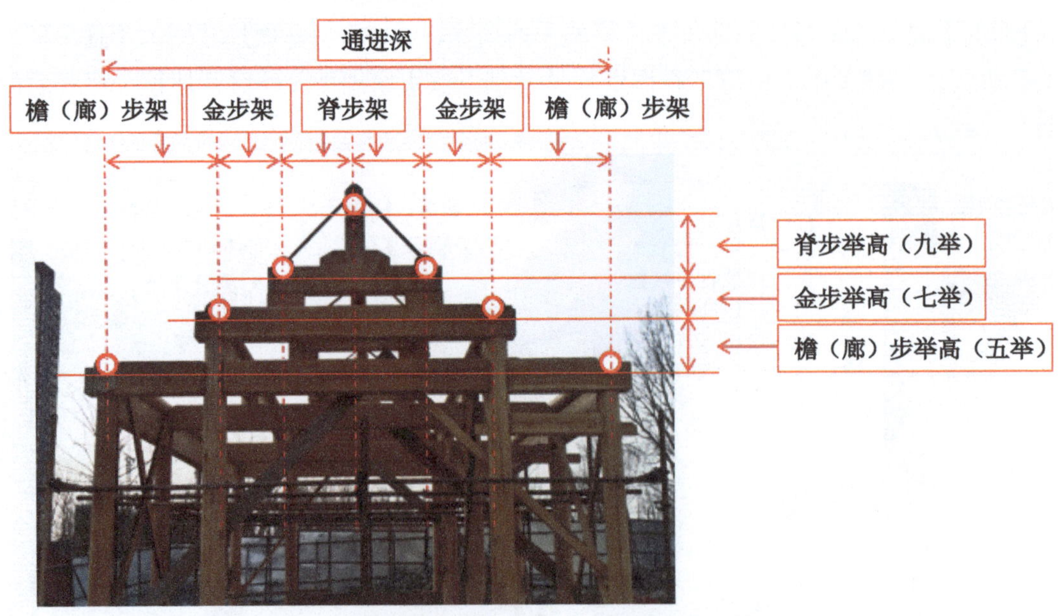

图 1-38　七檩前后廊木构架权衡：步架、举高与举架（二）

注：1. 适用于小式及无斗栱大式建筑；

2. 七檩前后廊硬山建筑做法中的举折规定：檐步——五举，金步——七举，脊步——九举。

5. 上檐出（图 1–39）

（1）上檐出　檐（廊）柱中至飞（檐）椽外棱的距离，为老檐出、小檐出尺寸的总和。尺寸为檐（廊）柱柱高尺寸的 1/3 或 3/10。

（2）老檐出　有檐、飞椽的上出中檐椽的挑出长度，自檐柱中至檐椽椽头外棱的这段距离。尺寸为上出尺寸的 2/3。

（3）飞（小）檐出　有檐、飞椽的上出中飞椽的挑出长度，自檐椽椽头至飞椽椽头外棱的这段距离。尺寸为上出尺寸的 1/3。

上檐出的另一规定："檐不过步"，即上檐出尺寸不得大于檐（廊）步架尺寸。

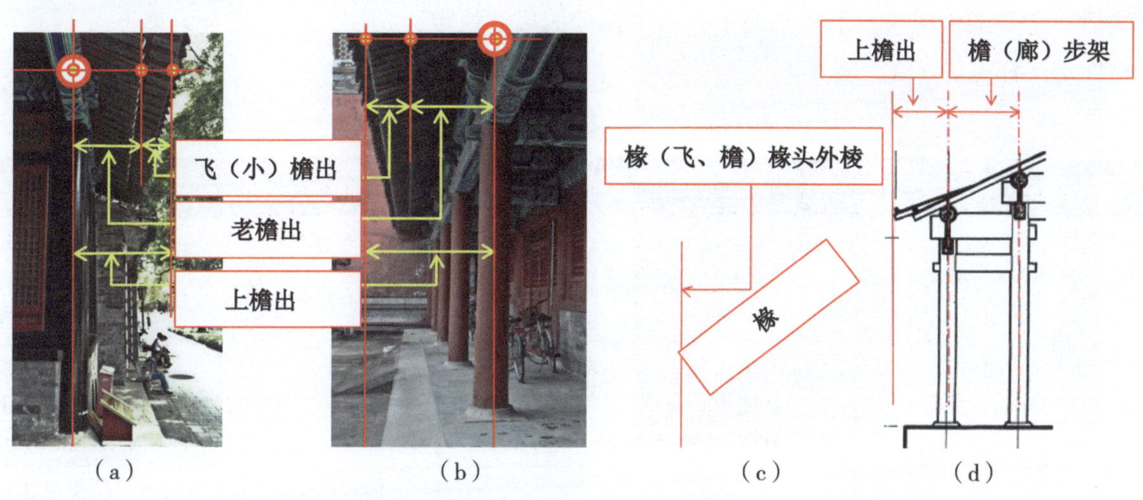

（a）　（b）　（c）　（d）

图 1–39　七檩前后廊木构架权衡：上出、老檐出、飞（小）檐出

6. 硬山法则

桁檩两山端头与两山梁架外皮齐（一说"自山柱、瓜柱中至檩端头外延一檩径"，因近代山墙的厚度普遍减薄，檩长也应相应减短，故此说仅作参考）。详见图 1–40。

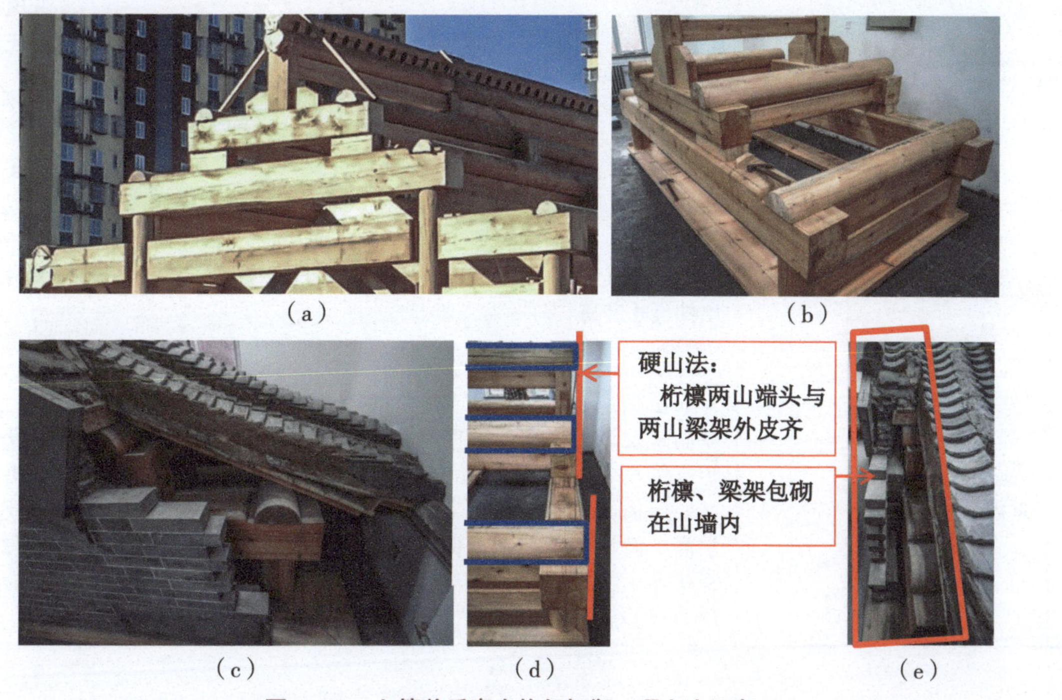

（a）　（b）

（c）　（d）　（e）

图 1–40　七檩前后廊木构架权衡：硬山法示意

在使用古人权衡定尺的规定进行木构房屋的设计、建造时，不应机械地全盘照搬，应遵循以下原则：根据使用的要求，参考周围的环境，借鉴古人建房的尺度权衡、风俗禁忌决定房屋的朝向位置、屋顶造型、台基基座、开间尺度、层数层高、斗栱脊瓦、油饰彩画、门窗装修。

（二）构件定尺

在清《工程做法》中，对各式建筑构件的截面及部分长度做出了尺寸的权衡规定，特别是截面尺寸，它历经了几百年风雨天灾的考验，为后人的传承使用带来极大的方便和安全保证。

我们在使用这个权衡规定时应考虑到这是一个原则性的规定，不可能面面俱到、细致入微，这就需要我们在使用时充分考虑到房屋的实际情况特别是结构尺度与权衡规定的尺度是否有差异，有差异的话一定要随机应变，不能拘泥于权衡中构件的尺寸规定，一切以保证安全为第一。

构件定尺详见表 1-1～表 1-6。

表 1-1　清官式建筑柱类构件权衡尺寸

类别	名称	形制	长	宽	高	厚	径	备注
柱类	檐柱	小式			4/5 明间面宽或 11*D*		*D*	含无斗栱大式建筑；近似值，详见前文
		大式			檐（通）高另减挑檐桁下皮至柱头高度或 6/7 明间面宽尺寸另加出榫尺寸定高		6 斗口	檐高约 70 斗口（台明上皮至挑檐桁下皮）
	金柱	小式			檐柱高 + 檐步举高另加出榫尺寸定高		*D*+1 寸	含无斗栱大式建筑；柱高按檐、金檩同径；檐、金垫板同高计，如不同，另增或减檐、金两步对应构件的高差
		大式			檐柱柱高 + 檐柱柱头上皮至檐步正心檩上皮的高度尺寸 + 檐步举高 − 金步正心檩上皮至金柱柱头上皮的高度尺寸另加出榫尺寸定高		6.6 斗口	柱高按檐、金檩同径；檐、金垫板同高计，如不同，另增或减檐、金两步对应构件的高差
	重檐金柱	大式			一层檐高 + 挑檐桁高 + 檐步举高 + 设计做法高度 + 重檐大额枋高另加出榫尺寸定高 二层檐高为一层檐高 + 檐步举高 + 设计做法高度 + 重檐大额枋高 + 上檐柱头上皮斗栱至挑檐桁（檩）下皮全高		7.2 斗口	设计做法高度指：椽径、望板、瓦面做法厚度 × 举斜 + 围脊高

续表

类别	名称	形制	长	宽	高	厚	径	备注
柱类	里围金柱（攒金柱）	大式			①同金柱（重檐金柱）柱高（金箱斗底槽构造） ②金柱（重檐金柱）柱高+金步正心桁（檩）上皮至金柱柱头之间各构件或斗栱的高度之和+各步举高－里围金步正心桁（檩）上皮至里围金柱柱头之间各构件或斗栱的高度之和另加出榫尺寸		（7～7.2）斗口或按金柱柱径6.6斗口自金（重檐金）柱以里算每多一步架柱径再加1寸定径	
	中柱（山柱）	小式			檐柱柱高+檐垫板、檐檩高+各步架举高－3/4脊檩径		D+（1～2寸）	
		大式			檐柱柱高+檐步正心桁（檩）上皮至檐柱柱头之间各构件或斗栱的高度之和+各步举高－脊步正心桁（檩）上皮至中柱柱头之间十字隔架科斗栱的高度之和另加出榫尺寸		7斗口	
	童柱	大式			重檐金柱高－檐柱高+檐柱柱头上皮至所坐落抹角、桃尖、长趴、顺趴梁上墩斗上皮之间的尺寸另加出榫尺寸		金柱头径（约6斗口）+所坐落抹角、桃尖、长趴、顺趴梁中～中跨度尺寸的7‰	
	擎檐柱				柱顶鼓镜上皮至檐椽下擎檐枋下皮另加出榫尺寸		（1/2～2/5）D见方	亦称：封廊柱
	垂花门檐柱				参考房屋面宽柱中～中尺寸（近似或略低于面宽）另加出榫尺寸		（1/15～1/14）面宽柱中～中尺寸	
	垂花门钻金柱				一殿一卷式：檐柱高+荷叶墩、机枋、檩高+举高－1/3檩径另加出榫尺寸 五檩单卷棚式：檐柱高+檐垫板、檐檩高+举高－金檩、金垫板另加出榫尺寸		（1/15～1/14）面宽柱中～中尺寸	
	垂花门独立（中）柱				传统意义的柱高（麻叶抱头梁下皮至地面高）+埋入地下部分套顶榫长（1/3～2/3柱高）+荷叶墩、机枋、檩高+举高－3/4檩高		1～1.3倍垂花门檐柱径	
	垂花门垂（莲）柱				1/3檐柱高或4.5～5倍檐柱径另加出榫尺寸 柱身：约2/3垂柱高 柱头：约1/3垂柱高		7/10垂花门檐柱径	

续表

类别	名称	形制	长	宽	高	厚	径	备注
柱类	游廊梅花柱				0.8～1 倍廊间（主要开间）面宽另加出榫尺寸		7/100 廊间面宽	最小值：柱径不小于 140mm；柱高不小于 2400mm
	金瓜柱				举高（上下檩上皮之间的尺寸）－上檩檩径－垫板（平水）高＋下檩半径－下梁熊背高另加出榫尺寸		①厚：8/10 上一层梁厚，宽：1.2 倍厚 ②径：8/10 上一层梁厚	①指方形金瓜柱，②指圆形金瓜柱
	脊瓜柱				举高（上下檩上皮之间的尺寸）－1/3 脊檩檩径＋下檩半径－下梁熊背高另加出榫尺寸		①厚：8/10 上一层梁厚，宽：1.2 倍厚 ②径：8/10 上一层梁厚	①指方形金瓜柱，②指圆形金瓜柱
	雷公柱（庑殿）				举高（上下檩上皮之间的尺寸）－1/3 脊檩檩径－太平梁上皮到下檩上皮尺寸另加出榫尺寸		①厚：8/10 上一层梁厚，宽：1.2 倍厚 ②径：8/10 上一层梁厚	①指方形雷公柱，②指圆形雷公柱

注：1. 本表适用于清官式做法檐柱、金柱（老檐柱）、重檐金柱、里围金柱（攒金柱）、中柱、山柱、童柱、擎檐柱、垂花门独立柱（梅花柱）、游廊梅花柱、垂柱、瓜柱等常见种类柱子的制作。

2. 所列尺寸不带斗栱大式及小式建筑柱子以柱径 D 为模数；带斗栱大式建筑柱子以斗口为模数。

3. 柱径、柱高尺寸通常受面宽（阔）、进深、上出、下出、构造形式、建筑效果等因素影响，本表中未予考虑，仅按规制大致确定（附：柱径最小参考值——廊柱 140mm，房屋 180mm。柱高最小参考值为 2400mm）。

4. 柱子因建筑形式不同，结构不同，自身所处位置不同，与之相交的构件不同，所以柱子上的榫卯也会各不相同，本表仅按常见做法悉数列举，或增或减根据实际建筑结构确定。

5. 1 寸 =3.33cm，下同。

表 1–2　清官式建筑梁类构件权衡尺寸

类别	名称	形制	长	宽	高	厚	径	备注
梁类	七架梁	小式	六步架总和尺寸＋两端梁头长（梁头长为 $1D\times2$）		1.2 倍自身厚	1.1～1.2D		根据净跨度增或减熊背尺寸，详见前文
		大式	六步架总和尺寸＋两端梁头长（梁头长为 6 斗口 ×2）			7 斗口或柱径 6 斗口 +2 寸		根据净跨度增或减熊背尺寸，详见前文
	六架梁		五步架尺寸总和＋两(一)端梁头、出榫尺寸（梁头长为 $1D$）		1.2 倍自身厚	（1.1～1.2）D		根据净跨度增或减熊背尺寸，详见前文
	五架梁		四步架尺寸总和＋两端梁头长（各 $1D$ 或 6 斗口）		1.2 倍自身厚	① 8/10 七架梁厚或 5.6 斗口 ②（1.1～1.2）D 或 8 斗口		①坐于七架梁之上的五架梁 ②直接坐于柱子上的五架梁
	四架梁		三步架尺寸总和＋两端梁头长（梁头长为 $1D$）		1.2 倍自身厚	8/10 六架梁厚		

续表

类别	名称	形制	长	宽	高	厚	径	备注
梁类	三架梁		各步架总和尺寸+两端梁头长（各1D或6斗口）		1.2倍自身厚	8/10五架梁厚或4.5斗口		
	顶（月）梁		顶步架尺寸+两端梁头长（各1D或6斗口）		1.2倍自身厚	四架梁厚的8/10		
	顺梁		次或梢或尽间面阔（宽）尺寸+一端梁头、出榫尺寸（梁头长为1D或6斗口）		1.2倍自身厚	（1.1～1.2）D或8斗口		根据净跨度增或减熊背尺寸，详见前文
	三步梁		三步架尺寸总和+一端梁头、出榫尺寸（梁头长为1D或6斗口）		同七架梁	同七架梁		
	双步梁		两步架尺寸总和+一端梁头、出榫尺寸（梁头长为1D或6斗口）		同五架梁	同五架梁		
	单步梁		一步架尺寸+一端梁头、出榫尺寸（梁头长为1D或6斗口）		同三架梁	同三架梁		
	抱头梁		一步架尺寸+一端梁头、出榫尺寸（梁头长为1D或6斗口）		1.2倍自身厚	（1.1～1.2）D		
	麻叶抱头梁（扭梁）		出挑檩中～中尺寸+两端麻叶梁头长或一端麻叶梁头长+一端梁头长（梁头长为1D另加出峰长）		1.2～1.3倍自身厚			
	桃尖梁	大式	廊步架尺寸+斗栱出踩尺寸+6斗口桃尖长+出榫尺寸		斗栱构件蚂蚱头底皮至正心檩（桁）中另加熊背	6斗口		
	桃尖顺梁	大式	梢（次）面阔（宽）尺寸+斗栱出踩尺寸+6斗口桃尖长+出榫尺寸		斗栱构件蚂蚱头底皮至正心檩（桁）中	6斗口		根据净跨度增或减熊背尺寸，详见前文
	角云		3檩径尺寸×所处角度的加斜系数+两端各1/4本身厚（出峰尺寸）		1.2倍自身厚	（1.1～1.2）D		
	随梁（枋）		两柱间净尺寸+出榫尺寸定长		0.8D或4.8斗口	0.5D或4斗口		高、厚尺寸+梁长尺寸的1/100（不按梁身尺寸最小参考值计算）定尺

续表

类别	名称	形制	长	宽	高	厚	径	备注
梁类	短趴梁		长趴梁中～中尺寸－各1/8长趴梁厚		1.2倍自身厚或5.2斗口	0.9～1D或4.5斗口		
	长趴梁		檩中～中尺寸＋金盘各1.5/10檩径		1.2倍自身厚或6.5斗口	（1.1～1.2）D或5.2斗口		大式长趴梁高、厚尺寸加梁长尺寸的1/100（不按梁身尺寸最小参考值计算）定尺
	抹角梁	小式	檩中～中加斜尺寸＋金盘各1.5/10檩径加斜及各1/2梁厚加斜		1.2倍自身厚	（1.1～1.2）D		
		大式	按檩中～中加斜尺寸＋金盘各1.5/10檩径加斜及各1/2梁厚加斜另加出榫尺寸		6.5斗口	5.2斗口		高、厚尺寸加梁长尺寸的1/100（不按梁身尺寸最小参考值计算）定尺
	顺趴梁	大式	长按檩中～柱中尺寸＋金盘1.5/10檩径＋（或－）与五、七架梁搭接尺寸（或带柁墩或带袖榫）		1.2倍自身厚或6.5斗口	（1.1～1.2）D或5.2斗口		大式顺趴梁高、厚尺寸加梁长尺寸的1/100（不按梁身尺寸最小参考值计算）定尺
	踩步金	大式	前后檐檩中～中尺寸＋两端檩头长		1.2～1.3倍自身厚	（1.1～1.2）D或6斗口		檩头长1.5D或6.75斗口
	踩步金随梁（枋）	大式	前后檩中～中尺寸－交金瓜柱径、柁墩或趴梁厚另加出榫尺寸		4斗口	3.5斗口		高、厚尺寸加梁长尺寸的1/100（不按梁身尺寸最小参考值计算）定尺
	太平梁	大式	檩中～中尺寸＋金盘各1.5/10檩径		1.2倍自身厚或5.2斗口	（0.9～1）D或4.5斗口		
	天花梁（枋）	大式	进深或面阔（宽）两柱间净尺寸＋出榫尺寸		6斗口	4.8斗口		
	承重梁	大式	前后柱中～中尺寸＋两端出挑尺寸		6.5斗口或6斗口+2寸	5.2斗口或5.2斗口+2寸		

续表

类别	名称	形制	长	宽	高	厚	径	备注
梁类	接尾梁	大式	前后柱间净尺寸+出榫尺寸		与所接梁同	与所接梁同		
	帽儿梁		面阔（宽）中～中尺寸－与天花梁搭接长度差		（4～4.5）斗口	4斗口		
	贴梁		面阔（宽）或进深净尺寸		2斗口	1.5斗口		
	递角梁		同对应的五或七架梁		同对应的五或七架梁	同对应的五或七架梁		
	递角随梁（枋）	大式	梁中～中－柱径+出榫尺寸		4斗口	3.5斗口		高、厚尺寸需加梁长尺寸的1/100（不按梁身尺寸最小参考值计算）定尺
	踏脚木	大式	前后金檩或角梁间净尺寸		4.5斗口	3.6斗口		
	穿梁		前后草架柱间净宽另加出榫尺寸		2.3斗口	1.8斗口		
	扣金老角梁		檐或廊步架+2/3檐平出尺寸+3斗口×所处平面角度的加斜系数×所处立面角度的加斜系数+尾饰尺寸		4.5斗口	3斗口		通常按所放实样定尺
	扣金仔角梁		檐或廊步架+檐平出尺寸+4.5斗口×所处平面角度的加斜系数×所处立面角度的加斜系数+头饰、出榫尺寸		4.5斗口（成形后尺寸）	3斗口		通常按所放实样定尺
	插金老角梁		檐或廊步架+2/3檐平出尺寸+3斗口×所处平面角度的加斜系数×所处立面角度的加斜系数+出榫尺寸		4.5斗口	3斗口		通常按所放实样定尺
	插金仔角梁		檐或廊步架+檐平出尺寸+4.5斗口×所处平面角度的加斜系数×所处立面角度的加斜系数+头饰、出榫尺寸		4.5斗口（成形后尺寸）	3斗口		通常按所放实样定尺
	压金老角梁		檐或廊步架+2/3檐平出尺寸+3斗口×所处平面角度的加斜系数×所处立面角度的加斜系数+出榫尺寸		4.5斗口	3斗口		通常按所放实样定尺

续表

类别	名称	形制	长	宽	高	厚	径	备注
梁类	压金仔角梁	大式	1/3 檐平出尺寸 +3 斗口 ×2.5～3 倍（一飞二尾半或一飞三尾）× 所处平面角度的加斜系数 × 所处立面角度的加斜系数 + 头饰尺寸		老角梁头以外出挑部分高 4.5 斗口，以内部分由厚渐薄按实样定	3 斗口		通常按所放实样定尺
	窝角老角梁		檐或廊步架 +2/3 檐平出尺寸 × 所处平面角度的加斜系数 × 所处立面角度的加斜系数 +2.25 斗口（以梁中计）+ 出榫尺寸		3 斗口	3 斗口		通常按所放实样定尺
	窝角仔角梁（角梁盖）	大式	1/3 檐平出尺寸 + 飞椽后尾长度尺寸 × 所处平面角度的加斜系数 × 所处立面角度的加斜系数 +2.25 斗口 + 头饰尺寸		梁头高 3 斗口，至后尾由厚渐薄按实样定	3 斗口		通常按所放实样定尺

注：1. 本表适用于清官式做法七、六、五、四、三架梁，单、双、三步梁，顶（月）梁，抱头梁，桃尖梁，桃尖顺梁，角云，随梁（枋），长、短趴梁，抹角梁，顺梁，顺趴梁，踩步金，踩步金随梁（枋），天花梁，承重梁，接尾梁，太平梁，帽儿梁，贴梁，递角梁，递角随梁（枋），踏脚木，穿梁，插金、扣金、压金角梁等常见梁的制作。

2. 所列梁尺寸分大、小式建筑两种，小式建筑的梁以建筑物檐柱柱根直径 D 为模数，大式建筑的梁以斗栱斗口为模数。

3. 梁的断面尺寸通常受面宽、进深、步架、构造形式、建筑效果及所受荷载等因素的影响增大或减小，本表中未予考虑，仅按规制大致确定（附：梁厚最小参考值规定为不小于柱头直径 + 梁厚的 1/5；梁高最小参考值为不小于梁跨空尺寸的 1/11）。

4. 梁的长短本款中未考虑榫长，下料时应予加出；梁因建筑物形式不同，结构不同，自身所处位置不同，与之相交的构件不同，所以梁上的榫卯也会各不相同，本表仅按常见做法悉数列举，或增或减，根据建筑物实际结构确定。

表 1-3　清官式建筑枋类构件权衡尺寸

类别	名称	形制	长	宽	高	厚	径	备注
枋类	大额枋	大式	两柱间净尺寸另加出榫尺寸		6.6 斗口	5.4 斗口		
	小额枋（由额枋）		两柱间净尺寸另加出榫尺寸		4 斗口	3.2 斗口		
	单额枋、老檐额枋		两柱间净尺寸另加出榫尺寸		6 斗口	4.8 斗口		
	檐枋（檐檩枋）、老檐枋	小式	两柱间净尺寸另加出榫尺寸		1D	0.8D		含不带斗栱大式建筑
	重檐大额枋	大式	两柱间净尺寸另加出榫尺寸		6.6 斗口	5.4 斗口		
	金、脊枋	大小式	两柱间净尺寸另加出榫尺寸		0.8D 或 D–2 寸 或 3.6 斗口	0.65D 或 4/5 高或 3 斗口		小式为柱径 D 大式为斗口面宽（阔）用

续表

类别	名称	形制	长	宽	高	厚	径	备注
枋类	承椽枋	大式	两柱间净尺寸另加出榫尺寸		(6~7)斗口或D+2寸	4.8斗口或1D		
	天花枋		两柱间净尺寸另加出榫尺寸		6斗口	4.8斗口		面宽(阔)用
	围脊枋		两柱间净尺寸另加出榫尺寸		4.8斗口或1/2D+2寸	4斗口或1/2D		
	花台枋		两柱间净尺寸另加出榫尺寸		4斗口	3.2斗口		
	棋枋(关门枋)	大式	两柱间净尺寸另加出榫尺寸		4.8斗口	4斗口		面宽(阔)用
	间枋	大式	两柱间净尺寸另加出榫尺寸		6斗口或1D	4.8斗口或4/5D		面宽(阔)用
	跨空枋		两柱间净尺寸另加出榫尺寸		4斗口			进深用
	平板枋		两柱中~中另加出榫及搭交出头尺寸		3斗口	2斗口		
	穿插枋	大小式	檐、金两柱中~中另加出头尺寸		1D或4斗口	0.8D或3.2斗口		小式为D大式为斗口
	随梁枋		两柱间净尺寸另加出榫尺寸		0.8D或4.8斗口	0.5D或4斗口		进深用;其高、厚尺寸+梁长尺寸的1/100
	帘拢枋		两垂柱间净尺寸另加出榫尺寸		0.75D	0.4D		D=垂花门檐柱径
	楞木	大小式	两梁间净尺寸另加各梁厚1/4		承重梁高6/10	本身高8/10		

注:1.本表中所列枋子为常见种类。

2.所列枋子尺寸分大、小式建筑两种,小式建筑的枋子以建筑物檐柱柱子柱根直径D为模数,大式建筑的枋子以斗栱斗口为模数。

3.枋子的断面尺寸通常受面宽、进深、步架、构造形式、建筑效果及所受荷载等因素的影响增大或减小,本表中未予考虑,仅按规制大致确定。

4.枋子的长短本标准中未考虑榫长,下料时应予加出;枋子因建筑物形式不同,结构不同,自身所处位置不同,与之相交的构件不同,所以枋子上的榫卯也会各不相同,本表仅按常见做法悉数列举,或增或减,根据建筑物实际结构定。

表1-4 清官式建筑檩类物件权衡尺寸

类别	名称	形制	长	宽	高	厚	径	备注
桁檩类	檐、金、脊檩(桁)	大小式	面宽中~中尺寸另加出榫、出梢或搭交檩(桁)头尺寸				(0.9~1)D或4.5斗口	小式为D大式为斗口
	正心檩(桁)	大式	面宽中~中尺寸另加出榫、出梢或搭交檩(桁)头尺寸				4.5斗口	
	挑檐檩(桁)		面宽中~中尺寸另加出榫、出梢或搭交檩(桁)头尺寸				3斗口	

续表

类别	名称	形制	长	宽	高	厚	径	备注
桁檩类	扶脊木		面宽中～中尺寸另加出榫、出梢尺寸				4斗口	

注：1. 本表中所列檩（桁）为常见种类。

2. 所列尺寸分大、小式建筑两种，小式建筑的枋子以建筑物檐柱柱子柱根直径 D 为模数，大式建筑的枋子以斗栱斗口为模数。

3. 檩（桁）的断面尺寸通常受面宽、进深、步架、构造形式、建筑效果及所受荷载等因素的影响增大或减小，本表中未予考虑，仅按规制大致确定。

4. 檩（桁）因建筑物形式不同，结构不同，自身所处位置不同，与之相交的构件不同，所以檩（桁）上的榫卯也会各不相同，本表仅按常见做法悉数列举，或增或减，根据建筑物实际结构定。

表 1-5　清官式建筑椽类构件权衡尺寸

类别	名称	形制	长	宽	高	厚	径	备注
椽类	檐椽	小式	2/3 檐平出 + 檐檩中～金檩外金盘水平尺寸 × 举斜系数				1/3D	长通常根据实际放样（圆或见方）
		大式	2/3 檐平出 + 斗栱出踩 + 正心檩（桁）中～金檩（桁）外金盘水平尺寸 × 举斜系数				1.5 斗口	
	花架椽、脑椽	大小式	步架中～中 + 墩或压掌水平尺寸 × 举斜系数				1/3D 或 1.5 斗口	小式为 D 大式为斗口（圆或见方）
	飞椽		1/3 檐平出 +2.5～3 倍 1/3 檐平出尺寸 × 举斜系数				1/3D 或 1.5 斗口	
	翼角椽		檐椽长另加 2 椽径余量定备料长				1/3D 或 1.5 斗口	通常在安装当中定实长（圆或见方）
	翘飞椽		角梁上所放翘飞母另加 1 椽径余量定 1 翘椽备料长，其余翘长按翘飞母与正身飞椽头、尾长的差逐渐减短				椽头见方为 1.5 斗口，椽尾按实际放样定尺寸	①除单根添配外，翘飞椽通常为左右向对裁，其对裁板长为两头一尾 +2 椽径 ②翘长按翘飞长度定
	边椽		同正身檐、飞椽				1.5 ~ 2 倍正身部位檐、飞椽椽径	边椽含边檐椽、边飞椽，是悬山建筑两侧紧贴博缝板的檐椽、飞椽（圆或见方）
	蜈蚣椽		同正身檐椽				同正身檐椽	尺寸、做法均同正身檐椽，仅因所处位置不同其两端绞掌形式各不相同，一端做墩或压掌与下方椽尾连接，另一端按由戗实际角度绞掌与由戗贴附（圆或见方）

续表

类别	名称	形制	长	宽	高	厚	径	备注
椽类	牛耳椽	大小式	同正身檐椽				同正身檐椽	牛耳椽为歇山建筑两山钉附于前后金檩（桁）位置的檐椽，椽尾端按金檩（桁）圆径剔挖成内凹弧形，贴附于金檩（桁），其尺寸、做法均同正身檐椽（圆或见方）
	哑巴椽		同正身檐椽（不出头）				同正身檐椽	哑巴椽为硬山封护（后）檐建筑后檐封砌在墙内不出头的椽子，其尺寸、做法均同正身檐椽
	板椽（连瓣椽）		按实长定尺			1/9D 或 0.5 斗口		根据放样定长、宽

注：1. 本表中所列椽子为常见种类。

2. 所列尺寸分大、小式建筑两种，小式建筑的枋子以建筑物檐柱柱子柱根直径 D 为模数，大式建筑的枋子以斗栱斗口为模数。

3. 椽子的断面尺寸通常受面宽、进深、步架、构造形式、建筑效果及所受荷载等因素的影响增大或减小，本表中未予考虑，仅按规制大致确定，应根据房屋建筑的实际尺寸、用材等情况做出增减。

表 1-6 清宫式建筑板、连檐、瓦口类构件权衡尺寸

类别	名称	形制	长	宽	高	厚（深）	径	备注
板、连檐、瓦口类	博缝板	大小式	①檐平出托舌尺寸 × 举斜系数定 ②相邻两檩（桁）中托舌尺寸 × 举斜系数	（2～2.3）D 或（9～10）斗口或（6～7）椽径		（1/4～1/3）D 或（1.2～1.5）斗口		长、宽通常按放样定；小式为 D，大式为斗口
	滴珠板		按建筑实长		压面石底皮至斗栱坐斗底皮	1 斗口		
	山花板			山面实长	花架、脑椽椽上皮至踏脚木企口	1 斗口		
	围脊板		各柱间净尺寸		围脊空当	1 斗口或 1/10 自身高		
	走马板			各间净宽	门头枋空当	1/10D（不小于 1 寸）		
	由额垫板		柱间净尺寸另加榫长	2 斗口		1/4D 或 1 斗口		
	檐垫板		梁间净尺寸另加榫长	4/5D		1/4D 或 1 斗口		

续表

类别	名称	形制	长	宽	高	厚（深）	径	备注
板、连檐、瓦口类	金、脊垫板	大小式	梁或瓜柱间净尺寸另加榫长	6.5/10*D* 或 4 斗口		1/4*D* 或 1 斗口		
	楼板		按实长	不宜过窄		1.5～2 寸		根据地面做法做增减
	横望板		椽当实长	不宜过窄		1/15*D* 或 0.3 斗口		
	竖（顺）望板		同椽长			1/9*D* 或 0.5 斗口		横向排列留出顶头抽涨缝
	大连檐		椽当实长		1/3*D* 或 1.5 斗口	0.4*D* 或 1.8 斗口		
	小连檐		椽当实长	1/3*D* 或 1.5 斗口		1.5 倍望板厚		
	椽中板		按实长	檩金盘至椽上皮垂直高		同望板厚		
	椽椀		椽当实长	檩金盘至椽上皮垂直高		同望板厚		
	瓦口		按实长	底瓦堽高另加底口尺寸				

注：1. 参考清《工程做法》《清式营造则例》整理。

2. 本表中所列各类板、连檐、瓦口为常见种类。

3. 所列尺寸分大、小式建筑两种，小式建筑的各类板、连檐、瓦口以建筑物檐柱柱子柱根直径 *D* 为模数，大式建筑的各类板、连檐、瓦口以斗栱斗口为模数。

4. 各类板、连檐、瓦口的断面尺寸通常受构造形式、建筑效果及所受荷载等因素的影响增大或减小，本表中未予考虑，仅按规制大致确定。

木构架、木构件的权衡定尺应参考以下原则。

①凡受力构件下方要有支点承托。

②凡跨空步架的尺度要在权衡规定范围之内。

③凡跨空梁、枋等受弯构件的尺寸必须与净跨度大小、受力多少成正比，如在尺度权衡上满足不了要求，则在构件的下方选择安装其他辅助受力的构件。

④凡悬挑构件悬出部分的荷载重量必须小于构件的固定配（压）重部分的荷载重量，如客观情况满足不了这个要求，则必须考虑采取适当的加固措施。

⑤所有梁、柱的定尺、定高应遵循不得小于最小值的原则。

⑥凡独立非组合的受弯构件，在传统权衡规定基础上按净跨度的 1% 增加截面高度，厚度可不做调整。

⑦构件的定尺应考虑用材的材质，如遇近年种植的速生林木材则应做材质检测，确认合格后方可使用。

四、硬山建筑木构架的组合及构造

（一）硬山建筑木构架的组合特点

硬山建筑木构梁架的组合形式是传统木构建筑中最基本的构架组合形式，无论是悬山、歇山还是庑殿建筑，它们的正身主体梁架与硬山建筑木构架是相同的，区别只在于两山梁架组合的不同。在图 1-40 硬山建筑木构架示意中，其正身梁架与两山梁架除榫卯外是一样的，而在图 1-41（d）歇山建筑木构架示意中，其正身梁架与两山梁架则有很大的区别。可以看出屋面造型的变化在于建筑两山梁架组合的变化，由不同的两山梁架组合构成不同造型的悬山、歇山、庑殿屋面，而它们的正身部分梁架则与硬山建筑梁架一致，所以说硬山建筑木构梁架的组合形式是传统木构建筑中最基本的构架组合形式，这是硬山建筑木构架的特点之一。硬山建筑木构架与其他建筑木构架的异同详见图 1-41。

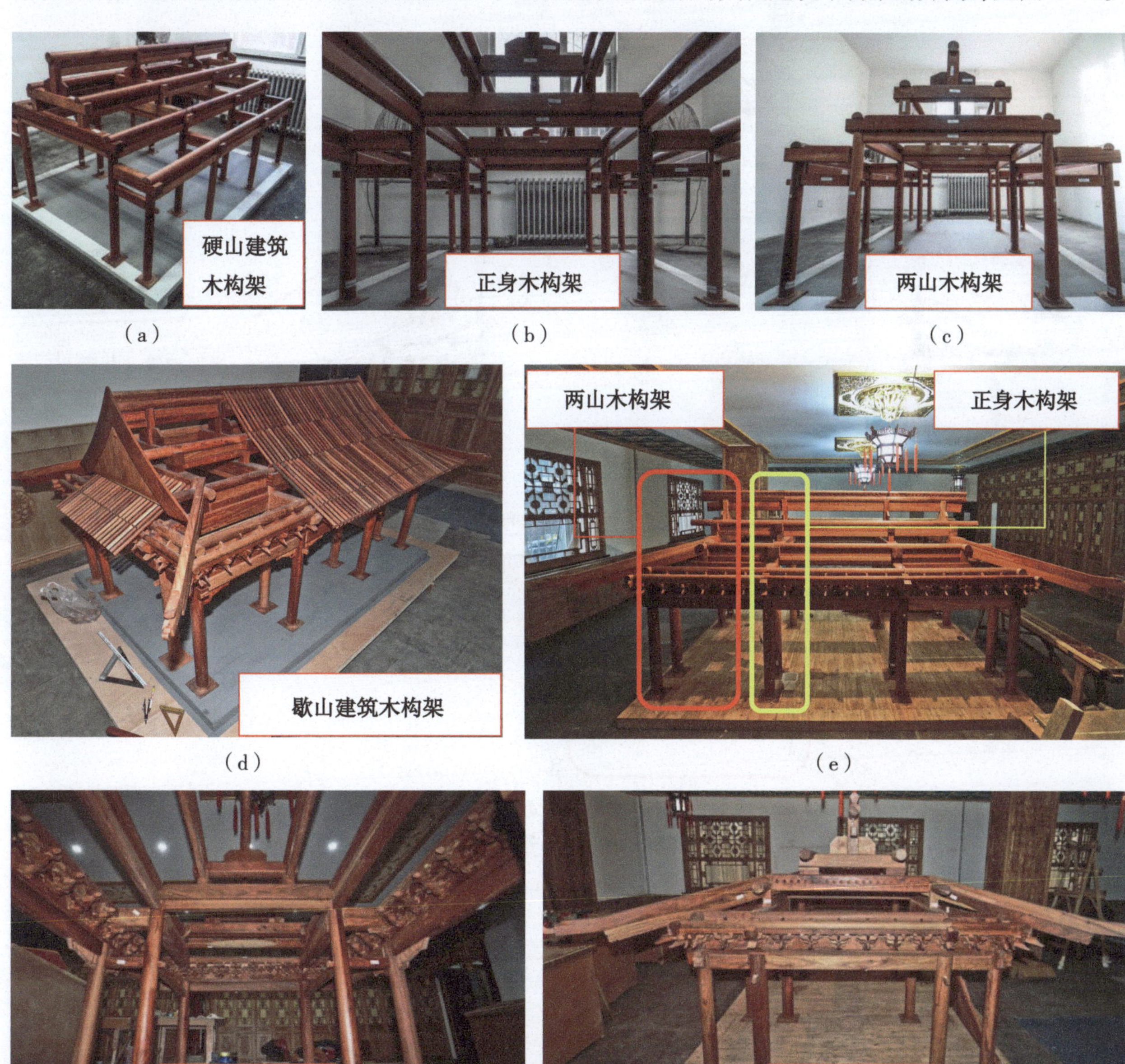

图 1-41　硬山建筑木构架与其他建筑木构架的异同

硬山建筑木构架的另一个特点同时也是中国传统木构建筑的特点就是它的可塑性。当木柱、木梁因材料原因不能满足使用的空间要求时，它可以以三、五、七架梁为主体梁架向前、后扩展加大进深，向两侧扩展，增加开间。

图 1-42 中，七架梁是这两个建筑的主体梁架，当使用空间不够时根据需要加装了单、双或三步梁，以此来满足使用的需要，只是室内加装了相应的柱子，在使用上会影响视线等，略显不便。

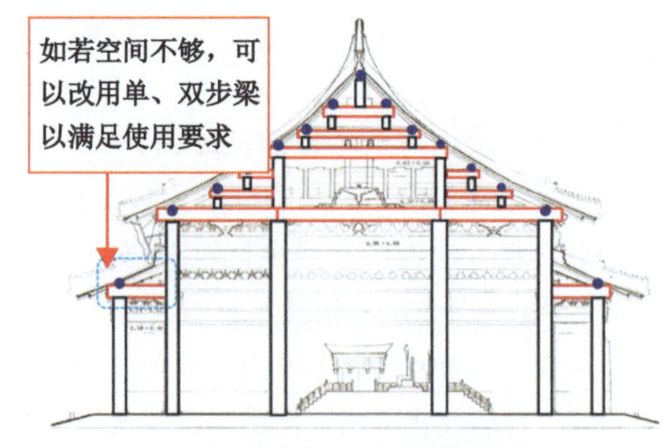

（a）北京故宫太和殿横断面图 1

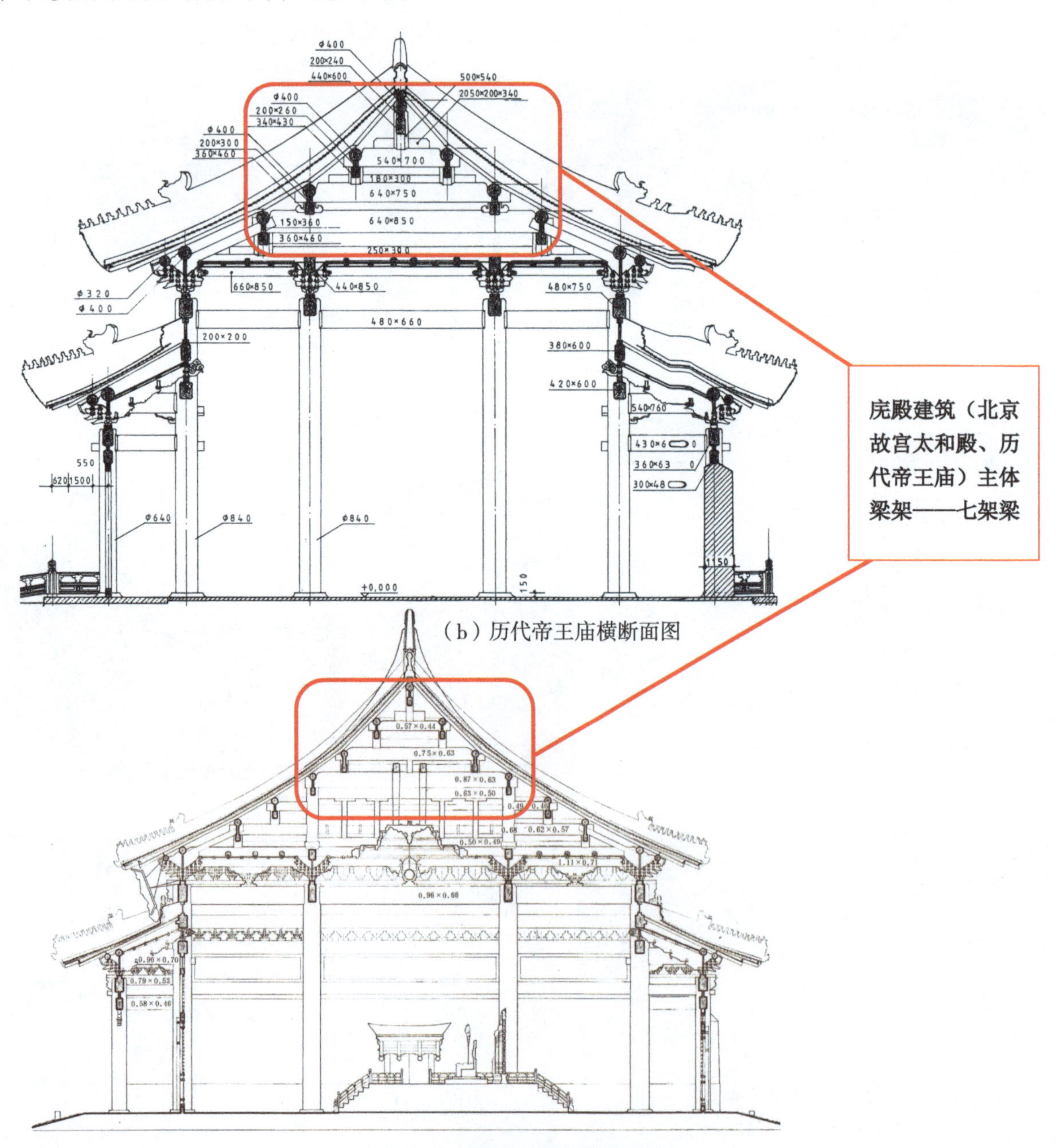

（b）历代帝王庙横断面图

（c）北京故宫太和殿横断面图 2

图 1-42 传统梁架的组合特点

注：引自《中国古代建筑技术史》。

（二）硬山建筑木构架的构造

图 1-43 为七檩前后廊硬山大式建筑梁架，图 1-44 为七檩前后廊硬山建筑平面。

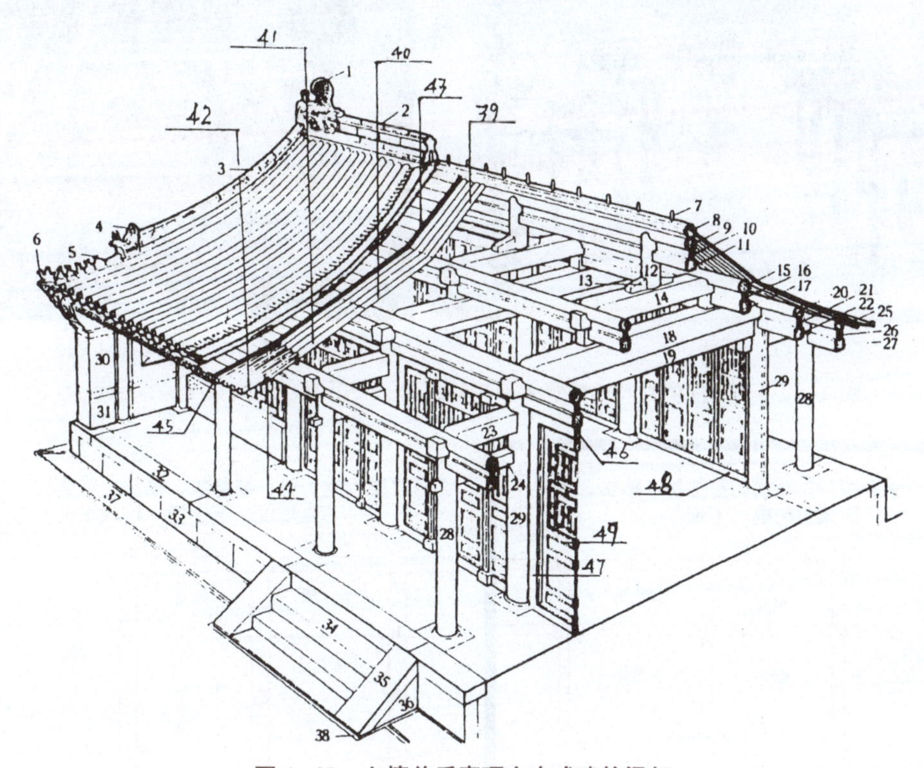

图 1-43　七檩前后廊硬山大式建筑梁架

注：引自《中国古代建筑技术史》。

1—吻兽；2—正脊；3—垂脊；4—垂兽；5—走兽五件；6—仙人；7—脊桩；8—扶脊木；9—脊檩；10—脊垫板；11—脊枋；12—脊瓜柱；13—角背；14—三架梁；15—上金檩；16—上金垫板；17—金枋；18—五架梁；19—随梁枋；20—老檐檩（下金檩）；21—老檐垫板；22—老檐枋；23—抱头梁；24—穿插枋；25—檐檩；26—檐垫板；27—檐枋；28—檐柱；29—老檐柱（金柱）；30—墀头；31—墀头腿子；32—阶条石；33—陡板石；34—踏跺；35—垂带石；36—象眼；37—散水；38—土衬金边；39—脑椽；40—花架椽；41—檐椽；42—飞椽；43—望板；44—小连檐；45—大连檐；46—上槛；47—抱框；48—下槛；49—隔扇

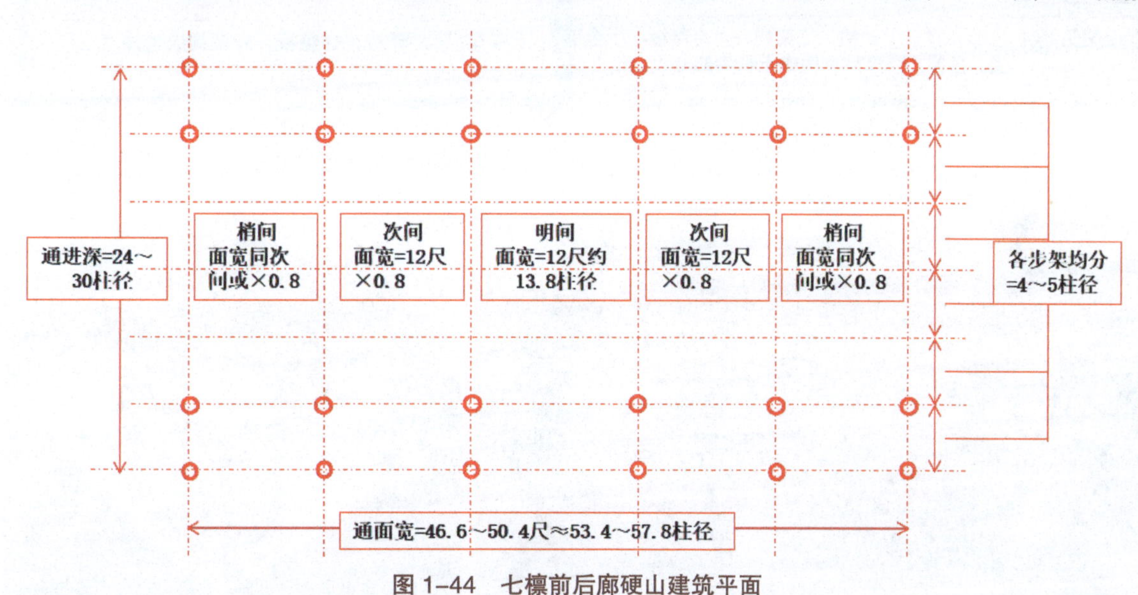

图 1-44　七檩前后廊硬山建筑平面

硬山木构架以檐、金柱头为界，柱头以下为下架，柱头以上为上架，屋檩以上为木基层。详见图 1-45～图 1-47。

(a) 下架

(b) 上架第 1 层

图 1-45　七檩前后廊硬山建筑梁架构造组合——下架、上架第 1 层构造示意

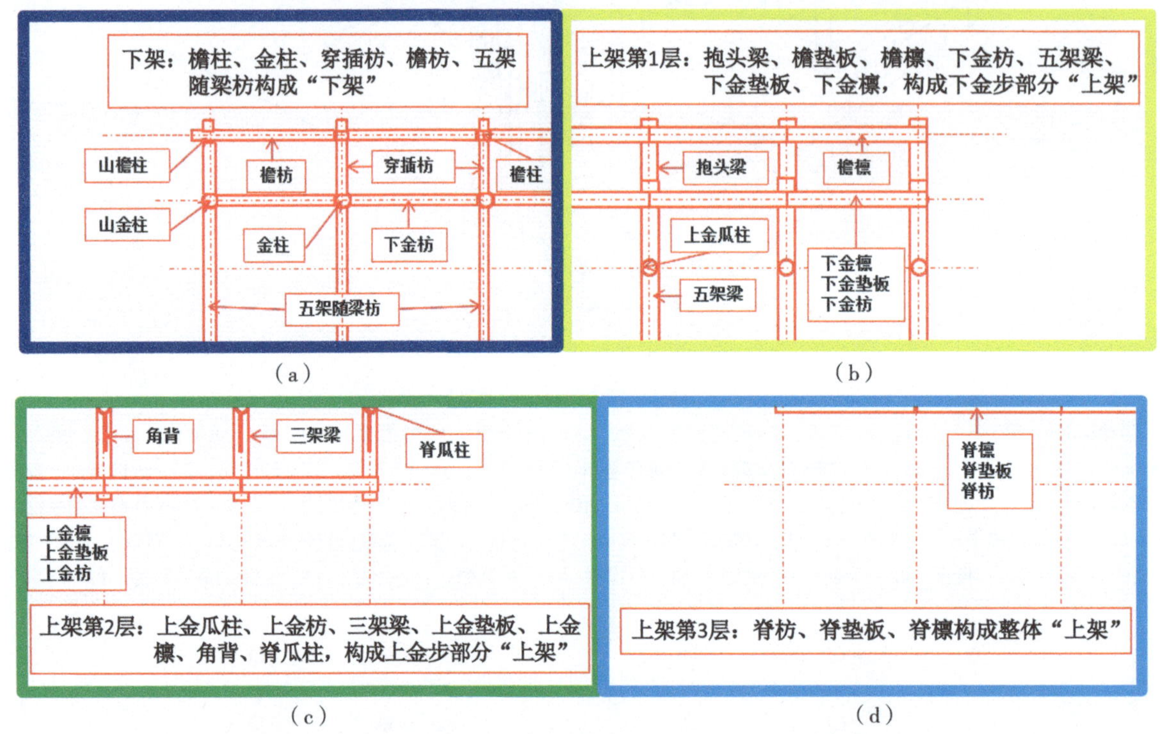

(a)　(b)

(c)　(d)

图 1-46　七檩前后廊硬山建筑梁架构造组合——构造分层平面示意

(a) 上架第 3 层

(b) 上架第 2 层

图 1-47　七檩前后廊硬山建筑梁架构造组合——上架第 2 层、第 3 层构造示意

（1）下架　由柱（檐、金）、枋（檐、老檐、穿插）、梁（随梁）等构件构成，这些构件之间相互拉结，围合成一个整体的框架以支撑起木构架的上架。详见图 1-48。

（a）

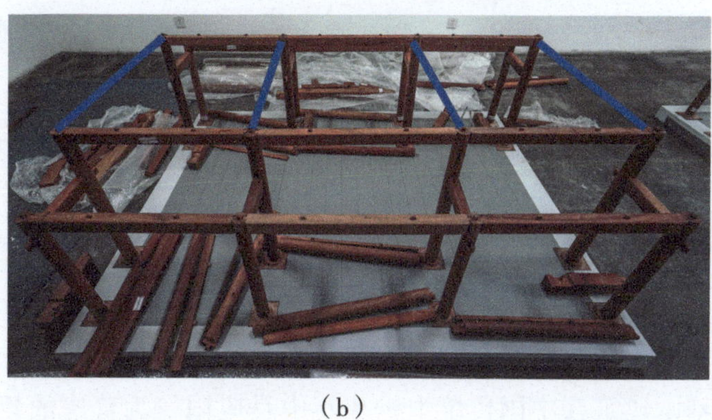

（b）

图 1-48　下架

（2）上架　由柱（金、脊瓜柱）、枋（金、脊枋）、梁（抱头、三、五架梁）、檩（檐、金、脊檩）、板（金、脊垫板、角背）等构件构成，它们之间组合成若干个水平框架，依靠构件自身的重量叠压在下架之上，形成相互拉接、相对固定的“上架”。详见图 1-49。

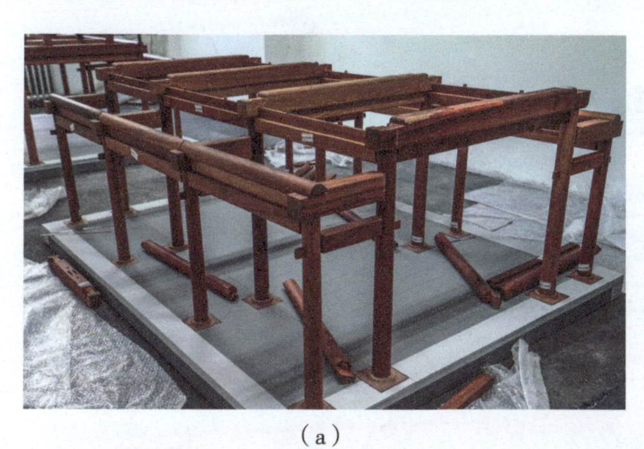

（a）

（b）

图 1-49　上架

（3）木基层　椽（飞、檐、花架、脑椽）、板（望板）、大小连檐又将上架各檩连接在了一起，更加强了木构架之间的拉结和联系。详见图 1-50。

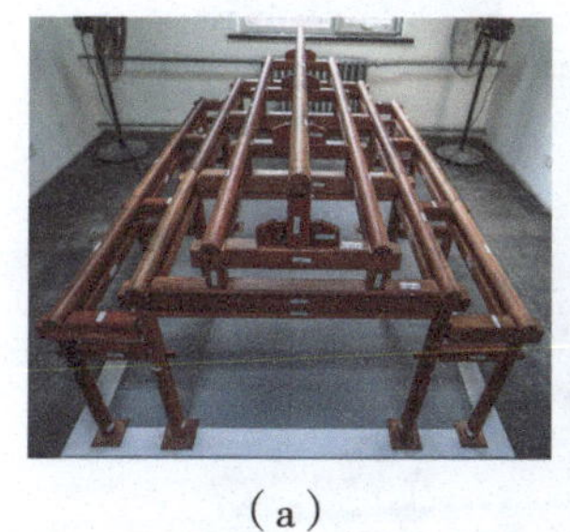

（a）

（b）

（c）

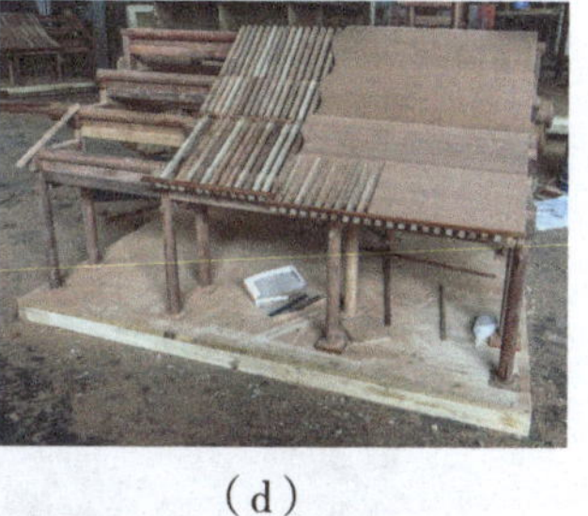

（d）

图 1-50　木基层

这三部分就组成了一个完整的清式硬山建筑的木构梁架。

需要说明的是硬山建筑木构架中所有木构件都通用于其他建筑形式正身部分的木构架。

第二节　悬山建筑木构架

一、悬山建筑的认识、外形特征及应用

（一）悬山建筑的认识及应用

悬山建筑在中国传统木构建筑中是应用较为普遍的建筑形式，在民居、园林、寺庙中也常有使用，详见图 1-51～图 1-53。

悬山建筑大小式及杂式都有，大式悬山建筑中有带斗栱和不带斗栱两种，不带斗栱大式悬山建筑在体量、规模、用材等各项上明显高于小式建筑（大、小式建筑区分详见《入门》第一册）。

（a）　（b）

图 1-51　悬山建筑（一）（辽、金）

（a）　（b）

（c）　（d）

图 1-52　悬山建筑（二）（清）

（a）　（b）

（c）　（d）

图 1-53　悬山建筑（三）（清）

（二）悬山建筑的外形特征

悬山建筑的屋面也只有前后两坡，与硬山建筑的不同之处在于悬山建筑屋面两端悬出两侧山墙，桁檩梁架外露，象眼柁当封堵象眼板或山墙随梁架举折砌五花山墙或墙身封砌到顶，仅露明檩子及燕尾枋、三岔头，详见图 1-54。

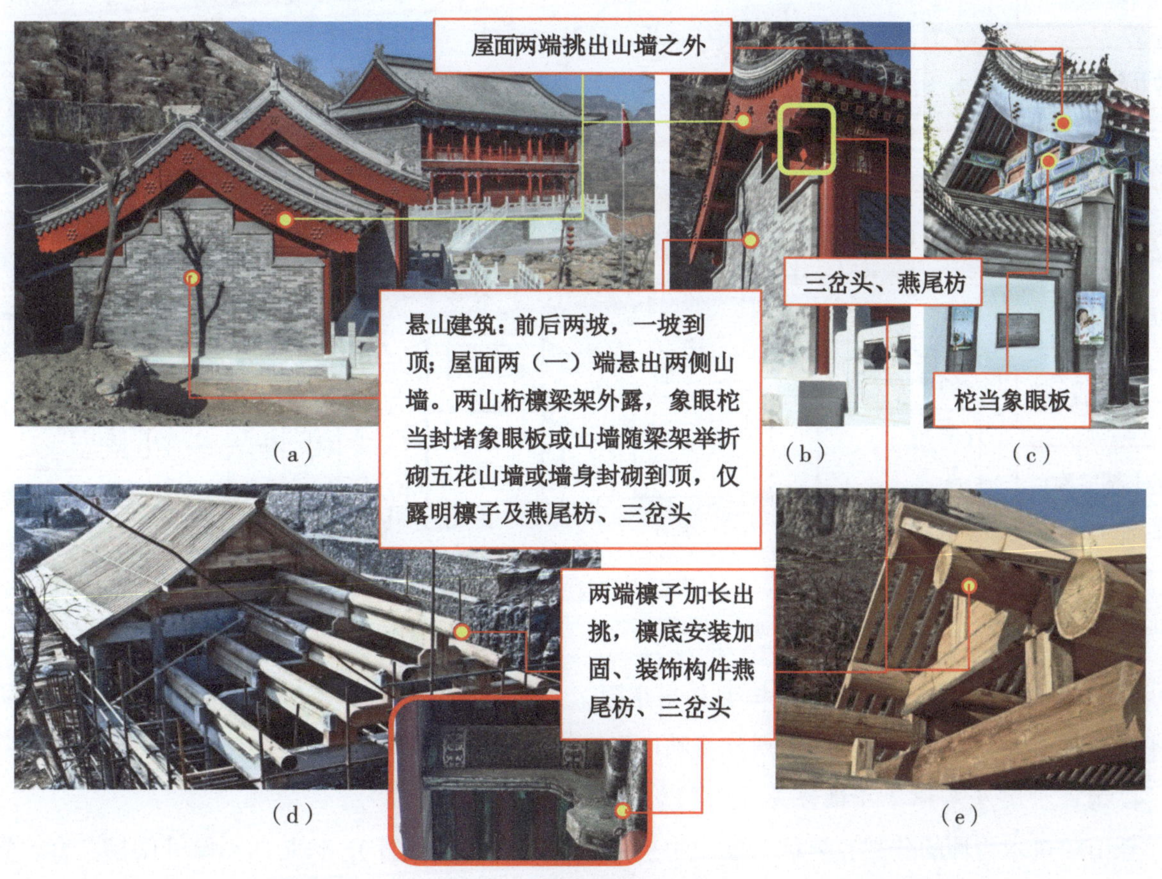

（a）　（b）　（c）

（d）　（e）

图 1-54　悬山建筑外形特征

这种做法最为可取的地方是既让木构件暴露在外，有利于木构件的通风防腐，又改变了山墙单调死板的外形，丰富了山墙的立面效果。

在悬山做法中，一种是墙身封砌到顶，仅露明檩子及燕尾枋；再一种是山墙只砌到大柁下，所有大柁以上的木构件全部外露，梁架的象眼柁当封堵象眼板。这两种做法各有各的优缺点。

二、悬山建筑木构架的认识及应用

（一）木构架的认识

1. 构造原理

悬山建筑的构造原理与硬山建筑类同，此处略。

2. 构架类型

悬山建筑木构架的类型与硬山基本相同，只是在构架的两端有所区别，而且多见与其他类型建筑组合的勾连搭构架，主要包括：①四檩（架）卷棚；②五檩（架）无廊；③六檩（架）卷棚；④六檩（架）前出廊；⑤七檩（架）无廊；⑥七檩（架）前后廊；⑦七檩（架）前廊（檐平脊正）；⑧八檩（架）前后廊卷棚；⑨八檩（架）前廊；⑩九檩（架）无廊；⑪九檩（架）前后廊；⑫九檩（架）前后廊楼房（上檐七檩悬山、下檐前后各一檩硬山）；⑬一殿一卷勾连搭式。详见图 1-55。

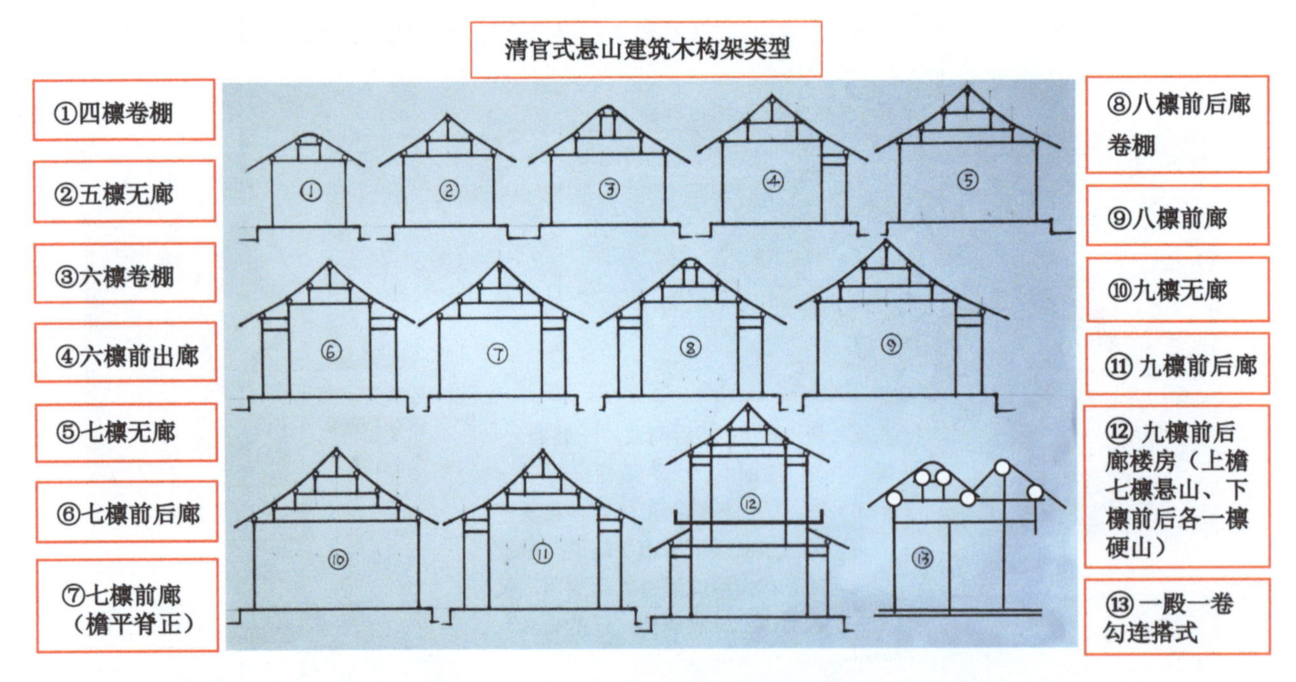

图 1-55　清官式悬山建筑木构架组合形式

3. 构架构成

悬山建筑木构架与硬山建筑木构架基本相同，只是两尽端开间檩木悬探出两山梁架，其余构成整体构架的下架、上架，木基层的划分与硬山建筑构架相同（本处略）。

4. 构件种类及名称（斗栱详见《入门》第一册）

悬山建筑木构件的分类、名称与硬山木构件大致相同（本处略），只是两尽端开间檐、金、脊檩及扶脊木需要加长连做称出梢檩。在出梢部位檩下安装燕尾枋和三岔头，同时，在出梢檩的端头安装博缝板，详见图 1-56～图 1-58。

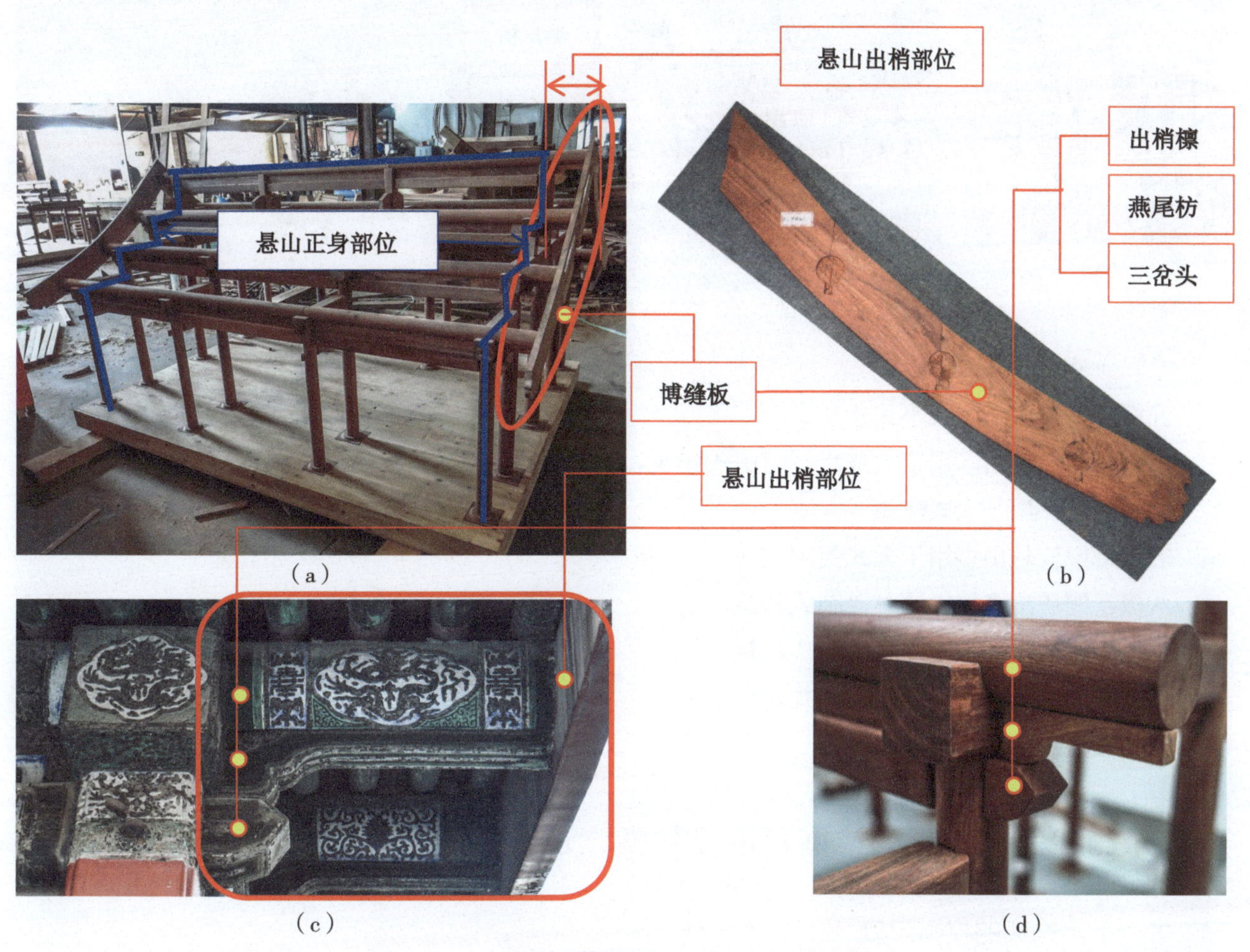

图 1-56　七檩前后廊悬山大式建筑梁架构件名称

注：除上述构件外，其余构件名称与硬山建筑同。

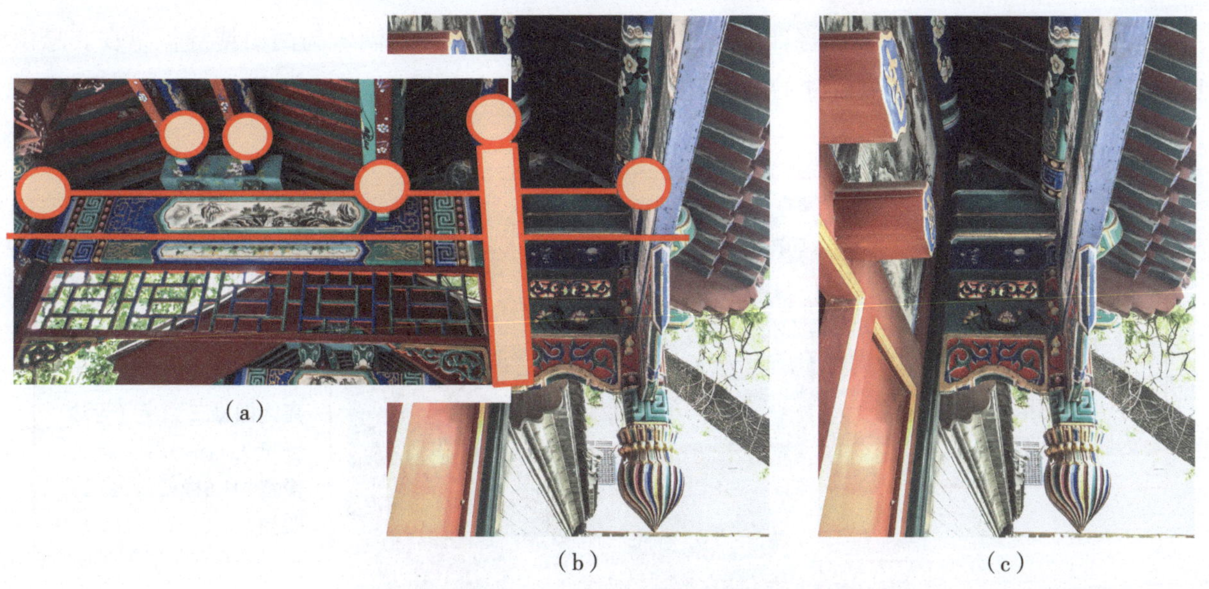

图 1-57　一殿一卷式垂花门梁架示意

(a)

(b)

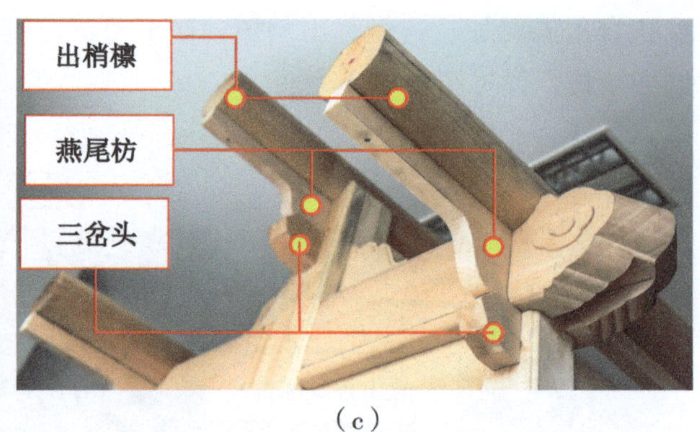

(c)

图 1-58 独立柱式垂花门梁架示意

（二）木构架的应用

五檩悬山多用于大或小式建筑。

五檩带中柱悬山多用于大或小式门庑式建筑。

七檩悬山多用于大式建筑。

七檩带中柱悬山多用于大式门庑式建筑。

八檩卷棚悬山多用于园林等杂式建筑。

六檩卷棚悬山多用于园林等杂式建筑。

四檩卷棚悬山多用于园林等杂式建筑。

一殿一卷悬山多用于园林及四合院等杂式或小式建筑。

三、悬山建筑木构架的权衡尺度及构件定尺

（一）木构架的权衡尺度

"面宽、进深，柱高、柱径，步架、举高与举架，上檐出"与硬山建筑木构架相同，此处不再讲解，本部分主要介绍悬山法则。

自两山檐柱柱中向外悬挑四椽四当尺寸（或与建筑物上出尺寸同）为两山博缝板里皮。悬山法则的计算方法及悬山建筑不同尺寸的悬出，详见图 1-59、图 1-60。

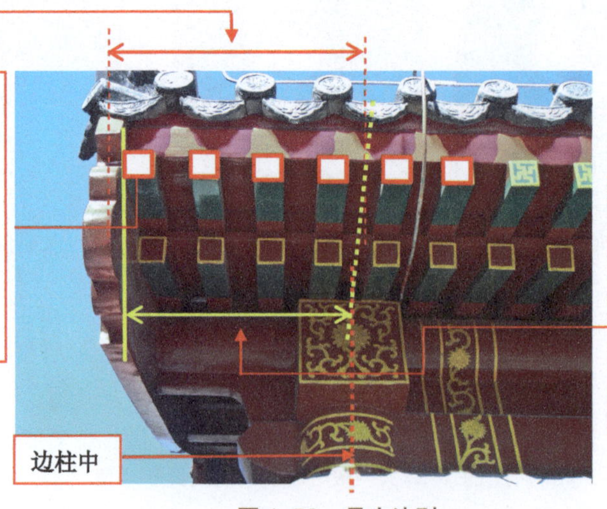

图 1-59　悬山法则

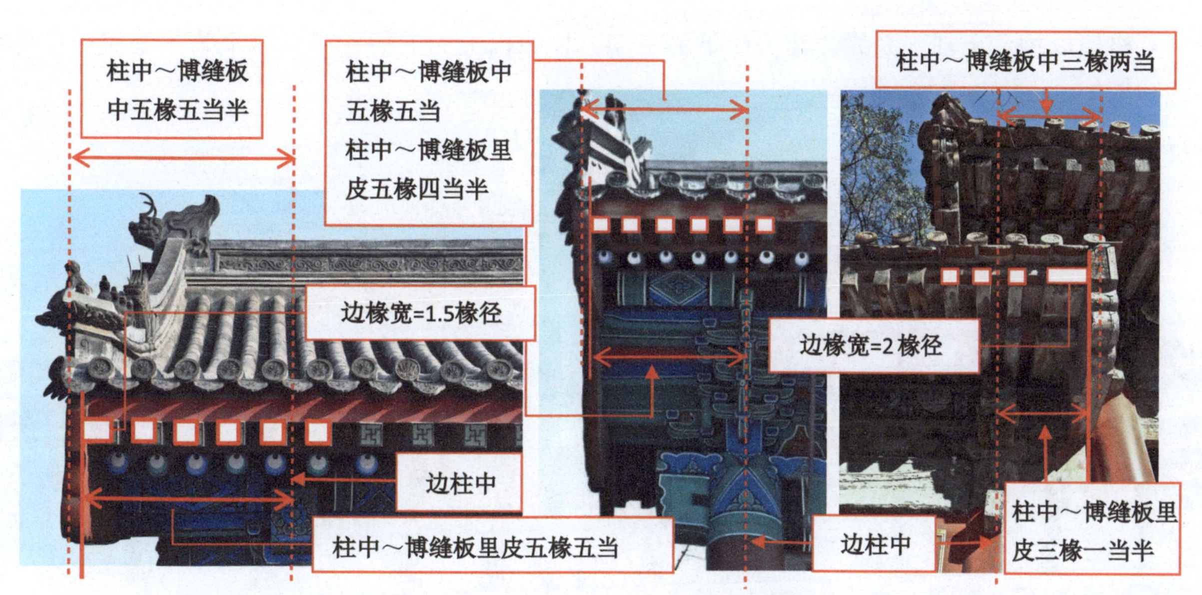

图 1-60　悬山建筑——不同尺寸的悬出

注：所标为悬山悬出的几种形式，与图 1-59“悬山法则”所规定的“悬出尺寸”有所不同，仅作参考。

（二）构件定尺

同硬山建筑，此处略。

四、悬山建筑木构架的组合及构造

注：本案例采用的两山梁架形式为排山梁架。

（一）悬山建筑木构架的组合特点

悬山建筑木构架与硬山建筑木构架的组合基本相同，只是两端开间的檩需要加长一定的尺寸延伸出两山梁架，在梁架外侧的檩下安装燕尾枋、三岔头并在檩端头封钉博缝板，达到悬山建筑的造型要求。

（二）悬山建筑木构架的构造

以七檩前后廊悬见建筑为例，详见图 1-61。

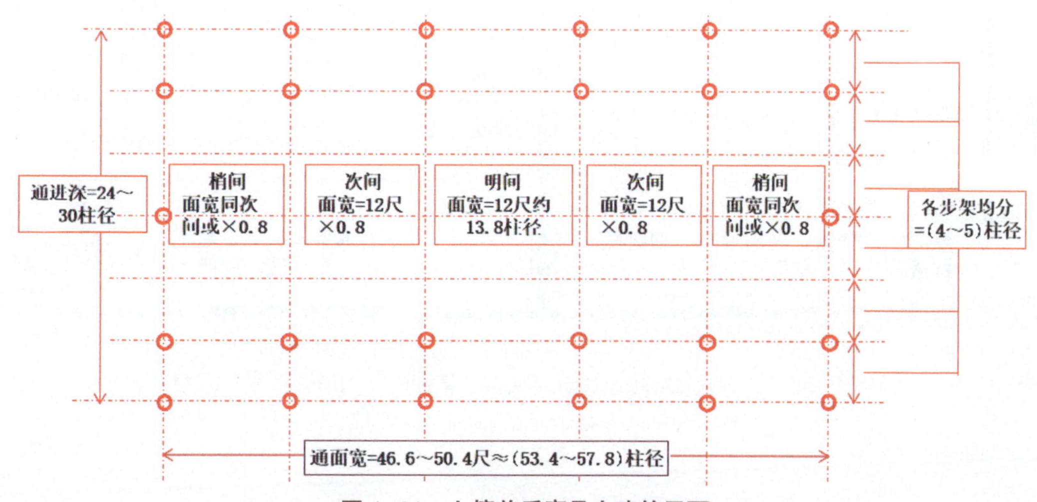

图 1-61　七檩前后廊悬山建筑平面

木构架以檐、金柱头为界，柱头以下为下架，柱头以上为上架，屋檩以上为木基层。详见图1-62～图1-64。

（a）下架

（b）上架第1层

图1-62　七檩前后廊悬山建筑梁架构造组合——下架、上架第1层构造示意

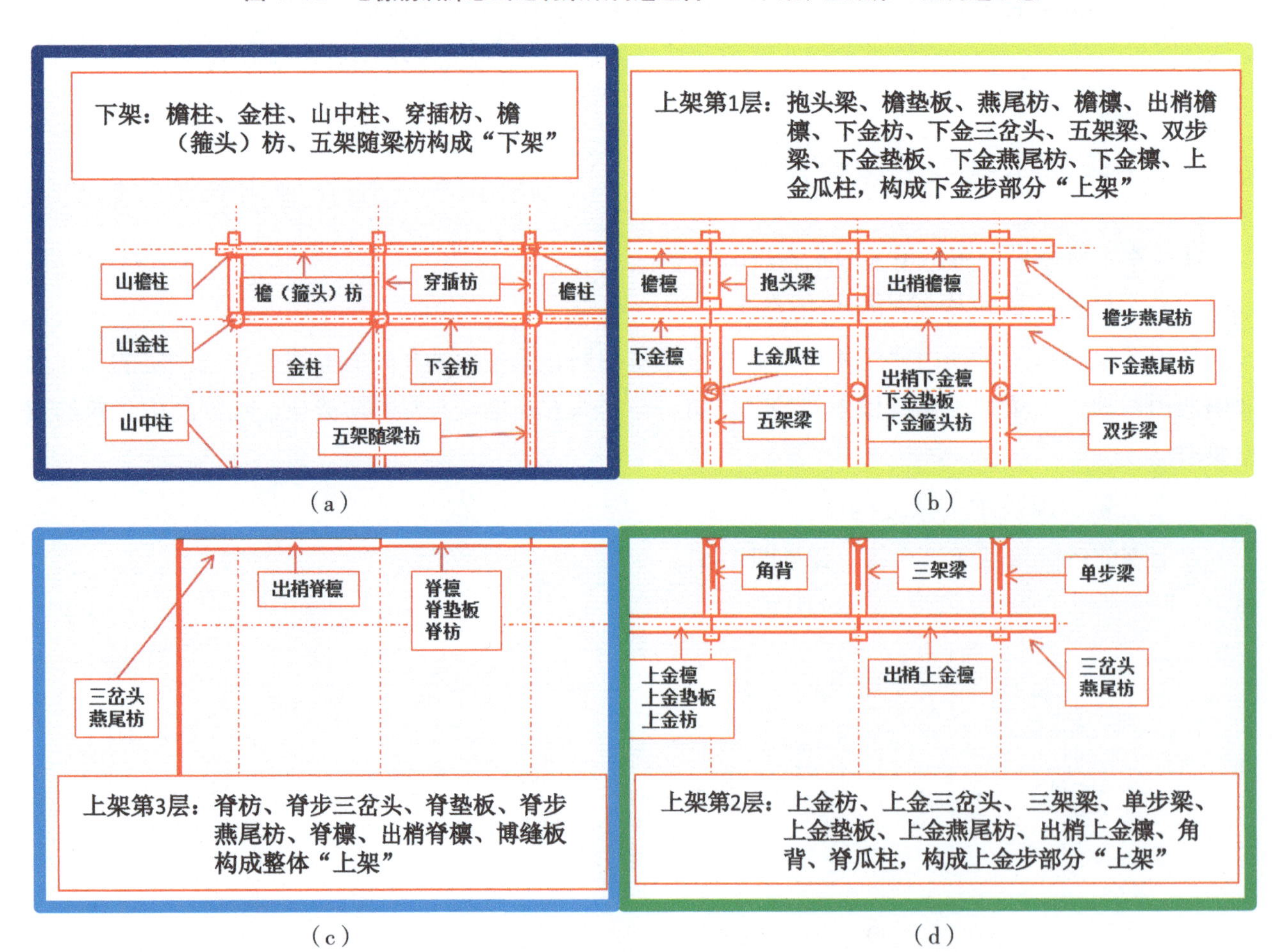

（a）　（b）　（c）　（d）

图1-63　七檩前后廊悬山建筑梁架构造组合——构造分层平面示意

（a）上架第 2 层

（b）上架第 3 层

图 1-64 七檩前后廊悬山建筑梁架构造组合——上架第 2 层、第 3 层构造示意

（1）下架 由柱（檐、金）、枋（檐、老檐、穿插）、梁（随梁）等构件构成，这些构件之间相互拉结，围合成一个整体的框架以支撑起木构架的上架，详见图 1-65。

下架：柱（檐、金、山中柱）、枋（檐、老檐、穿插）、梁（随梁）围合成一个整体框架，类似于“圈梁”与柱子的拉结

图 1-65 下架

（2）正身上架 柱（金、脊瓜柱）、枋（金、脊、燕尾枋）梁（抱头、三、五架梁）檩（檐、金、脊檩）板（金、脊垫板、角背），按悬出尺寸加长后与板（金、脊垫板、角背）一同在下架上组合成若干个水平框架，依靠构件自身的重量叠压在一起，形成相互拉结的“上架”，详见图 1-66、图 1-67。

图 1-66 正身上架（一）

（a）

（b）

图 1-67 正身上架（二）

（3）两山上架　建筑两梢（次）间的檩（檐、金、脊檩按“悬山法”规定的尺度另加博缝板的入榫长度定长）、箍头枋、燕尾枋、假箍头、博缝板共同构成悬出部分木构架，详见图 1-68。

（4）木基层　椽（飞、檐、花架、脑、罗锅椽）、板（望板、博缝板）、大小连檐又将各檩连接在了一起，更强化了木构架之间的整体拉结和联系，详见图 1-69。

图 1-68　两山上架

图 1-69　木基层

（5）参考知识

①“排山梁架”，指建筑物两山贴墙的梁架。因为不存在影响使用空间的问题，所以在梁架居中位置加了一根中（山）柱，使构架的受力更为直接（中柱自柱顶石直达脊檩），又减短了梁的长度，更为经济，详见图 1-70。

②“檩三件”，指檩、垫板、檩枋。

（a）

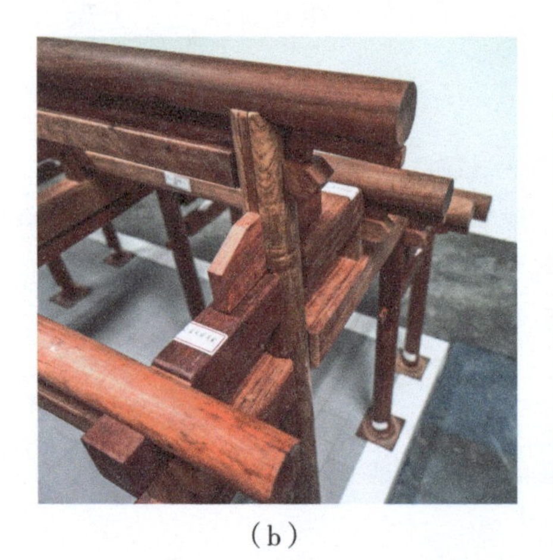

（b）

（c）

图 1-70　悬山建筑两山梁架构造细节示意

第三节 歇山建筑木构架

一、歇山建筑的认识、外形特征及应用

（一）歇山建筑的认识及应用

歇山建筑是中国传统建筑中形制等级仅次于庑殿建筑的一种既有着灵动外形又不失威严的建筑形式，在宫殿、庙宇、府邸、衙署、皇家园林中都大量使用。

歇山建筑中大式及杂式做法都有，大式歇山建筑中有带斗栱和不带斗栱两种，不带斗栱的大式歇山建筑在体量、规模、用材等各项上明显高于小式建筑。歇山杂式做法中也有带斗栱和不带斗栱两种，通常用于庭院园林中，体量普遍较小。各式歇山建筑，详见图 1-71～图 1-79（图 1-74、图 1-77、图 1-78 见本书二维码）。

图 1-71　唐代单檐歇山建筑

图 1-72　仿唐重檐歇山建筑

图 1-73　宋、元单檐歇山建筑

图 1-75　明、清单檐歇山建筑

图 1-76　明、清重檐歇山建筑

(a)

(b)

图 1-79 歇山建筑辨识

(二)歇山建筑的外形特征

歇山建筑的屋面形式有四坡，前后两坡屋面一坡到顶，两山屋面分为两段，下半段檐头屋面与前后坡檐头屋面四坡相交，呈庑殿形式；上半段直上直下，呈悬山形式。歇山建筑是在悬山建筑和庑殿建筑木构架中发展而来的一种构造形式，是悬山屋面与庑殿屋面的有机结合——上半段是悬山前后两坡屋面，下半段是庑殿四角翘起的四坡相交屋檐。详见图 1-80～图 1-82。

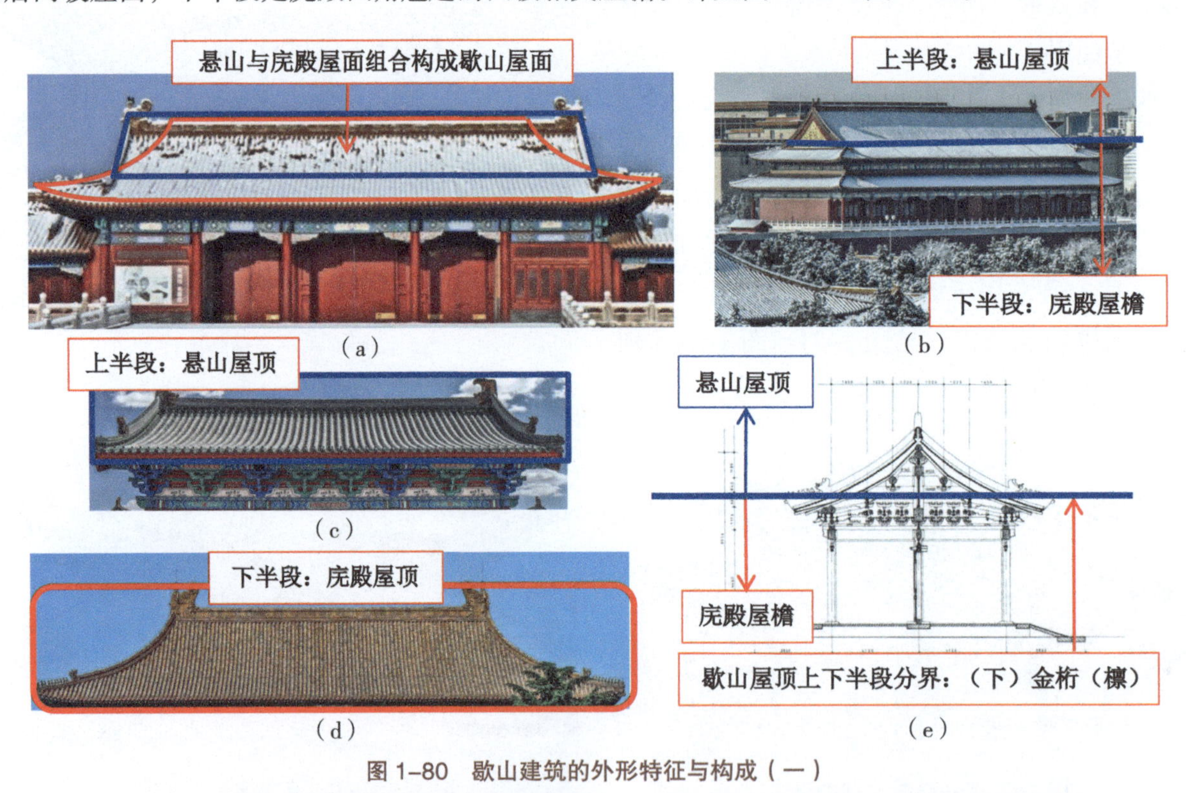

(a) (b) (c) (d) (e)

图 1-80 歇山建筑的外形特征与构成(一)

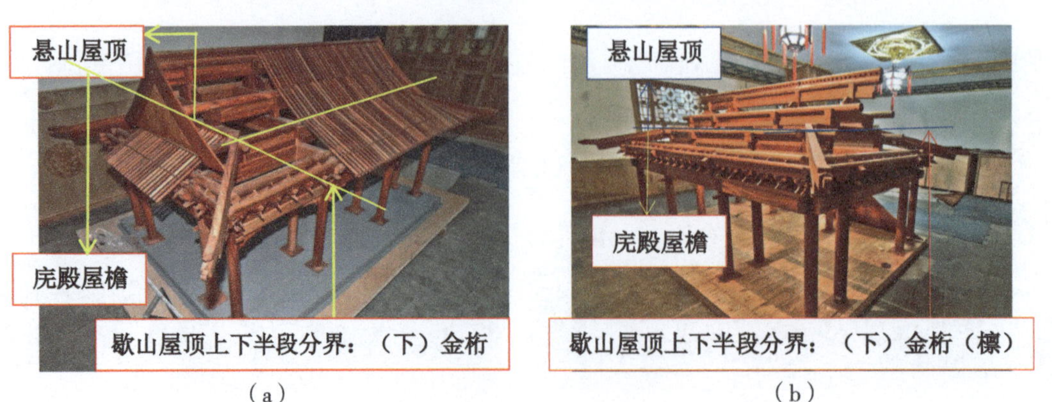

(a) (b)

图 1-81 歇山建筑的外形特征与构成(二)

（a）宋、元

（b）明、清

图 1-82　歇山建筑两山对比

注：宋、元悬出部分露明，自柱中梁架封堵；明、清悬出部分不露明，自悬出梁架（草架柱、穿梁）、博缝板封堵。

二、歇山建筑木构架的认识及应用

（一）木构架的认识

1. 构造原理

歇山建筑木构架与硬山建筑木构架一样都是房屋结构的主体，最大的不同是屋面不是前后两坡一坡到顶，而是屋面分成了上、下两部分，上半段屋面前后两坡一坡到顶，下半段屋檐四坡相交，飞檐翘角。

作为木构架首先要满足建筑物的这个造型要求，根据造型要求配置相应的构件才能搭建起歇山建筑的整体骨架，这与硬山等其他类型的建筑构架一样。从构造原理上说，歇山木构架也是由成百上千个构件用独特的榫卯连接方式组合构成一个个同层框架，利用榫卯、自重完成各框架的连接和叠压进而完成建筑造型的整体骨架等，它们的构造原理是相同的。

歇山木构架与硬山、悬山木构架的另一个不同的是因为建筑等级高，歇山建筑中使用斗栱的概率要远大于硬山、悬山建筑，所以木构架与斗栱构件的组合也是与大部分硬山、悬山建筑木构架的不同之处。

2. 构架类型

歇山建筑木构架的类型与硬山、悬山即有不同之处也有相同的地方。首先，硬山、悬山建筑中前后两坡屋面檐口一平的木构架都能用于歇山建筑正身部位，这是它们相同的地方；不同的地方是歇山建筑两端开间的木构架是根据自身造型配置的，不能用在硬山和悬山建筑上，这是它们不同的地方。

歇山建筑木构架有以下类型：①四檩（架）卷棚；②五檩（架）无廊；③六檩（架）卷棚；④七檩（架）无廊；⑤七檩（架）前后廊；⑥七檩（架）前廊（檐平脊正）；⑦八檩（架）前后廊卷棚；⑧九檩（架）无廊；⑨九檩（架）前后廊；⑩九檩（架）前后廊楼房（上檐七檩歇山、下檐前后各一檩硬山）；⑪上檐七檩三滴水前后廊歇山楼房，详见图 1-83、图 1-84。

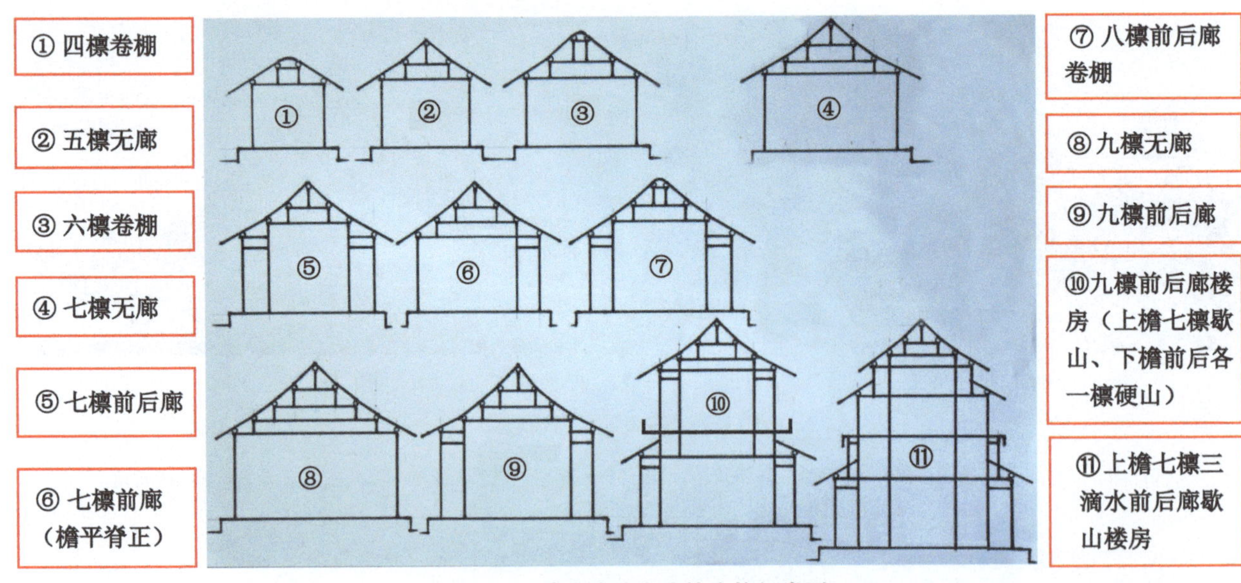

图 1-83　清官式歇山建筑木构架类型

3. 构架构成

（1）不带斗栱的大式歇山建筑木构架由三部分构成：①下架；②上架；③木基层。

（2）带斗栱大式歇山建筑的木构架由四部分构成：①下架；②斗栱；③上架；④木基层，详见图 1-84。

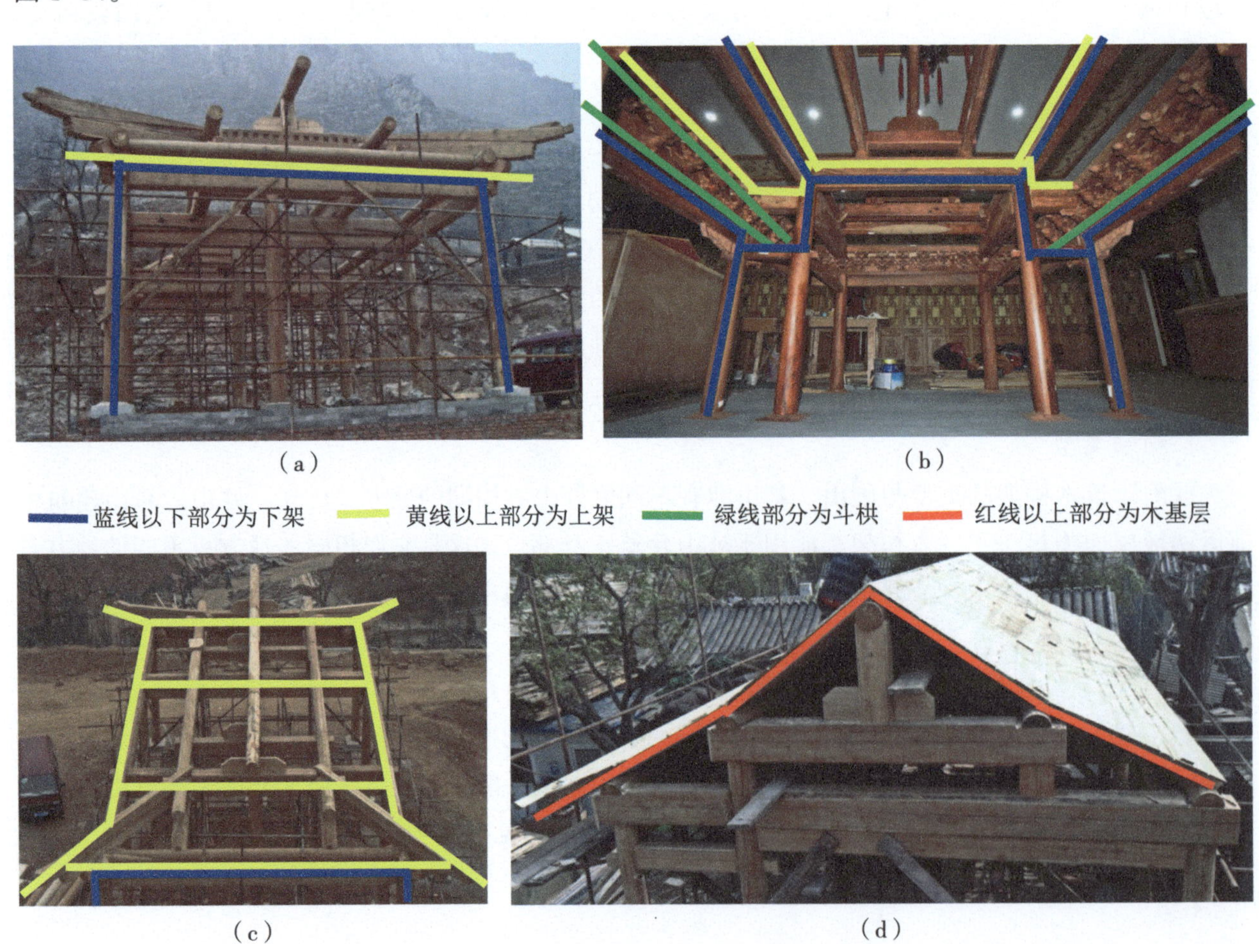

图 1-84　木构架中的下架、斗栱、上架、木基层

4. 构件种类及名称

歇山木构架的构件与其他类建筑相同也分为六大类（主要）：柱、梁、枋、檩、板、椽，详见图 1-85、图 1-86。

（1）下架构件，主要有柱、枋、随梁等。

（2）斗栱构件，主要有平板枋、斗栱（详见《入门》第一册）。

（3）上架构件，主要有梁、板、枋、檩、瓜柱、角背等。

（4）木基层，主要有椽、望板等。

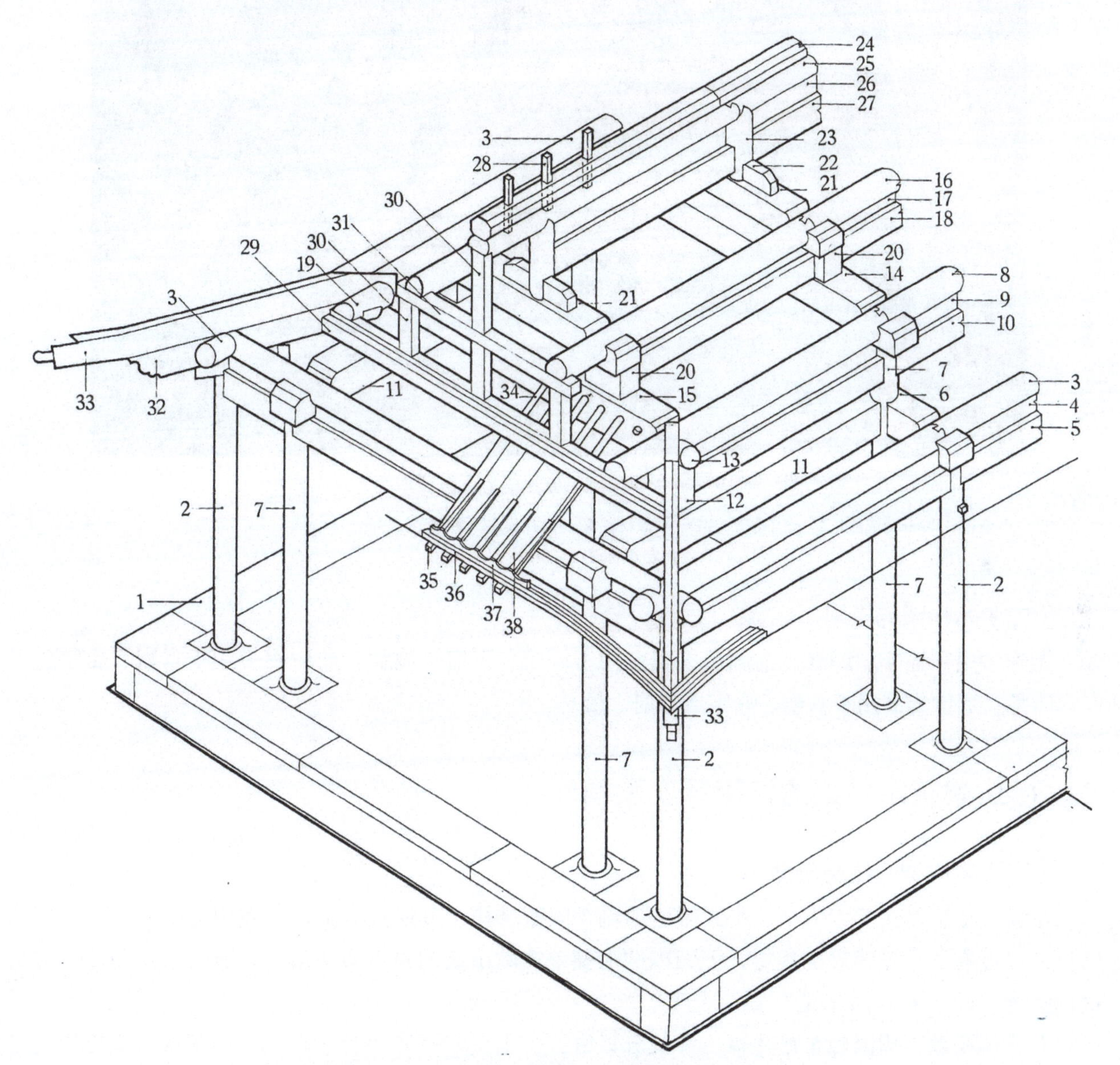

图 1-85 歇山建筑（顺梁法）木构架构件名称示意

1—台基（石）；2—檐柱；3—檐檩；4—檐垫板；5—檐枋；6—抱头梁；7—金柱；8—下金檩；9—下金垫板；10—下金枋；11—顺梁（顺趴梁）；12—交金墩；13—踩步金檩头；14—五架梁；15—踩步金；16—上金檩；17—上金垫板；18—上金枋；19—挑山檩；20—柁墩；21—三架梁；22—角背；23—脊瓜柱；24—扶脊木；25—脊檩；26—脊垫板；27—脊枋；28—脊桩；29—踏脚木；30—草架柱子；31—穿梁；32—老角梁；33—仔角梁；34—檐椽；35—飞檐椽；36—（大）连檐；37—瓦口；38—望板

注：引自《中国古代建筑技术史》。

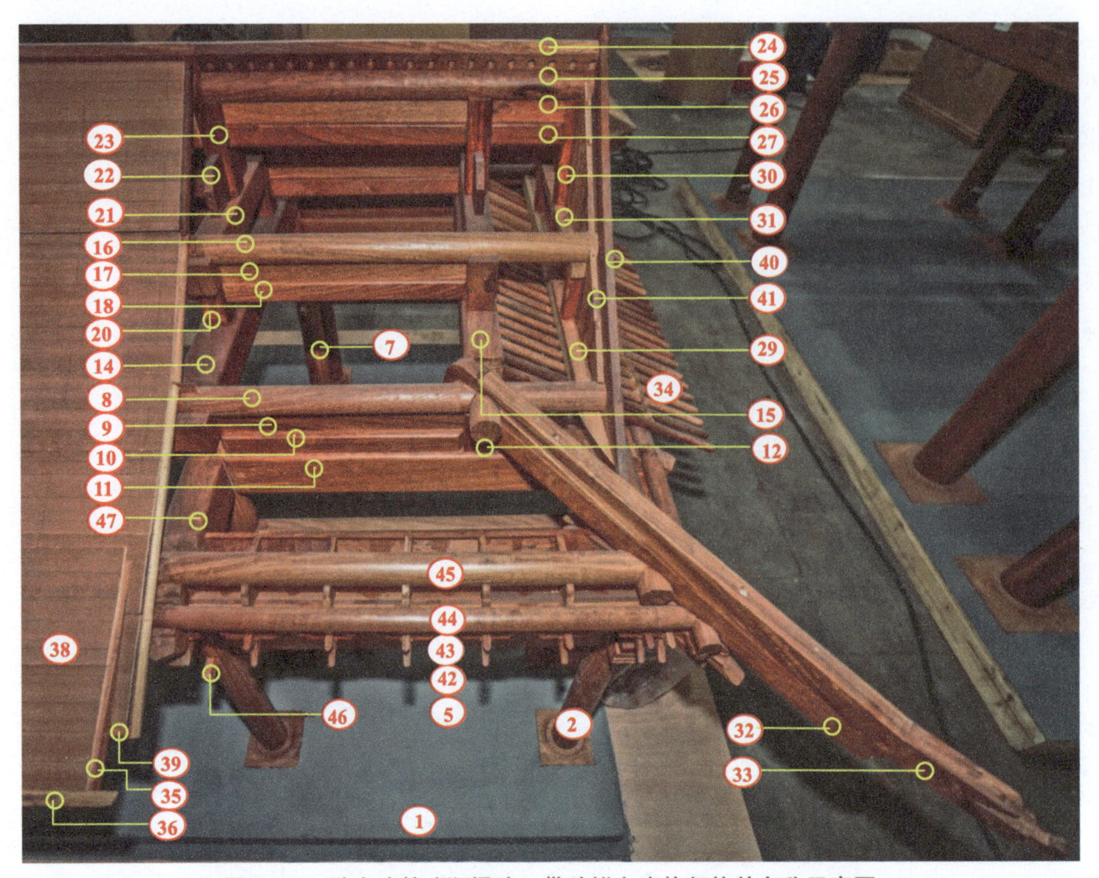

图 1-86 歇山建筑（顺梁法、带斗栱）木构架构件名称示意图

39—小连檐；40—博缝板；41—山花板；42—平板枋；43—斗栱；44—挑檐檩；45—正心檩；46—穿插枋；47—桃尖梁

注：名称标注 1～38 同图 1-85。

（二）木构架的应用

无廊多用于庙宇、园林；前廊后无廊多用于庙宇、王府、园林；前后廊多用于宫殿、庙宇、王府、园林；周围廊多用于宫殿、庙宇、王府、园林。

三、歇山建筑木构架的权衡尺度及构件定尺

（一）木构架的权衡尺度

在清《工程做法》大木大、小式做法通例（间架结构定分通则）中，对歇山建筑木结构各部位的权衡尺度有着详细明确的规定，下面以“七檩单檐歇山周围廊重昂斗口二寸五分大木做法”为例试作解读。详见图 1-87（见本书二维码）。

七檩单檐歇山周围廊重昂斗口二寸五分详解：①七檩——屋面有七根檩子的建筑；②单檐——单（一）层屋面；③歇山——屋面形式；④周围廊——建筑物四面带廊子；⑤重昂——双层昂；⑥斗口——平身科坐（大）斗看面刻口；⑦二寸五分——清尺，合公制 80mm。

七檩歇山建筑及构件见图 1-88～图 1-90。

1. 面宽（面阔）与进深（纵深）

①面阔（面宽）：建筑物迎面（长向）两柱间的水平距离。

②进深（纵深）：建筑物侧面（短向）两柱间的水平距离。详见图 1-91。

图 1-88　七檩带斗栱歇山建筑木构架

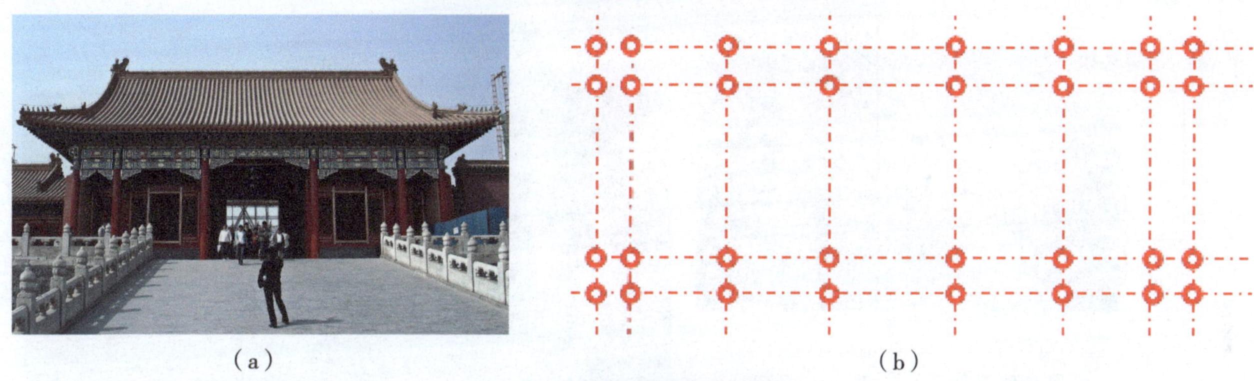

（a）　　（b）

图 1-89　七檩单檐歇山周围廊

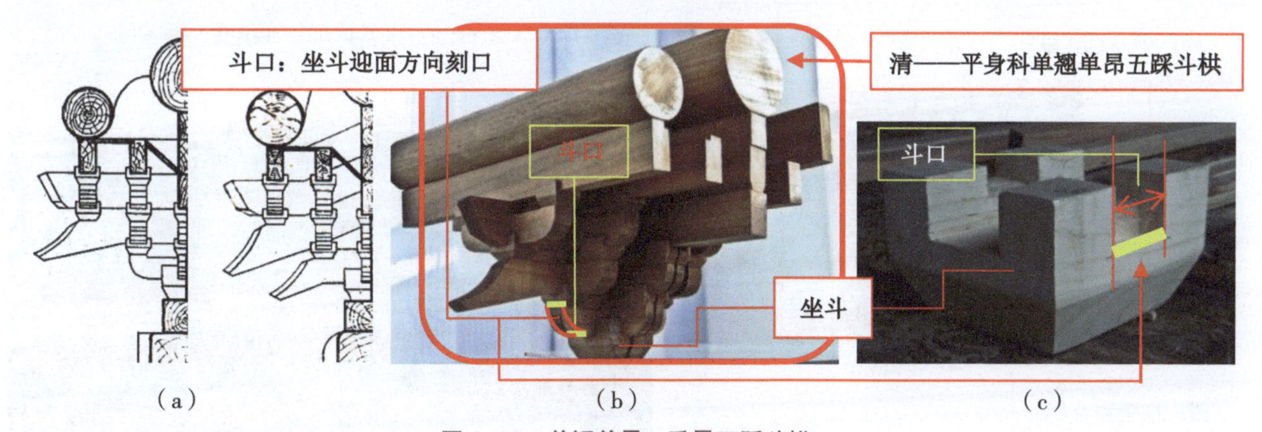

（a）　　（b）　　（c）

图 1-90　单翘单昂、重昂五踩斗栱

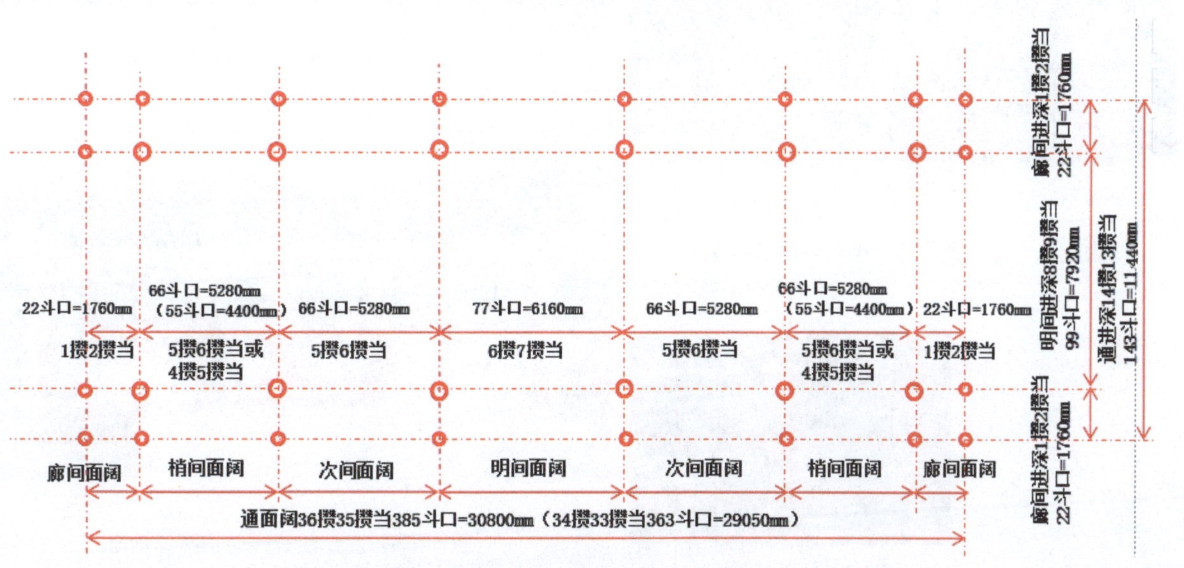

图 1-91　七檩单檐歇山转角周围廊带斗栱建筑的面宽与进深

③明间：当心开间。

④次间：当心间两侧的开间。

⑤梢间：次间外侧的开间。

⑥廊间：建筑物外侧的廊子。

⑦攒：斗栱的单位名称。

⑧攒当：相邻两攒斗栱中到中的水平距离，详见图 1–92～图 1–94。

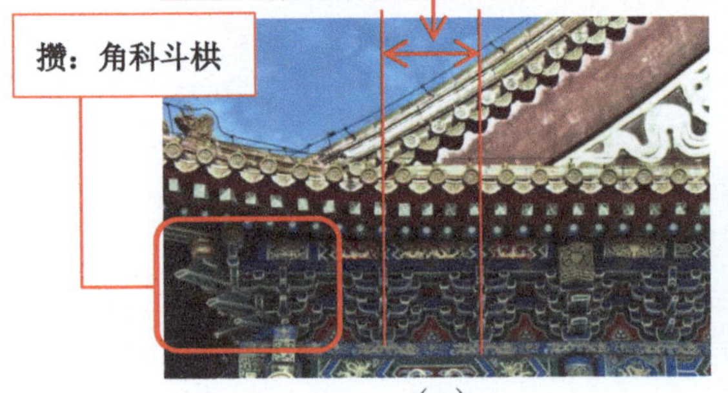

（a）

（b）

图 1–92　殿堂建筑：斗栱攒、攒当

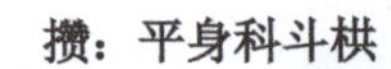

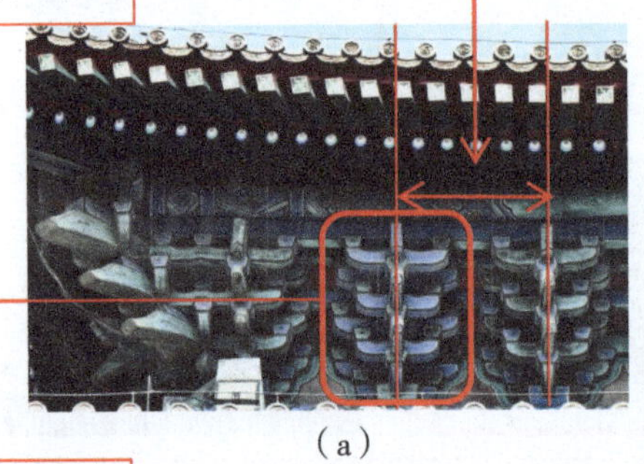

（a）

（b）

图 1–93　高台建筑：斗栱攒、攒当

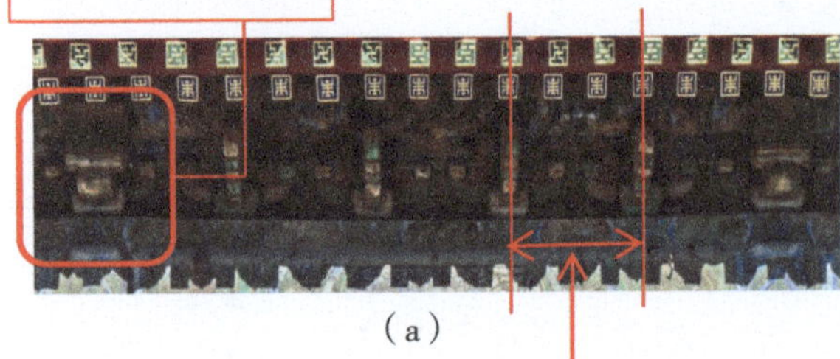

（a）

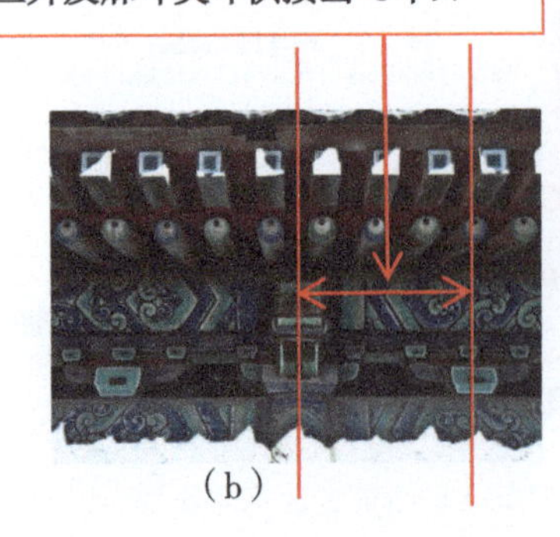

（b）

（c）

图 1–94　厅堂建筑：斗栱攒、攒当

注：斗栱权衡尺度详见《入门》第一册。

2. 檐高、柱径与斗口

在歇山及下面所介绍的庑殿建筑中，无斗栱大式木构架的柱高与柱径及硬山、悬山木构架略有不同，主要差别在整体尺度的比例上，其模数、权衡的使用上和构件的尺寸基本相同。而在带斗栱的建筑中，它的模数改为“斗口”，详见图 1–90（c），另执行一套有别于“柱径”的权衡规定。

（1）无斗栱大式建筑

①柱高。自建筑物台明（地面）起至柱头（梁下皮）的高度；以明间面宽尺寸的 6/7 定柱高。

②柱径。前檐（廊）柱柱根直径，通常为柱高的 1/11。

（2）带斗栱大式建筑

①檐高（或称通高）。在带斗栱的大式建筑中前檐檐（廊）柱和斗栱两部分高度的统称：一是自台明起至檐（廊）柱头的高度，二是由柱头上皮斗栱平板枋起至挑檐桁下皮止，这两部分相加就是檐高（或称通高）。

檐高的尺度以 70 斗口定高（台明起至挑檐桁下皮）。其中：檐（廊）柱高通高为 70 斗口减去斗栱高；斗栱高根据斗口及斗栱踩数确定。

附：斗栱高——斗栱平板枋起至挑檐桁下皮止，三踩斗栱高 9.2 斗口，五踩斗栱高 11.2 斗口，七踩斗栱高 13.2 斗口，九踩斗栱高 15.2 斗口。详见图 1–95～图 1–97。

②带斗栱大式建筑的柱径。前檐（廊）柱柱根直径，通常为 6 斗口。

③斗口，详见《入门》第一册。

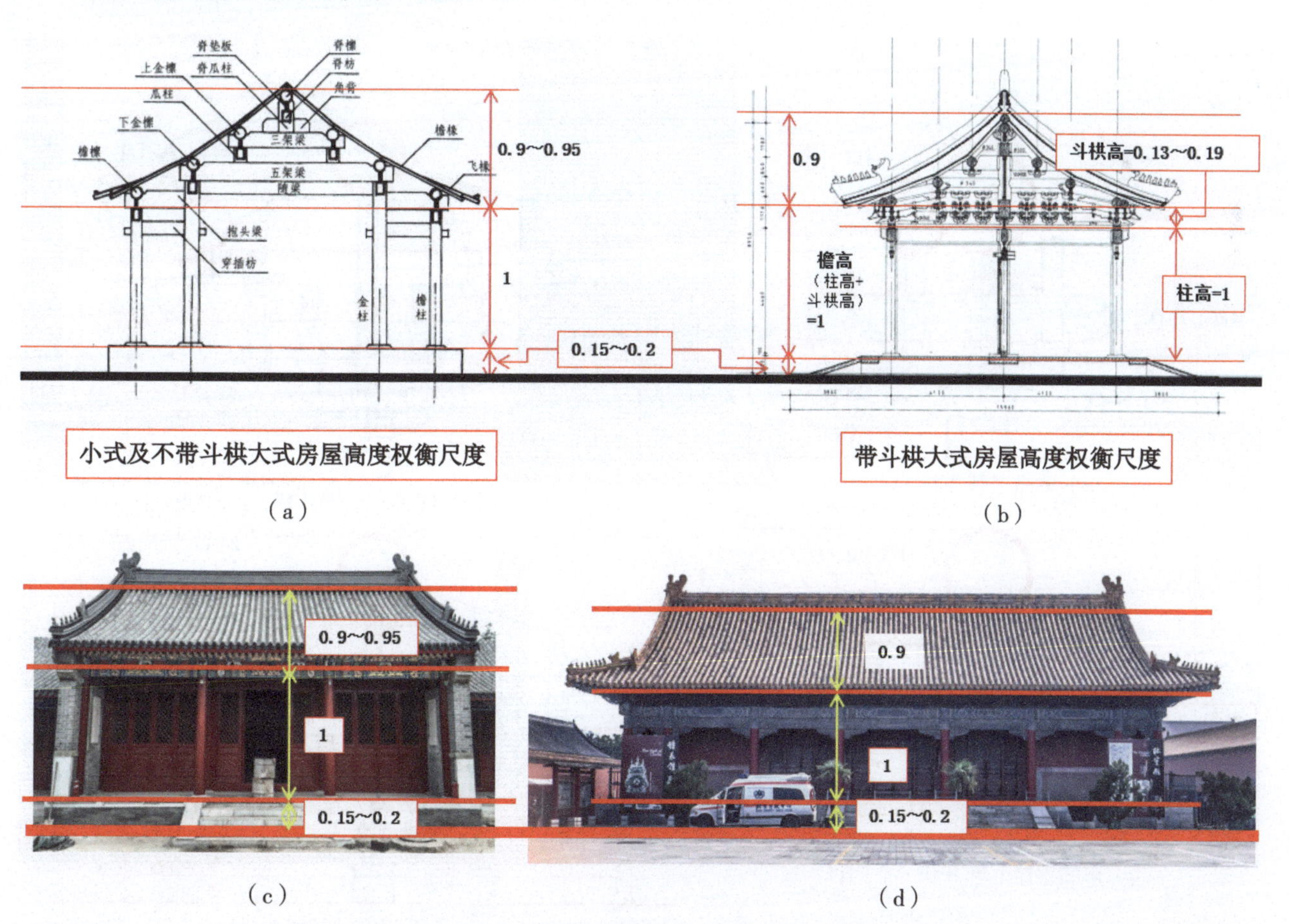

（a）　（b）

（c）　（d）

图 1–95　大小式建筑柱高、檐高区别、构成及整体高度比例示意

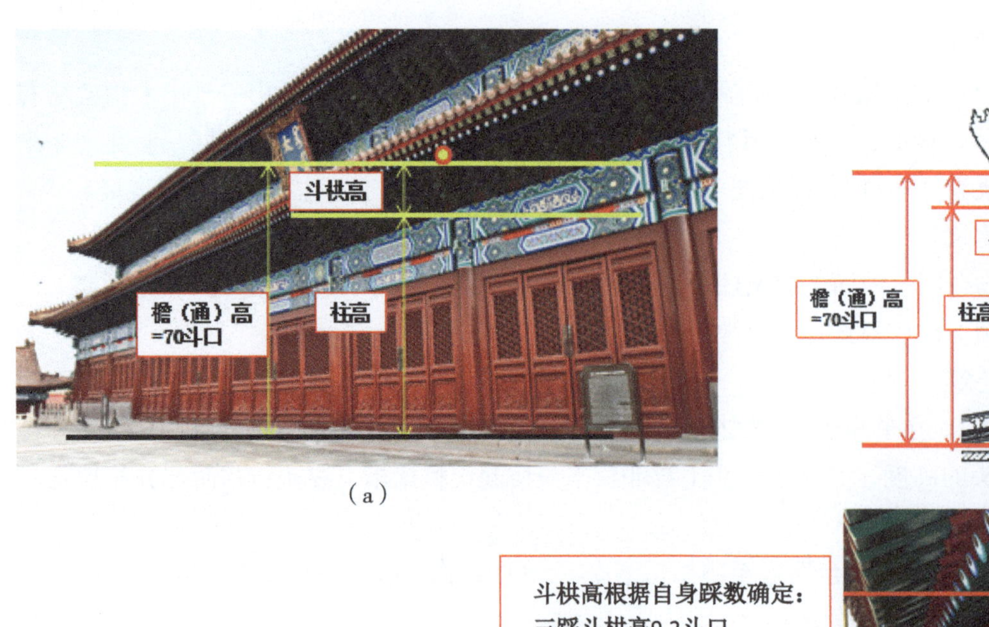

图 1-96　檐（通）高、斗栱高示意（一）

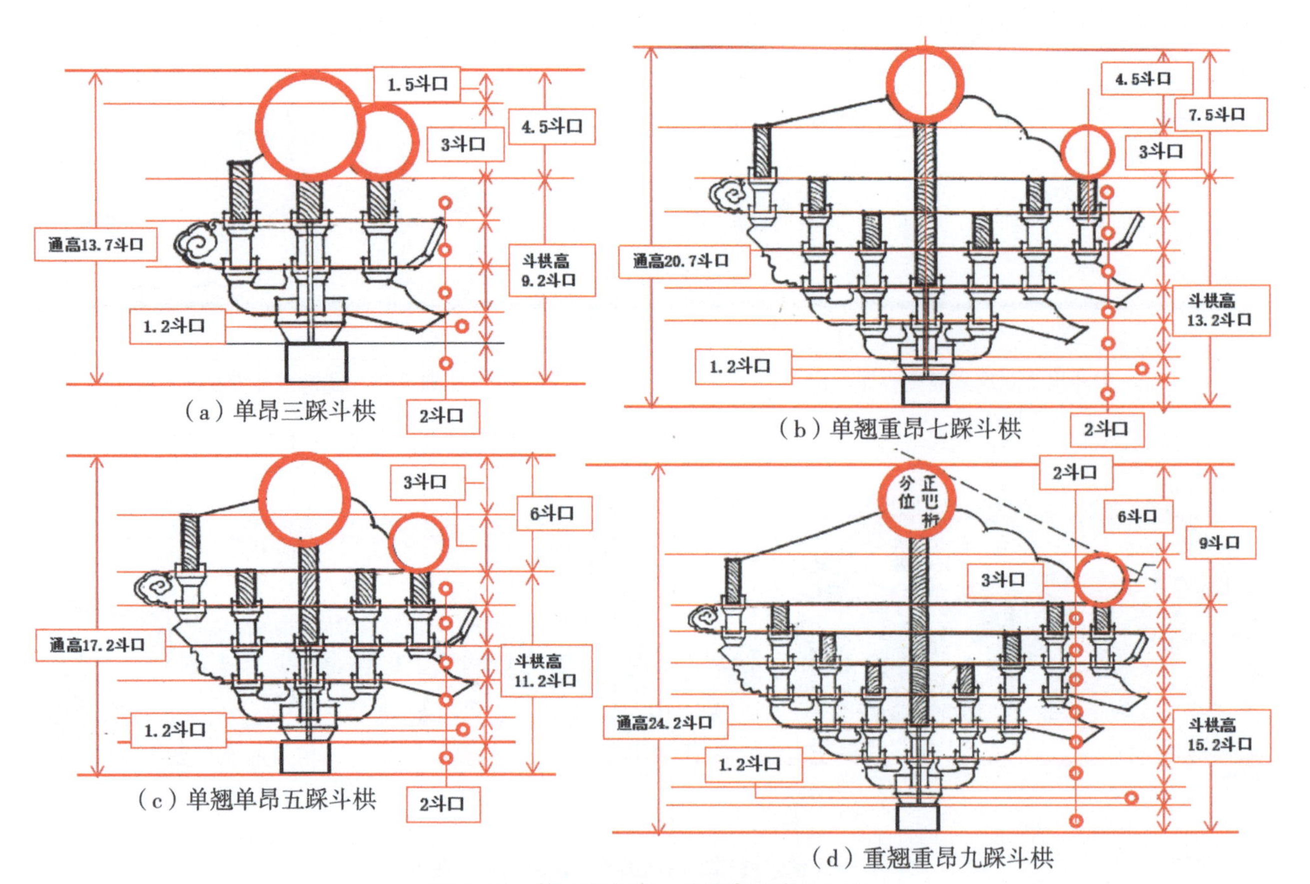

图 1-97　檐（通）高、斗栱高示意（二）

3. 收分与侧脚

详见硬山建筑，此处略。

4. 步架、举高与举架

（1）步架

相邻两檩之间的水平距离称步架。

通常无斗栱大式建筑（4～5）柱径，带斗栱建筑 22 斗口，也可根据进深分间、分步调整。

（2）举高

相邻两檩之间的垂直距离称举高。

（3）举架

举高与步架之间的比值称举架。步架为 1、举高为 0.5 时举架即为五举；步架为 1、举高为 0.7 时举架即为七举。

大式七檩房为五、七、九举或五、六五、八五举。

大式九檩房为五、七、八、九举或五、六、七、九举或五、六五、七五、九举，详见图 1–98、图 1–99。

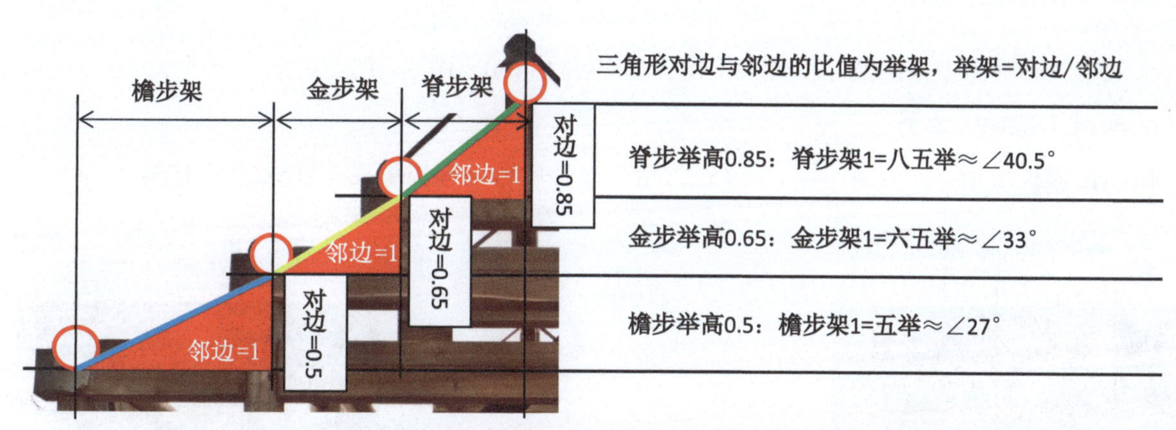

图 1–98　无斗栱大式建筑：步架、举高与举架

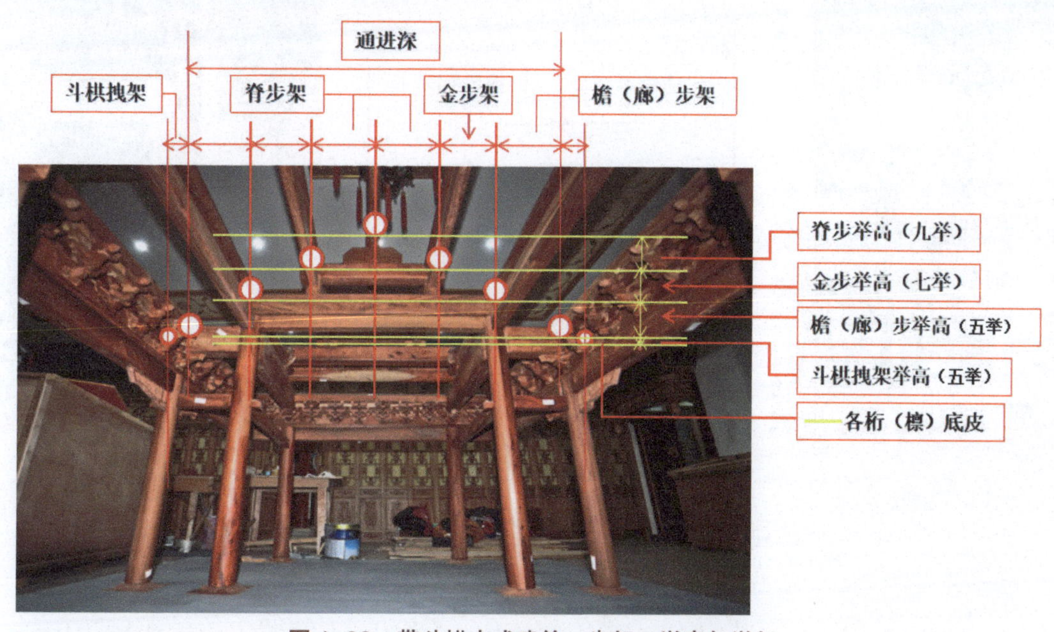

图 1–99　带斗栱大式建筑：步架、举高与举架

5. 上檐出

檐柱中至飞椽椽头外棱的水平距离，含斗栱拽架平出、老檐出、小檐出。

（1）无斗栱大式建筑上檐出的尺度　为柱高的 1/3。

①老檐出。有檐、飞椽的上檐出中檐檩中至檐椽椽头的挑出长度，通常为 2/3 上檐出。

②小檐出。有檐、飞椽的上檐出中檐椽椽头至飞椽椽头的挑出长度，通常为 1/3 上檐出。

（2）带斗栱大式建筑上檐出的尺度　正心檩中至飞椽椽头外棱的水平距离，含斗栱拽架、老檐出、小檐出，通常为 21 斗口（上层檐另加（吐水）2 斗口或 1 椽径）另加斗栱出踩拽架的斗口数。

①拽架平出。斗栱前后相邻两栱之间中至中的水平距离为 1 拽架，正心檩至挑檐檩之间的水平距离按不同规格斗栱拽架数相加，三踩斗栱 1 拽架；五踩斗栱 2 拽架；七踩斗栱 3 拽架；九踩斗栱 4 拽架；每 1 拽架通常定为 3 斗口。

②老檐出。挑檐檩中至檐椽椽头外棱的水平距离，通常为 2/3 平出 14 斗口（重檐建筑相应增加）。

③小檐出。檐椽椽头至飞椽椽头外棱的水平距离，通常为 1/3 平出 7 斗口（重檐建筑相应增加）。

大式带斗栱建筑上檐出及斗栱拽架平出，详见图 1–100～图 1–102。

6. 收山（歇山）法则

由山面檐檩（桁）向内返一檩（桁）径为山花板外皮即博缝板里皮，详见图 1–103。

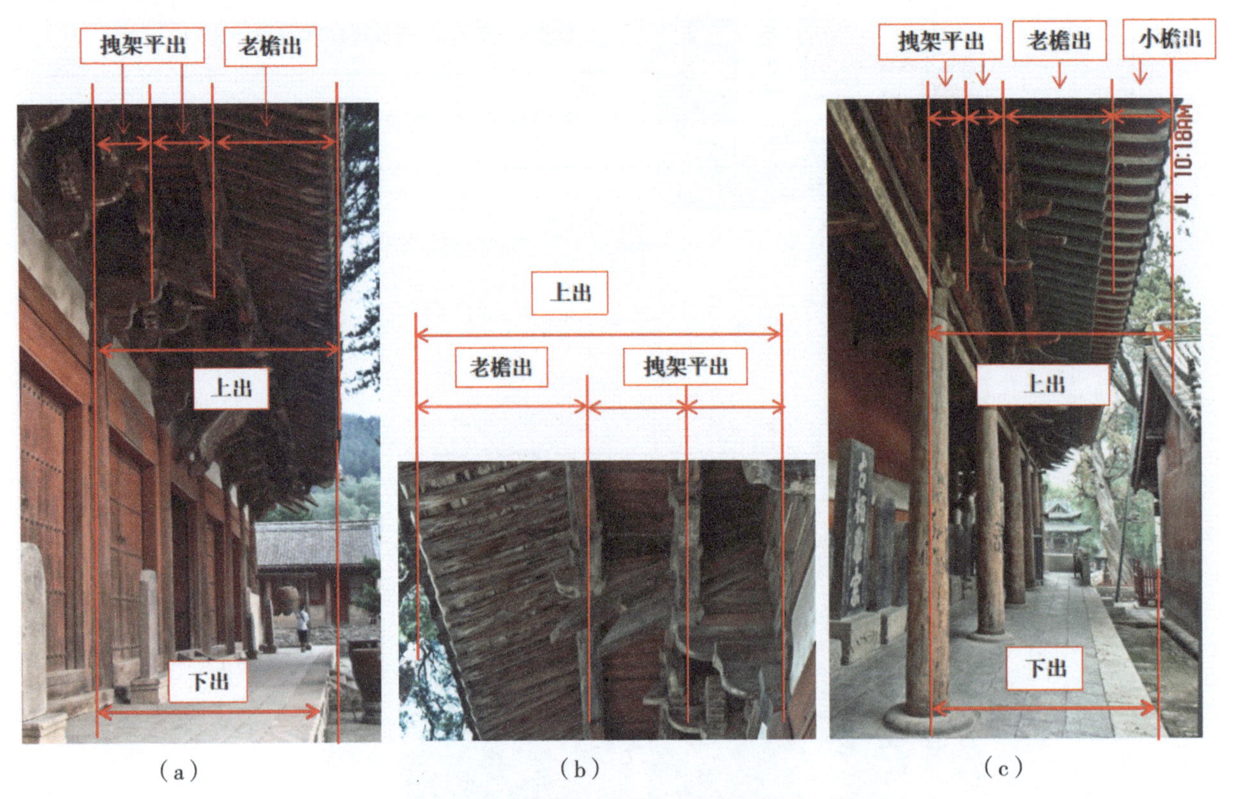

（a）　（b）　（c）

图 1–100　大式带斗栱建筑上檐出详解（一）

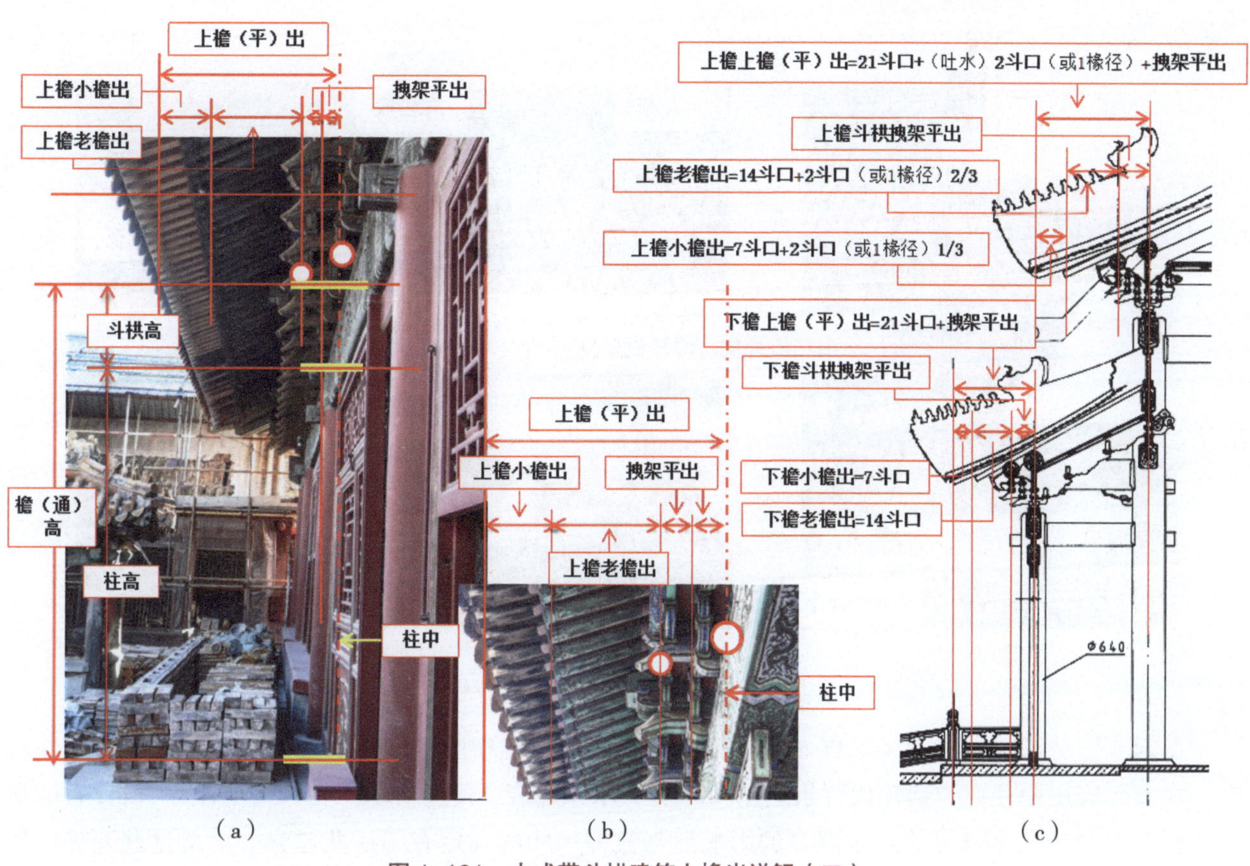

图 1-101　大式带斗栱建筑上檐出详解（二）

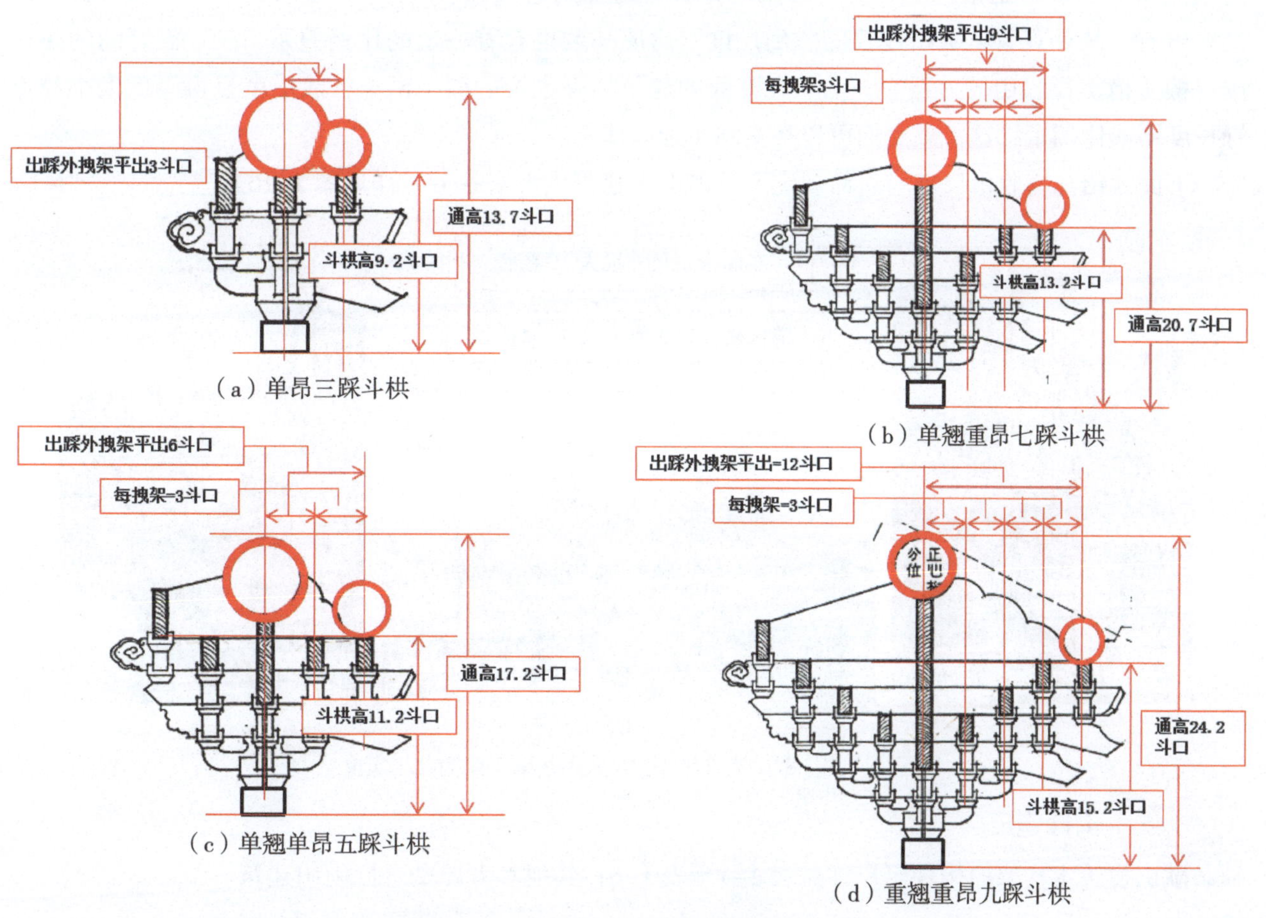

图 1-102　大式带斗栱建筑斗栱拽架平出详解

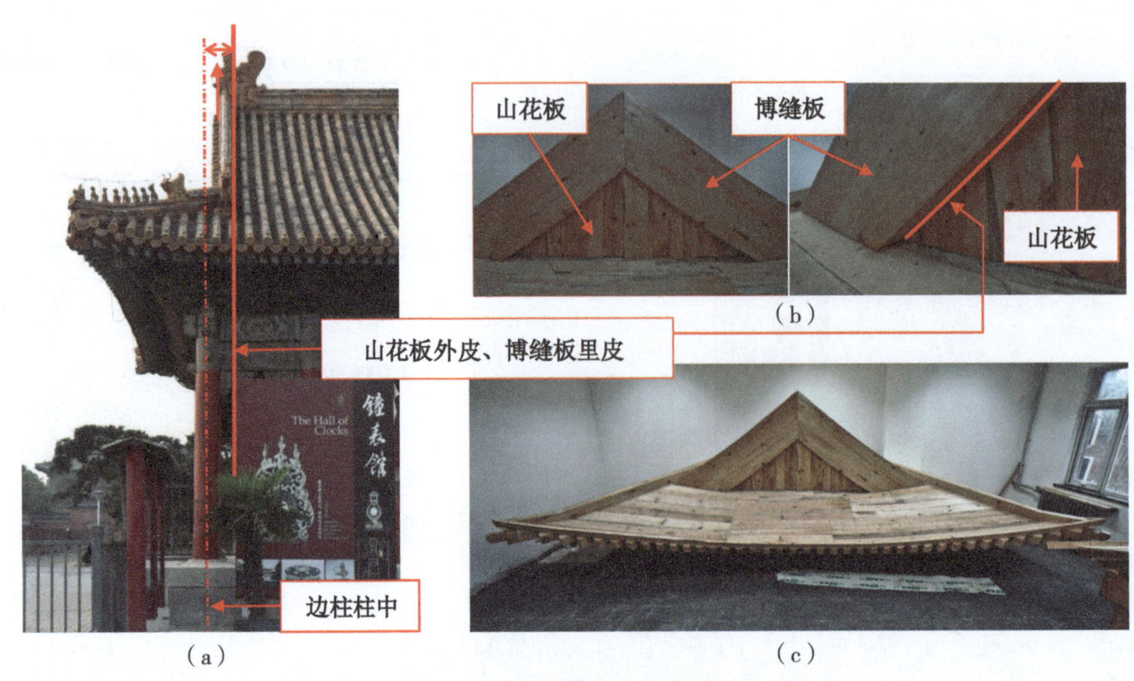

图 1-103　歇山建筑：收山法详解

在宋《营造法式》和清《工程做法》中只是针对典型的中国传统建筑做出了统一的权衡尺寸规定，在实际应用中往往受到年代背景、空间环境、相邻建筑、使用要求、主人（业主）、设计者的审美喜好及工匠的艺术修养等众多因素的影响而与权衡尺寸的规定有了一些差异。对待这些差异，我们不能简单认定它是错误的，而应客观地分析“为什么这么做”，之后再做出错与对、取与舍的结论。再有，从外观看，歇山建筑的收山尺度与房屋间数也有着一定的比例关系，三、五开间的建筑按一檩（桁）径收山较为适宜，七、九开间的建筑如果也按一檩（桁）径收山就显得屋檐大小与正脊长度不成比例了，这一点我们可以在实践中加以体会。

下面介绍几座收山尺度与权衡规定不符的歇山建筑供大家参考，详见图 1-104。

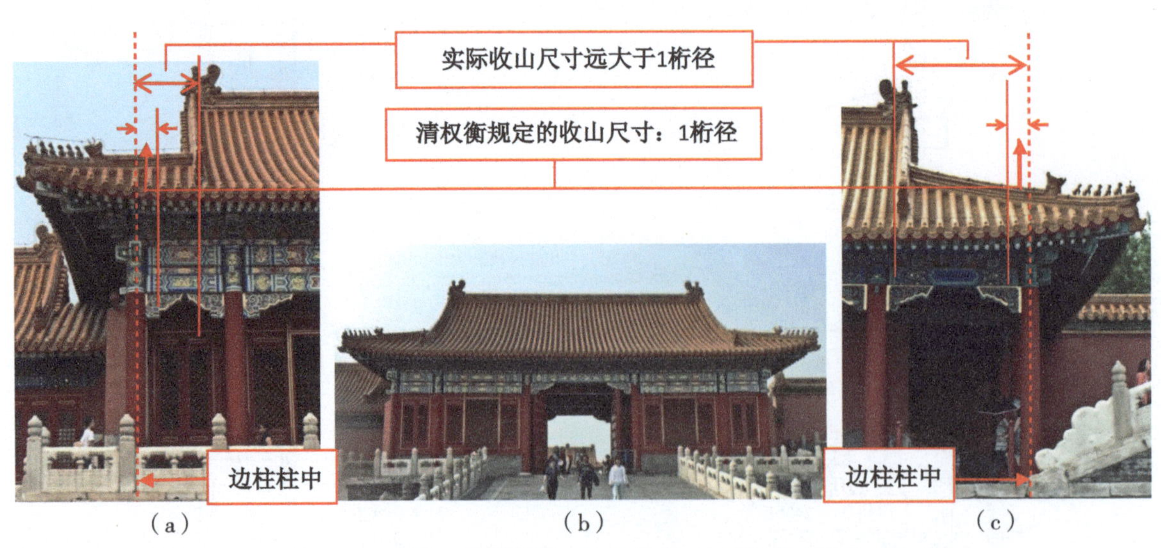

图 1-104　歇山建筑参考：与收山法则不同的收山尺度

（二）构件定尺

歇山建筑木构架的构件定尺详见表 1-1～表 1-6；其他参考原则等同硬山建筑。

四、歇山建筑木构架的组合及构造

（一）歇山建筑木构架的组合特点

传统木构建筑中所有的木构件都是为了满足建筑物的造型而进行的配置、组合，歇山建筑的木构架也是这样。

歇山建筑木构架在正身部位是与硬山建筑木构架一致的，只是在建筑的两尽端开间为满足歇山造型的需要，在木构架上做了一些变化：根据“飞檐翘角”的造型需要安装角梁、翼角、翘飞椽；根据屋面造型的需要变换尽端梁架的位置；根据结构的需求增加踩步金、踏脚木、草架柱等歇山建筑特有的构件，详见图 1-105～图 110（图 1-108 见本书二维码）。

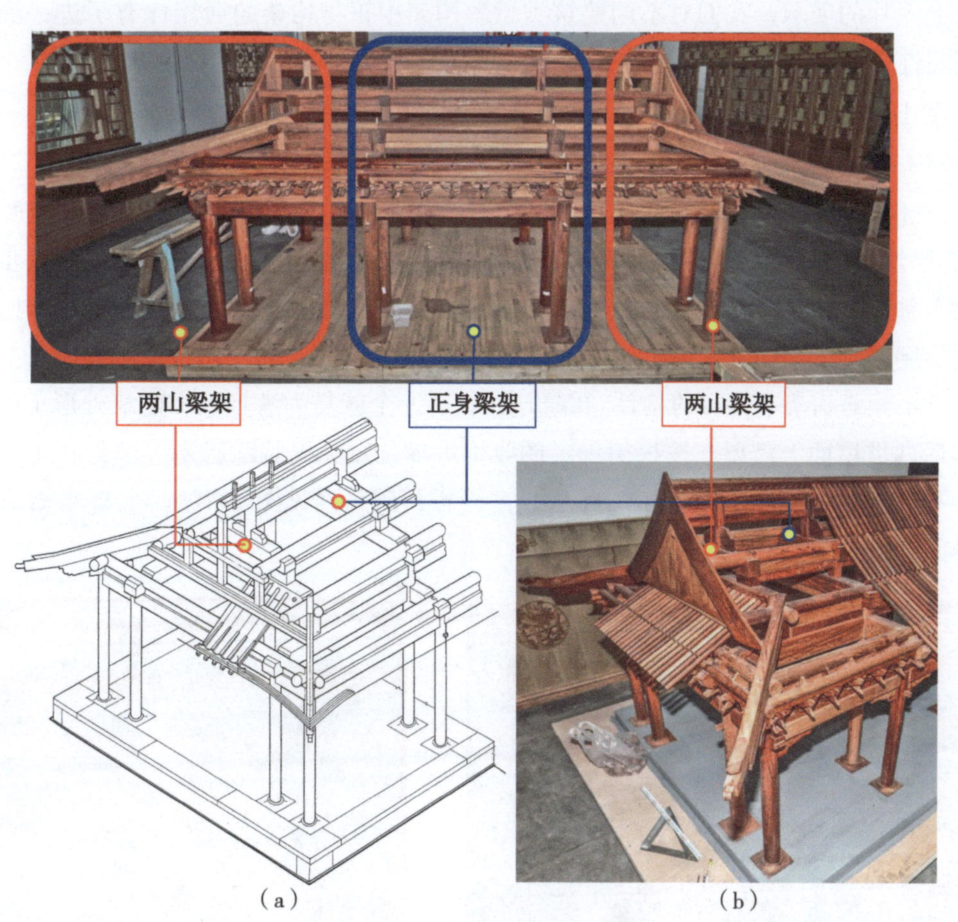

（a）　　（b）

图 1-105　清官式建筑歇山木构架

注：引自《中国古代建筑技术史》。

（a）　　（b）

图 1-106　歇山建筑木构架：两山梁架与正身梁架区分

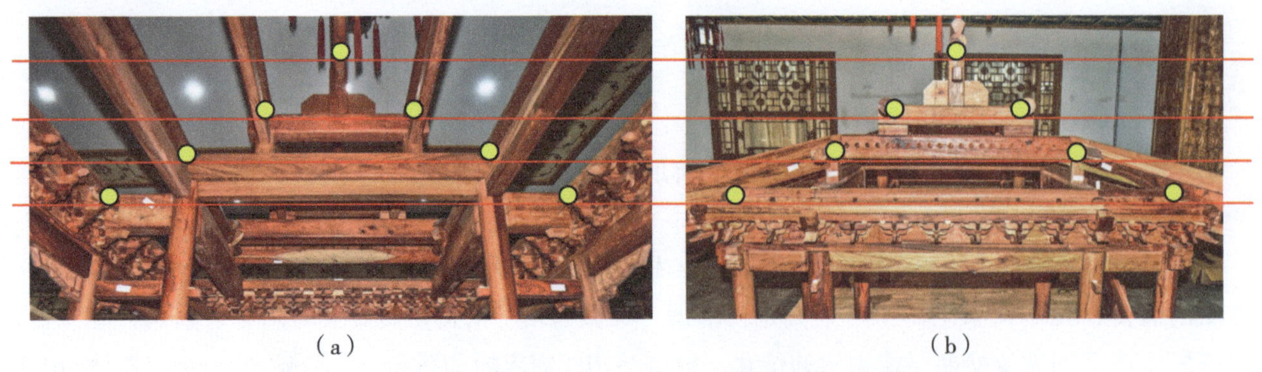

（a）　（b）

图 1–107　歇山建筑木构架：两山梁架与正身梁架各檩（桁）标高对应

通过以上图片的展示，我们对不同建筑类型木构架中正身构架的通用性有了进一步的了解，而木构架的可塑性在不同类型的建筑中也是相同的。详见本章第一节“硬山建筑”。

（二）歇山建筑木构架的构造

歇山建筑木构架中特有的构件有踩步金梁（柁、檩）、踏脚木、草架柱子、穿梁。

根据歇山建筑的外形需要，在它的山（两尽端）面构架中按（下）金檩位置加装两道桃尖顺梁（也可根据实际情况加装长趴梁）以承托前后檐（下）金檩、垫板、檩枋，并按前后檐步架尺寸（檐步方角不动）加装一根（下）金檩与檐面（下）金檩相交的构件，这个构件既起着承托山面檐椽后尾（完成歇山屋面“下半部分是庑殿四角翘起的四坡相交屋面”）的作用，又起着承托上面梁架的作用，这就是歇山建筑构架中特有的构件“踩步金”。再一个就是为满足歇山建筑外形（歇山屋面上半段是悬山前后两坡屋面）需要在按权衡规定的收山尺度位置上安装踏脚木、草架柱子和穿梁，以承托自踩步金梁架外挑的檩木，最后用山花板、博缝板封闭，详见图 1–109。七檩单檐前后廊建筑的部分构件平面示意见图 1–110。

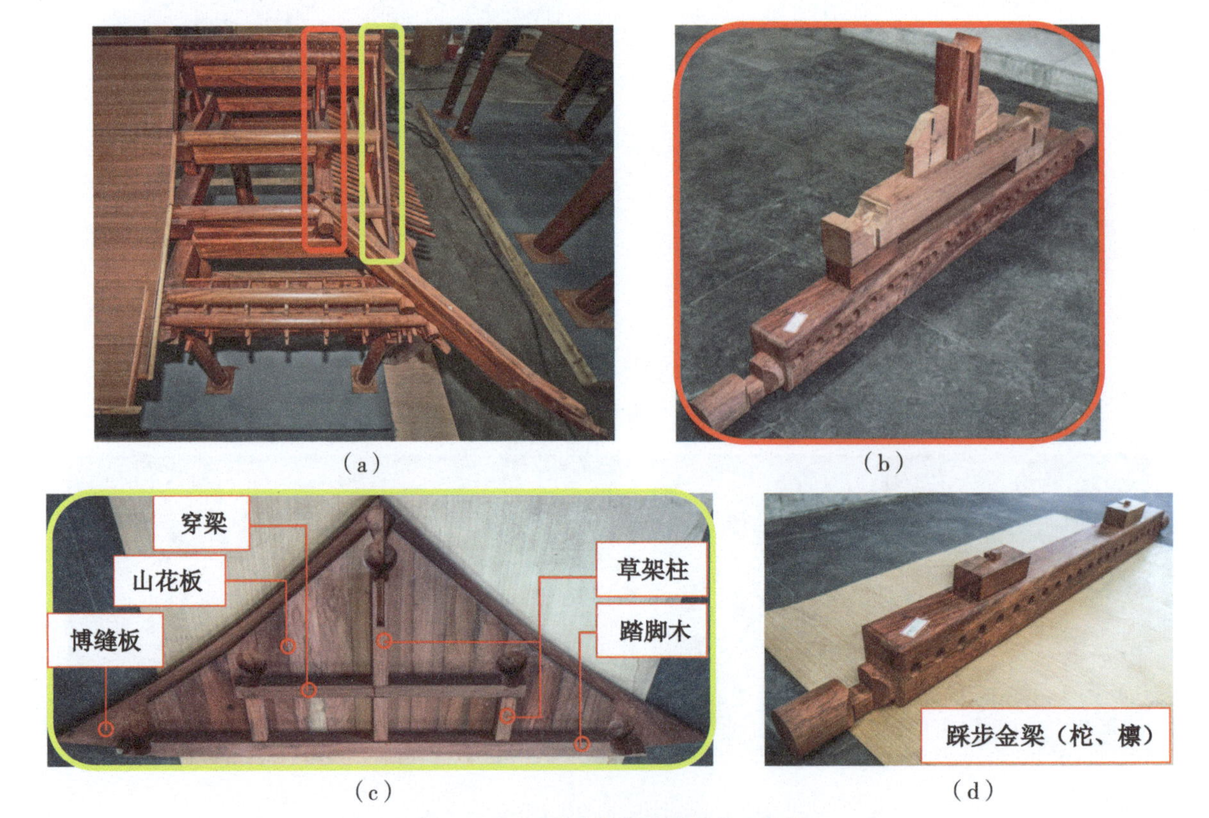

（a）　（b）　（c）　（d）

图 1–109　歇山木构架中特有的木构件

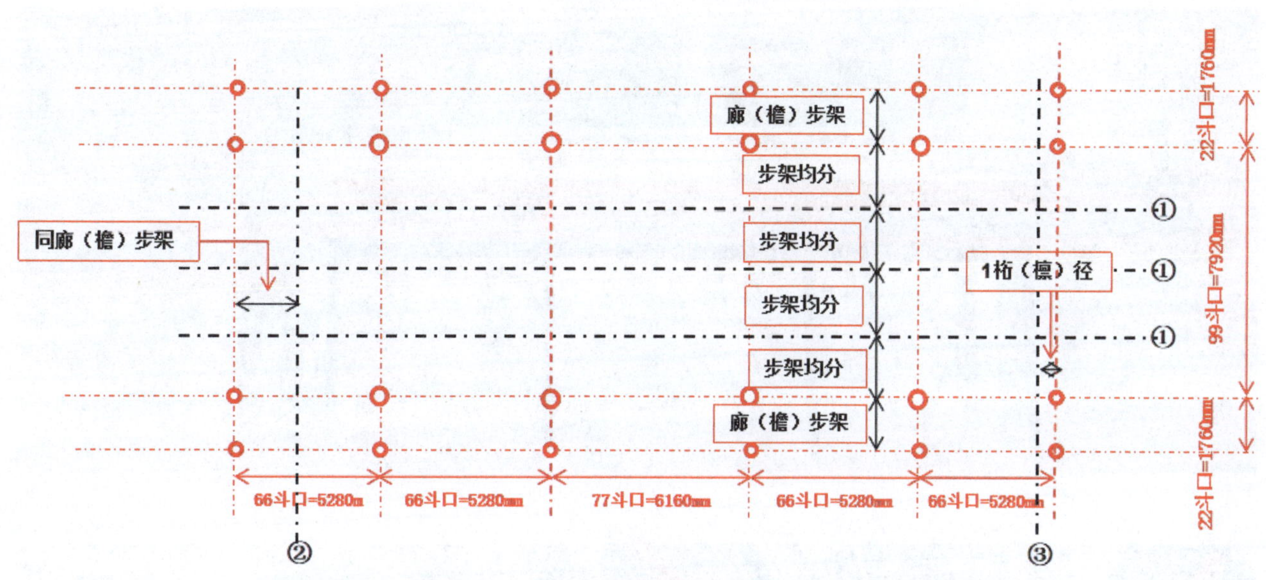

图 1-110　七檩单檐歇山前后廊建筑步架、踩步金、收山分位平面示意

注：①步架分位——金柱中～中四步架均分；

②踩步金分位——同廊（檐）步架——檐步方角不动；

③收山分位——由山面檐檩（桁）中向内返一檩（桁）径为山花板外皮即博缝板里皮。

歇山建筑分层木构架以檐、金柱头为界，柱头以下为下架；带斗栱建筑柱头以上为斗栱层；斗栱层以上为上架；屋檩以上为木基层。歇山木构架构造组合——分层构造如图 1-111、图 1-112 所示。

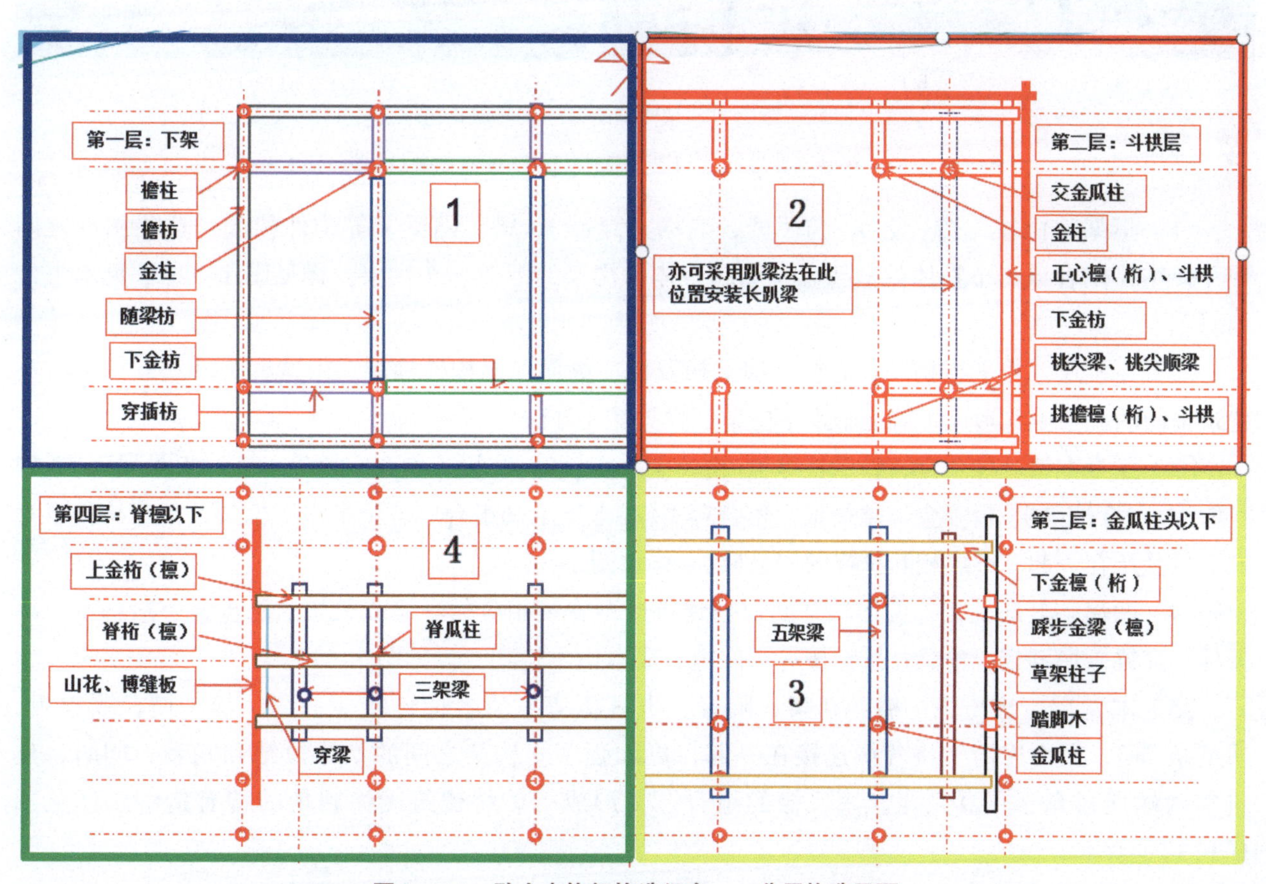

图 1-111　歇山木构架构造组合——分层构造平面

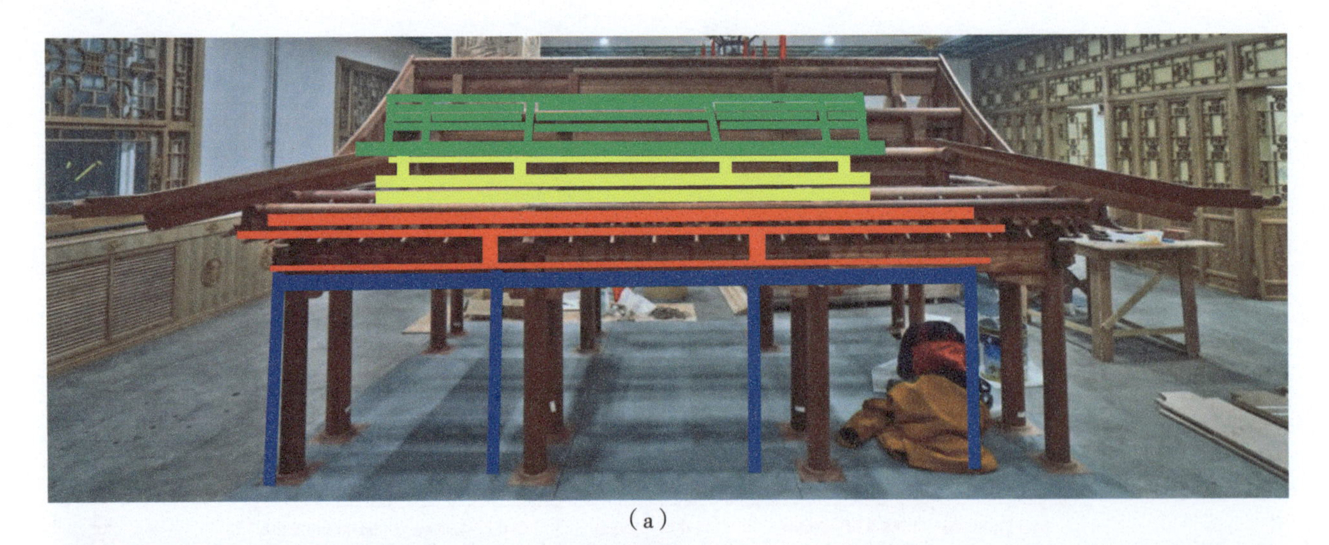

（a）

（b）

（c）

图 1-112　歇山木构架构造组合——分层构造示意

木构下架　斗栱层　上金瓜柱柱头以下　脊檩（扶脊木）以下

（1）下架　由柱（檐、金）、枋（檐、老檐、穿插）、梁（随梁）等构件构成，这些构件之间相互拉结，围合成一个整体的框架以支撑起整体木构架的下架、斗栱层，详见图 1-113（见本书二维码）。

（2）斗栱层　由平板枋、正心枋、拽架枋及横、纵向斗栱构件构成，由这些构件相互拉结，在建筑平面的柱头上又形成了若干个水平框架。详见图 1-113。

（3）正身上架　柱（金、脊瓜柱等）、枋（金、脊枋等）、梁（抱头、桃尖、三、五架梁等）、檩（檐、金、脊檩等）、板（金、脊垫板、角背等），在下架上又组合成若干个水平框架，依靠构件自身的重量叠压在一起，形成相互拉接的“上架”。详见图 1-113。

（4）两尽端开间上架　两尽端开间根据建筑造型安装相应的顺梁或趴梁、踩步金、踏脚木、草架柱、穿梁、博缝板、角梁、搭交檩等构件组合成歇山木构架。详见图 1-113。

（5）木基层　椽（飞、檐、花架、脑椽、牛耳椽等）将各檩连接在一起；板（横、顺望板、博缝板等）、大小连檐又将各椽连接在一起，更加强了木构架之间的整体拉结和联系；同时，建筑物两端通过角梁、翼角椽、翘飞椽的组合，又形成了传统建筑飞檐翘角的特有造型。详见图 1-113。

第四节　庑殿建筑木构架

一、庑殿建筑的认识、外形特征及应用

（一）庑殿建筑的认识及应用

庑殿建筑在中国传统木结构大式建筑中型制是最高的，处于宫殿、坛庙中轴线上的主要建筑物才允许使用。

庑殿建筑中通常都带有斗栱，等级较其他类型建筑要高。详见图 1-114～图 1-121（图 1-120 见本书二维码）。

（a）　（b）　（c）　（d）

图 1-114　唐代单檐庑殿建筑

图 1-115　仿唐单檐庑殿建筑

图 1-116　仿唐重檐庑殿建筑

图 1-117　仿宋、辽重檐庑殿建筑

图 1-118　元庑殿建筑

（a）

（b）

（c）

图 1-119　明、清重檐庑殿建筑

（二）庑殿建筑的外形特征

庑殿建筑的屋面形式有四坡，前后两坡屋面相交，形成一条正脊，两山的坡屋面与前后两坡屋面四坡相交形成四条垂脊，相加一起为五条脊。因此，庑殿建筑也称四大坡、四阿殿或五脊殿。

庑殿建筑的屋面在外形上还有一个特征，它的四坡屋面的坡度明显不一样，两山屋面的坡度大于前后两坡屋面，而四条垂脊不是随坡度直线与正脊相接而是明显向两山外扬，形成一道陡峻弯折的曲线，称为“旁囊”，详见图 1-121。

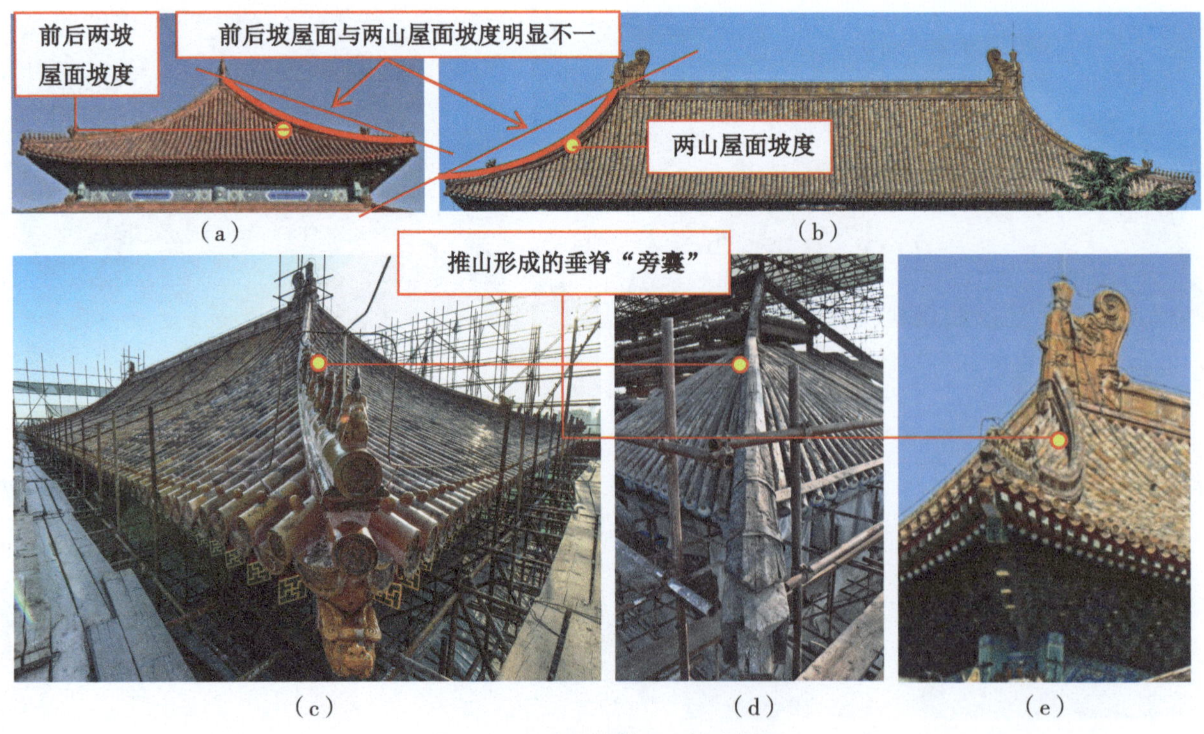

图 1-121　庑殿建筑——推山屋面

二、庑殿建筑木构架的认识及应用

（一）木构架的认识

1. 构造原理

庑殿建筑木构架与歇山建筑的构造原理类同，也是根据屋顶造型要求配置相应的构件，搭建起庑殿建筑的整体骨架。它们之间的主要区别是两山面木构架。

庑殿建筑两山木构架由于其四坡到顶的屋面造型决定了它两山面木构架中的檩、椽与正身前后坡木构架中檩、椽水平交圈，同时需要在山面檩木下根据庑殿建筑“推山”的尺度要求配置相应的承托构件如趴梁等。

2. 构架类型

庑殿建筑木构架的类型与歇山建筑除去两端开间外均相同（详见歇山建筑），其两端开间构架因屋顶造型不同而有差异。

3. 构架构成

构架构成同歇山建筑。

4. 构件种类及名称

庑殿木构架的构件与其他类建筑相同也分为六大类（主要）：柱、梁、枋、檩、板、椽。详见图1-122～图1-124。

下架构件主要有柱、枋、随梁等。

斗栱构件主要有平板枋、斗栱（详见《入门》第一册）。

上架构件主要有梁、板、枋、檩、瓜柱、角背等。

木基层主要有椽、望板等。

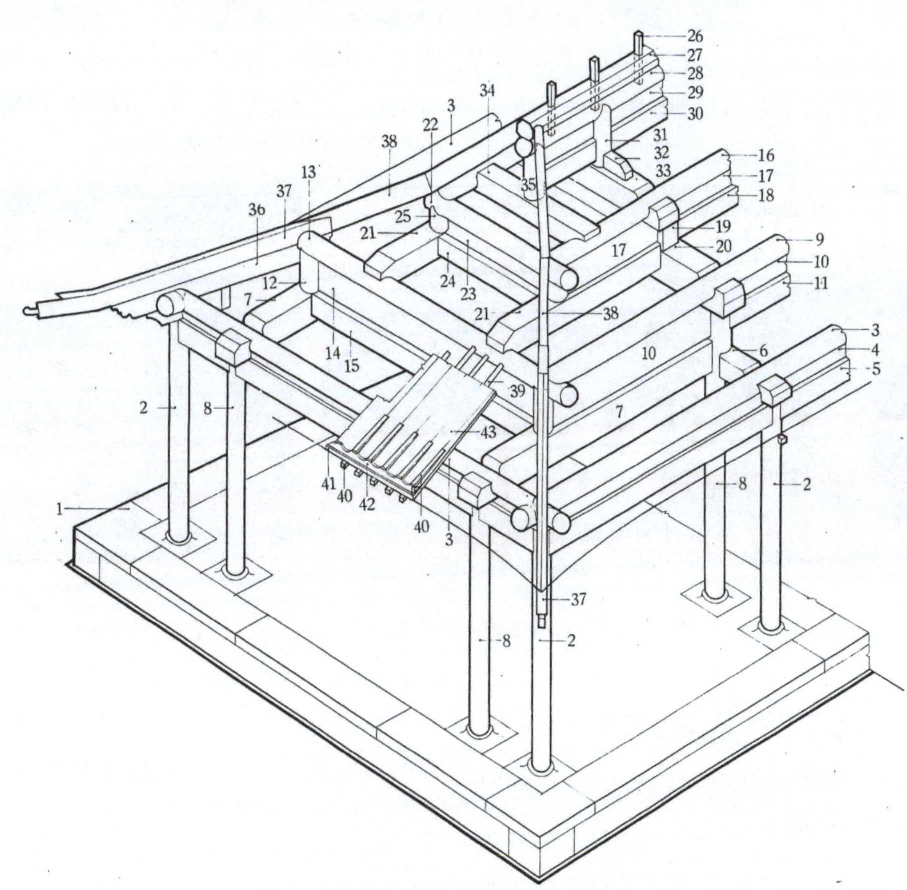

图1-122　七檩单檐庑殿建筑（顺梁法）木构架构件名称示意

1—台基（石）；2—檐柱；3—檐檩；4—檐垫板；5—檐枋；6—抱头梁；7—下顺趴梁（下金顺梁）；8—金柱；9—下金檩；10—下金垫板；11—下金枋；12—下（金）交金瓜柱；13—两山下金檩；14—两山下金垫板；15—两山下金枋；16—上金檩；17—上金垫板；18—上金枋；19—柁墩；20—五架梁；21—上（金）顺趴梁；22—两山上金檩；23—两山上金垫板；24—两山上金枋；25—上（金）交金瓜柱；26—脊桩；27—扶脊木；28—脊檩；29—脊垫板；30—脊枋；31—脊瓜柱；32—角背；33—三架梁；34—太平梁；35—雷公柱；36—老角梁；37—仔角梁；38—由戗；39—檐椽；40—飞檐椽；41—连檐；42—瓦口；43—望板

注：引自《中国古代建筑技术史》。

图 1-123　七檩单檐庑殿建筑（顺梁法、带斗栱）木构架构件名称示意（一）

44—挑檐檩；45—正心檩；46—桃尖梁；47—桃尖顺梁；48—斗栱；49—平板枋；50—穿插枋

注：其他图注同图 1-122。

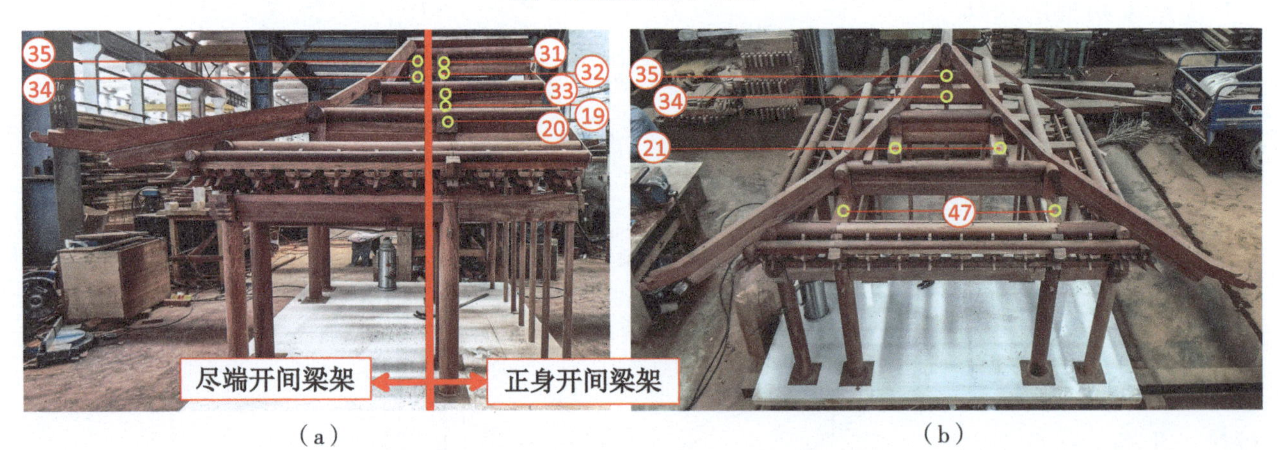

（a）　（b）

图 1-124　七檩单檐庑殿建筑（顺梁法、带斗栱）木构架构件名称示意（二）

注：图注同图 1-122、图 1-123。

（二）木构架的应用

无廊三排柱多用于门庑；前后廊多用于宫殿、庙宇、祭祀性建筑；周围廊多用于宫殿、庙宇、祭祀性建筑。

三、庑殿建筑木构架的权衡尺度及构件定尺

（一）木构架的权衡尺度

在清《工程做法》大木大、小式做法通例（间架结构定分通则）中，对庑殿建筑木结构各部位的权衡尺度有着详细明确的规定，本书以“九檩单檐庑殿转角周围廊单翘重昂斗口二寸五分大木做法”为例试作解读。详见图 1-125（见本书二维码）。

说明：由于庑殿建筑与歇山建筑在权衡尺度上有多处交集，本书仅对庑殿与歇山建筑的不同之处做详解，相同的地方本文略。

1. 九檩单檐庑殿周围廊单翘重昂斗口二寸五分名称详解

①九檩：屋面有九根檩子的建筑，详见图 1-126。

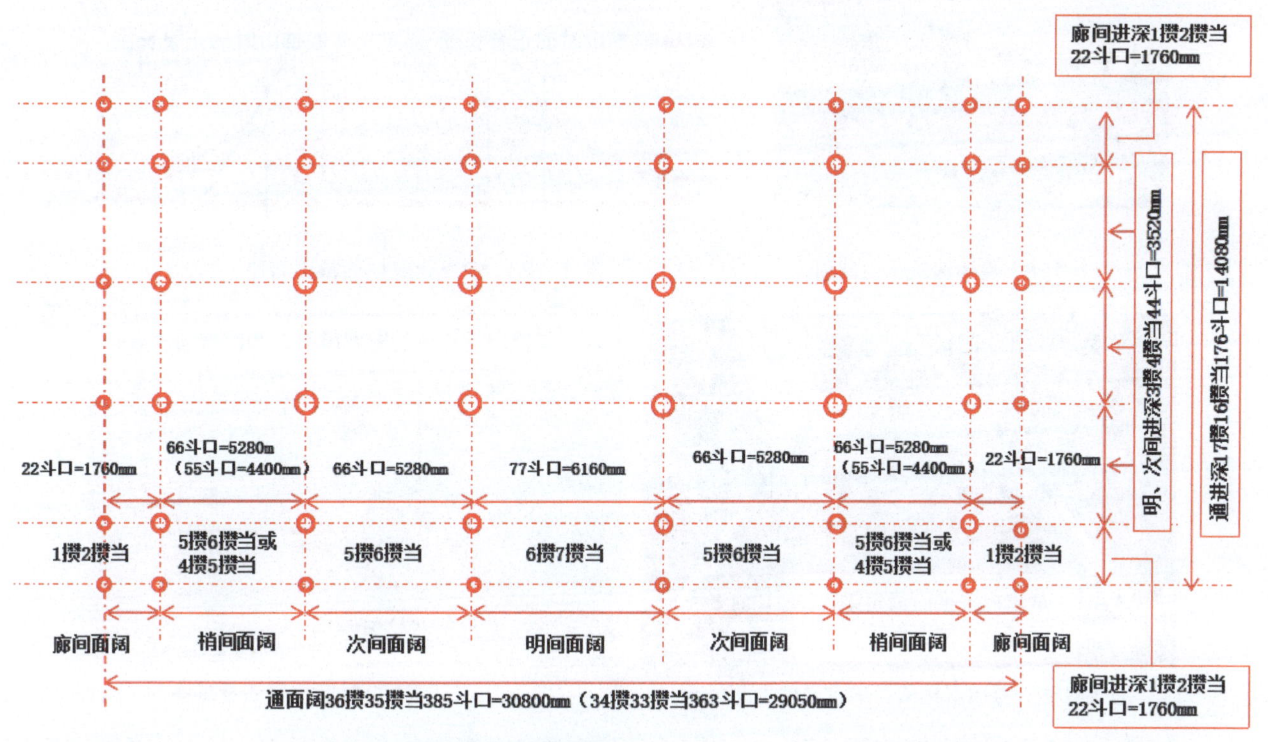

图 1-126　九檩单檐庑殿周围廊单翘重昂斗口二寸五分做法平面图

②单檐：单（一）层屋面（同歇山建筑）。

③周围廊：建筑物四面带廊子。

④单翘重昂：单层翘双层昂详见图 1-127。

⑤斗口：平身科坐（大）斗看面刻口（同歇山建筑）。

⑥二寸五分：清尺，合公制 80mm（同歇山建筑）。

⑦攒：同歇山建筑。

⑧攒当：同歇山建筑。

2. 庑殿建筑木构架推山做法

庑殿建筑的一大特色就是屋顶的四条垂脊从平面看不是一条 45°（方角建筑）的通长直线而是由若干大于 45° 的分段直线组成的曲线与正脊交汇，这时，与正脊的最终交汇点就会向两山推出。从立面看，这些除檐步段外（檐步方角不动）的每分段直线与对应高度的檩木相交，在屋顶前后檐和两山形成了坡度不等的屋顶坡面，前后檐坡度和缓，两山坡度陡峻。这就是庑殿推山的外形特点：正脊加长，两山坡面陡峻，垂脊曲线弯折和缓。详见图 1-128～图 1-133。

图 1-127　单翘重昂斗栱

图 1-128　庑殿建筑推山屋顶

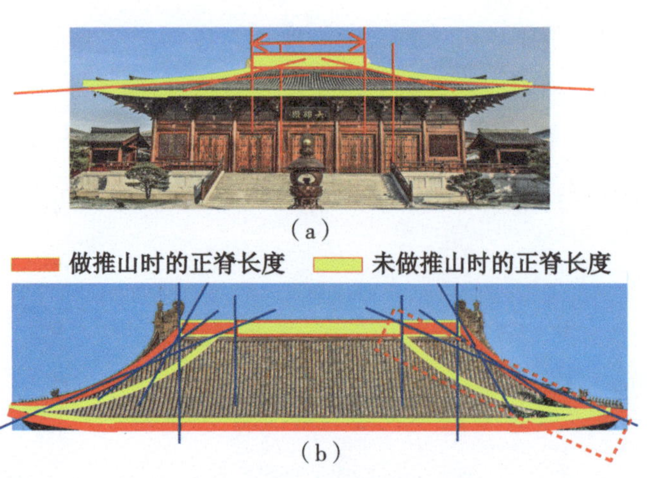

（a）

（b）

图 1-129　庑殿建筑屋面推山对比

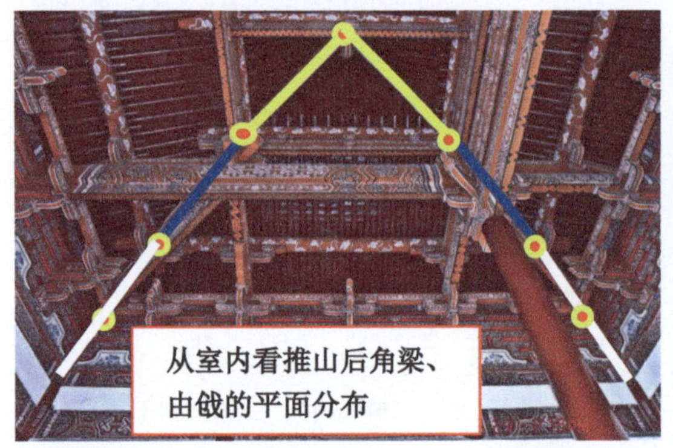

图 1-130　推山木构架角梁、由戗平面分布

图 1-131　推山处理后的屋面及垂脊

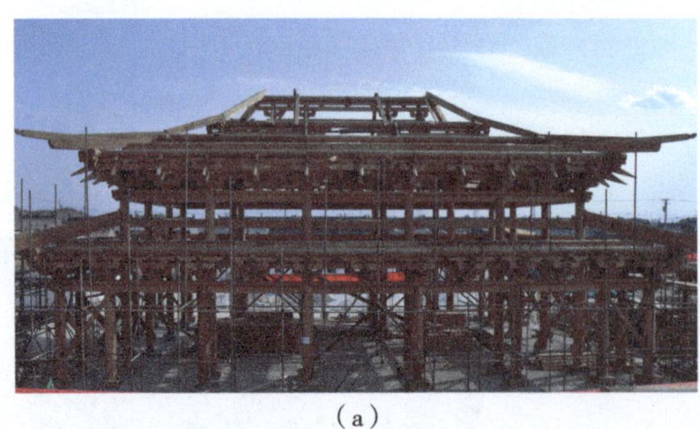

（a）

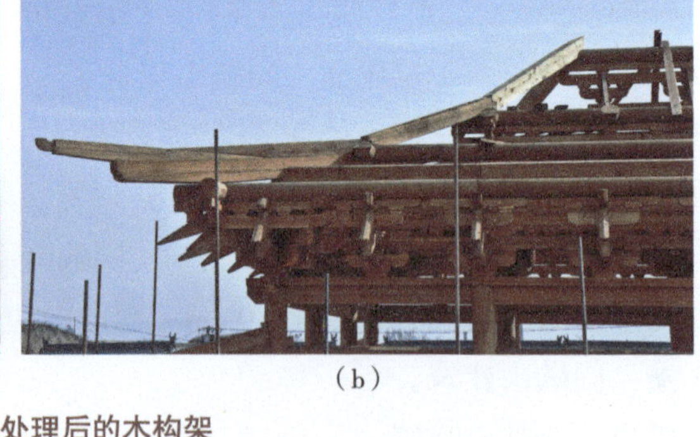

（b）

图 1-132　推山处理后的木构架

（a）　　（b）

图 1-133　庑殿建筑木结构推山做法示意

3. 推山法则

庑殿建筑木构架的推山做法有一定的尺度规定，清《权衡》规定：当每山面步架相同时，第一步（檐步）方角不动，从（下）金步起至脊步每步递减上一步架尺寸的一成（1/10）。

当每山面步架不相同时，第一步（檐步）方角不动，由（下）金步开始，递减自身步架尺寸的一成（1/10）；再依（下）金步推山后的中向上按中或上金步自身步架尺寸递减一成（1/10）；依此类推，直至脊步。

推山法则的运用，详见图 1-134～图 1-137。

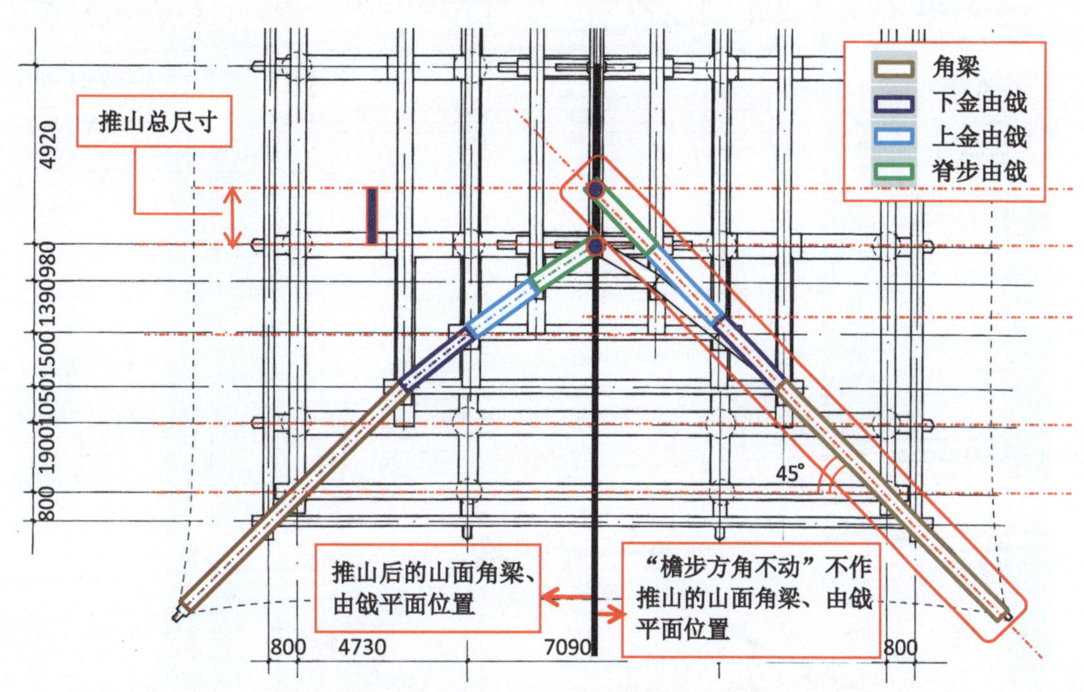

图 1-134 明庑殿建筑——历代帝王庙景德崇圣殿上檐木构架实测平面图

注：本图为笔者 1989 年实测绘制的"推山构架"平面图，图中 ▭ 部分为虚拟的不做推山的山面梁架平面位置，以做推山山面梁架位置对比之用。

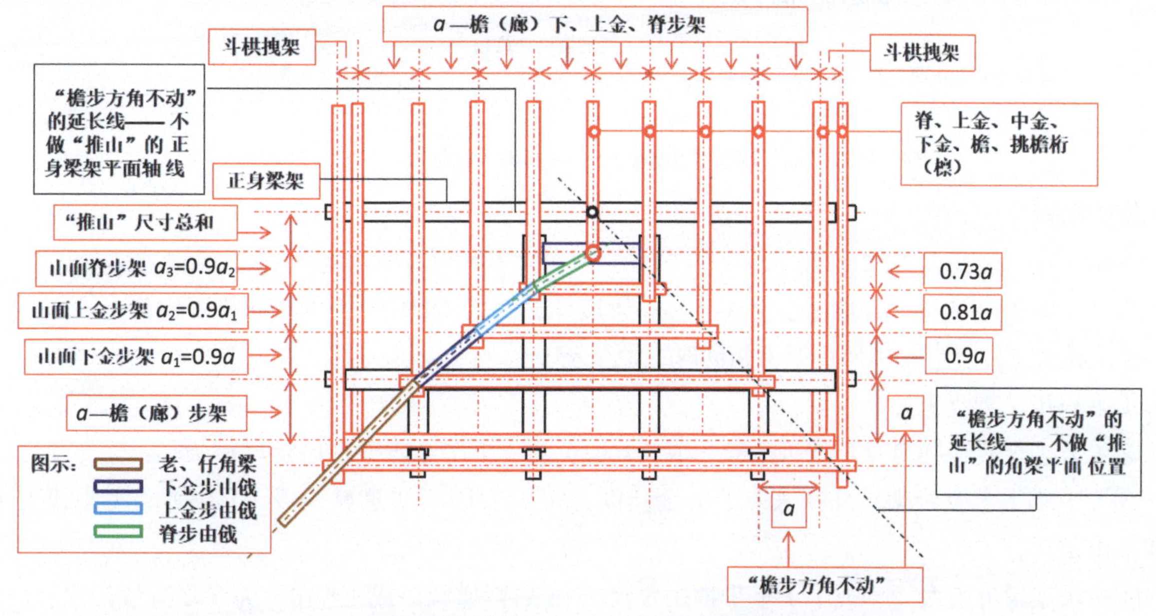

图 1-135 庑殿建筑推山法则 1——山面每步架相同时的推山方法

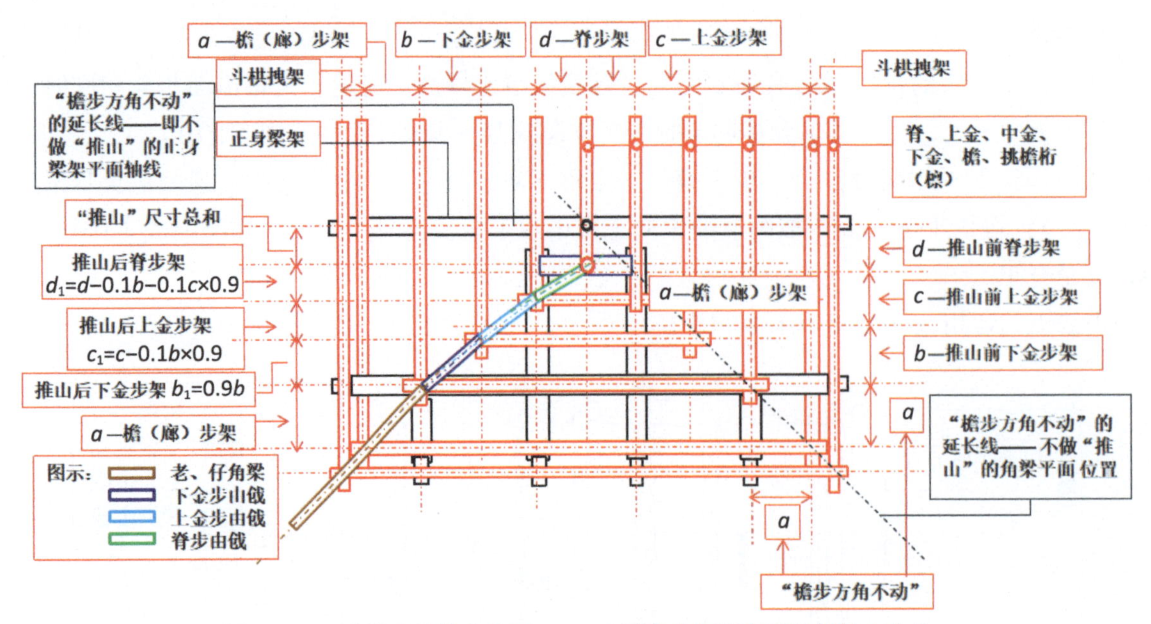

图 1-136　庑殿建筑推山法则 2——山面每步架不相同时的推山方法

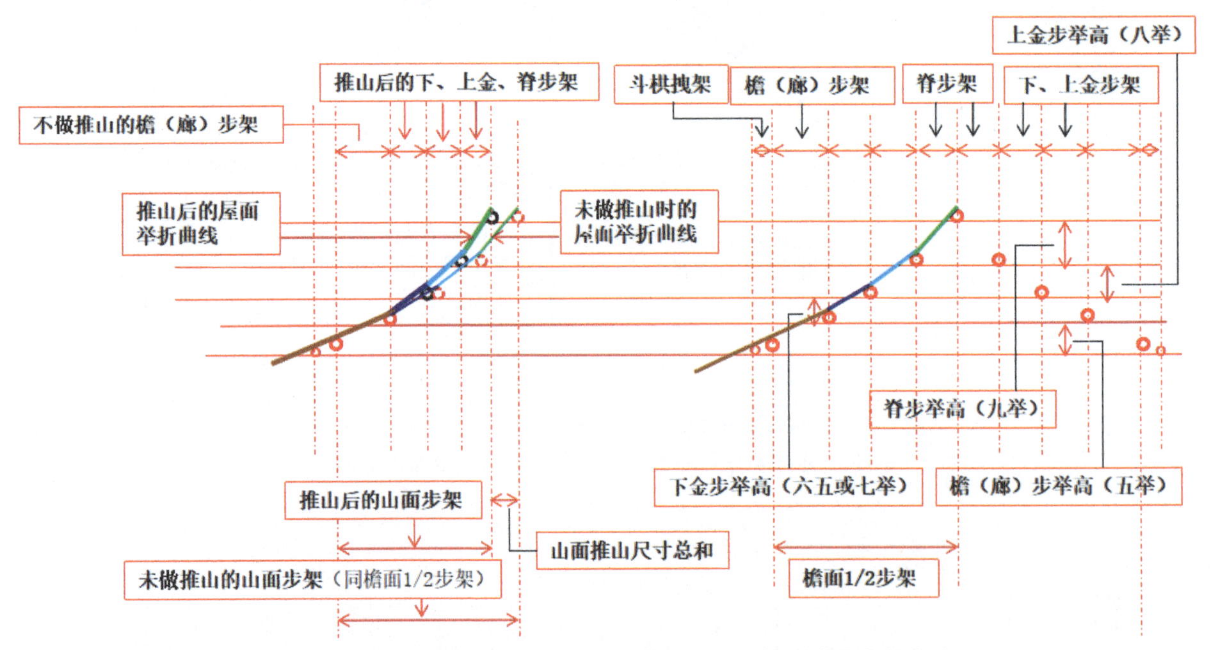

图 1-137　庑殿建筑推山法则 3——檐面、山面推山举折定位方法

推山法则 1——当山面每步架尺寸相同时：

①第一步（檐步）方角不动；

②自（下）金步起至脊步每步递减上一步架尺寸的一成（1/10）为本步架推山定尺。

推山法则 2——当每山面步架不相同时：

①第一步（檐步）方角不动；

②（下）金步递减自身步架尺寸的一成（1/10）为（下）金步架推山定尺；

③（中或上）金步架尺寸减去（下）金步推山定尺 1/10 后再递减一成（1/10）为（中或上）金步架推山定尺；

④脊步架尺寸减去（中或上）金步推山定尺 1/10 后再递减一成（1/10）为脊步架推山定尺。

（二）构件定尺

庑殿建筑木构架的构件定尺详见表 1-1～表 1-6；其他参考原则等同歇山建筑。

四、庑殿建筑木构架的组合及构造

（一）庑殿建筑木构架的组合特点

1. 庑殿建筑木构架

庑殿建筑木构架与歇山建筑类同，区别主要在建筑的两山面。庑殿建筑由于其四坡到顶的屋面造型决定了它两山面木构架与正身前后坡木构架构造、配置基本相同，其区别主要在山面檩木的承托构件也就是梁的配置、做法上及山面构架的举架尺度上。

庑殿建筑木构架在两尽端开间为满足庑殿建筑造型的需要，在山面也配置了与前、后檐面配置相同的檐檩、下金檩、上金檩交圈连接。根据屋面推山的尺度要求，在山面各檩高度不动的前提下调整了各檩的平面位置，改变了两山屋面的举架尺度，满足了屋面推山的造型要求；按调整后的平面尺寸加装了顺梁（顺趴梁、长趴梁），用以支承正身向山面延伸挑出的下金檩、长或短趴梁、上金檩、太平梁、雷公柱等构件；根据“飞檐翘角”的造型需要安装了角梁、翼角、翘飞椽。

庑殿建筑木构架，详见图 1-138 ～图 1-142（图 1-142 见本书二维码）。

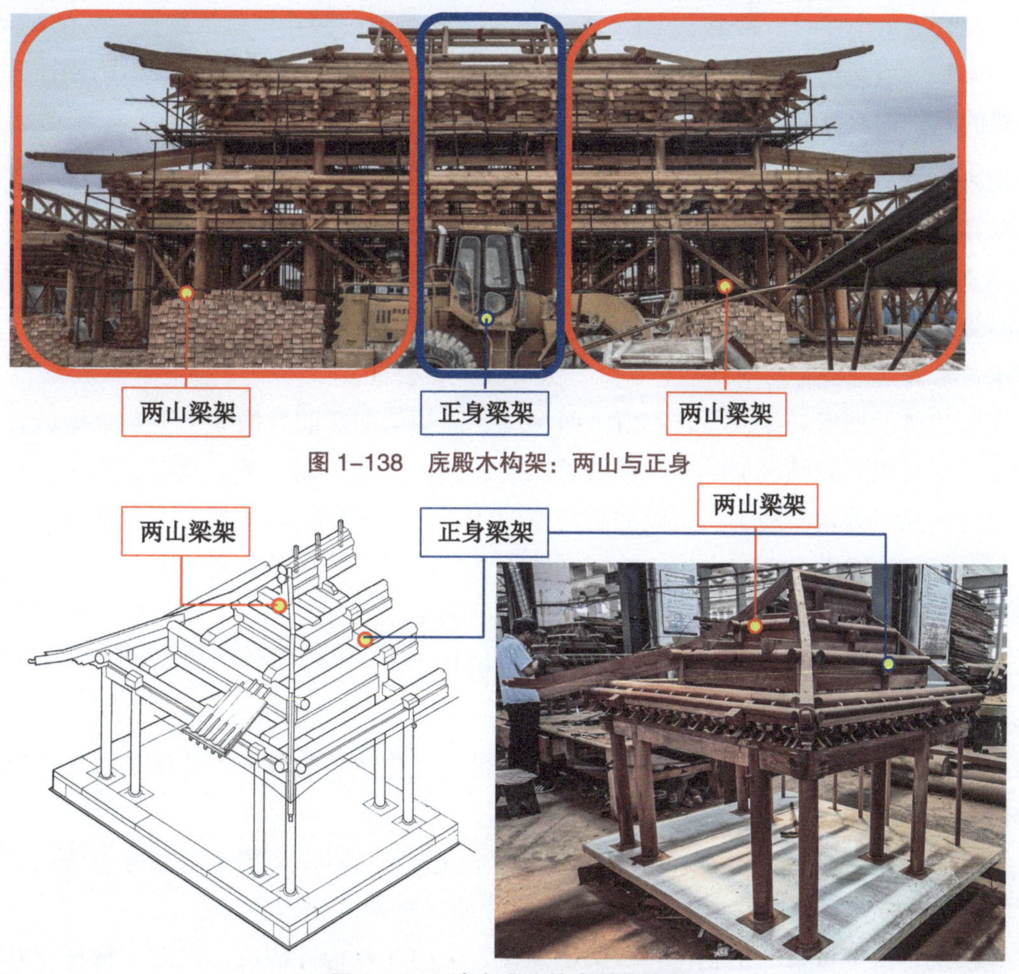

图 1-138 庑殿木构架：两山与正身

图 1-139 清官式建筑庑殿木构架

注：引自《中国古代建筑技术史》。

（a）　　（b）

图 1-140　庑殿建筑木构架：两山梁架与正身梁架区分

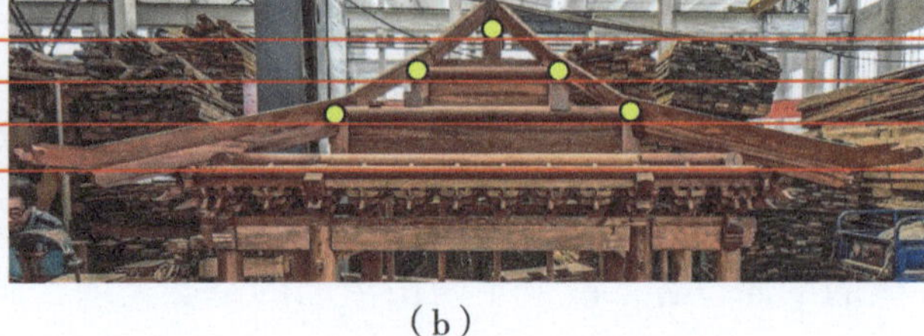

（a）　　（b）

图 1-141　庑殿建筑木构架：两山梁架与正身梁架各檩（桁）标高对应

2. 顺梁法、趴梁法

（1）顺梁法　木构架金步（金柱或中柱）位置顺（沿）尽端开间方向设置的梁，称顺梁。当两山设置有山金柱或山中柱时，梁坐于柱上，柱承托梁，称顺梁；带斗栱建筑称桃尖顺梁。

（2）趴梁法　当两山不设置山金柱或山中柱时，梁趴于檩上，檩承托梁，称趴梁；通常房屋进深方向设置的趴梁称长趴梁，垂直于它的称短趴梁。

（二）庑殿建筑木构架的构造

1. 庑殿建筑木构架的构造特点

庑殿建筑木构架相对比较简单，就是在山面安装与檐面相同的檩木及相应的承托构件形成坡屋面，在山面步架的尺度上推山做法的要求不同于檐面。

庑殿建筑木构架中特有的构件是太平梁、太平梁上雷公柱。

根据庑殿建筑的外形需要，在它的山（两尽端）面构架中按前后檐面（下）金檩位置加装两道桃尖顺梁（也可根据实际情况加装顺趴梁或长趴梁）以承托前后檐（下）金檩、垫板、檩枋，按前后檐步架尺寸（檐步方角不动）在山面加装与檐面（下）金檩相交的一根（下）金檩，并在檩下方安装檩垫板、檩枋。有上金檩的木构架按同样的方法安装相应的构件；在（上）金檩相应的位置上安装太平梁、雷公柱以承托脊檩、扶脊木；需要注意的是（下）金檩以上至脊檩，山面各檩的平面定位需按照推山法规定的尺度进行调整，详见图 1-143～图 1-145。

2. 庑殿建筑分层木构架

木构架以檐、金柱头为界，柱头以下为下架；带斗栱建筑柱头以上为斗栱层；斗栱层以上为上架；屋檩以上为木基层。

（1）下架　由柱（檐、金柱等）、枋（檐、额、老檐、穿插等）、梁（随梁等）等构成，由这些构件相互拉结，在建筑平面的柱头上又形成了若干个水平框架。

（2）斗栱层　由平板枋、正心枋、拽架枋及横、纵向斗栱构件构成，由这些构件相互拉结，在建筑平面的柱头上又形成了若干个水平框架。

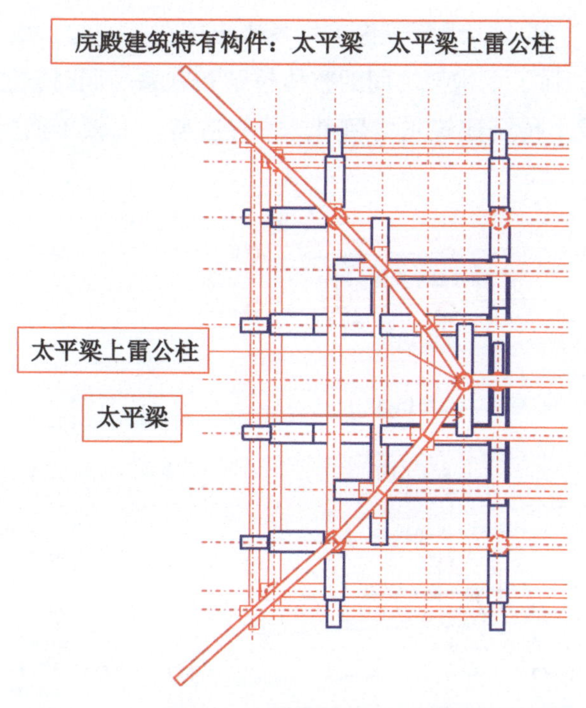

图 1-143　九檩单檐庑殿两山梁架（顺梁法）平面

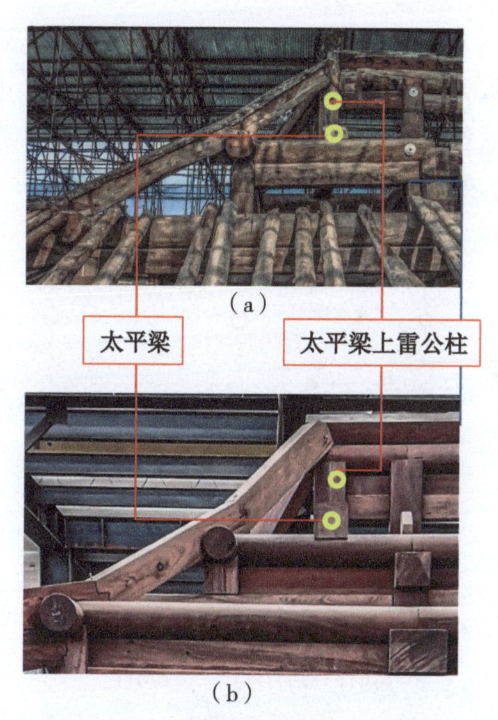

图 1-144　庑殿梁架特有构件：太平梁、太平梁上雷公柱

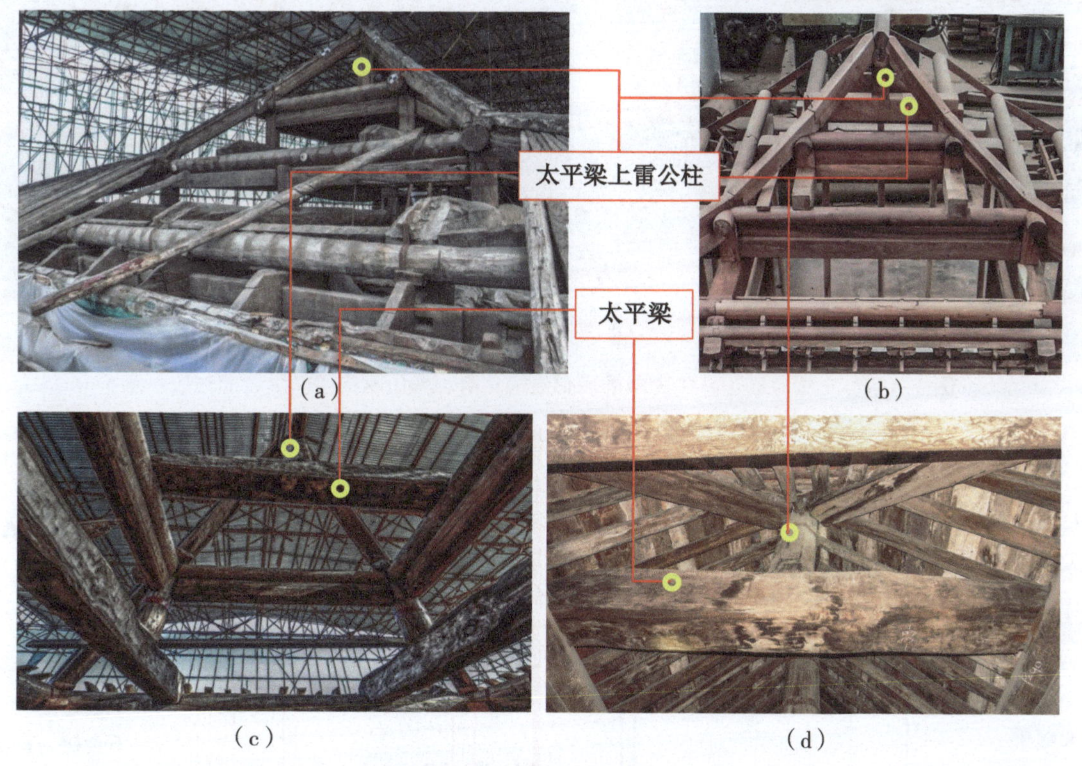

图 1-145　庑殿梁架特有构件：太平梁、太平梁上雷公柱

（3）正身上架　包括柱（金、脊瓜柱等）、枋（金、脊枋等）、梁（抱头、桃尖、三、五架梁等）、檩（檐、金、脊檩等）、板（金、脊垫板、角背等），在下架上又组合成若干个水平框架，依靠构件自身的重量叠压在一起，形成相互拉结的“上架”。

（4）两尽端上架　两尽端开间顺梁、长短趴梁、太平梁、雷公柱、角梁、搭交檩等构件组合成庑殿形式木构架。

（5）木基层　椽（檐、飞、花架、脑、翼角、翘飞、蜈蚣等椽）将各檩连接在了一起，板（横、顺望板）、大小连檐又将各椽连接在了一起，更加强了木构架之间的整体拉结和联系。同时，建筑物两端通过角梁、翼角椽、翘飞椽的组合，又形成了传统建筑飞檐翘角的特有造型。七檩单檐庑殿分层木构架示意，详见图 1-146～图 1-160。

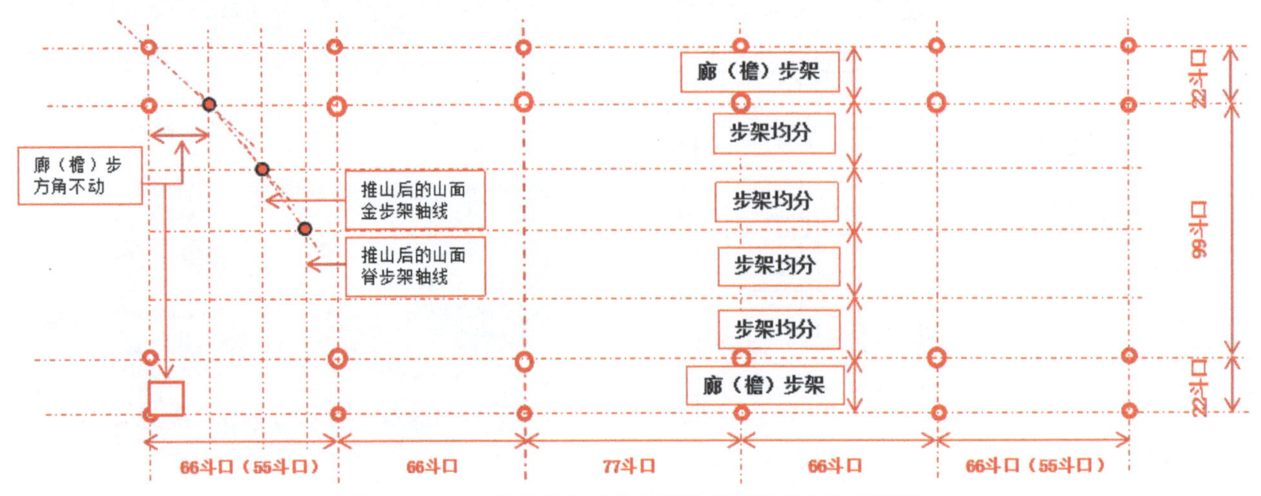

图 1-146　七檩单檐带斗栱庑殿前后廊建筑木构架平面

图 1-147　七檩单檐带斗栱庑殿前后廊建筑正身、两山木构架横纵各檩对应示意

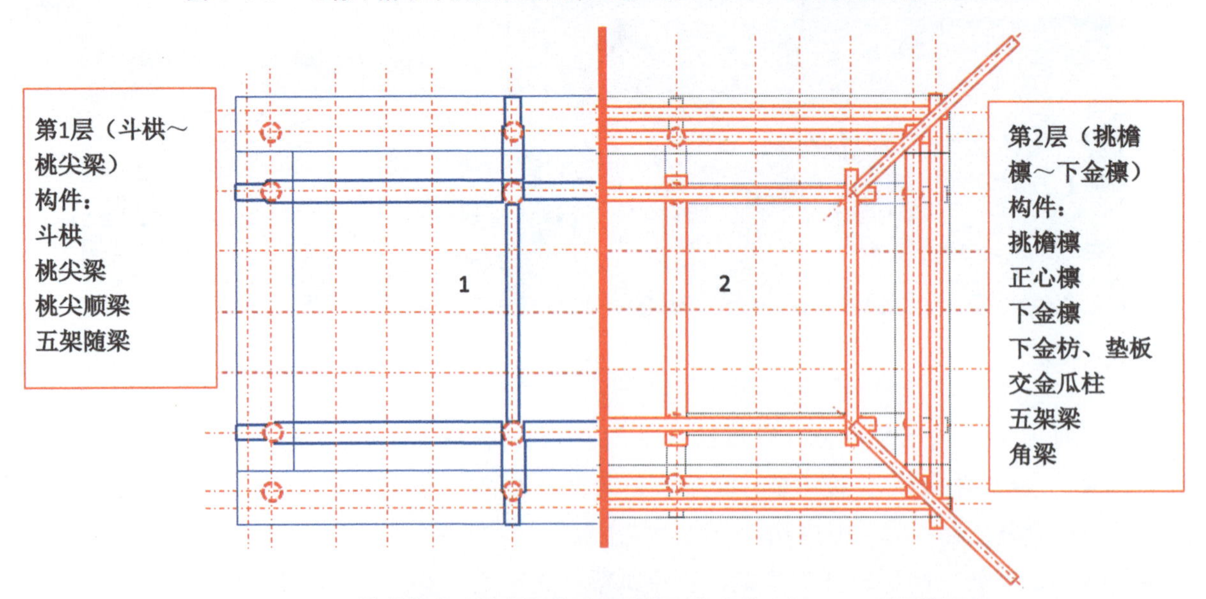

图 1-148　七檩单檐带斗栱庑殿前后廊建筑两山木构上架 1、2 层平面示意

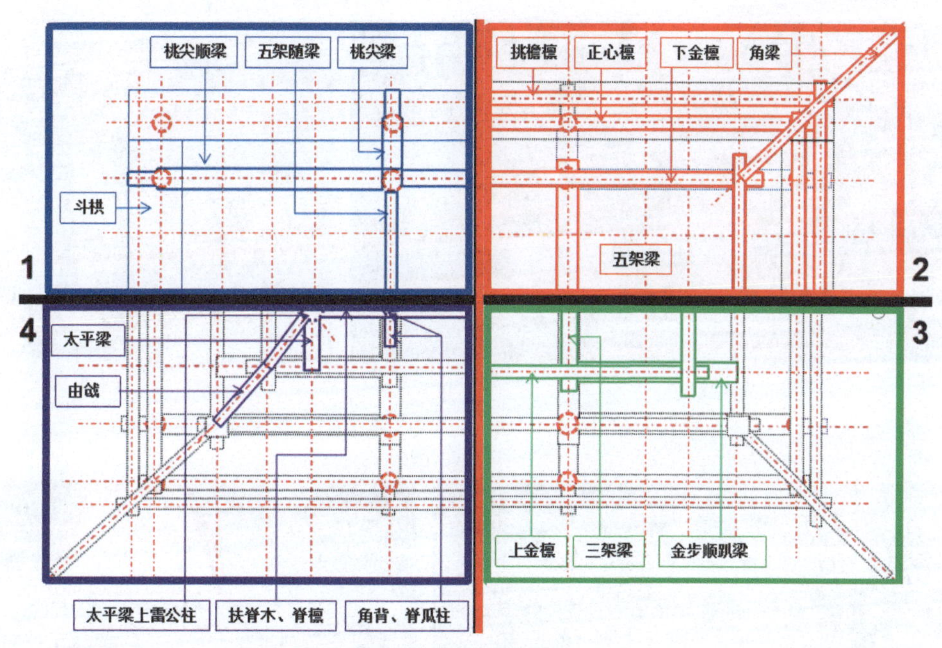

图 1-149 七檩单檐带斗栱庑殿前后廊建筑两山木构上架 1～4 分层平面示意

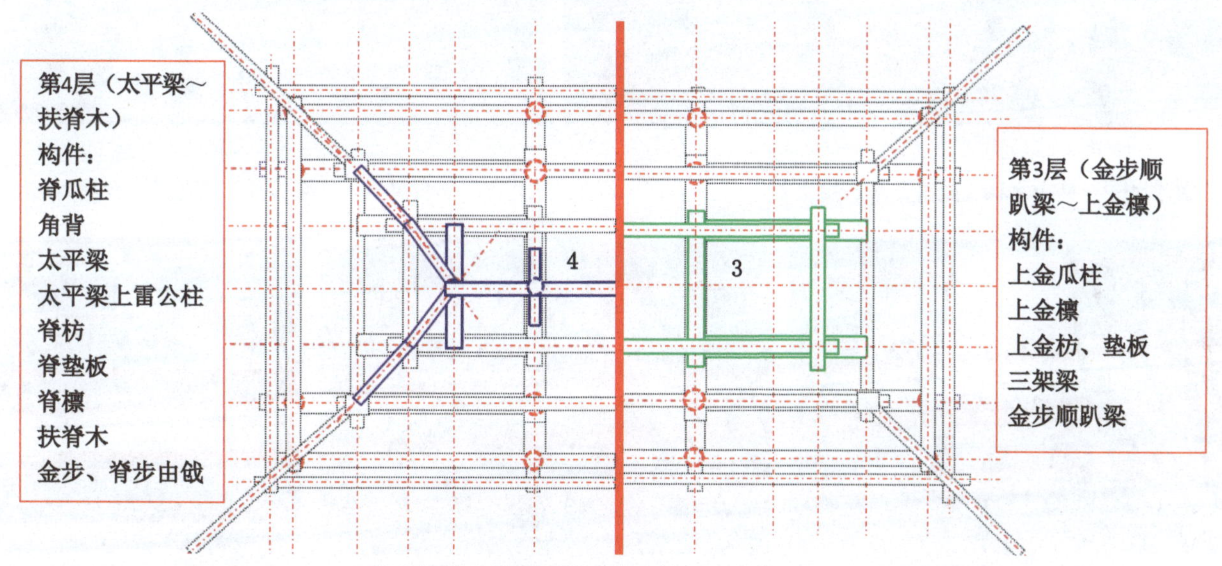

图 1-150 七檩单檐带斗栱庑殿前后廊建筑两山木构上架 3、4 层平面示意

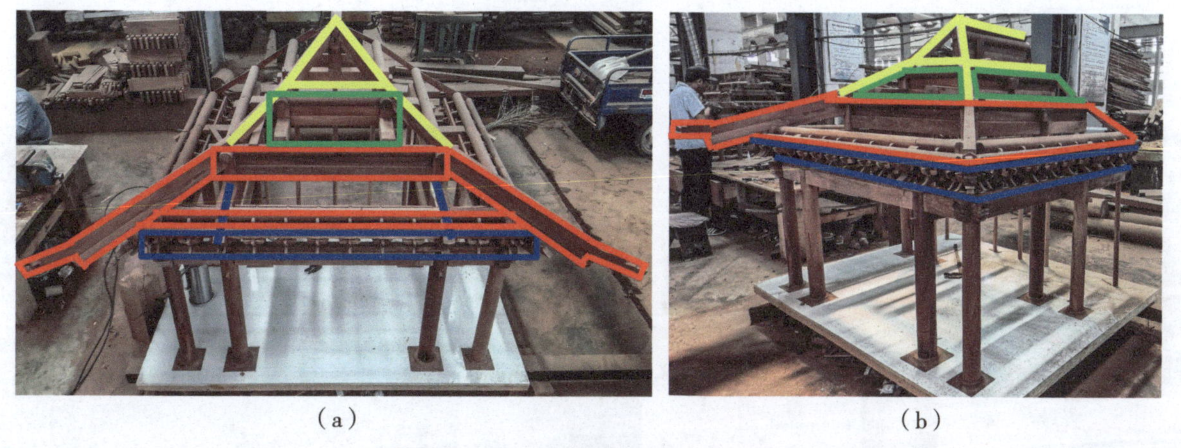

（a）　　（b）

图 1-151 七檩单檐庑殿前后廊建筑两山木构上架 1～4 分层示意

注：图中黄色线对应平面图中蓝色线。

（a）

（b）

图 1-152　两山木构上架第 1 层：斗栱、桃尖梁、桃尖顺梁安装

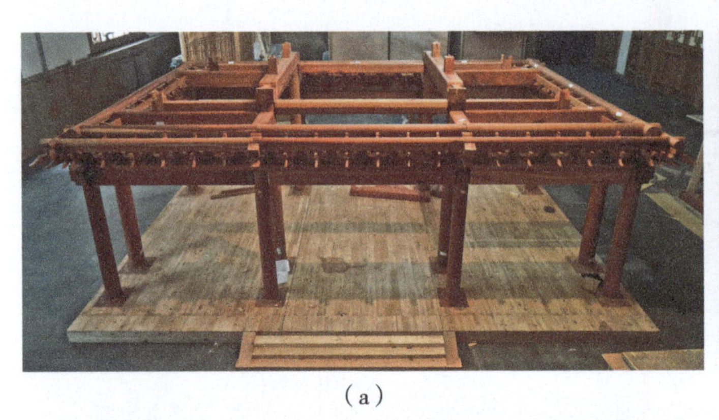

（a）

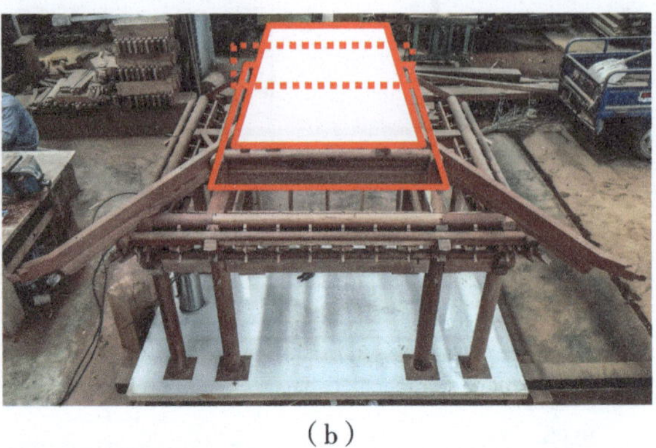

（b）

图 1-153　两山木构上架第 2 层：挑檐檩、正心檩、下金檩、下金枋、下金垫板、交金瓜柱、五架梁、角梁安装

图 1-154　两山木构上架第 3 层：上金瓜柱、上金檩、上金枋、垫板、三架梁、金步顺趴梁

图 1-155　两山木构上架第 4 层：脊瓜柱、角背、太平梁、太平梁上雷公柱、脊枋、脊垫板、脊檩、扶脊木、金步、脊步由戗

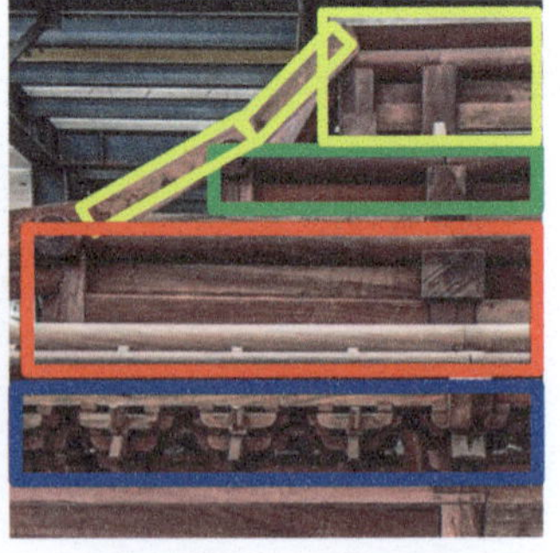

图 1-156　两山木构上架 1～4 层示意

注：以上图中 ▬ 线对应平面图 1-149、图 1-150 中 ▬ 线。

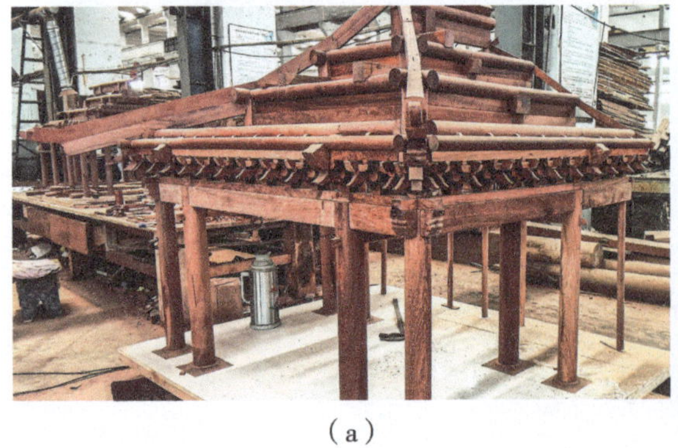

（a）

（b）

图 1-157　整体木构架安装完成

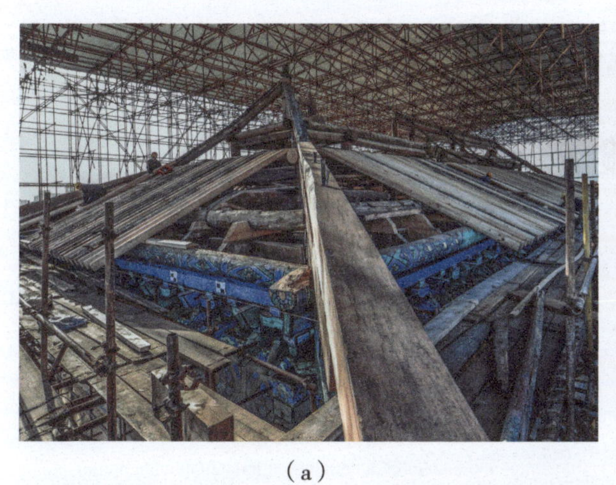

（a）

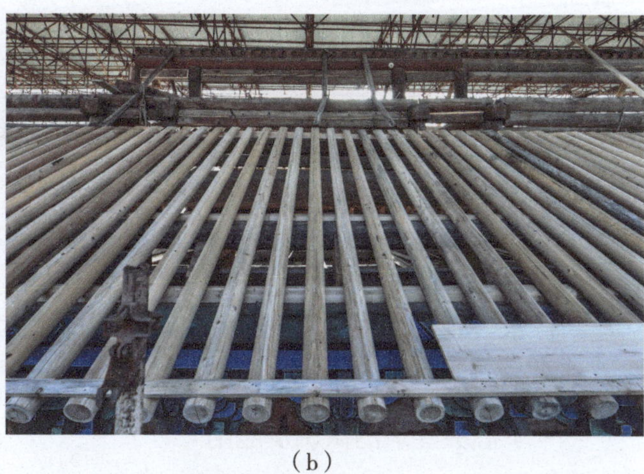

（b）

图 1-158 木基层安装：正身椽、小连檐安装

（a）

（b）

图 1-159 木基层安装：翼角椽、翘飞椽、大、小连檐安装

（a）

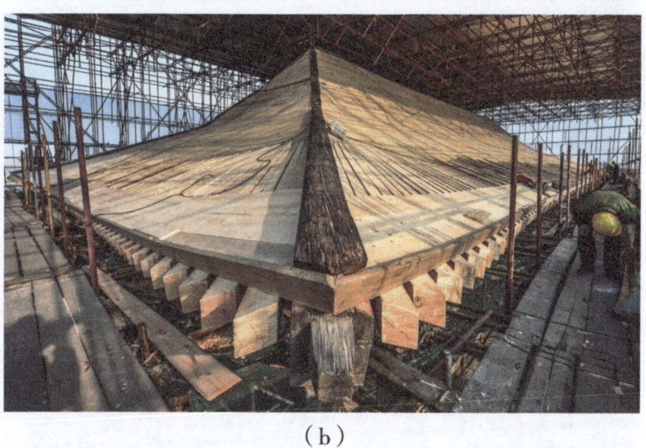

（b）

图 1-160 木基层安装：望板安装

《工程做法注释》九檩单檐带斗栱庑殿周围廊建筑上架大木示意，详见图 1-161～图 1-163（见本书二维码）。

第五节　攒尖建筑

一、攒尖建筑的认识、外形特征及应用

（一）攒尖建筑的认识及应用

攒尖建筑与庑殿建筑从平面上看一个是正方形、正多边形，另一个是矩形；从屋顶上看都是坡屋面相交，攒尖建筑的屋面、垂脊交汇于一点——宝顶，而庑殿建筑的屋面、垂脊分别与正脊的两侧、两端相交，这就是他们之间的不同之处。

攒尖建筑有大式做法也有杂式做法，大式做法的攒尖建筑通常也坐落于宫殿、坛庙的主要轴线上。在杂式建筑中常以四、六、八方亭等形式出现于园林庭院中。详见图 1-164～图 1-179（图 1-167～图 1-179 见本书二维码）。

（a）

（b）

图 1-164　明清带斗栱大式单檐周围廊、无廊攒尖建筑（一）

（a）

（b）

图 1-165　明清带斗栱大式单檐周围廊、无廊攒尖建筑（二）

（二）攒尖建筑的外形特征

攒尖建筑的屋面形式呈四坡或多坡形，各坡面相交形成垂脊，各垂脊交汇于屋顶的中心点——宝顶。

（a）

（b）

图 1–166　清带斗栱大式重檐周围廊攒尖建筑

攒尖建筑屋面的举折曲线与其他建筑类同，通俗地说就是去掉正脊的庑殿建筑，因为位于四边或多边形角度平分线上的各条垂脊交汇于一点，所以也就没有了庑殿垂脊的推山曲线。详见图 1–180、图 1–181。

图 1–180　攒尖建筑屋面：无推山垂脊　　图 1–181　庑殿建筑屋面：推山垂脊

二、攒尖建筑木构架的认识及应用

（一）木构架的认识

1. 构造原理

攒尖建筑木构架与其他类型建筑的构造有所不同，由于没有正脊，所以就没有正身木构架，完全是其他类型建筑物正身檐面木构架按多边形数量、角度的复制交圈；同时按出角的数量、角度安装角梁等翼角构件，所以说攒尖建筑的结构较为简单，只需要根据屋顶的造型要求，遵循“权衡”规定的举折尺度决定木构架的平、立面位置以及解决好木构件的搭接、承托就可以了。

2. 构架类型

攒尖建筑木构架的类型与其他类型建筑的正身檐面或庑殿建筑的山面构架相同；出角部位与歇山、庑殿建筑相同，此处略。

3. 构架构成

以承托宝顶的雷公柱为中心，根据建筑物造型按“权衡”规定的举折尺度以交圈檩木为分层构架向外、向下扩延；各檩木交接点下方跨度较小的建筑采用长、短趴梁承托；跨度较大的建筑采用抹角梁承托；各边角平分线安装角梁、由戗，最终与雷公柱捧接（亦可采用太平梁承托）。

4. 构件种类及名称

攒尖木构架的构件与其他类建筑相同也分为六大类（主要）：柱、梁、枋、檩、板、椽。

下架构件主要有柱、枋、随梁等。

斗栱构件主要有平板枋、斗栱（详见《入门》第一册）。

上架构件主要有梁、板、枋、檩、瓜柱、角背等。

木基层主要有椽、望板等。

攒尖建筑木构架构件名称，详见图 1-182 ～图 1-184。

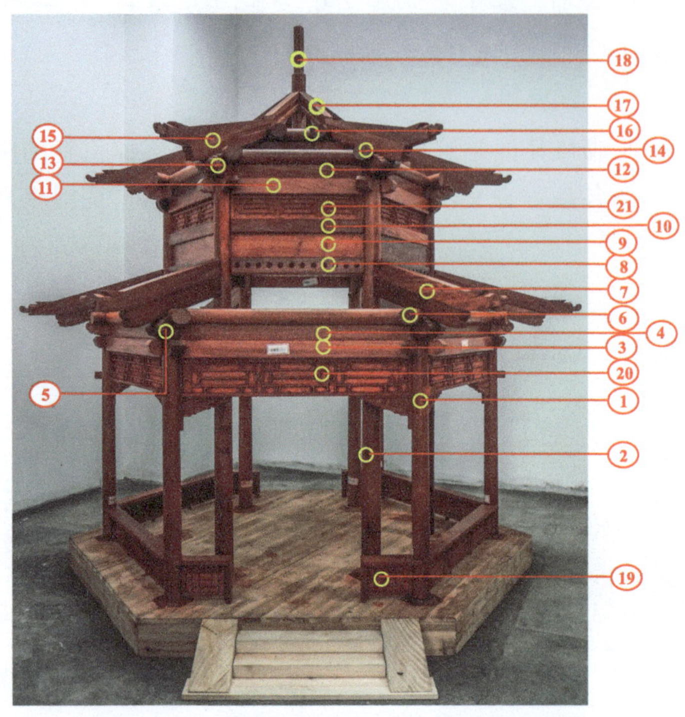

图 1-182　重檐双排柱攒尖建筑木构架构件名称

1—檐柱；2—重檐金柱；3—下檐檐枋（或称箍头枋、额枋）；4—下檐檐垫板（带斗栱建筑此位置为斗栱）；5—下檐角云；6—下檐搭交檐檩（带斗栱建筑此位置为正心檩、挑檐檩）；7—下檐插金老、仔角梁（无金柱建筑为扣金或压金老、仔角梁）；8—承椽枋；9—围脊板；10—围脊枋；11—上檐檐枋（或称箍头枋、额枋）；12—上檐檐垫板（带斗栱建筑此位置为斗栱）；13—上檐角云；14—上檐搭交檐檩（带斗栱建筑此位置为正心檩、挑檐檩）；15—上檐压金（或扣金）老、仔角梁；16—上檐搭交金檩；17—由戗；18—雷公柱；19—坐凳楣子；20—吊挂楣子；21—围脊楣子

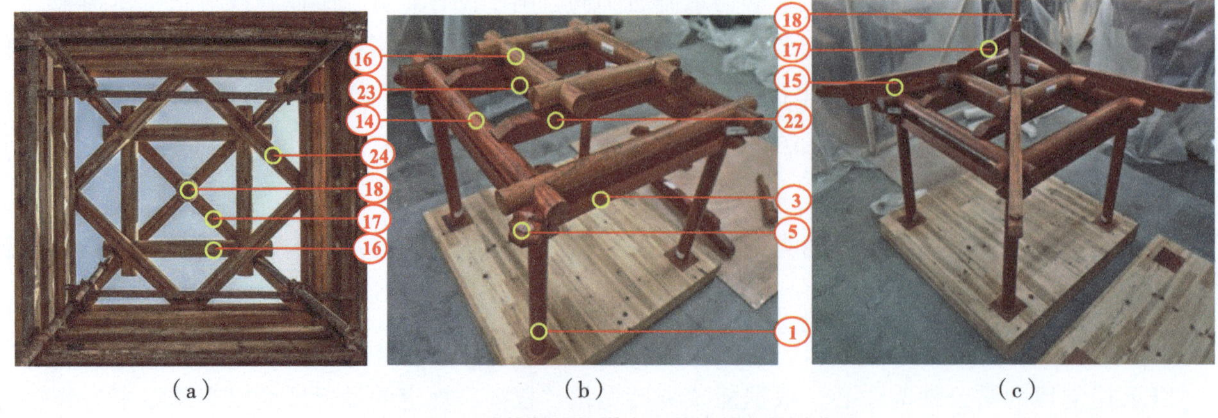

图 1-183　单檐单排柱攒尖建筑木构架构件名称

22—长趴梁；23—短趴梁；24—抹角梁

注：其他图注同图 1-182。

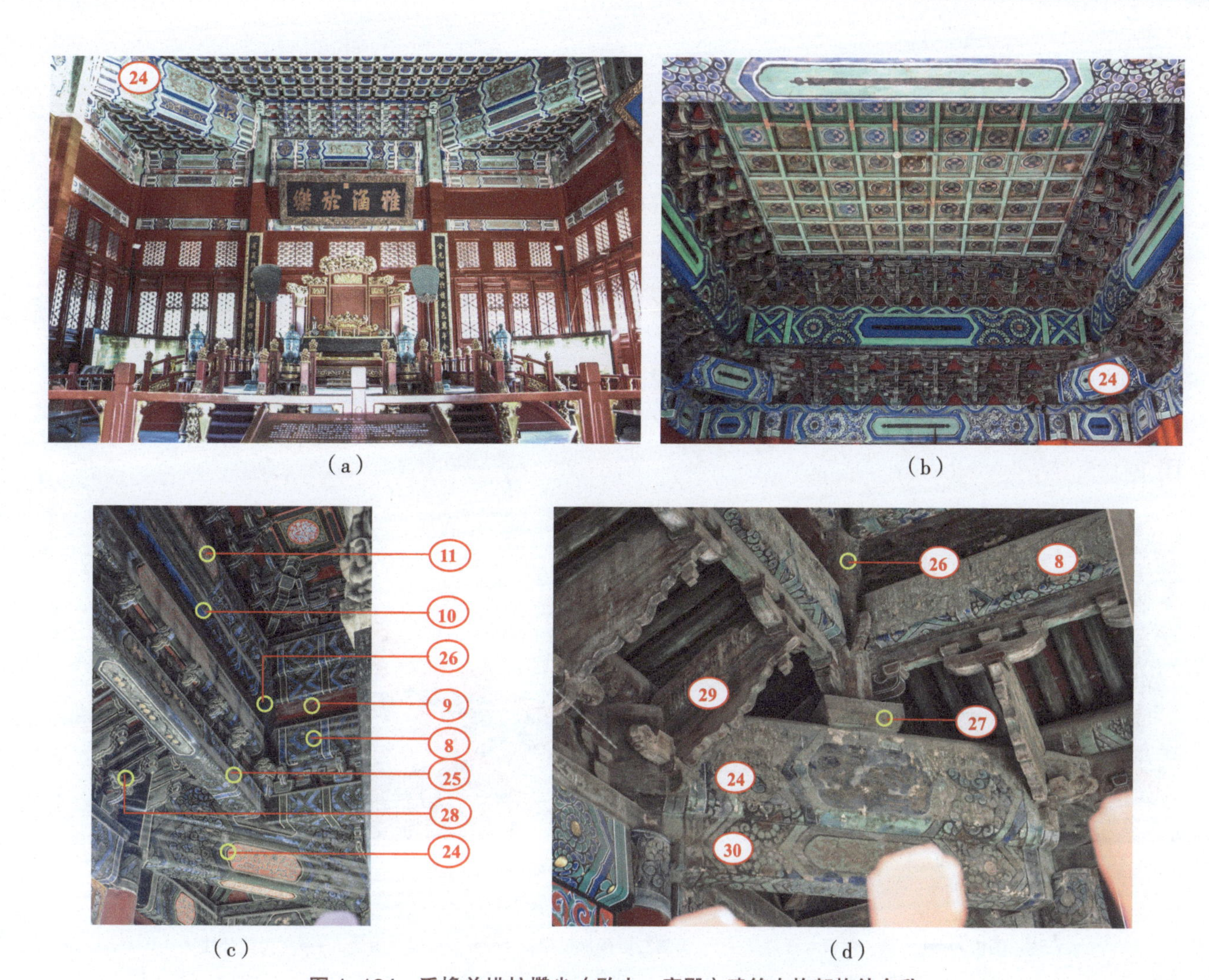

（a）　（b）　（c）　（d）

图 1-184　重檐单排柱攒尖（歇山、庑殿）建筑木构架构件名称

25—花台枋；26—童柱；27—墩斗；28—溜金斗栱后尾（落金做法）；
29—溜金斗栱后尾（挑金做法）；30—抹角随梁枋
注：其他图注同图 1-182、图 1-183。

（二）攒尖木构架的应用

单檐无廊单排柱多用于园林、庭院、宫殿、庙宇、祭祀性建筑；重檐无廊单排柱多用于庙宇、祭祀性建筑、园林；单、重檐双或三排柱多用于宫殿、庙宇、祭祀性建筑。

三、攒尖建筑木构架的权衡尺度及构件定尺

攒尖建筑木构架及木构件的权衡尺度、构件定尺与其他建筑类同，也没有类似“四大法则”的外形尺度控制，照搬通用的建筑屋面举折尺度即可。有所不同的是，攒尖建筑面宽与柱高的权衡比例应与其他建筑大致 10：8 的明间宽高比有一些区别，特别是用在园林中作为缀景的亭子，其柱高可根据位置、周边环境及用途做适当调整。其他别项均参考对应的无斗栱、带斗栱建筑的权衡尺度及构件定尺。

四、攒尖建筑木构架的组合及构造

（一）攒尖建筑木构架的组合特点

攒尖建筑木构架就是把屋顶前后檐面各步架的檩木复制到建筑的两侧山面，转角交圈，与庑殿木构架类似，只是不做推山，各坡面步架尺度、举折相同。

从组合上说，攒尖木构架就是由一个个方形或多边形檩木框架层层叠落在一起，最后与四角或多角中心设置的雷公柱交汇，形成一个各坡对称有宝顶凸起的攒尖坡屋面。

它的组合特点一个是利用长、短趴梁或抹角梁来完成各个檩木框架交点的支撑；再一个是转角角梁、各步架由戗直达中心，悬空捧托雷公柱，这就是攒尖建筑木构架的组合特点。详见图 1-185。

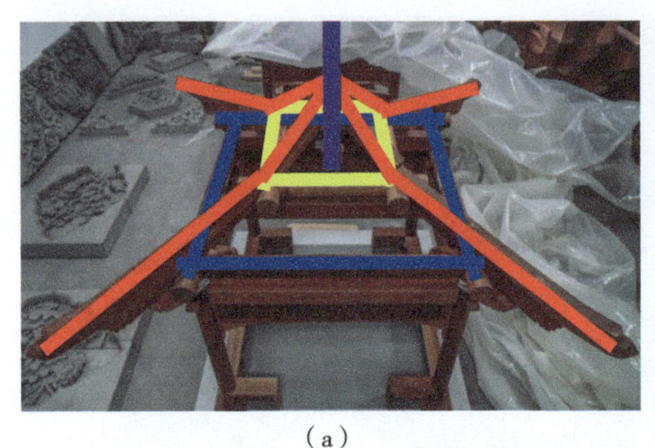

（a）

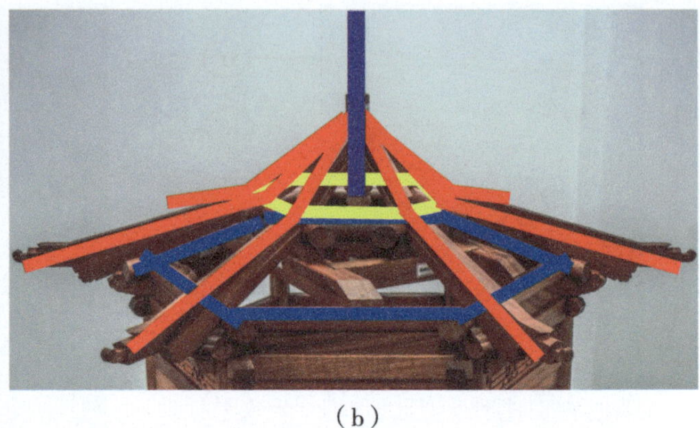

（b）

图 1-185　单步架四方、六方攒尖木构架组合示意

注：图中 ▬ 为第一层檩木框架；▬ 为第二层檩木框架；▬ 为角梁、由戗；▬ 为雷公柱。

（二）攒尖建筑木构架的构造

1. 攒尖建筑木构架的构造

攒尖建筑木构架的构造相对比较简单，每一坡面的木构架构造相同，各坡檩木（檐、下金、中金、上金檩、檩枋等）水平交圈搭接，没有山面、檐面之分。

构架平面按自身体量参考权衡尺度分出檐、金（下、上）、脊步架，举折比例同其他屋面。

各坡檩木搭交点设置承托构件；通常体量、跨度小的设置长、短趴梁，体量、跨度大的设置抹角梁，并在梁上设置交金墩、交金瓜柱或交金童柱以承托角梁、由戗。

各檩木转角交接点也就是各坡面转角相交部位安装角梁、由戗（下、上金），各坡面脊步架由戗按举折高度交汇于建筑中心点，入榫悬空捧托雷公柱。雷公柱有两种做法：一种是下脚悬空，靠建筑脊步架转角部位设置的四根或多根由戗（根据建筑平面造型定，四方形四根，六方形六根）做榫插入雷公柱捧托屋顶宝顶；另一种是在雷公柱下脚安装一道趴梁，直接承托雷公柱，与庑殿木构架中的太平梁做法相仿，虽然不如雷公垂柱做法美观但安全可靠，适用于大体量建筑安有琉璃宝顶的屋面。

2. 参考知识：抹角梁法

抹角梁法：以各坡各步架檩木交点为中心，垂直于相邻（檐、进深）面相交角度平分线设置的梁；可采用趴于檩上的趴梁做法，也可采用坐于柱头的梁头做法，因其位置所在故称抹角。四方形攒尖建筑木构上架平面如图 1-186 所示。

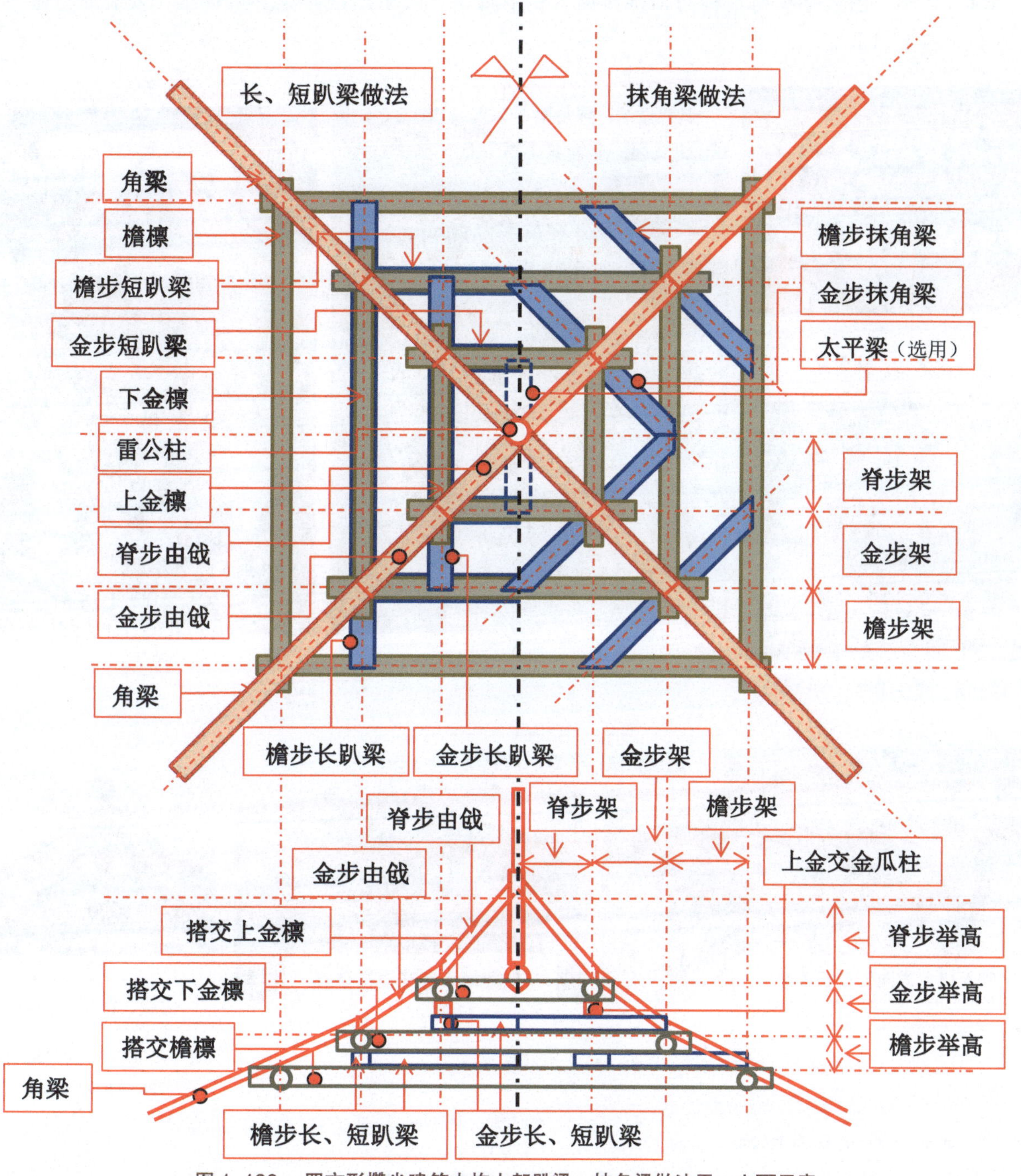

图 1-186　四方形攒尖建筑木构上架趴梁、抹角梁做法平、立面示意

3. 攒尖建筑木构架中需要特别注意的几个部位做法（图 1-187～图 1-190）

（1）长、短趴梁和抹角梁的选择确定　通常体量、跨度小的设置长、短趴梁；体量、跨度大的设置抹角梁。

（2）趴梁做法和柱头梁做法的选择确定　通常情况下，梁头下方没有设置柱子的按趴梁做法做，有长趴梁、抹角梁；梁头下方有柱子按柱头梁做法做，有正身梁、顺梁、抹角梁。

（3）长、短趴梁的设置方向　通常情况下方形建筑长趴梁顺着建筑物的主方向设置，短趴梁垂直于长趴梁设置；多边形建筑长、短趴梁梁头以避开柱头、两檩搭接位置为好。

（4）其他　由戗端头与垂柱必须榫接插入；下脚与下段由戗或角梁必须榫接（安装时打眼下铁钉与下方檩木固定）。

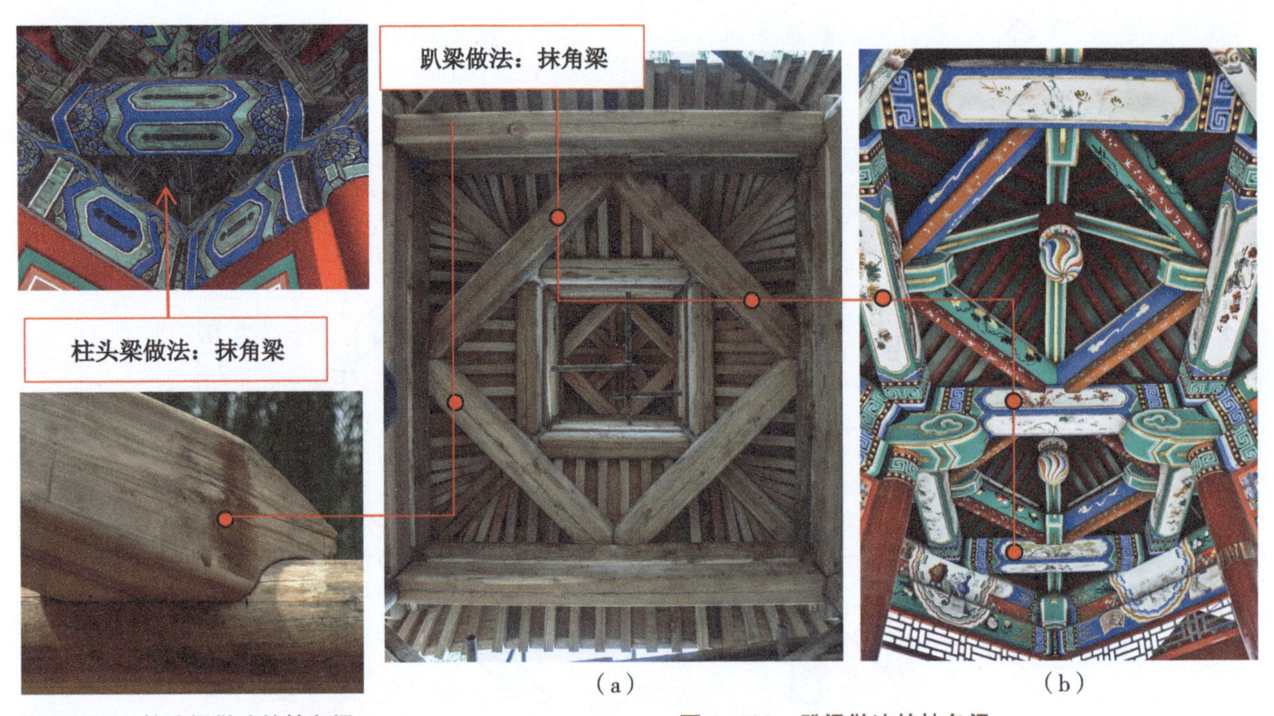

（a）　（b）

图 1-187　柱头梁做法的抹角梁

图 1-188　趴梁做法的抹角梁

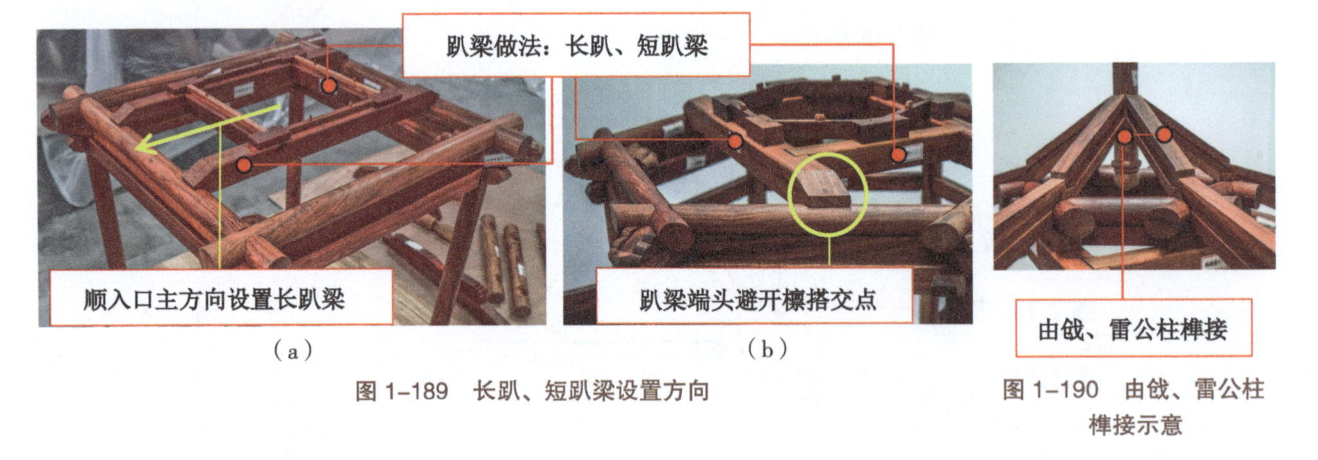

（a）　（b）

图 1-189　长趴、短趴梁设置方向

图 1-190　由戗、雷公柱榫接示意

4. 攒尖建筑分层木构架

木构架以檐、金柱头为界，柱头以下为下架；带斗栱建筑柱头以上为斗栱层；斗栱层以上为上架；屋檩以上为木基层。

（1）下架　檐柱、箍头檐枋相互拉结构成下架水平框架。

（2）上架

①第一层。角云、垫板（有斗栱的建筑为其斗栱的安装位置）、搭交檐檩相互拉结形成第一层框架。

②第二层。长趴、短趴梁或抹角梁与檐檩搭接，形成第二层框架。

③第三层。交金墩或交金瓜柱、金垫板及角梁、搭交金檩相互搭接，拉结形成第三层框架。

④第四层。由戗榫入捧托雷公柱（或采用太平梁承托雷公柱）形成攒尖最上层框架。

（3）木基层　椽（檐、飞、花架、脑、翼角、翘飞、蜈蚣等椽）将各檩连接在一起，板（横、顺望板）、大小连檐又将各椽连接在了一起，更加强了木构架之间的整体拉结和联系；同时，建筑物两端通过角梁、翼角椽、翘飞椽的组合，又形成了传统建筑飞檐翘角的特有造型。

四方形攒尖木构架分层构造示意，详见图 1-191～图 1-194（见本书二维码）。

5. 参考案例

六方形攒尖木构架分层构造，详见图 1-195、图 1-196（见本书二维码）。

五方形攒尖建筑梁架所用趴梁与其他多边形攒尖建筑有所不同，它一端趴于檩上，另一端与趴梁相交，这种做法俗称为“驴赶驴”做法。详见图 1-197、图 1-198。

（a）

（b）

图 1-197　五方形攒尖建筑外形与梁架对应及做法示意（一）

（a）

（b）

图 1-198　五方形攒尖建筑外形与梁架对应及做法示意（二）

第六节　木构架的制作与安装

一、原材加工

（一）原材的选择及用材标准

1. 材种选择

北方官式建筑中常用的木材多为松木类的软杂材，有油松（老黄松）、红松（国产、进口）、鱼鳞云杉（鱼鳞松、白松、东北松）、樟子松（蒙古赤松）、落叶松（黄花松）、杉木（川杉、广杉、建杉）等，详见图 1-199～图 1-206。在等级更高的宫殿建筑中，还使用归类于硬杂材的楠木（图 1-207）。随着国家的口岸开放，更多物美价廉的进口原材大量入关，使传统木结构建筑有了更多的原材选择，特别是在气候条件适宜、交通便利的南方地区，详见图 1-208。

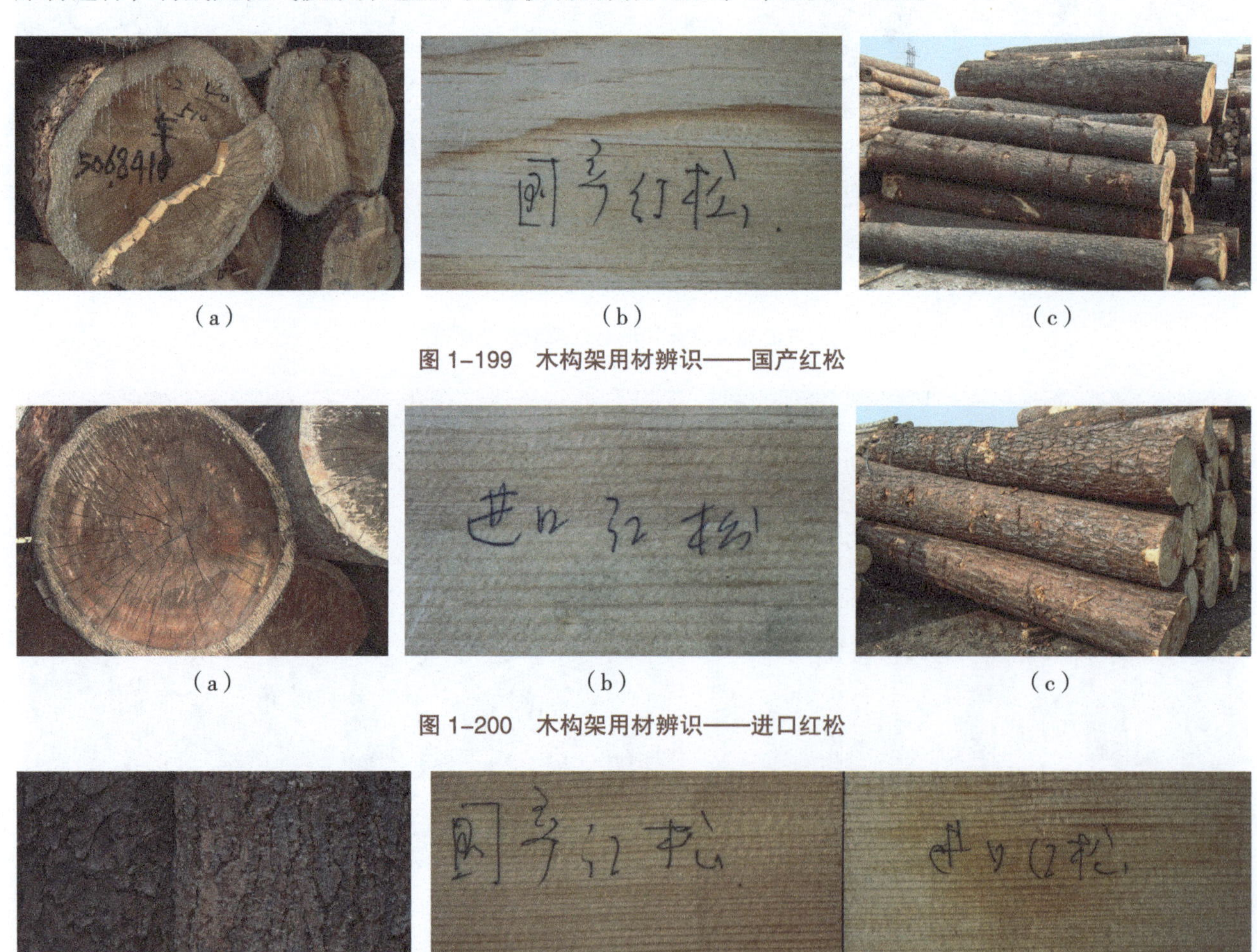

（a）　（b）　（c）

图 1-199　木构架用材辨识——国产红松

（a）　（b）　（c）

图 1-200　木构架用材辨识——进口红松

（a）　（b）　（c）

图 1-201　木构架用材辨识——国产、进口红松对比

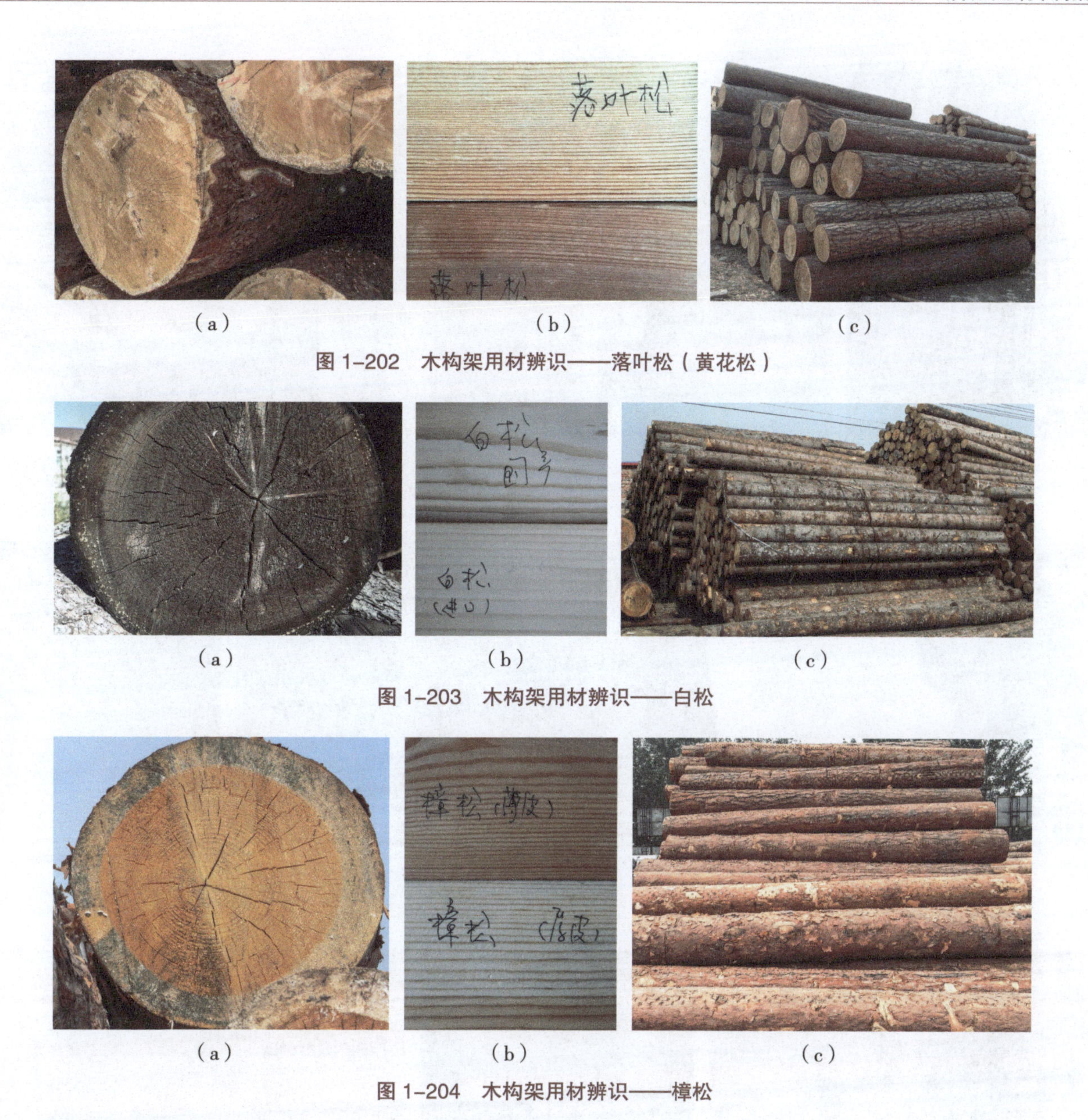

(a) (b) (c)

图 1-202 木构架用材辨识——落叶松（黄花松）

(a) (b) (c)

图 1-203 木构架用材辨识——白松

(a) (b) (c)

图 1-204 木构架用材辨识——樟松

根据近年来的使用经验，樟子松材性较脆，宜用作结构中柱类等受压构件，梁、枋等受弯、受拉构件慎用，装修不限，提示仅供参考。

图 1-205 木构架用材辨识——油松

（a）　（b）　（c）　（d）

图 1-206　木构架用材辨识——衫木（北方多用于椽材）

（a）　（b）　（c）　（d）

图 1-207　木构架用材辨识——楠木（桢楠）

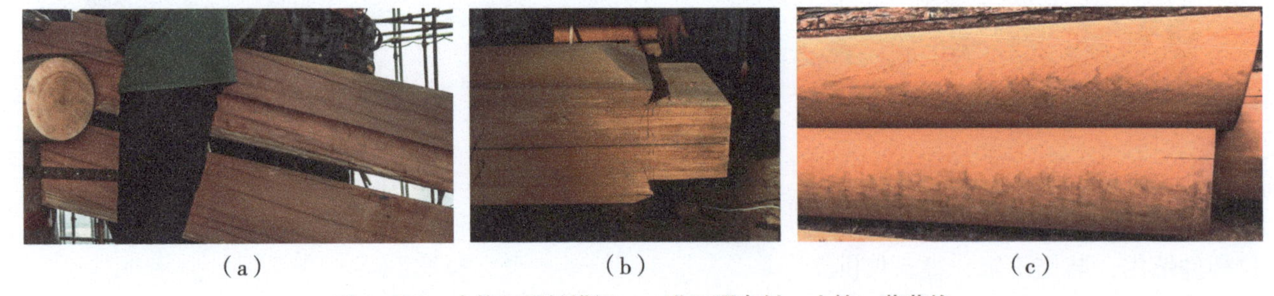
（a）　（b）　（c）

图 1-208　木构架用材辨识——进口硬杂材：山樟、菠萝格

2. 原材疵病

树木是在大自然环境中自然生长的，不可避免地要受到外来因素的影响，树木分叉产生节疤；细菌造成腐朽；虫害形成虫蛀；生长环境恶劣带来树木的斜纹、拧丝。在传统建筑中常见的木材缺陷（疵病）有腐朽、虫蛀、节疤、裂缝、斜纹、髓心六种。

（1）腐朽　空气中散布着大量的真菌孢子，当树木的树皮被弄伤后，真菌便侵入伤口，发芽生长，由孢子变为菌丝。这时，木材的边材开始变为青色，称青变（青皮）。这种由变色菌侵入而造成的变色一般来讲不会造成木材强度的降低，不影响使用。

真菌侵入木材内部，使木材结构逐渐变得松软脆弱，同时改变材色，这种现象称腐朽。通常情况下这种腐朽呈现出的颜色分为两种：一种表面出现白色斑点，同时出现许多小蜂窝或筛孔，木质变得很松软，像海绵一样，用手去捏很容易剥落，俗语称为“蚂蚁蛸（扫）”；另一种是木质表面呈现红褐色，表面有纵横交错的裂隙，用手搓捻，很容易碾成粉末，俗语称为“红糖包”。详见图 1-209。在传统建筑用材的标准中，对“腐朽”的要求是最为严格的，只要有腐朽现象就不允许使用，这一点一定要注意。

（a）木材边材青变

（b）木材白色腐朽——蚂蚁蛸

（c）木材褐色腐朽——红糖包

图 1-209　木材的缺陷（疵病）——腐朽

（2）虫蛀

木材在生长过程中常遭受到虫害的侵扰，这种虫害对木材的材质影响非常大，直接影响到木材在传统建筑中的使用。

虫害主要分为两种。一种是隐藏在树皮与木质部之间的小蠹虫造成的。这种小蠹虫只吃木材表面组织，造成木材表面形成虫沟，但不会深入到木材深部，这样的虫蛀痕迹在锯、刨加工时会很容易去掉，也不会有蠹虫残留在木质内部，这种虫蛀不会影响木材的质量。再一种是天牛和吉丁虫的幼虫，它们钻进木材深处，专吃木质部。这两种害虫不仅隐藏在正在生长中的树木中，而且在砍伐加工后的成材料中也有隐藏，这对于木构架是一个极大的危害，所以在选材时一定要仔细检查，严格杜绝有这种虫蛀现象的木材混入到成品构件中。详见图 1-210（a）（b）。

在木材的虫害中，还有一些诸如白蚁、番死虫、粉蛀虫等的害虫，特别以白蚁的危害为最大，它可以把木构件的内部吃空而外表完好，这在北方不太常见，详见图 1-210（c）（d）。

（a）天牛或吉丁虫幼虫咬蚀的虫眼

（b）小蠹虫咬蚀木材形成的虫沟

（c）白蚁蛀蚀的现状：表皮残留，木质部分蛀空

（d）白蚁蛀蚀的现状：表皮残留，木质部分蛀空

图 1-210　木材的缺陷（疵病）——虫蛀

（3）节疤　树木从一棵幼苗到成材，不断地从髓心生出小的枝桠，随着树干的逐渐加粗，生出的枝桠被包裹起来，在这个部位就形成了节疤。节疤的形状大致分为三种：圆形节、条状节、掌状

节（图 1-211）。

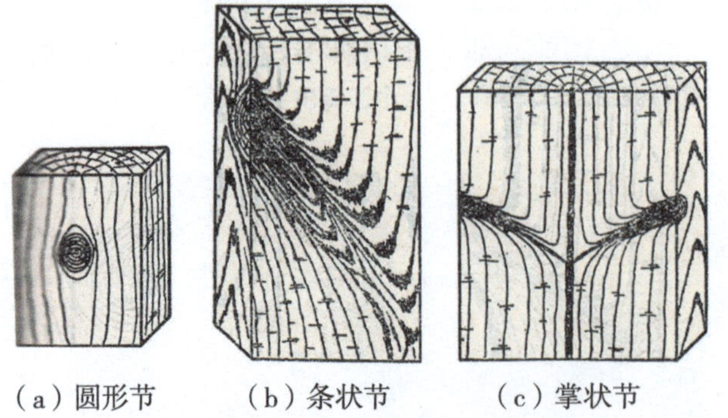

（a）圆形节　（b）条状节　（c）掌状节

图 1-211　木材的缺陷（疵病）——节疤形状

注：引自《木材知识》，张景良编著。

节疤的种类细分为三种：活节、死节、脱落节，其中脱落节通常被归于死节，所以节疤的种类又分为活节和死节两种。

节疤是一种缺陷，它破坏了木材的均匀性，特别是处在受弯大梁底部的节疤，降低了木材的强度，直接影响到建筑物的安全；而当节疤所处位置位于横纹受压和顺纹受剪区域时，其强度反而会增加；节疤造成局部木纹变形，使加工困难，木材表面易起毛刺即“戗茬、拧丝”，影响到木材表面的美观……但如果处理得当，节疤的存在反而会给木材表面带来形状各异的美丽图案，最典型的就是生长在海南的黄花梨木上最被人们称道的“鬼脸”，它实际上是木材的节疤，而这种节疤使木材身价倍增。

所以在加工选料过程中一定注意要根据木构件的受力情况，把节疤尽量甩到影响小的部位以保证木结构的安全。节疤种类详见图 1-212。

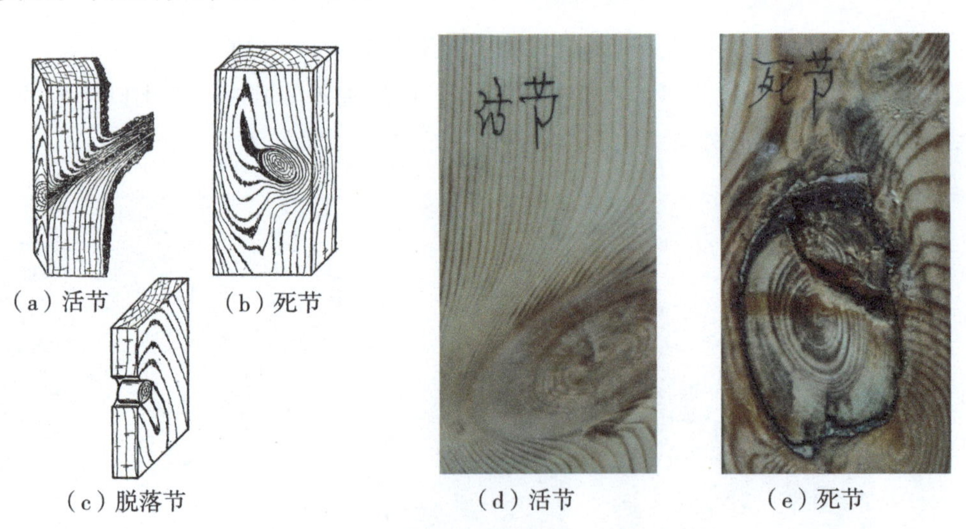

（a）活节　（b）死节　（c）脱落节　（d）活节　（e）死节

图 1-212　木材的缺陷（疵病）——节疤种类

注：引自《木材知识》，张景良编著。

（4）裂缝　木材在不均匀干燥过程中产生的裂隙称开裂。开裂的形式分径裂、轮裂两种（人为的断裂不在其中），而径裂又细分为端裂、表面裂、心裂、蜂窝裂、轮裂几种。

①径裂——端裂。木材的两头发生开裂并由表皮边材向心材扩展，称为端裂，详见图 1-213。

②径裂——表面裂。原木或板材表面发生开裂称为表面裂，详见图 1-214。

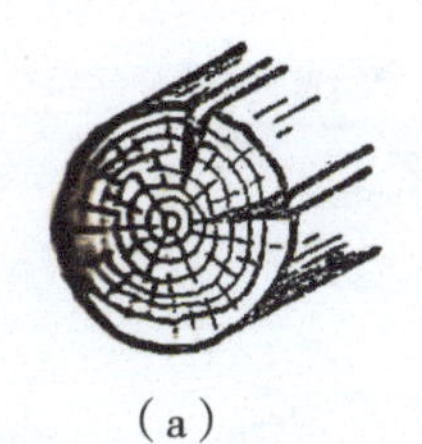

（a）

（b）

图 1–213　端裂

图 1–214　表面裂

③径裂——心裂。木材髓心开裂并向边材扩展称为心裂，详见图 1–215。

④径裂——蜂窝裂。原木或板材内部产生裂隙称为蜂窝裂，详见图 1–216。

⑤径裂——轮裂 。木材沿年轮开裂称为轮裂，详见图 1–217。

图 1–215　心裂

注：摘自《木材知识》，张景良编著。

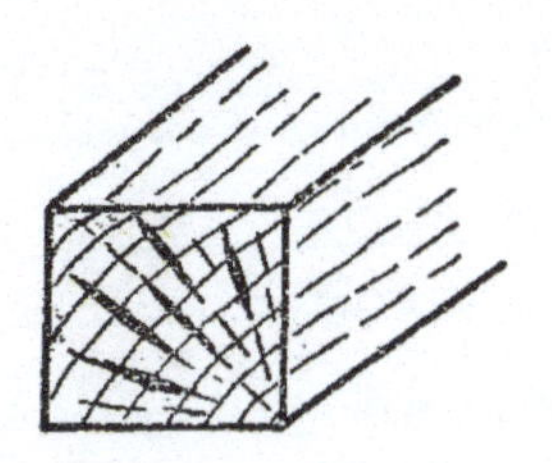

图 1–216　蜂窝裂

注：摘自《木材知识》。

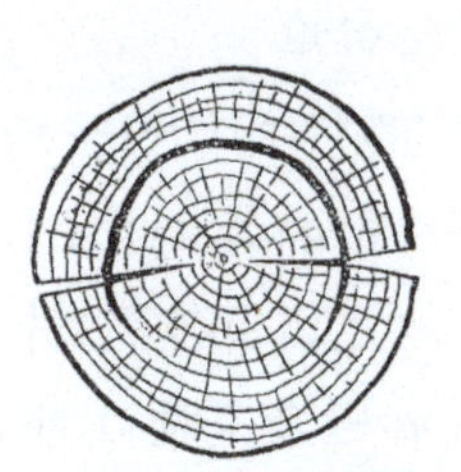

图 1–217　轮裂

注：摘自《木材知识》。

其他常见木材缺陷见图 1–218、图 1–219。

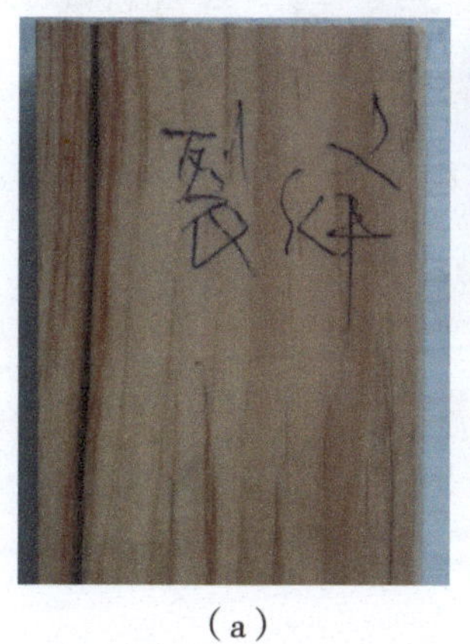

（a）

（b）

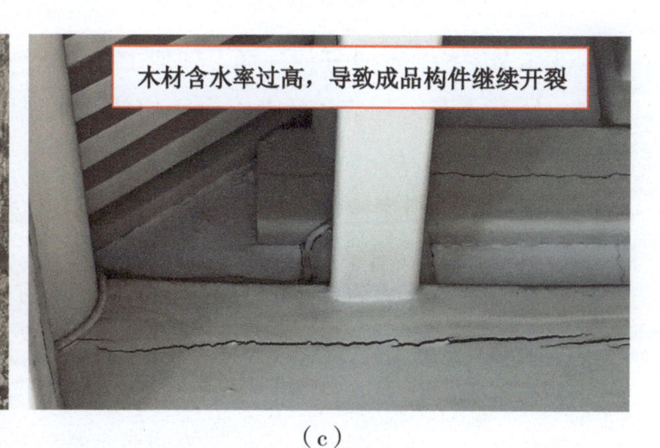

（c）

图 1–218　木材的缺陷（疵病）——裂缝

（a）

（b）

图 1–219　木材的缺陷（疵病）——轮裂

（5）斜纹　木材斜纹主要是树木在生长过程中受外力影响或因材种不同形成弯曲状而产生的，这种现象不仅影响到木材的出材率，还影响到木材的强度，详见图 1-220。

（6）髓心　髓心就是树木的树心。通常情况下，这部分的木质较其他部位的木质强度要低一些，也易糟朽一些，但由于传统建筑中的木构件尺寸都比较大，髓心的影响也相对较小，详见图 1-221。

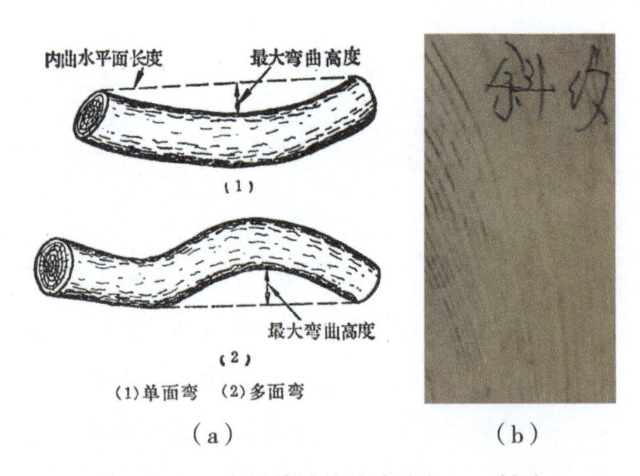

（a）　　（b）

图 1-220　木材的缺陷（疵病）——斜纹

注：图 1-220（a）引自《木材知识》，张景良编著。

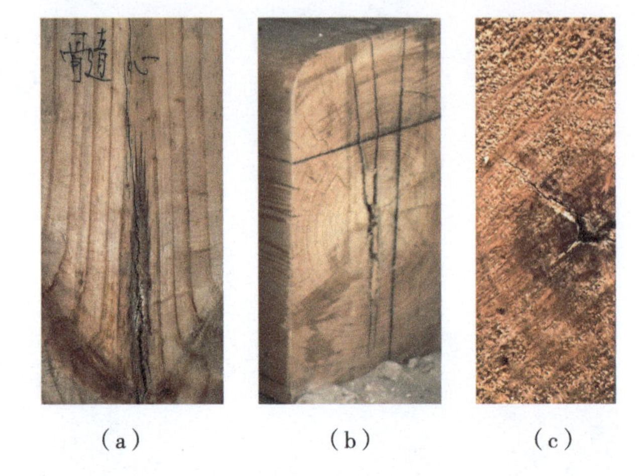

（a）　　（b）　　（c）

图 1-221　木材的缺陷（疵病）——髓心

3. 构件用材标准

木构架中的各类构件因类别不同、位置不同、功能不同，所负担的荷载也不同，这就决定了我们对木材材质的要求也各不相同，对以上列举的木材的几种疵病以及其他几种如含水率、强度、防腐、防火、防虫蛀的指标，对各类构件的要求分别如下。

（1）柱

①腐朽——不允许。

②木节——在构件任何一面、任何 150mm 长度内，所有木节（死节和活节）尺寸的总和不得大于所在面宽的 2/5。

③斜纹——斜率≤12%。

④虫蛀——不允许（允许表层有轻微虫眼）。

⑤裂缝——外部裂缝深度不超过柱直径的 1/3；径裂深度不大于直径的 1/3；轮裂不允许。

⑥髓心——不限。

⑦含水率——≤25%。

⑧强度——根据用途、荷载等不同要求计算而定。

⑨防虫蛀、防腐、防火——根据使用环境、使用位置、防火等级要求而定。

（2）梁

①腐朽——不允许。

②木节——在构件任何一面、任何 150mm 长度内，所有木节尺寸的总和不得大于所在面宽的 1/3。

③斜纹——斜率≤8%。

④虫蛀——不允许。

⑤裂缝——外部裂缝深度不超过材宽（厚）的 1/3；径裂深度不大于材宽（厚）的 1/3；轮裂不允许。

⑥髓心——不限。

⑦含水率——≤25%。

⑧强度——根据用途、荷载等不同要求计算而定。

⑨防虫蛀、防腐、防火——根据使用环境、使用位置、防火等级要求而定。

（3）枋

①腐朽——不允许。

②木节——在构件任何一面、任何 150mm 长度内，所有活节尺寸的总和不得大于所在面宽的 1/3；榫卯部分不得大于所在面宽的 1/4。死节面积不得大于截面积的 5%；榫卯处不允许。

③斜纹——斜率≤8%。

④虫蛀——不允许。

⑤裂缝——外部裂缝深度不超过材宽（厚）1/3；径裂深度不大于材宽（厚）的 1/3；轮裂不允许；榫卯处裂缝不允许。

⑥髓心——不限。

⑦含水率——≤20%。

⑧强度——根据用途、荷载等不同要求计算而定。

⑨防虫蛀、防腐、防火——根据使用环境、使用位置、防火等级要求而定。

（4）檩

①腐朽——不允许。

②木节——在构件任何一面、任何 150mm 长度内，所有活节尺寸的总和不得大于圆周长的 1/3；单个活节的直径不得大于檩径的 1/6。死节不允许。

③斜纹——斜率≤8%。

④虫蛀——不允许。

⑤裂缝——裂缝及径裂深度不超过直径 1/3；轮裂不允许；榫卯处裂缝不允许。

⑥髓心——不限。

⑦含水率——≤20%。

⑧强度——根据用途、荷载等不同要求计算而定。

⑨防虫蛀、防腐、防火——根据使用环境、使用位置、防火等级要求而定。

（5）板类

①腐朽——不允许。

②木节——面积的总和不得大于截面面积的 1/3。望板，在任一板内，活节面积总和不得大于板宽的 2/5；允许有少量死节。连檐，正身连檐活节截面积不得大于截面面积的 1/3；翼角连檐活节截面积不得大于截面面积的 1/5；死节不允许。

③斜纹——望板斜率≤12%；板斜率≤10%；正身连檐斜率≤8%；翼角连檐斜率≤5%。

④虫蛀——望板允许有轻微虫眼；其余不允许。

⑤裂缝——板：不超过板厚的 1/4，轮裂不允许；正身连檐同板，翼角连檐不允许；顺望板不超过板厚的 1/3；横望板不限。

⑥髓心——连檐不允许，其余不限。

⑦含水率——≤20%。

⑧强度——根据用途、荷载等不同要求计算而定。

⑨防虫蛀、防腐、防火——根据使用环境、使用位置、防火等级要求而定。

（6）椽

①腐朽——不允许。

②木节——在构件任何一面、任何 150mm 长度内，所有活节尺寸的总和不得大于圆周长的 1/3；单个活节的直径不得大于椽径的 1/6 。死节不允许。

③斜纹——斜率≤8%。

④虫蛀——不允许。

⑤裂缝——外部裂缝及径裂深度不超过直径的 1/4；轮裂不允许。

⑥髓心——不限。

⑦含水率——≤18%。

⑧强度——根据用途、荷载等不同要求计算而定。

⑨防虫蛀、防腐、防火——根据使用环境、使用位置、防火等级要求而定。

传统建筑木构架除去以上对材质要求的标准外还要求采用天然生长的优质风干木材，不得使用烘干木材，这是由于木材随温度升高，其强度会变低。当温度由 25℃升到 50℃时，木材本身强度会降低 10% ～ 15%。当温度超过 140℃时，木材中的纤维素发生热裂解，色渐变黑，强度会明显下降，所以在传统建筑的结构用材中不得使用经明火烘干的木材。对于其他蒸干法、化学法进行处理的结构用材一定要慎用，处理后的木材要经强度检测合格后方可使用。

（二）规格用材的加工方法

1. 选材

（1）根据构件的种类及加工尺寸选择原木　传统建筑中的木构件长短不同，尺寸各异，在选料过程中一定不能长料短用、优材劣用，在保证加工尺寸的前提下，还要考虑各种尺寸构件的套裁及弯曲原木的合理使用，最大限度地合理利用木材，减少浪费。

（2）检查原木是否有人为的损伤　树木在砍伐和运输当中，由于方法不当，会造成原木的隐形断裂，这就是俗称的“暗裂”。这种断裂由于树皮的包掩在选材时不易被发现，有经验的木工师傅在树皮剥光后通过斧子的敲击或手工锛砍能发现“暗裂”的存在，现在这种手工锛砍多半已被机械旋床、刨床所替代，如果不仔细检查，这种带有“暗裂”的构件使用在木结构中，会给建筑物的安全带来极大的隐患。

（3）根据加工构件的种类选择原木　根据加工构件的力学性质（受压、受拉或受弯）及各类木构件对材质的要求来选择相应的原木，比如：在符合用材标准前提下，原木中节疤相对多些的可以挑选出来用作受压柱子；受弯大梁用料中，节疤略多的一侧可用于大梁的上（背）面等。

2. 打截料

（1）根据构件的成品尺寸进行打截　打截时尽量使构件的榫卯部位避开原木的节疤。

（2）根据长短、粗细搭配的原则　根据此原则决定是否打截料在先、粗加工在后或是相反，以提高利用率。

3. 原材粗加工

（1）柱材加工　柱材在加工数量少，加工机械不到位的情况下通常采用先放八卦线后利用手工及电动工具进行加工的方法；批量加工通常采用圆木旋床机械加工的方法。

①确定原木的柱头、柱脚朝向。树根为柱脚，树梢为柱头。附：确定圆木、原材根、梢方向的

方法——同样的直径或截面尺寸中，年轮数量少的即为树的根部，年轮多的即为树的梢部。

②原木架空按尺找中定圆心，用线坠（或水平尺）过圆心划垂直线中线。

③丁字尺沿垂直线过圆心划水平十字线，划线使用墨线。

④垂直线为基准按柱径划出正方形；再以柱径尺寸乘以0.4142，自垂直中线向两侧各按1/2在正方形上定点，对角相连呈正八方形并过圆心划出对角线。

⑤八方每边长分为四份，自八方交角向两侧各点一份，连线，即为十六方。同此方法划出三十二方、六十四方、……直至呈正圆形柱材。

⑥尺板贴柱中垂直线向上延伸出柱脚截面；对面柱头截面定中心点，并同样将尺板过中心点向上延伸，靠目力将柱头尺板与柱脚尺板对齐划垂直线，再以相同方法划十字线、八方、十六方、三十二方、……直至呈正圆形柱材，只是柱头直径需要减去收分尺寸。

⑦两端头八方线划完后即可弹（连）线进行柱身八方、十六方、……顺序加工。

木材的使用、划线及加工示意，详见图1-222～图1-226。

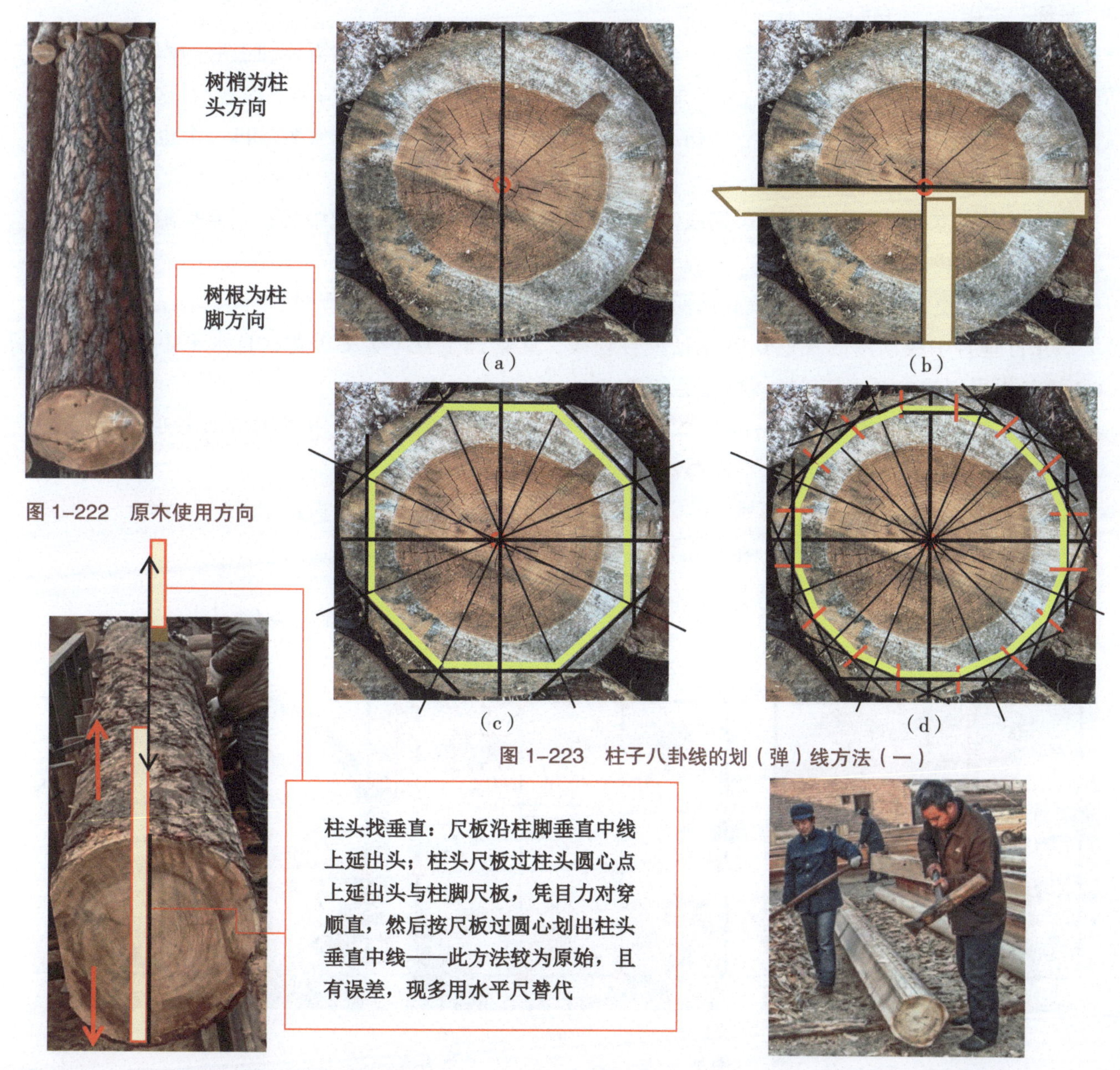

图1-222　原木使用方向

图1-223　柱子八卦线的划（弹）线方法（一）

图1-224　柱子八卦线的划（弹）线方法（二）

图1-225　圆柱手工加工示意

（a）

（b）

图 1-226　圆柱机械加工示意

（2）圆形檩材加工　檩材加工的方法与柱材加工的方法相同，都是根据工地的需求数量及机械到位的实际情况决定使用手工或机械方法，只是其划线的方法除了圆柱材的“八卦线”外还有一种方法称“三破棱”，它们之间有一些差异。

①传统檩材的直径是以刮完金盘（金平）后的净高度计算的，这就需要加工后的檩材直径要大于成品圆檩，通常在 1.1 倍左右。成品加工完成后，圆檩实际为椭圆，俗称“加泡”。这种做法一是为了圆檩上下有平面，利于垫板、檩枋或斗栱正心枋及隔椽板、椽椀的安装；再一个也保证了檩径的有效尺寸，不会影响结构强度。

②原木架空按尺找中定圆心，用线坠（或水平尺）过圆心划垂直线中线；丁字尺沿垂直线过圆心划水平十字线，划线使用墨线。

③中线向上下按 0.5 檩径定高；向两侧按 0.55 檩径定宽，划矩形轮廓线。

④自垂直中线向两侧各返 0.15 檩径垂直划线，此为檩金盘（金平）宽；自水平中线上下各返 0.1 檩径水平划线，两线与轮廓线相交定点●。

⑤●点至矩形端点均分三份定点●，各点连线▬呈不规则八方；按八卦线八方变十六方的方法在檩金盘（金平）线两侧划十六方●、三十二方线等。

⑥用划八卦线相同方法在檩另一端定位，再以相同方法划金盘（金平）、八方、十六方、三十二方……直至成品▬完成。详见图 1-227。

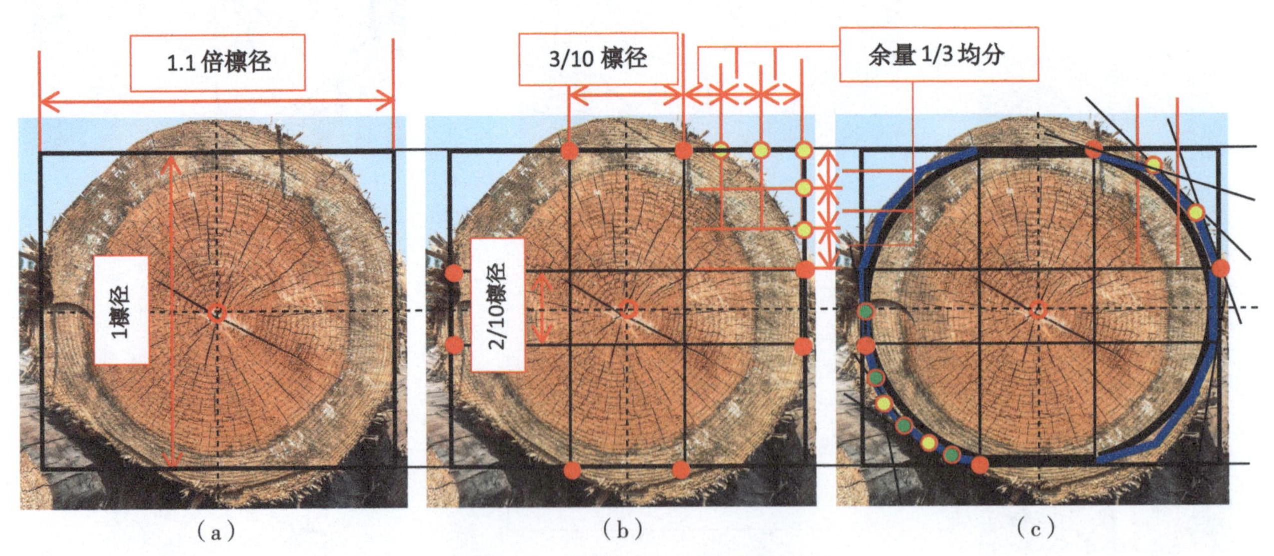

（a）　（b）　（c）

图 1-227　圆檩“三破棱”划线方法

⑦两端头各线划完后即可弹（连）线进行柱身八方、十六方、……顺序加工。需要注意的是，檩两端使用方向不在檩材加工时考虑。

檩材如果是采用旋床机械加工应按 1.1 倍檩径正圆加工，最后按 3/10 檩径刮出上下金盘（金平），保证上下金盘净高不小于 1 檩径。详见图 1–228。

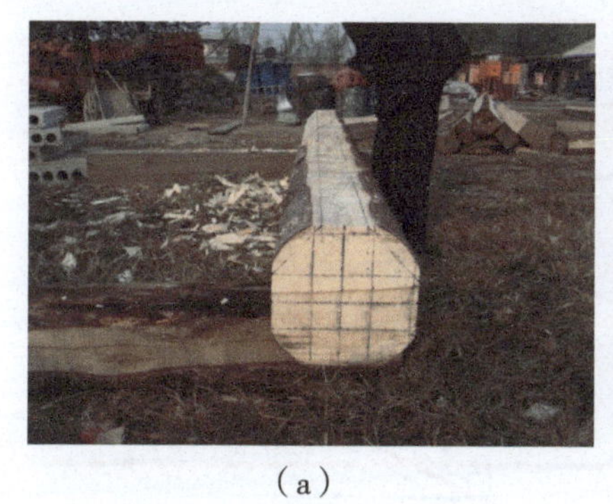
（a）

（b）

（c）

图 1–228　圆形檩材加工

（3）圆形椽材加工　椽材加工方法同檩材，只是椽子上方与望板接触面才有金盘（金平），下面不做，此处略。

（4）方材加工　方材由原木加工而来，通常情况下只需按照方材所需尺寸留足锯口、刨光量加工即可。需要注意的是，如果是加工梁材，可根据实际情况加工三面即可，梁背一面作为梁身“熊背”不做见方处理，而是随形刨光。这样处理既可节省木料又能增大一些梁身高度，使梁身受力更为合理。通常情况下，方材加工使用机械，偶有人工斧砍刨刮，详见图 1–229。

（a）

（b）

（c）

图 1–229　方材机械、手工加工

（5）板材加工　板材的加工相对方材来说较为复杂，因为板材薄且宽，如果含水率不达标的话，极易造成板面干缩开裂、扭曲变形，影响使用，特别是室内装修用料尤其如此。

在板材的加工中，一定要认清什么是径切板，什么是弦切板，也就是木材的弦切面和径切面，因为木材弦切面的干缩度也就是变形的概率要高于径切面一倍，所以在加工过程中应尽量使成品板材保持在径切状态，这样就能最大限度地减少板材变形的程度。

4. 径切面与弦切面的区别和定义

沿着树木生长方向通过髓心锯割的切面就是俗称的“直纹”面，干缩约 3%～6%。

板材两边做板厚的中心线，再做年轮的切线，两直线所形成的夹角大于 60° ，称为径切面。径切面的板材收缩小，不易变形翘曲。

沿着树木生长方向通过年轮锯割的切面就是俗称的“山纹”面，干缩约 6%～12%。

板材两边做板厚的中心线，再做年轮的切线，两直线所形成的夹角小于 30° ，称为弦切面。弦切面的板材花纹美丽但易变形翘曲，详见图 1-230。

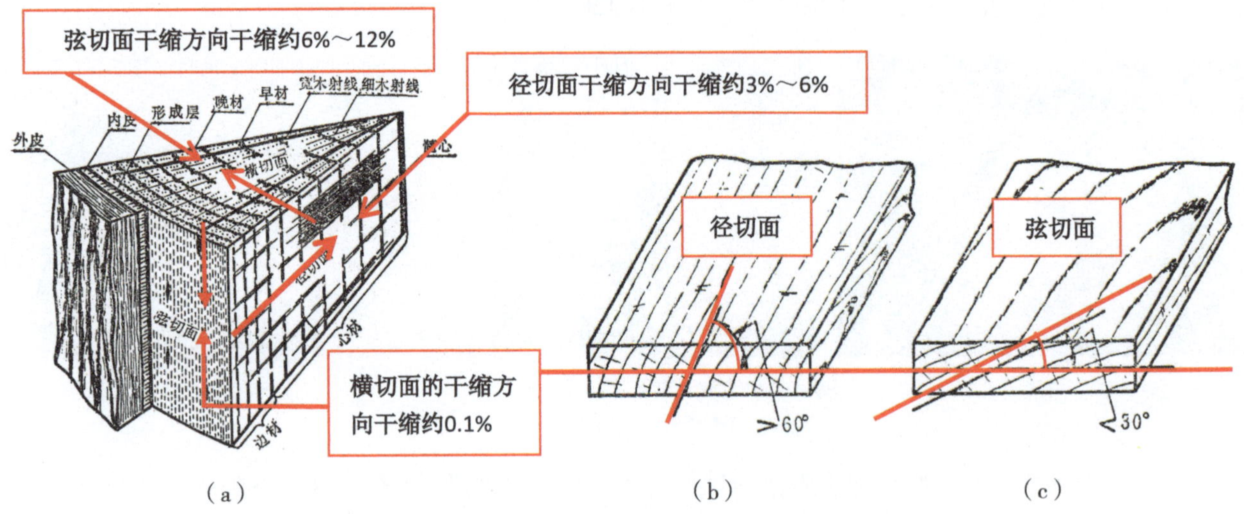

图 1-230　木材的加工——横切面、径切面、弦切面的干缩方向及数值

注：引自《木材知识》，张景良编著。

由于原木的形状近乎为圆形，它加工出的板材不可能都是标准的径切或弦切面，可根据板材的用途及使用部位加工下锯，尽量减少成材的变形，同时又尽量满足美观的需要。下面介绍一些加工下锯的方法供参考，详见图 1-231、图 1-232。

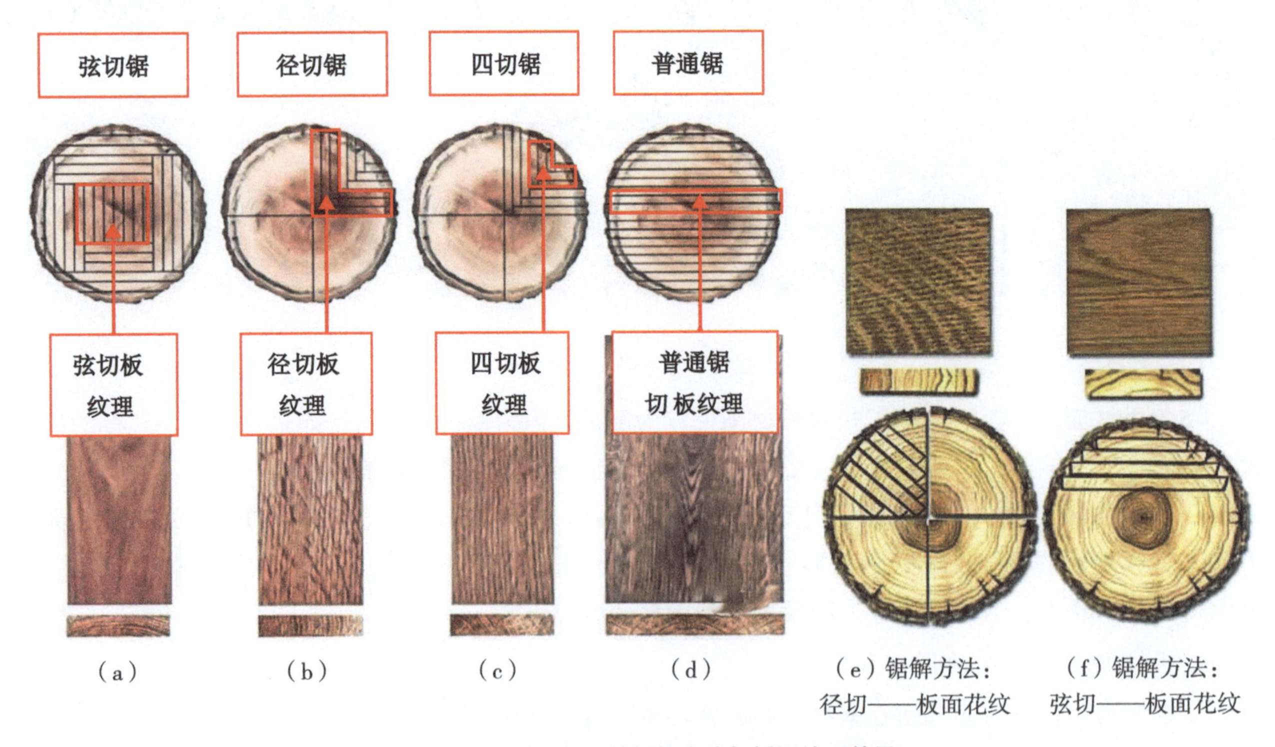

图 1-231　各种板材的锯解方法与板面纹理效果

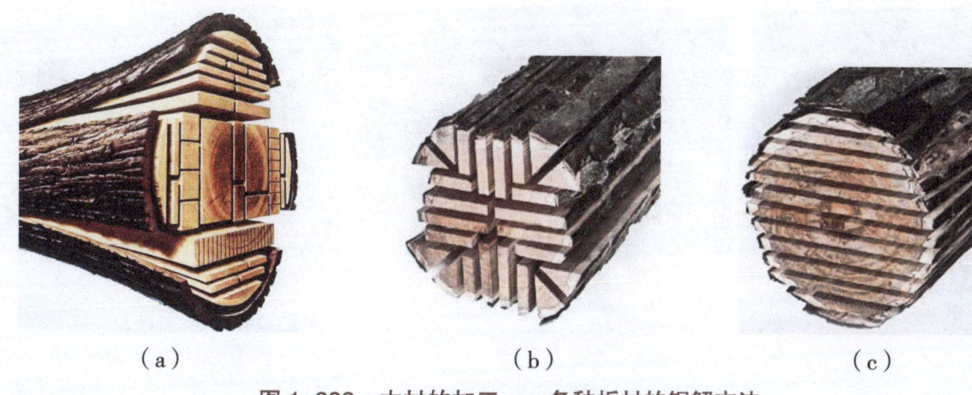
（a） （b） （c）

图 1-232 木材的加工——各种板材的锯解方法

注：图 1-231、图 1-232 由祝小明提供。

二、构件制作

（一）木工常用的量具与工具

1. 量具

在古建行当里，有一种说法是："七水、八木、九把尺"。其中提到的九把尺就是木作中用的量具。

（1）九把尺

①手尺：竹板，一尺长，后演变成木折尺，现已绝迹。

②五尺：五尺长，八分至一寸二见方的木枋，上有尺、寸、分刻度。

③丈尺：丈杆或是长一丈的尺。

④勾尺：尺墩一尺，尺苗一尺五，现常称作方尺。

⑤方尺：三角尺，现常叫割（隔）角尺。

⑥活尺：可以定成任何角度的尺子。

⑦规尺：划圆的工具，类似圆规。

⑧耙尺：瓦木两用，基础丈量放线、找中找方用，丁字形，用宽 2 寸、厚 1 寸的木料做成，在尺子的大面上按 90° 划横纵中线。

⑨门尺：长度 1 尺 4 寸 4，分八个格，每格分五个小格。

（2）三板一椀

①样板：与实物大小比例相同的划线参照物。

②抽板：讨退活时用的工具。

③增板：放翘飞用的工具，或称"搬增板"。

④檩椀：依 1/4 檩子外形做成的样板，在梁（柱）上划线所用。

2. 工具

木工常用的工具有锛子、直线锯（大、二、小锯）、曲线锯、手推平铯（大、二铯）、手推净刨（小铯）曲线铯、扁铲、平凿、圆凿、刻刀、木锉、斧子、钉锤、墨斗、画签、线坠、方尺、割（隔）角尺、活动角尺、线坠。详见图 1-233～图 1-248（图 1-248 见本书二维码）。

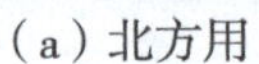
（a）北方用

（b）南方用

图 1-233　木工量具——丈杆

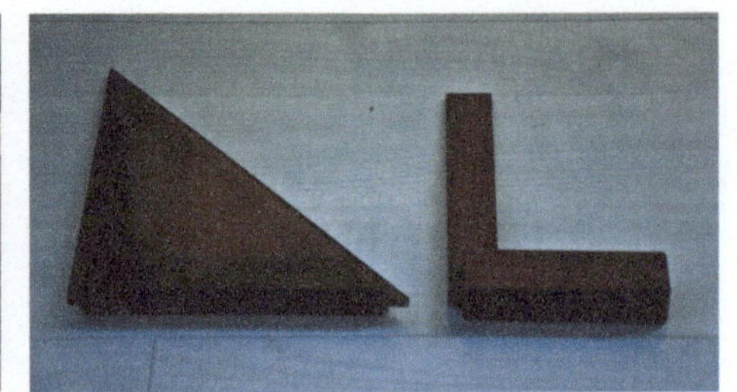
图 1-234　木工量具——割角尺、方尺

图 1-235　木工量具——活尺

图 1-236　木工量具——门尺

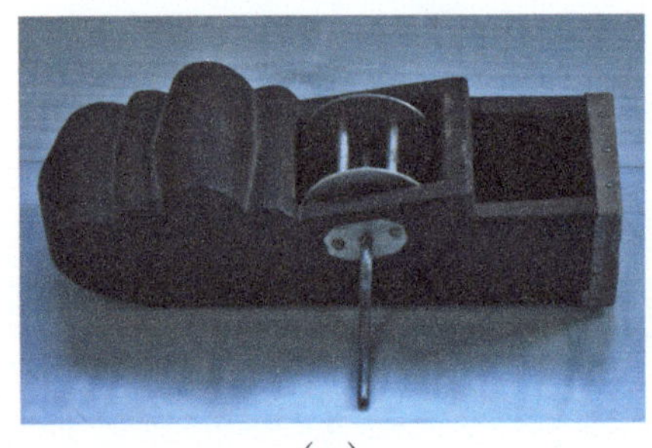
（a）

（b）

（c）

图 1-237　木工量具、工具——方尺、墨斗、划签

图 1-238　部分木工手工工具
（笔者 40 多年前所用自制工具）

（a）

（b）

图 1-239　木工手工工具——锛子

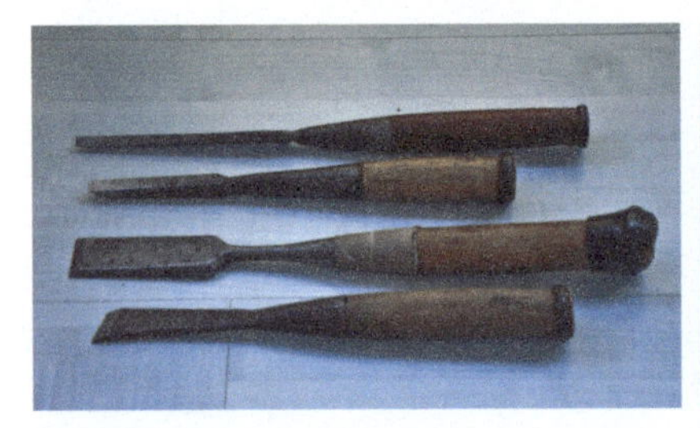
图 1-240　木工手工工具——凿子、扁铲

（a）

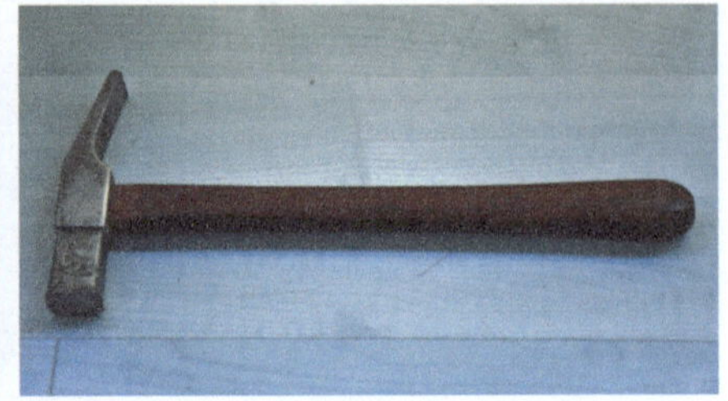
（b）

图 1-241　木工手工工具——斧子、钉锤

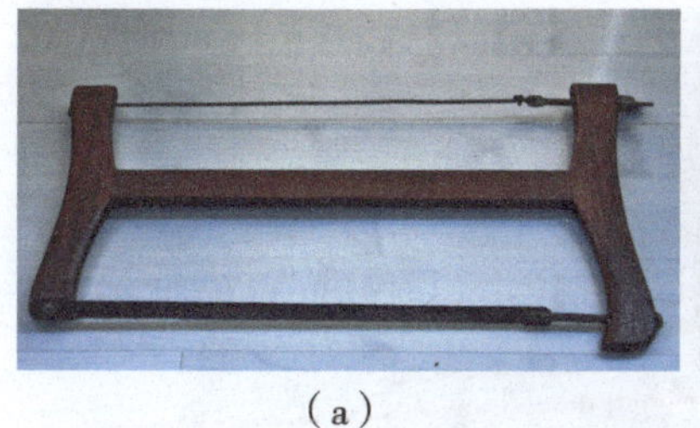

（a）

（b）

图 1-242　木工手工工具——小锯、刀锯

图 1-243　木工手工工具——盖面、凹面刨

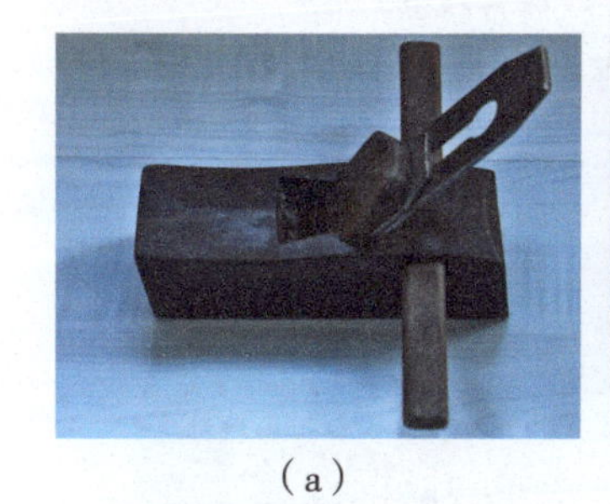

（a）

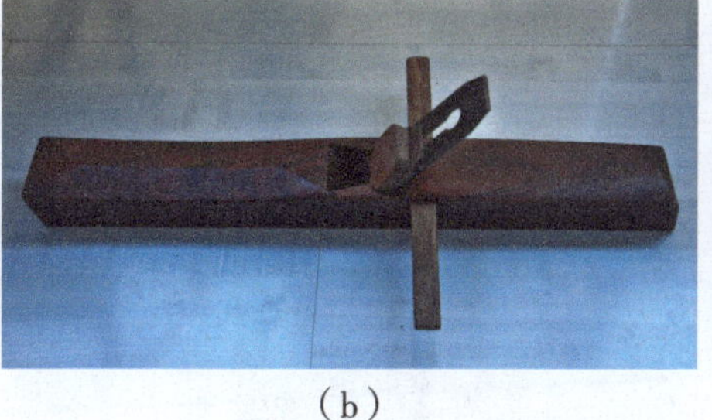

（b）

图 1-244　木工手工工具——净刨（小刨子）、大刨子

图 1-245　木工手工工具——单线刨

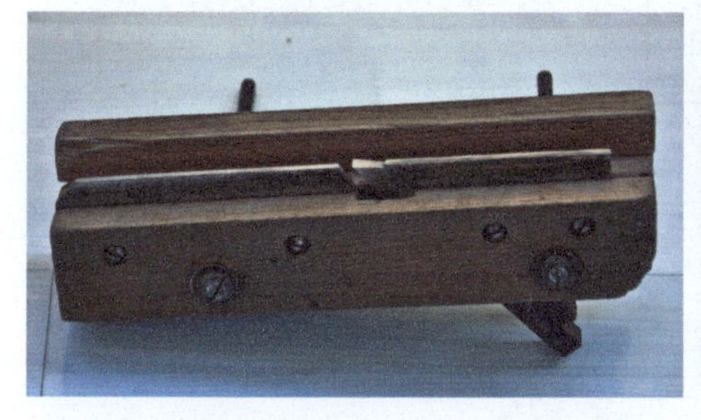

图 1-246　木工手工工具——槽刨

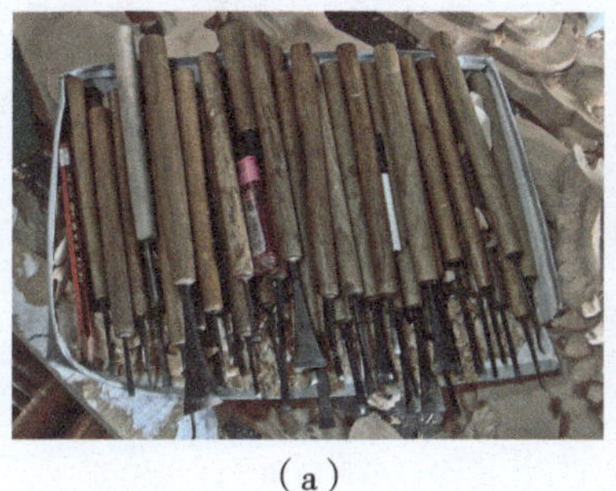

（a）

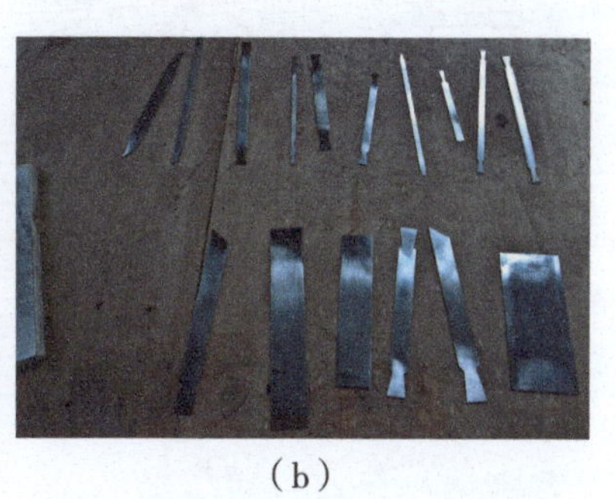

（b）

图 1-247　木工手工工具——各式雕刻刀、异形凿、家具制作用刮刀

（二）大木构件标号及线型

中国传统木构建筑是由成百上千甚至上万个木构件组合构成的，由于这些构件形状各异，榫卯线肩不同而且即使相同的构件，相同的榫卯线肩也由于是手工制作，每个都会各有不同，特别是在地方做法中多见因地制宜的不规则木料形状，所以，构件非常有专属性，东间构件用到西间，前檐构件用到后檐……都会造成尺寸错误、肩膀不严的现象。为了避免出现这种现象，千百年来一直沿用在构件上标注编号也就是位置号的方法。详见图 1-249～图 1-257。

图 1-249　构件标号及线型——“由戗”标号

（a）

（b）

图 1-250　大木构件标号及线型——枋、檩标号

图 1-251　大木构件标号及线型——“檩子”标号

图 1-252　大木构件标号及线型——“翘飞”标号

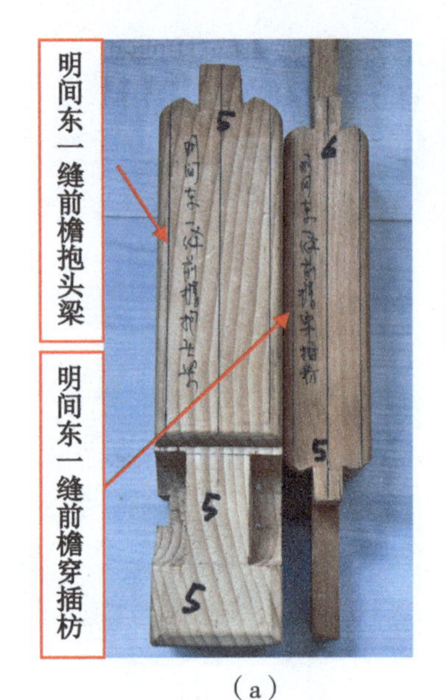

（a）

（b）

图 1-253　大木构件标号及线型——梁、枋、柱标号

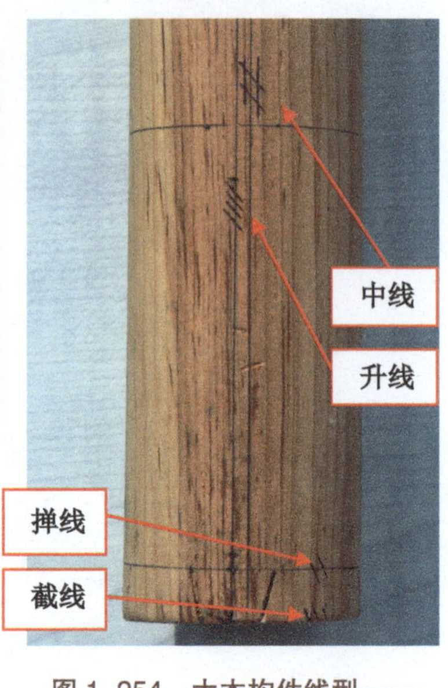

图 1-254　大木构件线型——中、升、截、掸线

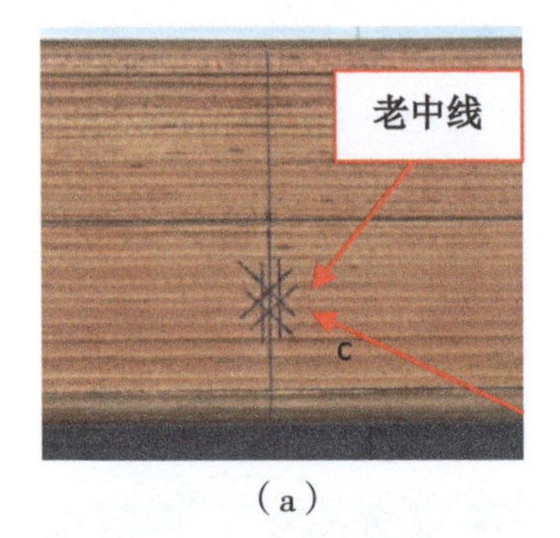

（a）

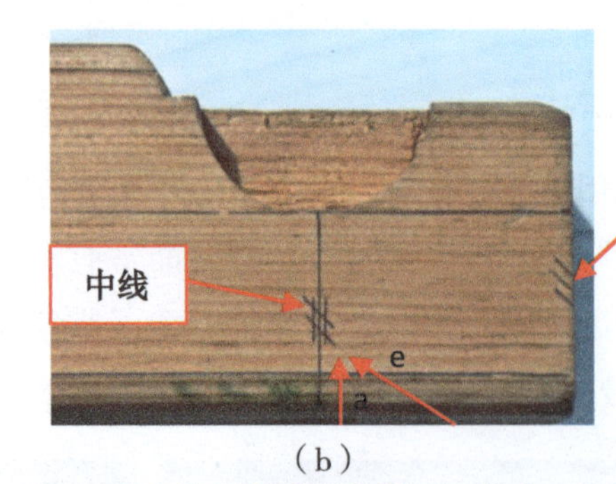

（b）

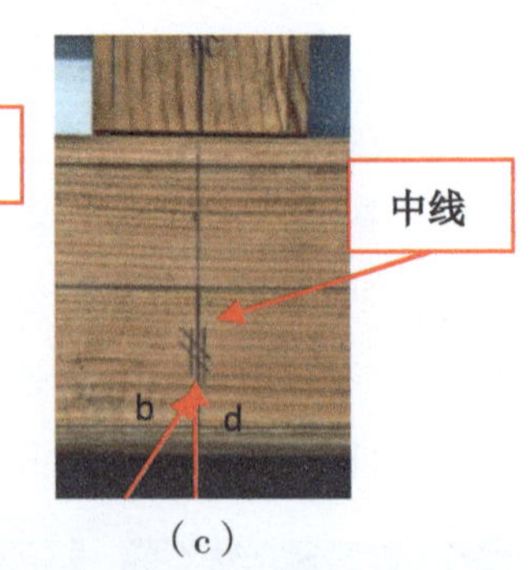

（c）

图 1-255　大木构件标号及线型——老中、中线、截线

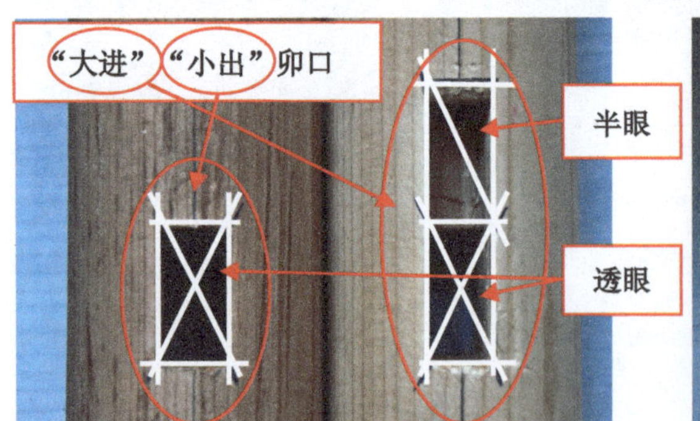

图 1-256　大木构件标号及线型——“大进小出”卯口线

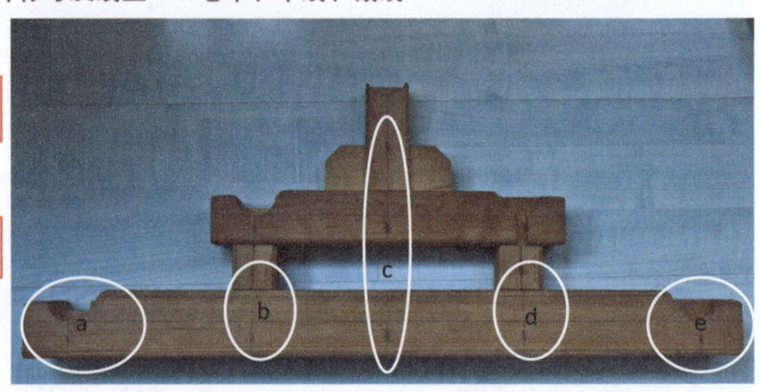

图 1-257　大木构件标号及线型——梁身线型

注：梁架大木符号 a ~ e 对应图 1-255 中 a ~ e。

悬山构架的大木构件标号示意，如图 1-258～图 1-261 所示。

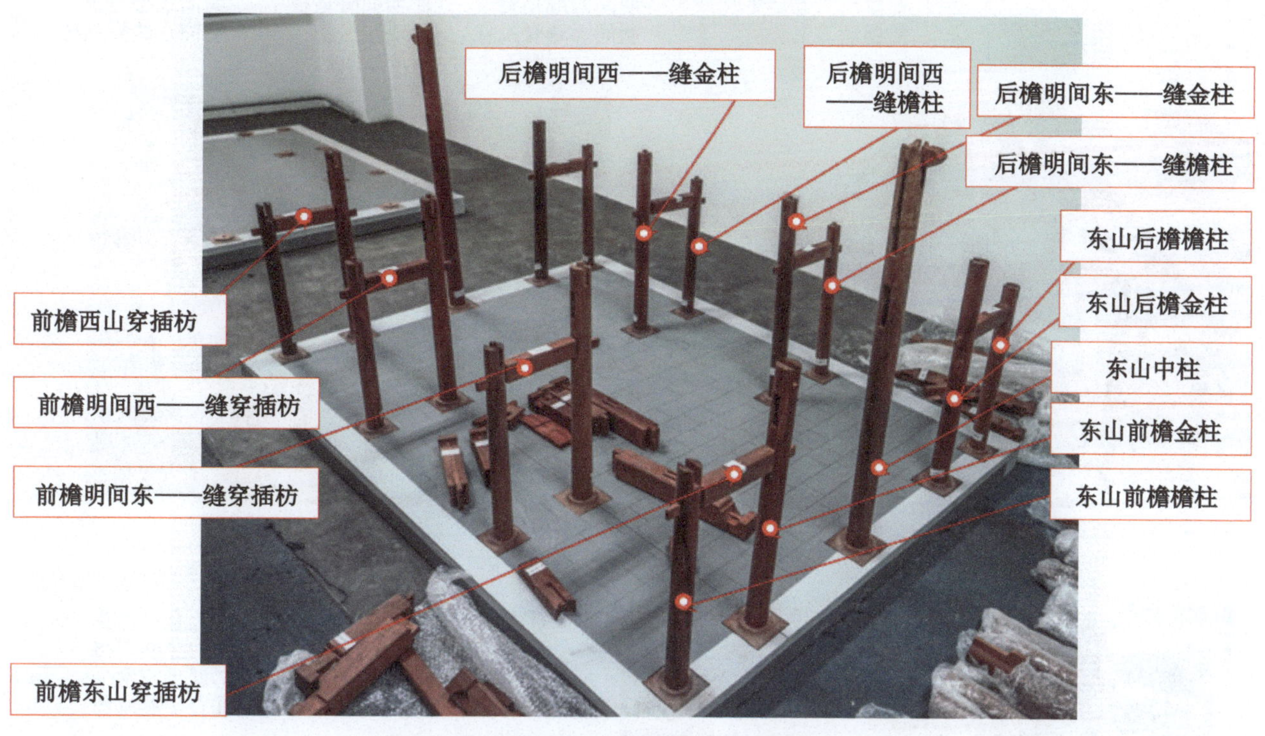

图 1-258　大木构件标号示意：悬山构架（一）

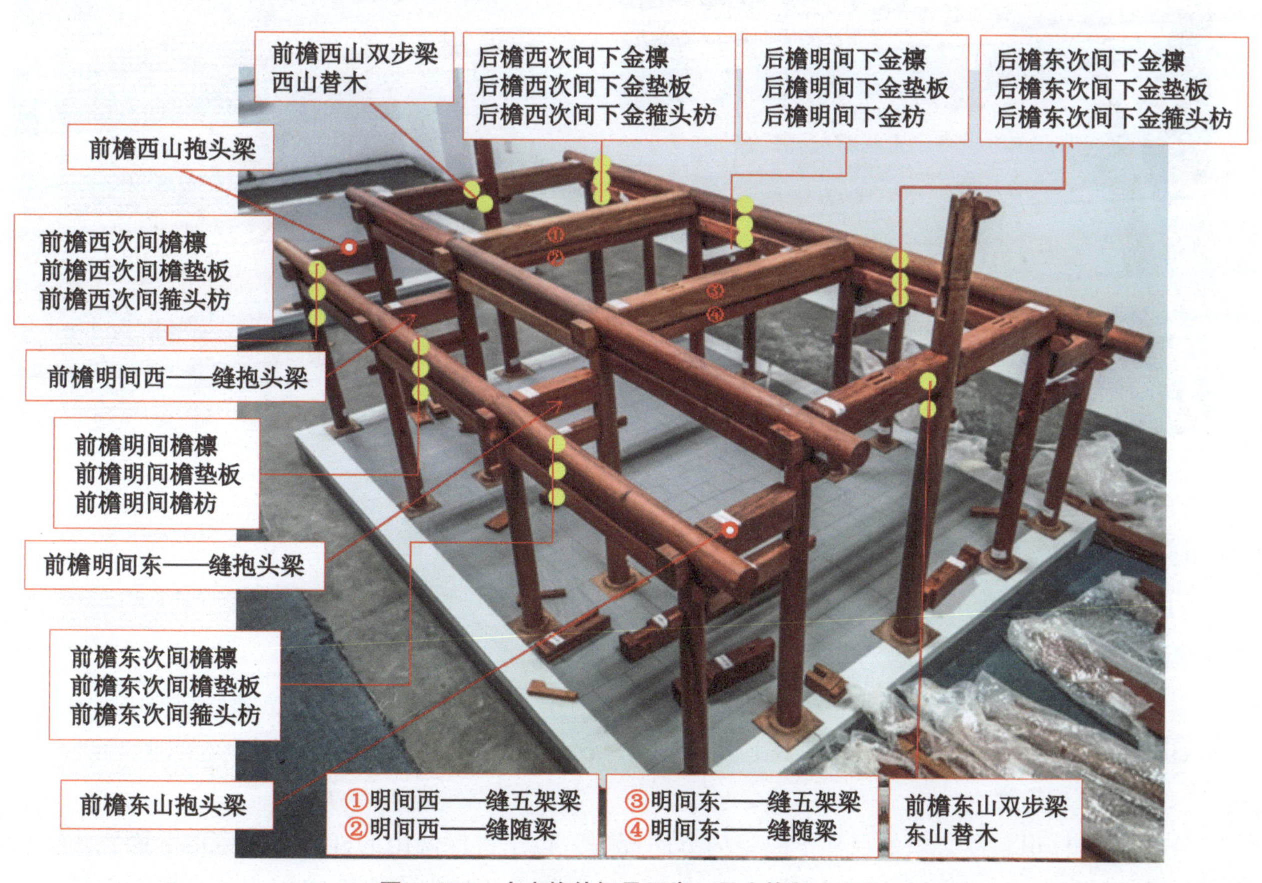

图 1-259　大木构件标号示意：悬山构架（二）

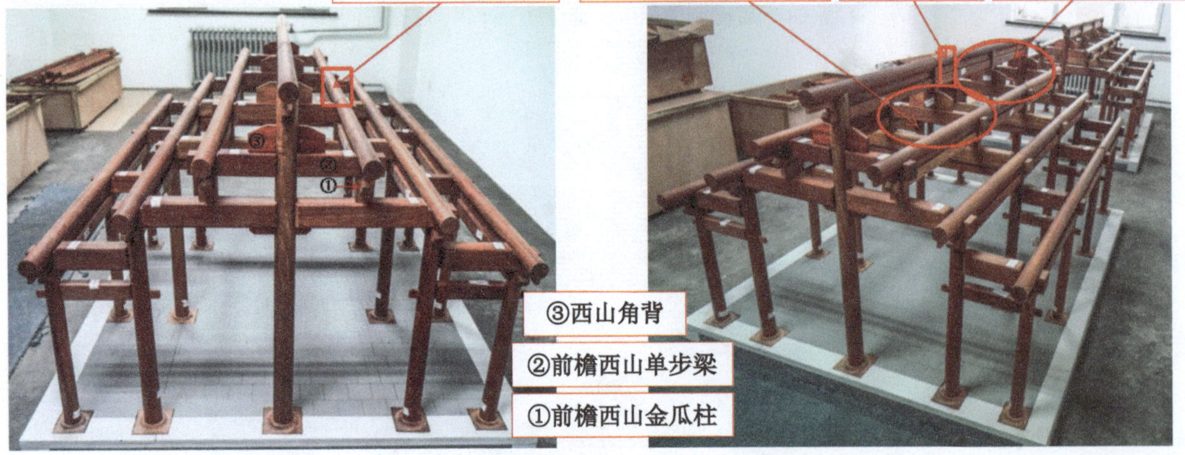

图 1-260　大木构件标号示意：悬山构架（三）

（a）

①前檐西次间檐步箍头枋　⑤上金三岔头
②檐步燕尾枋　⑥上金燕尾枋
③前檐西次间下金三岔头　⑦脊步三岔头
④下金燕尾枋　⑧脊步燕尾枋

（b）

图 1-261　大木构件标号示意：悬山构架（四）

1. 标注方法

（1）内容　口诀：东西南北向、上下金脊枋、前后老檐柱、穿插抱头梁。

①构件名称。

②所处位置（开间、前后檐、两山或东西南北坡）。

③构件端头或标号面的朝向（上、下、东、西、南、北或前、后檐）。

（2）方法及位置

①柱子的标识名称必须是在柱子向室内方向标写，位于进深两山的柱子也向室内（面宽）方向标写；名称的最后一字距地面 200～300mm；瓜柱的标识名称根据自身位置标写：前檐方向的瓜柱写在向前檐方向一面，后檐方向的瓜柱写在向后檐方向一面；脊瓜柱标识名称写在向前檐方向一面。

开关号：以建筑物的明间为起始，向东、西或南、北顺序编号，如北房标写："北房明间东（西）一缝、前（后）檐檐（金）柱向北（南）、北房明间东（西）二缝……北房东北（东南）角檐（金）柱、北房西北（西南）角檐（金）柱、北房东（西）山柱"。

排关号：以建筑物的左侧方向为起始，向右顺序编号。如北房标写：前（后）檐 1 号檐（金）柱、前（后）檐 2 号檐（金）柱……

②梁的标识名称必须是在梁向上一面（熊背）上标写（上青下白）；名称标写自梁头方向起始。标识名称要求写明梁所处位置、名称；位置标识同样分开关、排关，与柱子的位置标识一致（同位置的柱、梁统称为"缝"）。

③枋子的标识名称必须是在枋子向上一面上标写（上青下白）；名称标写在枋子中心位置。标识名称要求写明在枋子所处位置、名称；位置标识同样分开关、排关，与柱子的位置标识一致。

④檩（桁）的标识名称必须是在檩（桁）向上一面标写（上青下白）；名称标写在檩（桁）中心位置。标识名称要求写明在檩（桁）所处位置、名称及端头朝向；位置标识同样分开关、排关，与柱子的位置标识一致。

⑤翼角椽、翘飞椽的标识号必须是在椽的迎头一面标写，要求写明所处某角的左右位置及顺序编号；其他椽、飞椽不用标写标识号。

⑥垫板的标识号写在向上一面的小面上。

2. 线型符号

大木构件在加工制作和安装过程中，除需要有以上所说的标写标识号外，还要在构件上标划各种线型符号来作为加工操作的依据。

（1）种类　常用的线型符号有以下几种，见图 1-262。

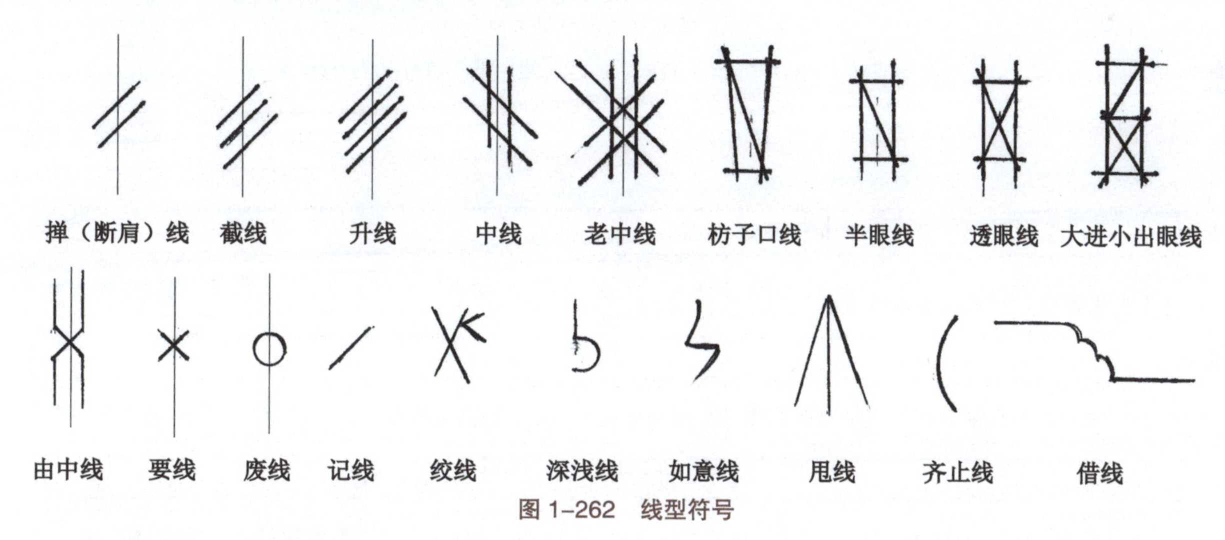

图 1-262　线型符号

（2）线型符号的标划方法

① 在大木构件上标划线型符号通常使用墨线（墨线操作方便，清晰且不易掉色）。

② 卯口符号的标划要求相交出头，这样便于查验。

③ 榫肩、截头线的标划必须有部分留存在成品构件上，便于查验。

3. 放划丈杆

按设计图示尺寸配出建筑物大木总丈杆。总丈杆断面尺寸不小于 40mm × 60mm；长度以建筑物进深梁架尺寸（如小于建筑物明间面阔尺寸，则以建筑物明间面阔尺寸为准）另增适度放量为准；如面宽左右、进深前后对称，则可自老中减半放划，丈杆长度可减。

①按设计图示及传统清官式做法尺寸在大木总丈杆的四个面分别划出建筑物明、次、梢间面阔中～中尺寸及两端榫长线，即面阔总丈杆；建筑物各柱柱高及上下榫高线，即柱高总丈杆；建筑物各梁架中～中尺寸及梁头线，即进深总丈杆；建筑物檐平出尺寸线，即檐平出丈杆。

②面宽总丈杆要求分别划出建筑物明、次、梢间面宽中～中尺寸线、檩两端榫长线、两山“出梢”尺寸线；各间“椽花”线；并清晰标识编号。

③柱高总丈杆要求分别划出建筑物中各种柱子的“盘头”“馒头榫”“管脚榫”“（大、小、由）额（檐檩）枋卯口”“穿插枋卯口”等线，并标识清晰。

④进深总丈杆要求分别划出建筑物进深各轴线、各“中”的中线——廊步、檐步、金步、上下金步、脊步等中线；桃尖、抱头梁，穿插枋，七、六、五、四、三架梁，三、双、单步梁，月（顶）梁等的梁头截线；并标识清晰。

⑤檐平出丈杆要求分别划出檐平出、老檐平出、小檐平出、拽架等线，并标识清晰。

⑥总丈杆划好后，应及时通知相关部门检查复核、签字验收并设专人妥善保管，同时采取相应的措施来防止坏损丢失，以备在制作、安装施工时随时对照检验。详见图 1–263、图 1–264。

图 1–263　总丈杆各面标划分项示意

注：为清晰识别，下图中各线均使用黑（墨）线标划；线型符号使用红线标划。

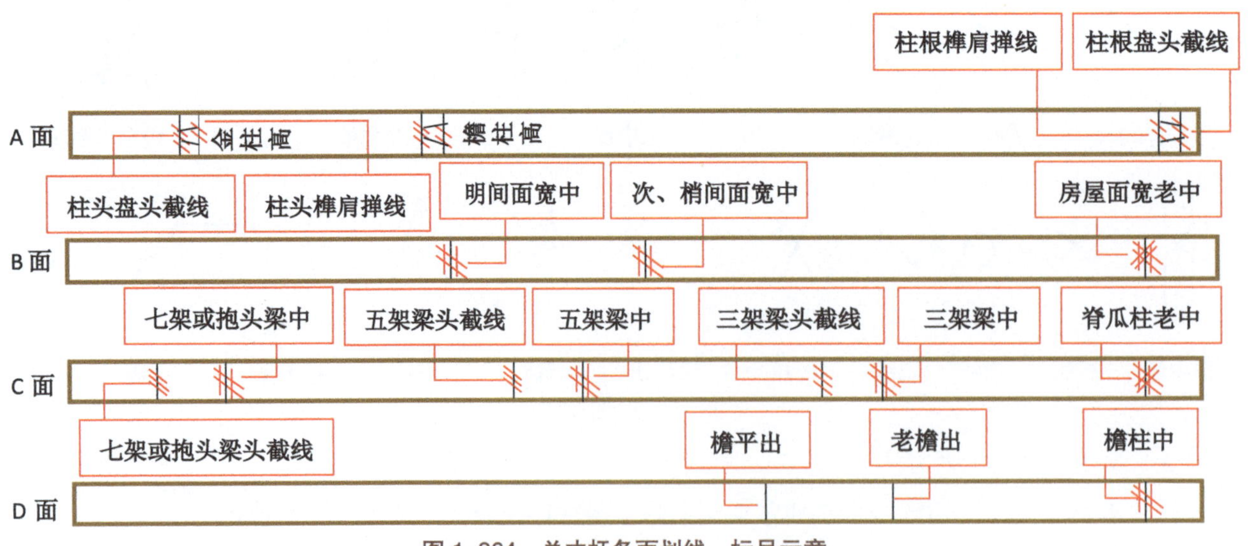

图 1–264　总丈杆各面划线、标号示意

（三）大木构件制作的操作方法、技术要求

中国传统建筑中木构架是由成百上千个木构件构成，木构件种类繁多，统分为六大类：柱、梁、枋、檩、板、椽。大木构件制作构架可参见图 1–265。

（a）

（b）

图 1-265　大木构件制作构架参考

1. 柱

（1）柱类构件制作的技术要求

①柱类构件在制作前应首先根据圆木（树）的自然生长方向来确定构件的用材方向：圆木（树）根部用于柱根，圆木（树）梢部用于柱头。

②柱类构件的直径尺寸根据传统权衡模数而定（图纸标有尺寸的按设计尺寸）。

小式建筑根据建筑物前檐柱柱径（柱根直径）而定，以柱径 D 为计算单位。

大式建筑根据建筑物中斗栱的斗口而定，以斗口为计算单位。

③建筑物最外圈檐柱必须向室内方向倾斜，即带“升”，或称“侧脚”；前、后檐柱、两山柱只向一个方向倾斜，角柱同时向两个方向倾斜。

升（侧脚）的尺寸根据柱子的高度而定：大式建筑为柱子本身高的 7‰；小式建筑为柱子本身高的 1%。

④各种柱子（除瓜柱、交金瓜柱、垂柱、雷公柱外）必须有溜（收分），下大上小。

溜（收分）的尺寸根据柱子的高度而定：大式建筑为柱子本身高的 7‰；小式建筑为柱子本身高的 1%。

⑤坐落于柱顶石上的柱类构件，其高度应减去石鼓径的高度。

⑥建筑物两山中柱同高度上“升”线的尺寸须与建筑物前后檐柱子的“升”线尺寸保持一致。

⑦建筑物柱子与各种枋、梁相交，必须采用榫卯连接的方法。

⑧柱子的线型符号及标识符号必须标写准确，清晰齐全。

（2）柱类构件制作的操作方法

①工序　摹划、制作分丈杆、榫肩样板⟶柱子划线⟶凿卯、开榫、盘头⟶标写构件标号。

②操作

a. 制作柱子分丈杆（详见图 1-266）。

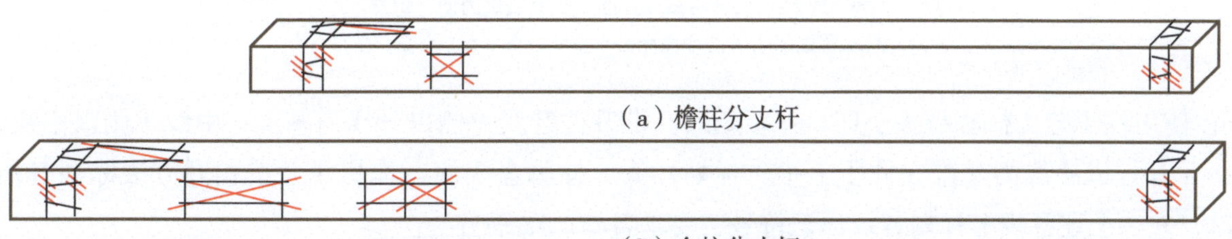

（a）檐柱分丈杆

（b）金柱分丈杆

图 1-266　柱子分丈杆划线示意

ⅰ. 自柱高总丈杆上摹划下各柱的高度尺寸。

ⅱ. 柱子分丈杆断面尺寸不小于 30mm×40mm；长度按柱高总丈杆所示建筑物中最长柱子尺寸（也可分别制作檐、金、里围金柱分丈杆）另增榫长及以适度放量为准。

ⅲ. 用三、五合板制作柱子“馒头榫”“管脚榫”样板；制作“(大小)额(檩)枋卯口”(额(檩)枋榫头)、“穿插枋卯口”样板，并做出明确标识。

b. 按丈杆、样板弹、划线

ⅰ. 柱子划线使用墨线，并标注大木符号。

ⅱ. 柱子四面弹放中线；外檐柱、山柱两面弹放升线；角柱四面弹放升线，并在中线、升线上标划中、升线标识符号，详见图 1-267。

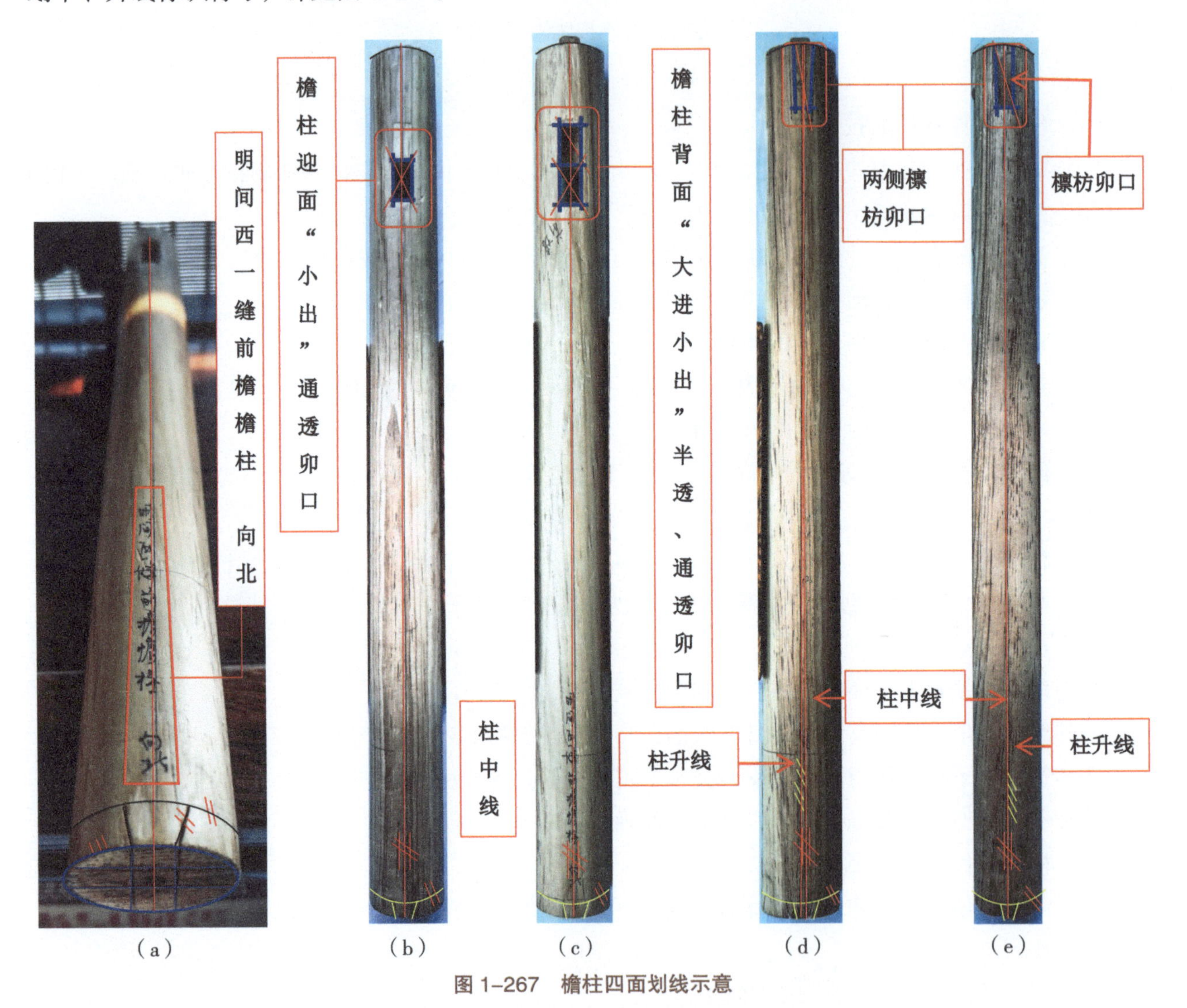

图 1-267　檐柱四面划线示意

注：1. 实物划线均应使用墨线，图中多色线仅为便于识别；
2. 柱头截线图中未能全部标出，实物以图（a）为准。

ⅲ. 使用柱子分丈杆和榫头、卯口样板划线。带升柱升线一侧以升线为准，中线一侧以中线为基准；无升柱以中线为基准在柱子上垂直标划柱头、柱脚盘头线、榫肩线并按相同方法标划各枋、梁卯口，并在上述各线上标划各线标识符号，要求各枋、梁垂直。

ⅳ. 瓜柱榫肩的划线应将瓜柱垂直架立在摆放水平的梁身相应部位上，使瓜柱、梁四面中线重合，然后用梁头檩椀样板中标示瓜柱榫长的燕尾岔口一端按梁背与瓜柱相交部位的实际形状为基准移动，一端蘸墨在瓜柱四面摹画出榫肩的实际轮廓线（类似大木装修中抱框的“刹活”）。

ⅴ. 榫卯划线应交错出头，以备查验。

ⅵ. 柱头、柱脚盘头线必须有一部分留存在成品柱子上，以备查验。

c. 盘头断肩、榫卯制作

ⅰ. 柱子盘头要求三锯盘齐；截面平直无错台；盘头里口略高于外口（外肩略虚）。

ⅱ. 柱子榫头尺寸、收“溜”准确无误；榫头平直无错台；枋、梁卯口内出“乍”尺寸准确、方正直顺、深浅一致无错台；卯口底面外肩略高于里口。

ⅲ. 柱脚四面避开柱中线剔出“撬眼”。详见图 1-268～图 1-273。

图 1-268　柱子线标符号示意

图 1-269　瓜柱榫肩划线方法示意

图 1-270　柱子盘头做法示意

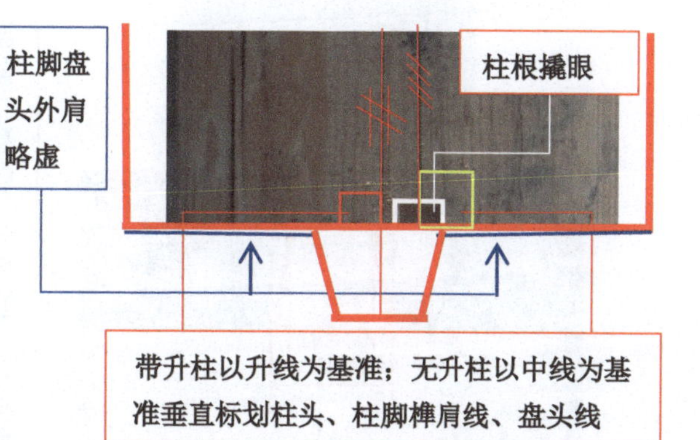

图 1-271　柱根盘头、撬眼做法示意

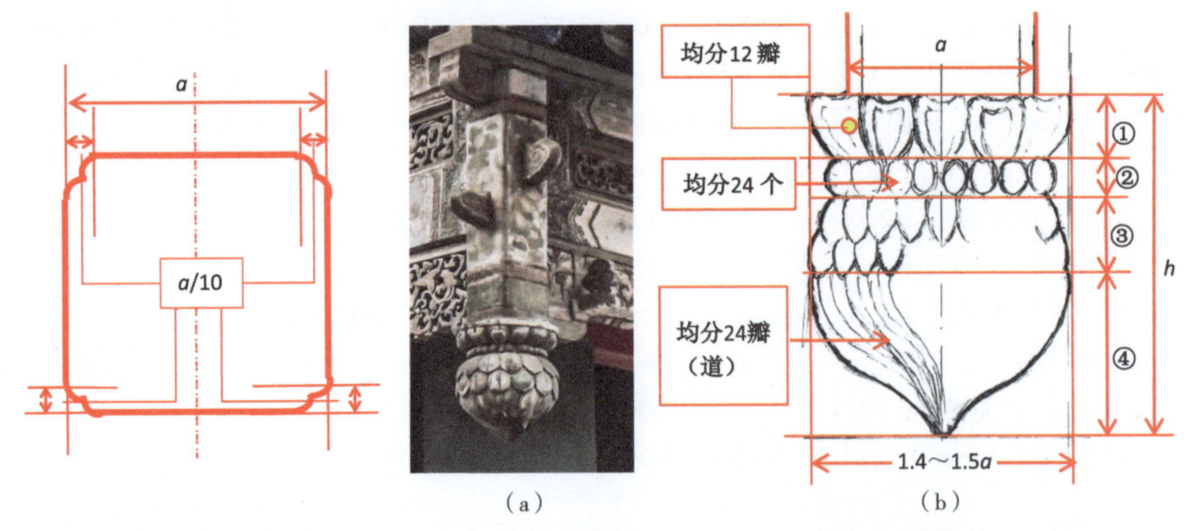

图 1-272　廊柱、垂柱梅花线做法示意

a—垂柱径

图 1-273　垂柱（风摆柳）头饰细部尺寸示意

注：1. a= 垂柱径，h=1.8a~2a；① =0.3a~0.35a；② =0.2a；③ =0.45a~0.5a；④ =0.85a~0.95a；

2. 垂柱头饰多种式样，本书仅就其中一种进行详解，图中的尺寸、文字说明仅供参考。

d. 标写编号

ⅰ. 柱子要求在向室内一侧标写柱子的位置编号，其编号的最后一字要求距地 300mm 左右。

ⅱ. 柱子编号要求按传统叫法标明柱子的名称，标明柱子所在建筑物的具体位置。

e. 常见柱类榫卯　常见柱类榫卯有管脚榫，撬眼口子，柱脚套顶榫，瓜柱管脚榫，馒头榫，燕尾榫卯口，单直通透（大进小出）榫卯口，单直半透榫卯口，箍头榫卯口，柱头檩椀小鼻子榫，涨眼卯口，挂柱榫。

f. 柱子榫卯规格、做法

ⅰ. 管脚榫。用于柱根（脚）；固定柱根（脚）不做水平移动。

榫根见方尺寸：通常为柱径的 1/4～3/10，长同榫根见方尺寸；榫头部分收“溜”，尺寸为榫根尺寸的 1/10，详见图 1-274。

说明：通常构架是下架掰升，柱顶石按掰升后中线剔凿海眼，柱子按柱中线做榫，制作前需核实。

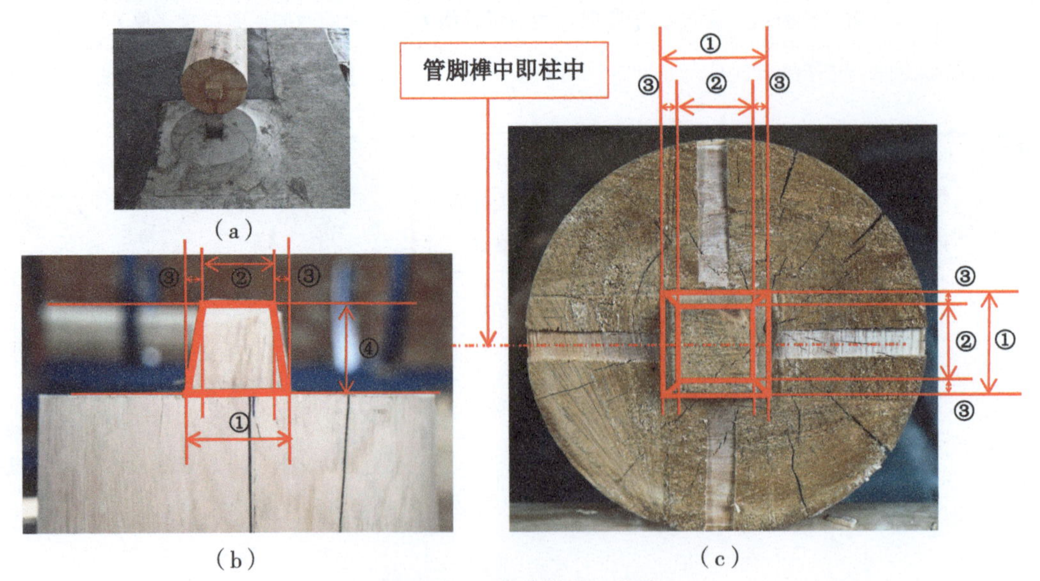

图 1-274　柱类榫卯：管脚

注：①（1/4～1/3）柱径；② 4/5 榫根径；③“溜”=1/10 榫根径；④（1/4～1/3）柱径。

ⅱ. 撬眼。柱脚四面柱中线一侧剔凿出的口子。作用：柱子安装移位时撬棍的撬入点；柱子在做油漆地仗前能蒸发出一部分水分，利于干燥。

尺寸：宽 20～25mm（6～8 分）；外口深 8～12mm（二分半至四分），至管脚榫由深渐浅到无，详见图 1-275。

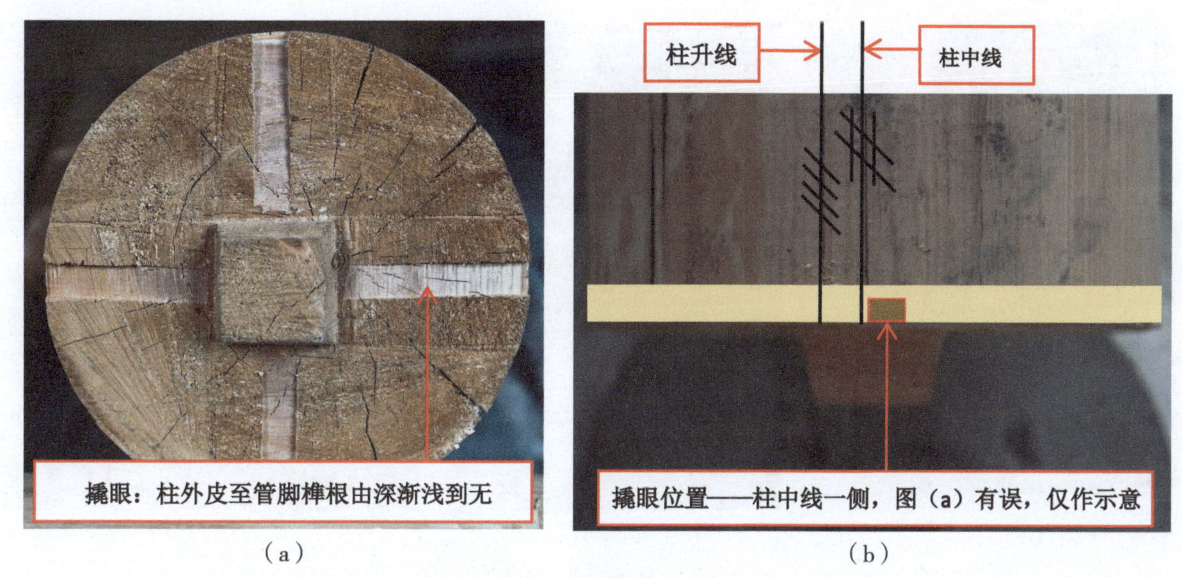

（a）　（b）

图 1-275　柱类榫卯：撬眼

ⅲ. 柱脚套顶榫。用于独立柱式垂花门中柱、游廊柱子及木结构牌楼柱。

榫见方尺寸：通常为柱径的 1/2～4/5（根据建筑物柱径大小酌定），长为柱子露明部分尺寸的 1/3～1/5（根据建筑物高度及基础埋深酌定），详见图 1-276。

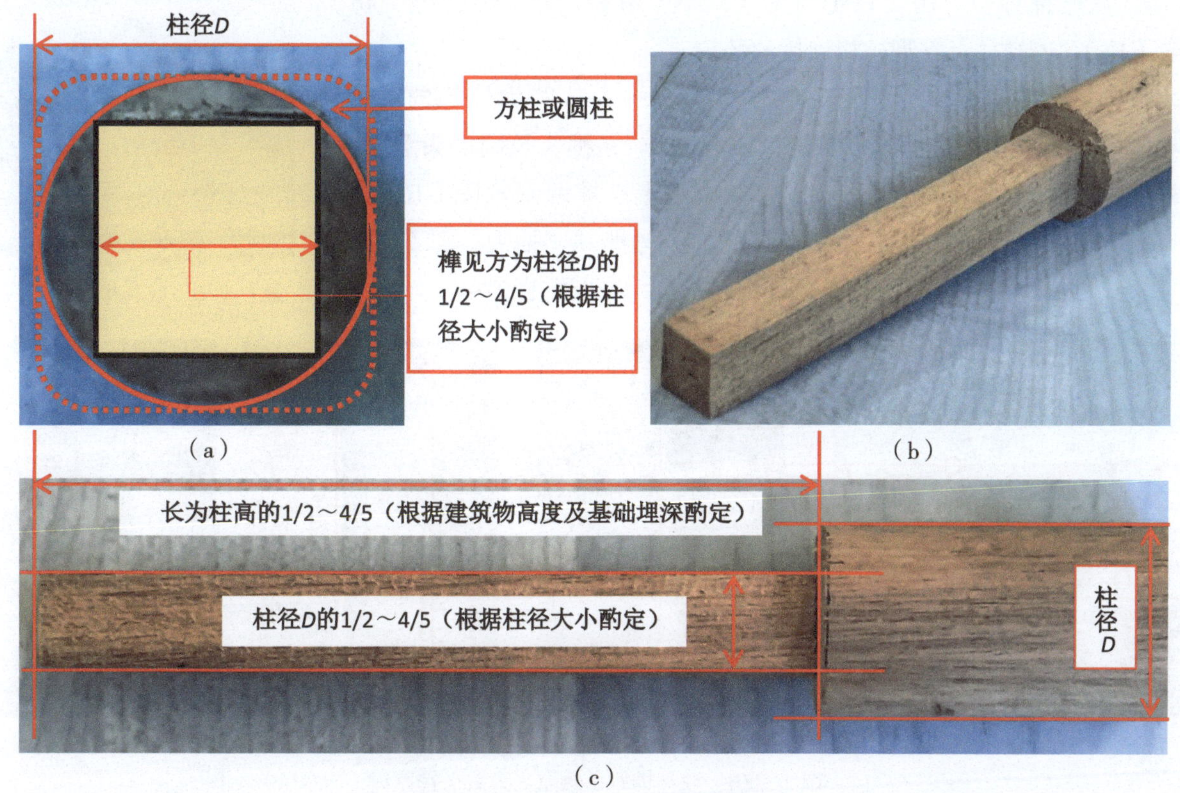

（a）　（b）

（c）

图 1-276　柱类榫卯：柱脚套顶榫

ⅳ.瓜柱管脚榫。用于各式瓜柱柱脚与各梁连接部位。作用：用于金、脊瓜柱柱根；固定金、脊瓜柱不做水平移动。

尺寸：瓜柱管脚榫常见的多为双榫，榫厚通常在25mm（8分）左右；榫长30～50mm（约1寸至1寸半），榫宽同瓜柱宽（径）。详见图1-277。

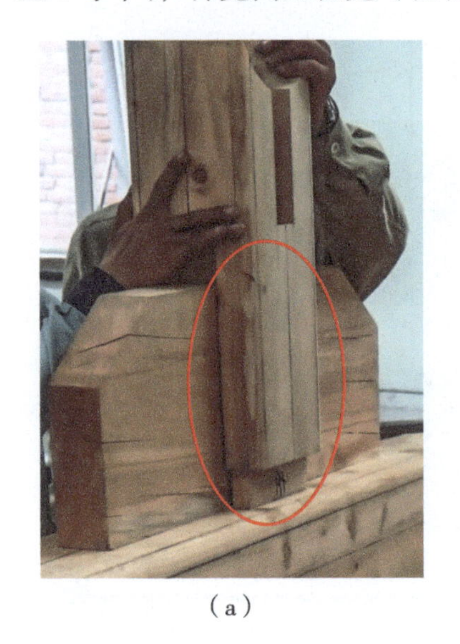

（a）

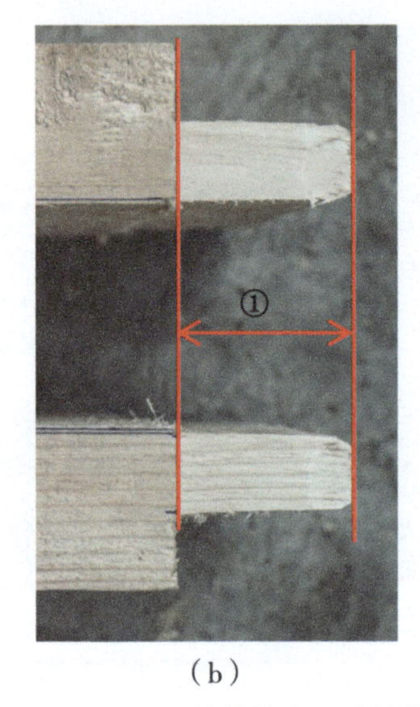

（b）

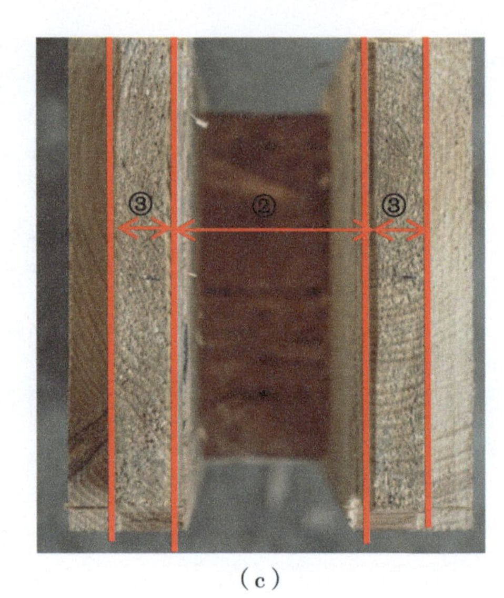

（c）

图1-277　柱类榫卯：瓜柱管脚榫

注：①榫长约33～50mm（1寸至1寸半）；②角背（袖榫）厚；③榫厚约25mm（8分）。

ⅴ.馒头榫。用于各柱柱头与各梁的连接部位，尺寸同管脚榫，详见图1-278。

ⅵ.燕尾榫卯口。用于柱子与（大、小）额枋、檐、金（檩）枋、随梁（枋）、围脊枋、管脚枋相连接的部位。

卯口尺寸（同榫头尺寸）：燕尾榫头上端头部宽为柱径的1/4～3/10，上端根部按头部宽1/10各向两侧收“乍”，榫头长同榫头上端头部宽；枋子榫头下端除长同上端外，榫宽由上端榫两侧各按1/10向内收“溜”；榫头高同枋子高。带“袖肩”燕尾榫其“袖肩”部分长按1/8柱径，宽按榫头上端头部宽，高同榫头高。详见图1-279。

图1-278　柱类榫卯：馒头榫

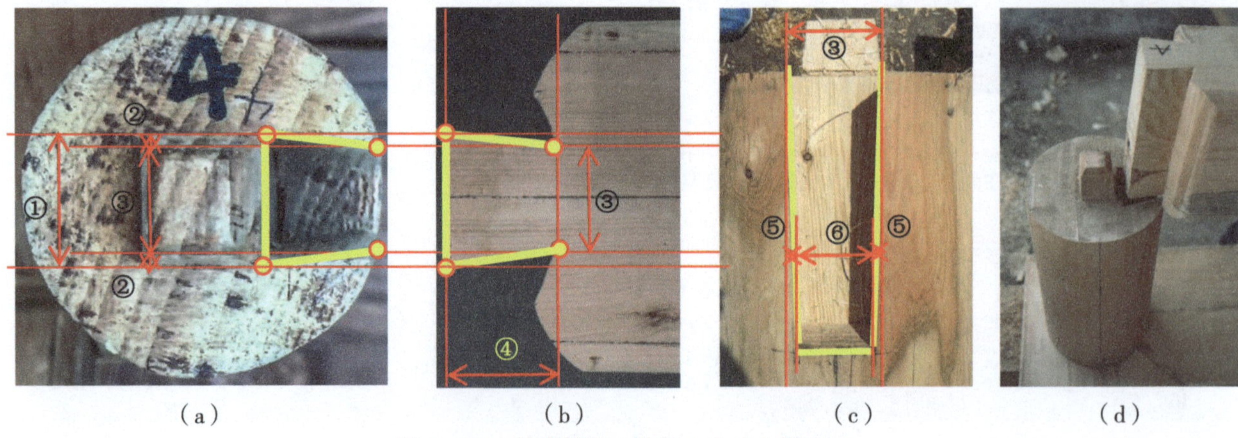

（a）　（b）　（c）　（d）

图1-279　柱类榫卯：燕尾（大头）榫卯口

注：① A=（1/4～3/10）柱径；②“乍”=1/10A；③ A=0.8a；④卯口深（1/4～3/10）柱径；⑤“溜”=1/10A；⑥=③×0.8。

ⅶ. 单直半、通透（大进小出）卯口。柱子与穿插枋、抱头梁、桃尖梁、插金角梁、递角梁、递角穿插枋相连接的部位。

卯口尺寸（同榫头尺寸）：透（大进小出）榫头厚，圆柱通常为 1/4 柱径或 1/3 枋（梁）厚，方柱通常为（1/4～3/10）柱径；榫头“大进”部分高按枋（梁）全高另加 1/10 高“涨眼”，长至柱中；“小出”部分高按枋（梁）1/2 高，长按本身柱径（含半柱径出头）另加 1/10 高“涨眼”，或 1/2 本身柱径另加 1/2 枋（梁）高（出头部分见方），详见图 1-280。

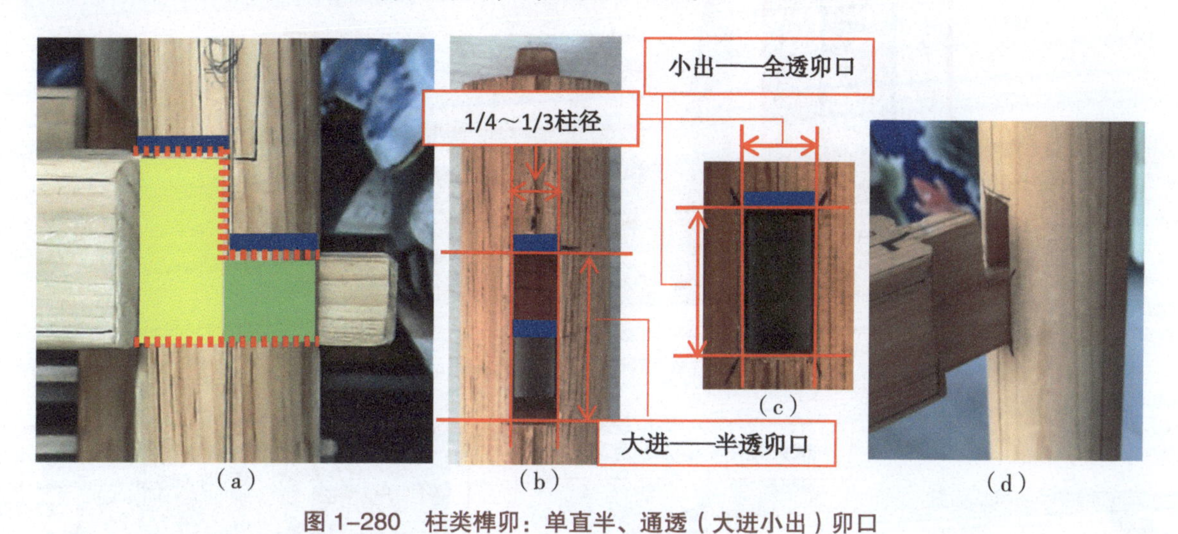

图 1-280　柱类榫卯：单直半、通透（大进小出）卯口

涨眼—1/10 枋（梁）高　大进部分—半透　小出部分—全透

ⅷ. 单直半透榫卯口。用于柱子与承椽枋、围脊枋、间枋、棋枋、关门枋、花台枋、天花枋、抱头梁，单、双、三步梁，替木，由额垫板相连接的部位。

卯口尺寸：半透卯口厚通常为 1/4 柱径或 1/3 枋、梁（木）厚；高按各枋、梁（木）全高另加 1/10 涨眼，深按本身柱径的 1/3～1/2。用于由额垫板的卯口，高按由额垫板宽，卯口宽、深按由额垫板厚。详见图 1-281、图 1-282。

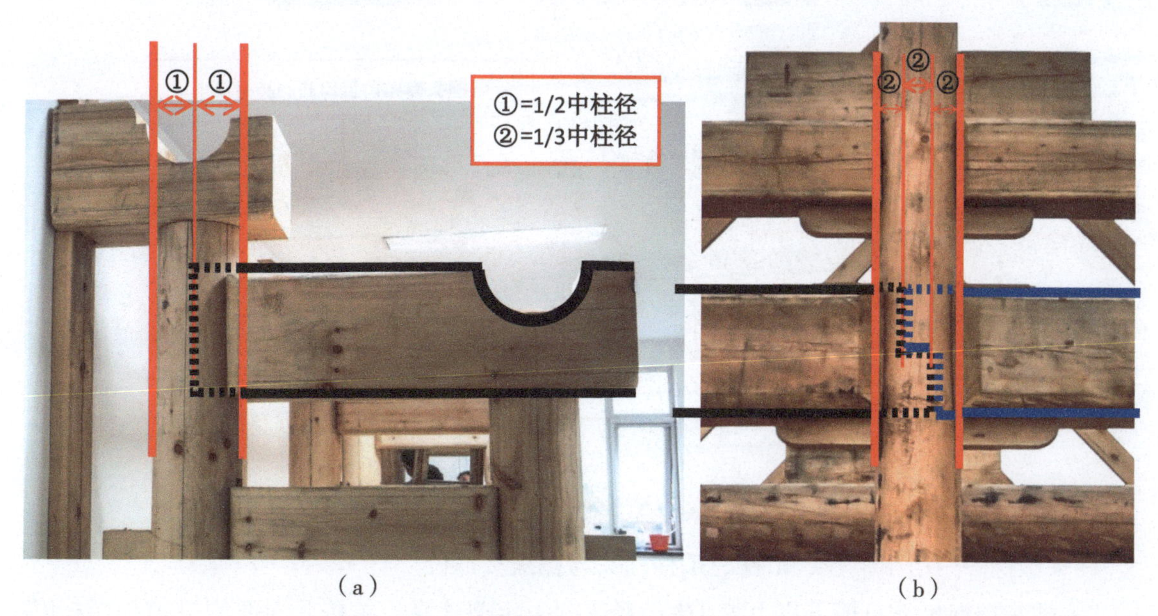

图 1-281　柱类榫卯：单直半透榫卯口（一）

ⅸ. 箍头榫卯口。用于角檐、金柱与额（檐、檐檩）枋相连接的部位。

尺寸：箍头榫卯口宽为（1/4～1/3）柱径；高分里、外口，以相交枋子箍头榫里皮为界，以里部分为里口，高按枋子全高；以外部分为外口，高按枋子高 4/5。详见图 1-283。

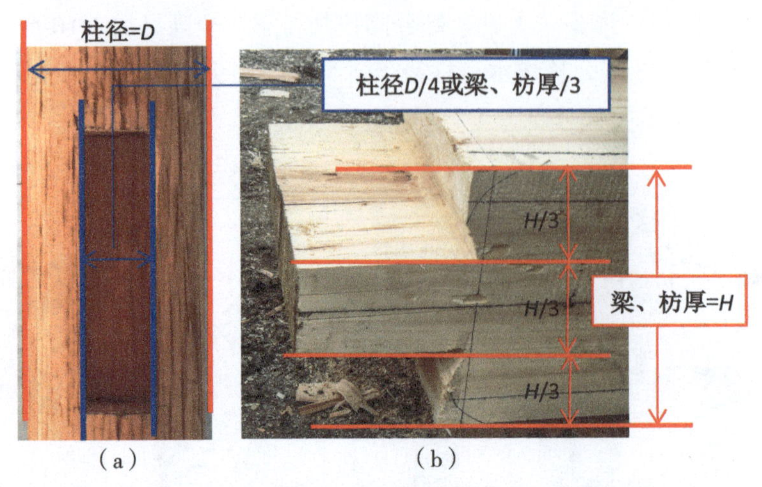

图 1-282　柱类榫卯：单直半透榫卯口（二）

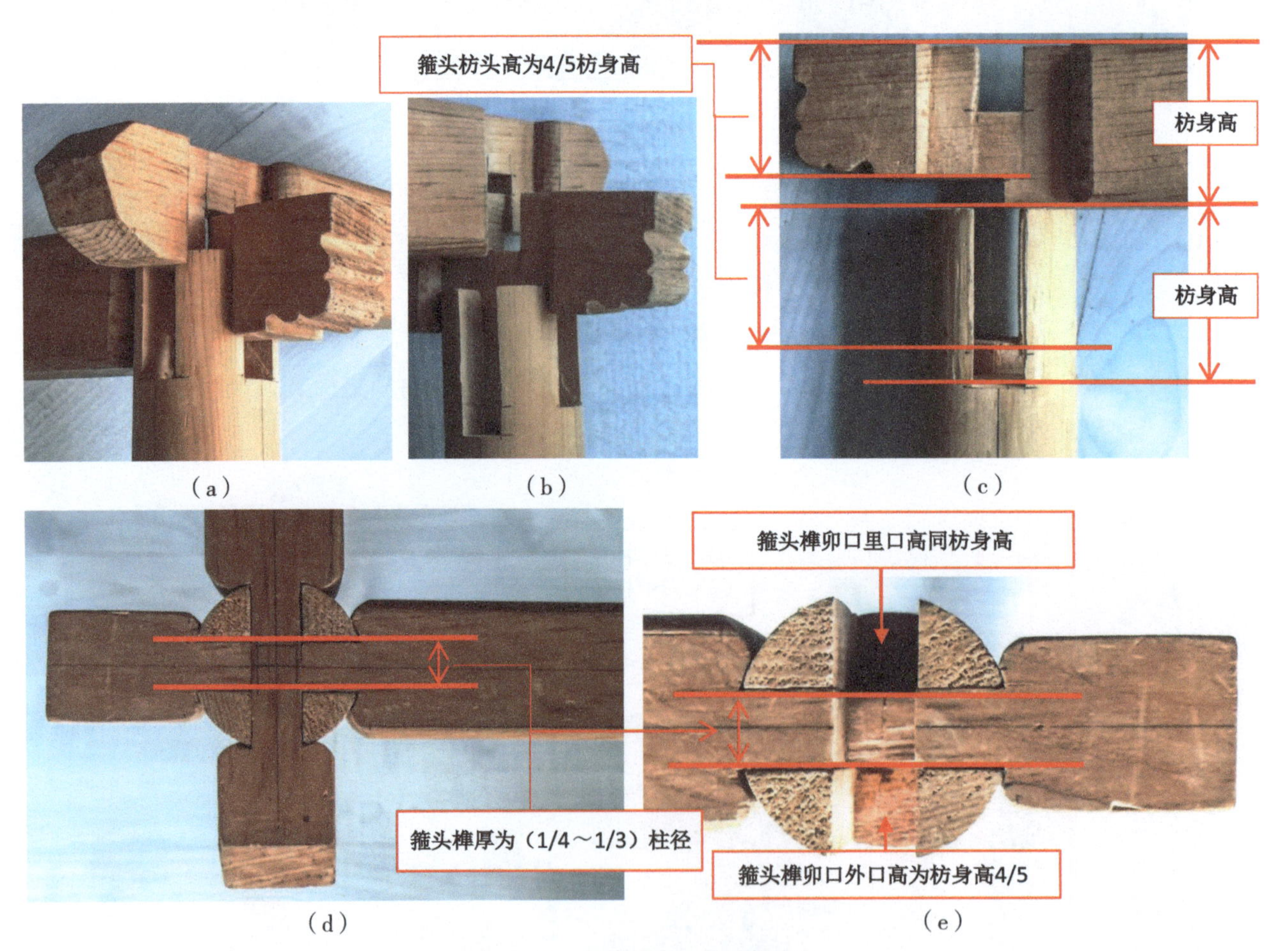

图 1-283　柱类榫卯：箍头榫卯口

ⅹ. 柱头檩椀——用于中柱、山柱、瓜柱柱头与檩搭接部位。

尺寸：柱头檩椀尺寸自檩下皮上返 1/3 檩径（圆）定檩椀高，并按此向两侧按 45°“抹角”；在檩椀底皮的中心位置做“鼻子”榫，“鼻子”榫尺寸高、宽同为 1/5 檩径。详见图 1-284。

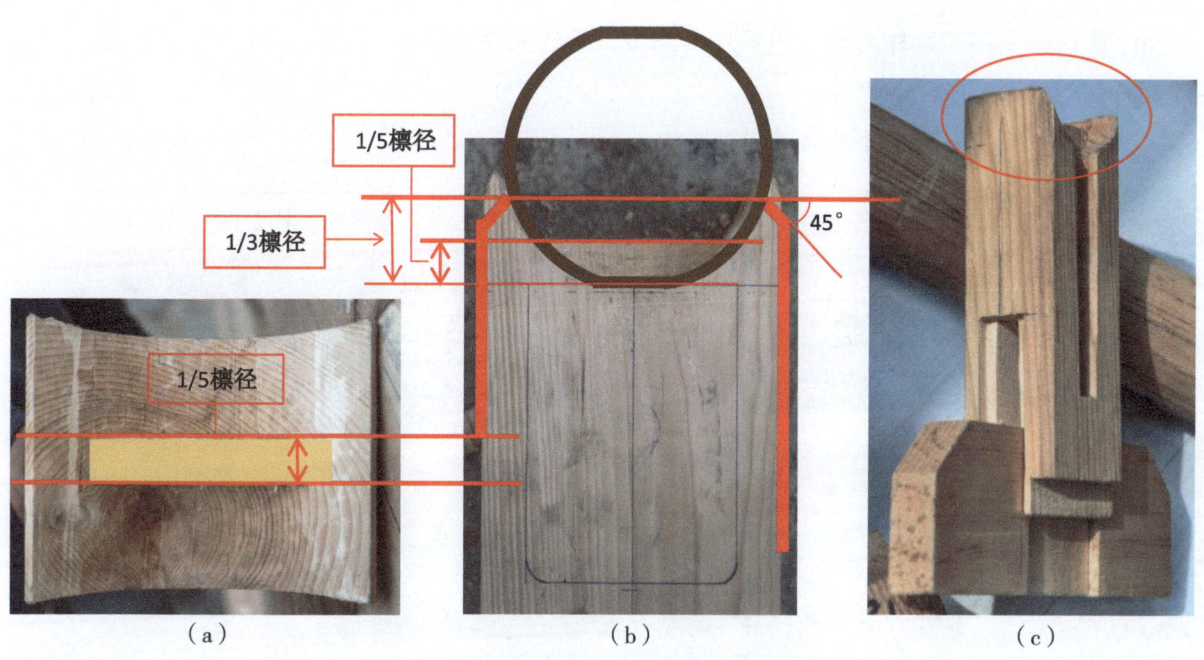

（a）　（b）　（c）

图 1-284　柱类榫卯：柱头檩椀小鼻子榫

xi. 涨眼卯口。用于柱子与直榫（大进小出、半透）枋、梁连接部位。

尺寸：涨眼高为自身构件高的 1/10，宽同榫宽。详见图 1-285、图 1-286。

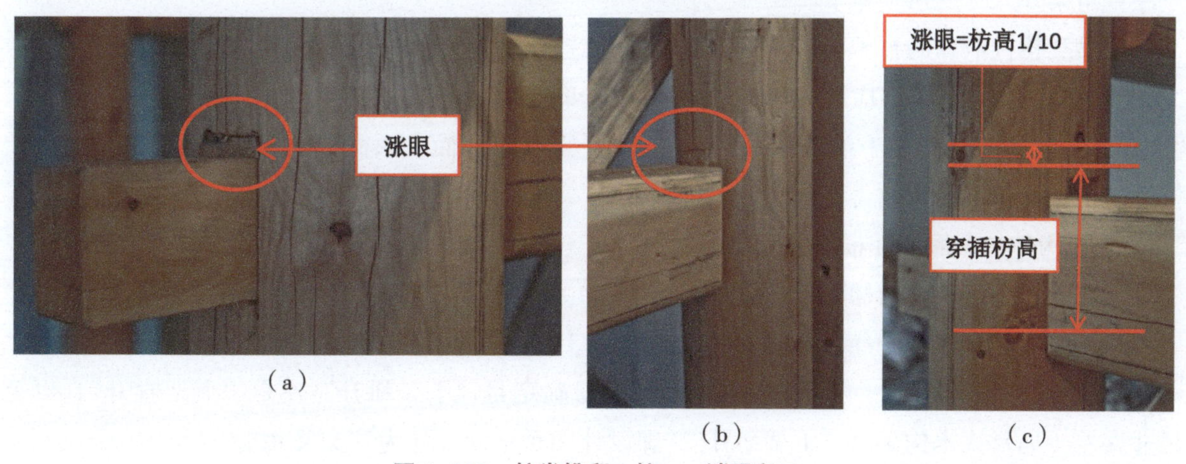

（a）　（b）　（c）

图 1-285　柱类榫卯：柱——涨眼卯口

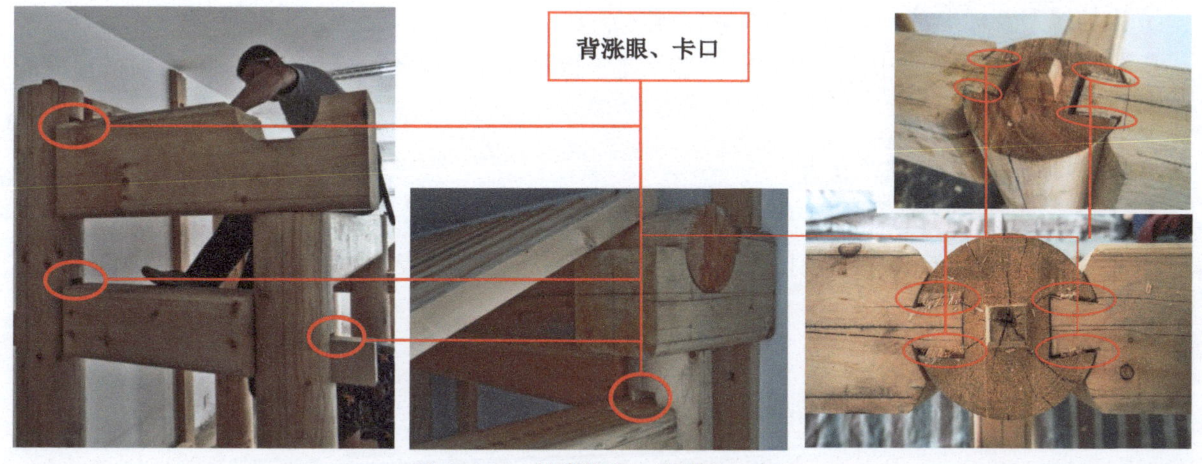

图 1-286　柱类榫卯：背涨眼、卡口

xii. 挂柱榫。用于垂柱与麻叶担梁连接部位，垂柱做燕尾榫嵌入担梁，挂在担梁下方。详见图1–287。

尺寸：挂榫尺寸同图 1–279 燕尾卯口尺寸。

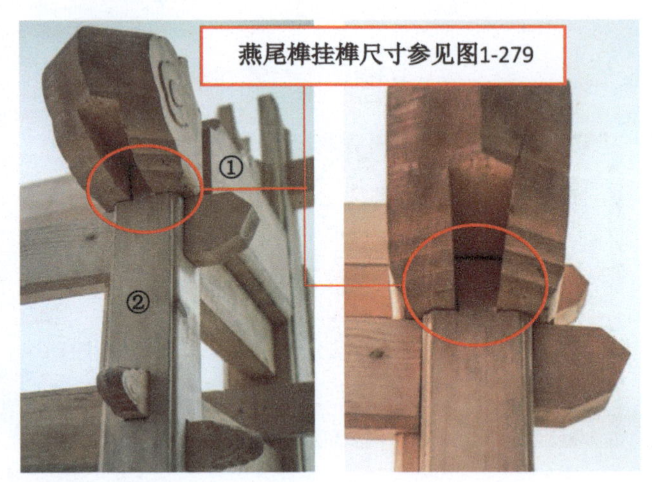

图 1–287　柱类榫卯：挂柱榫

注：①担梁；②垂柱。

2. 梁

注：角梁并入“翼角”章节。

（1）梁类构件制作的技术要求

① 梁类构件在制作前应首先根据圆木（树）的自然生长方向来确定构件的用材方向：原材（树）根部用于梁头，安装于单体建筑中朝主方向（迎面）一面；原材（树）梢部用于梁尾，安装于单体建筑中朝次方向（背面）一面。

② 梁类构件的截面尺寸根据传统权衡模数而定（图纸标有尺寸的按设计尺寸）。

小式建筑根据建筑物前檐柱“柱径”（柱根直径）而定，以柱径（D）为计算单位。

大式建筑根据建筑物中斗栱的斗口而定，以斗口为计算单位。

③ 梁类构件在制作前，必须先核对柱网尺寸，确定是“下架掰升”还是“上架收升”，以免造成尺寸误差（通常大木构架是“下架掰升”，即设计图示平面尺寸为柱头尺寸）。

④ 梁与各种柱、檩、梁、枋相交，必须采用榫卯连接的方法。

⑤ 梁的线型及标识符号必须标写准确，清晰齐全。

⑥ 趴（抹角）梁与檩相接，梁的底皮必须高于檩中线 1/8 檩径；梁头部分长度必须搭至檩的外金盘线。

（2）梁类构件制作的操作方法

① 工序。摹划、制作分丈杆、榫肩、檩椀样板 ⟶ 梁身弹、划线 ⟶ 凿各种卯眼、开榫、断肩、回肩、盘头、裹棱刮圆、擦棱扫眉 ⟶ 标写构件标号。

② 操作

a. 制作梁分丈杆

i. 自进深总丈杆上摹划下各梁的长度尺寸。

ⅱ. 梁分丈杆断面尺寸不小于 30mm × 40mm；长度按进深总丈杆所示建筑物中最外侧轴线加梁头长尺寸（也可分别制作各梁分丈杆）另增适度放量为准。

ⅲ. 用三、五合板制作"檩椀"样板；制作"（上、下、金、脊）枋卯口"（即上、下、金、脊枋榫头）样板，并作出明确标识。

b. 梁身弹、划线

ⅰ. 梁划线使用墨线。

ⅱ. 梁弹放中线、平水线、抬头线、裹（滚）棱线、熊背线。

ⅲ. 使用梁分丈杆和檩椀样板在梁上点划出各步架中线；点划出各梁的梁头截线；点划出各瓜柱卯口线；划出各梁梁头檩椀，并在檩椀做好后根据檩、枋榫头样板标划出檩、枋、板卯口线；划出梁头盘头线。

ⅳ. 榫卯划线应交错出头，以备查验。

ⅴ. 梁头、梁尾盘头线、标识符号必须有部分留存在成品梁上，以备查验。

c. 榫卯、榫肩、檩椀制作、裹（滚）棱、盘头、扫眉擦棱

ⅰ. 梁榫卯制作要求：榫头平直无错台；枋、板、柱卯口尺寸准确、方正平直、深浅一致无错台。

ⅱ. 檩椀制作要求：圆顺跟线、方正无错台；檩椀底面外肩略高于里口。

ⅲ. 裹（滚）棱制作要求：平直圆顺留线影。

ⅳ. 实（平）肩要求：平直跟线；撞、回肩弧度和缓直顺留线影；与带"溜"柱相交的抱肩上口留线影，下口吃线影，根据柱"溜"尺寸适度掌握；与带"升"柱相交的抱肩根据柱"升、溜"尺寸适度掌握，也可"升、溜"相抵。

ⅴ. 盘头要求：一锯盘齐，截面无错茬（一盘柁、二盘檩、三盘柱子站得稳）。

d. 标写编号

ⅰ. 梁的编号要求在梁向上一面（熊背）上（上青下白）自前檐梁头方向开始标写。

ⅱ. 标识名称要求写明梁所处位置、名称。

ⅲ. 位置标识同样分开关、排关，与柱子的位置标识一致（同位置的柱、梁统称为"缝"）。

e. 试装草验

ⅰ. 制作好的梁、瓜柱（柁墩）、角背等梁架构件，在安装前应按"缝"进行试装草验。

ⅱ. 将每缝梁架中最下一层的梁在制作现场水平码放并垫实，依次向上安装各梁瓜柱（柁墩）、各梁。每缝梁架试装好后，应在梁迎头、梁身瓜柱位置吊正检查梁架两方向中线是否垂直。

f. 常见梁类榫卯：大进小出榫，燕尾榫，半榫，透榫，鼻子榫，趴梁（阶梯）榫，腰子榫，销子榫，馒头榫卯口（海眼），瓜柱双直半榫卯口，垫板卯口，椽窝，梁（檩）头十字卡腰榫卯，楞木卯口，裹（滚）棱，拔腮榫，实（平）肩，抱肩，担梁挂柱卯口。

注：角梁榫卯详见第二章"翼角"。

常见梁的做法示意，详见图 1-288～图 1-300。

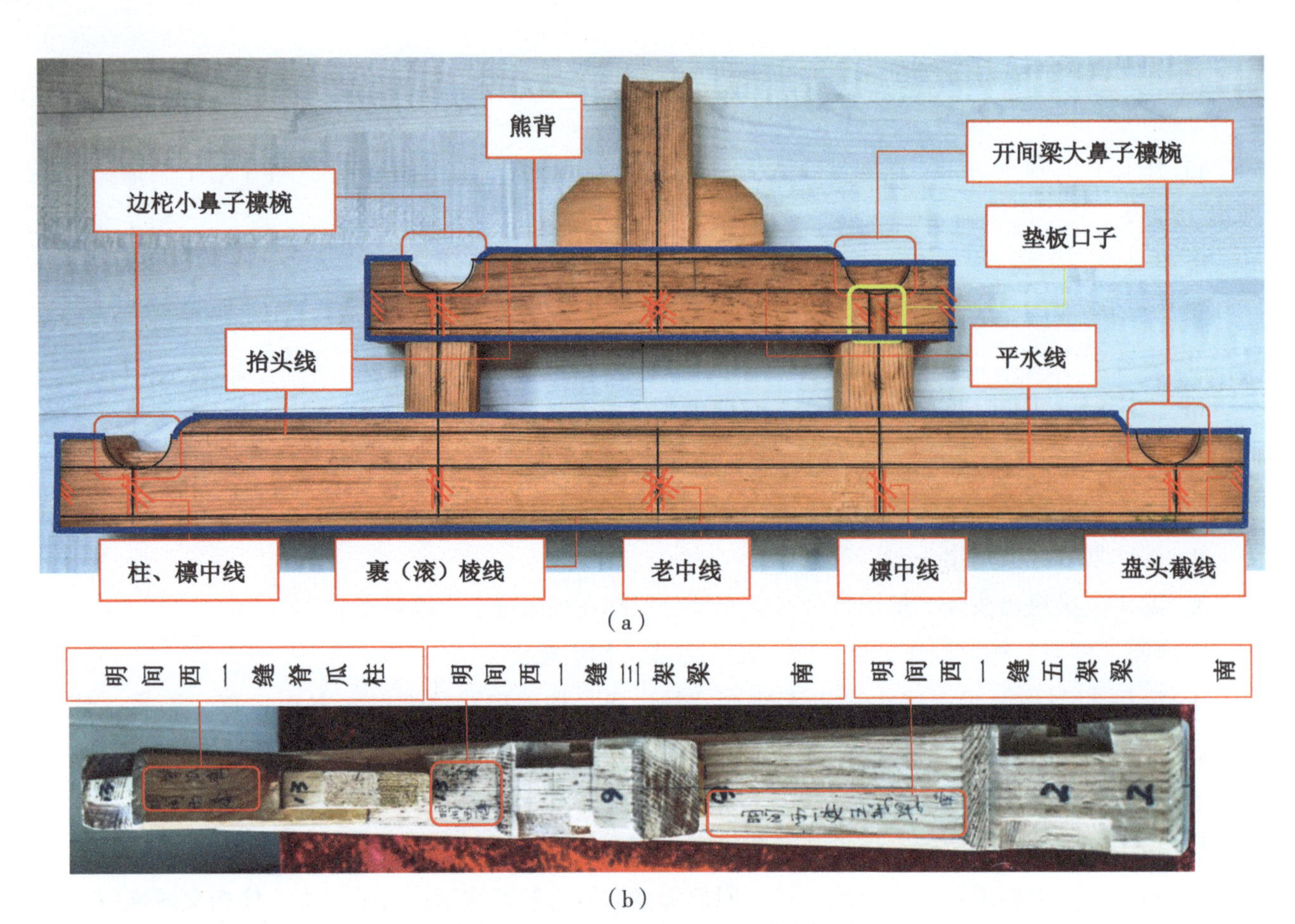

（a）

（b）

图 1–288 常见梁身线型、编号标划示意

注：本图梁头榫卯两种做法，为分别展示所用。

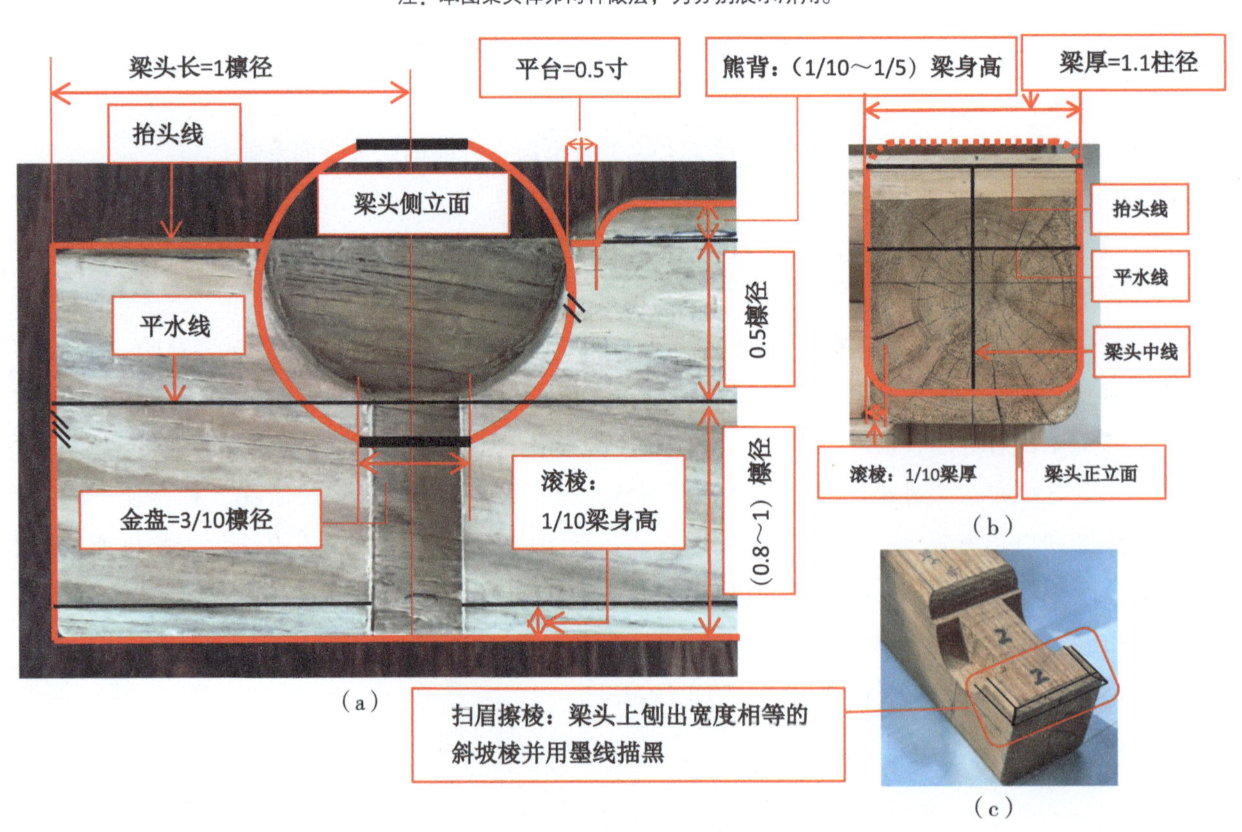

（a）

（b）

（c）

图 1–289 梁头细部做法示意

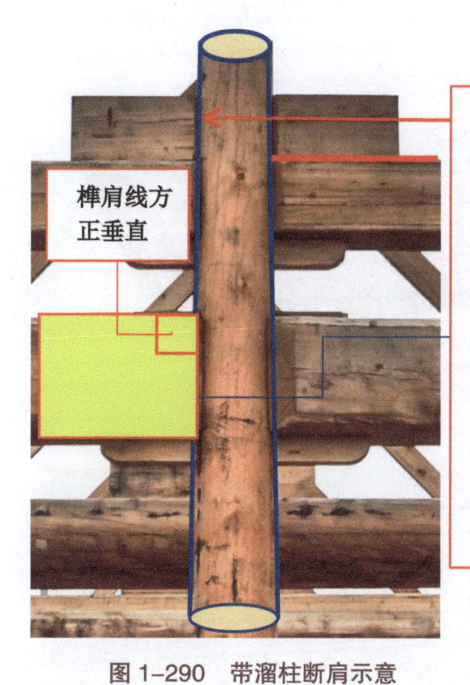

图 1-290 带溜柱断肩示意

（a）

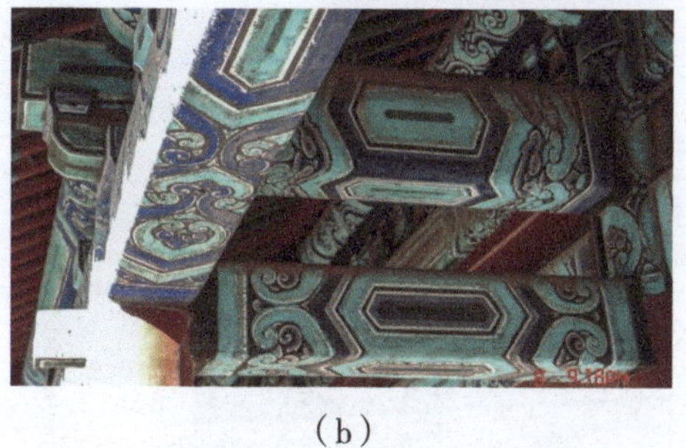

（b）

图 1-291 丁头栱抱头梁头饰做法示意（一）

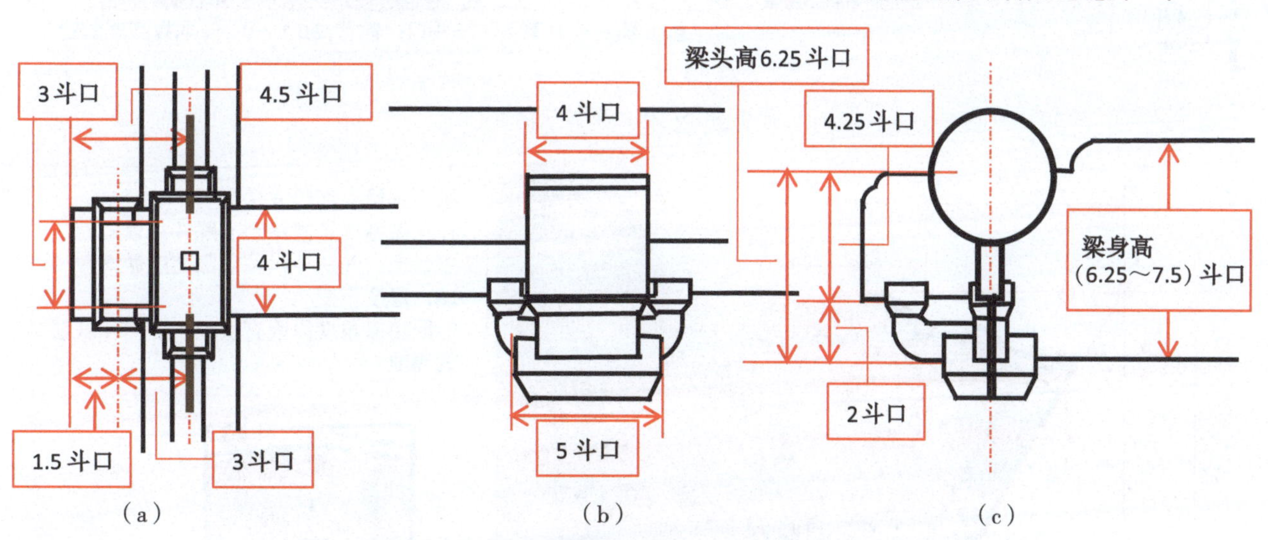

图 1-292 丁头栱抱头梁头饰做法示意（二）

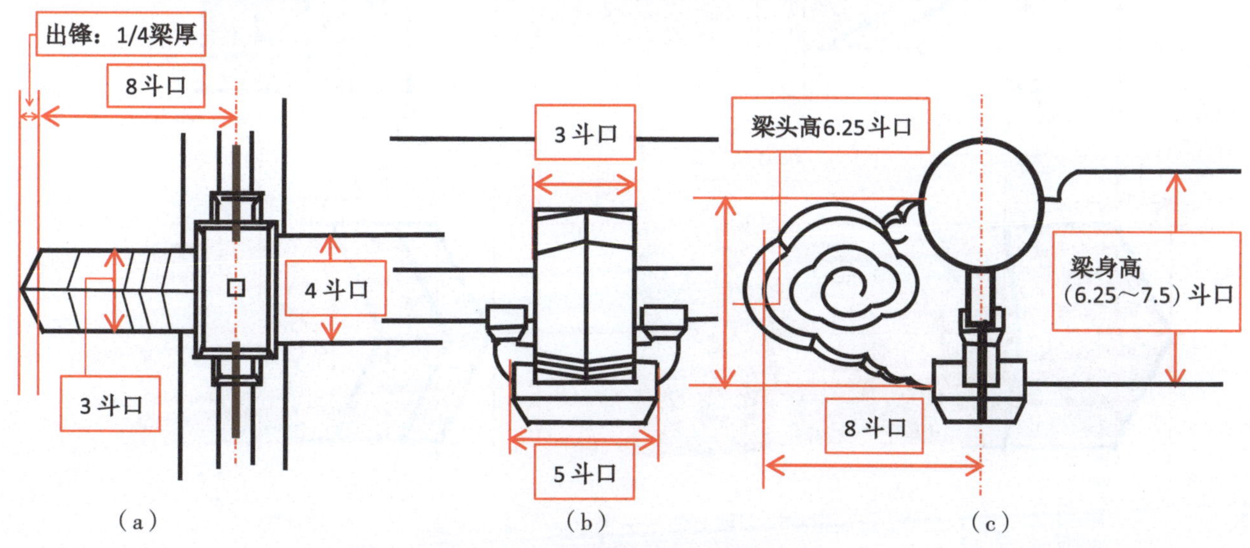

图 1-293 麻叶抱头梁头饰做法示意

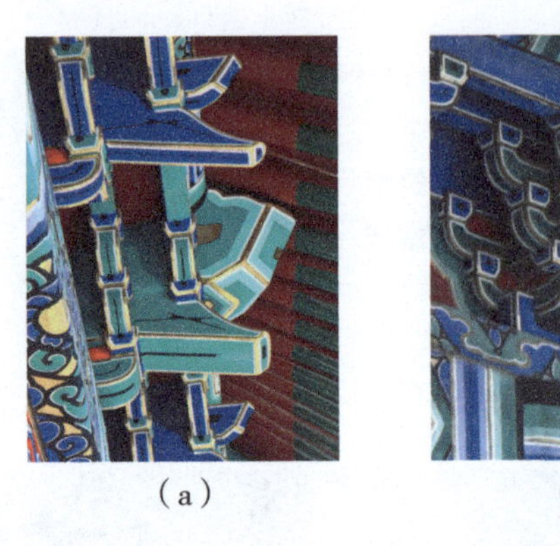

（a）

（b）

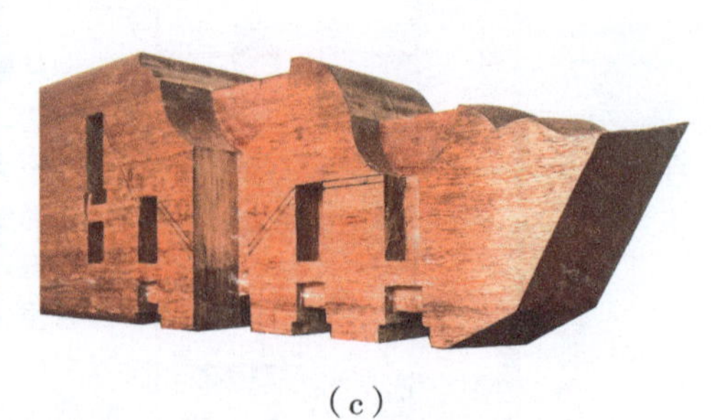

（c）

图 1-294　桃尖梁

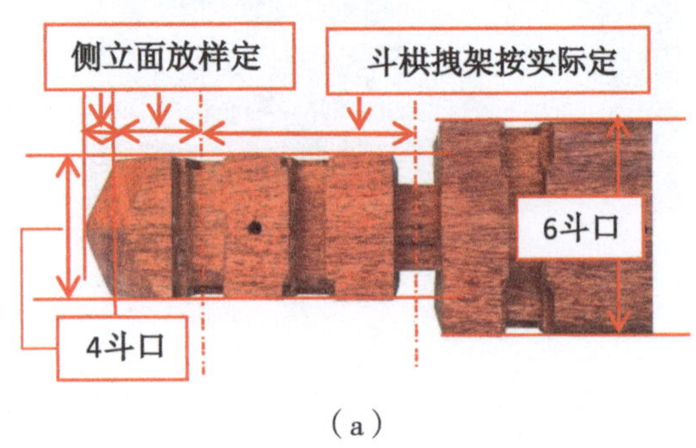

（a）

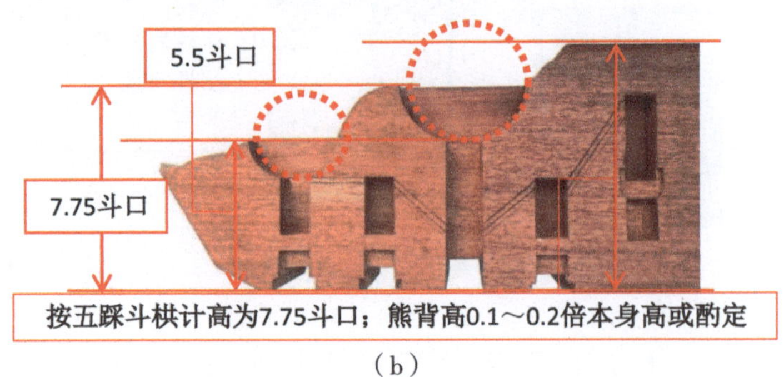

（b）

图 1-295　桃尖梁做法示意

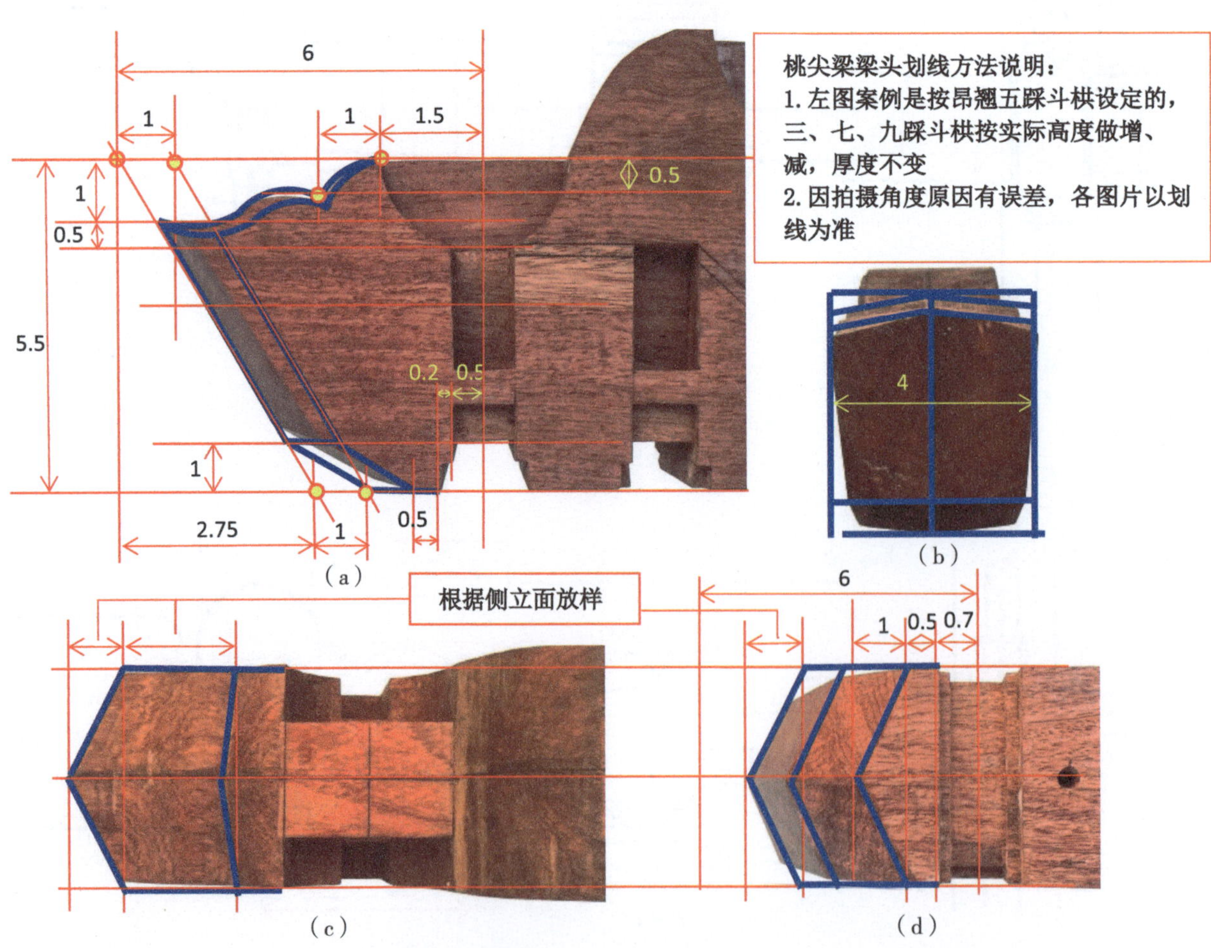

（a）（b）（c）（d）

图 1-296　桃尖梁头饰划线方法——侧立、正（迎）立、俯、仰视详图

注：图中数字均为斗口。

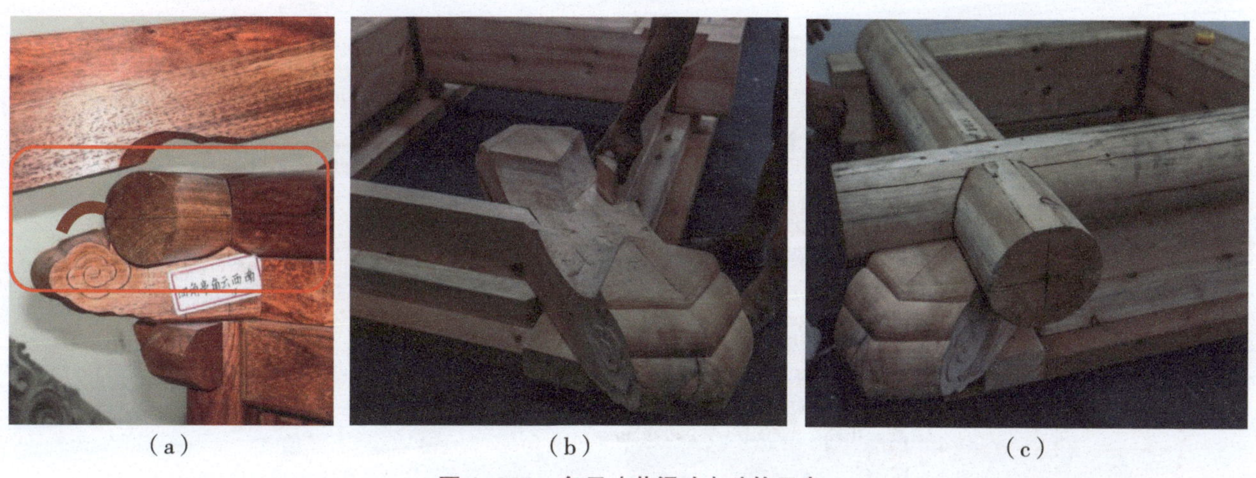

图 1-297　角云（花梁头）头饰示意

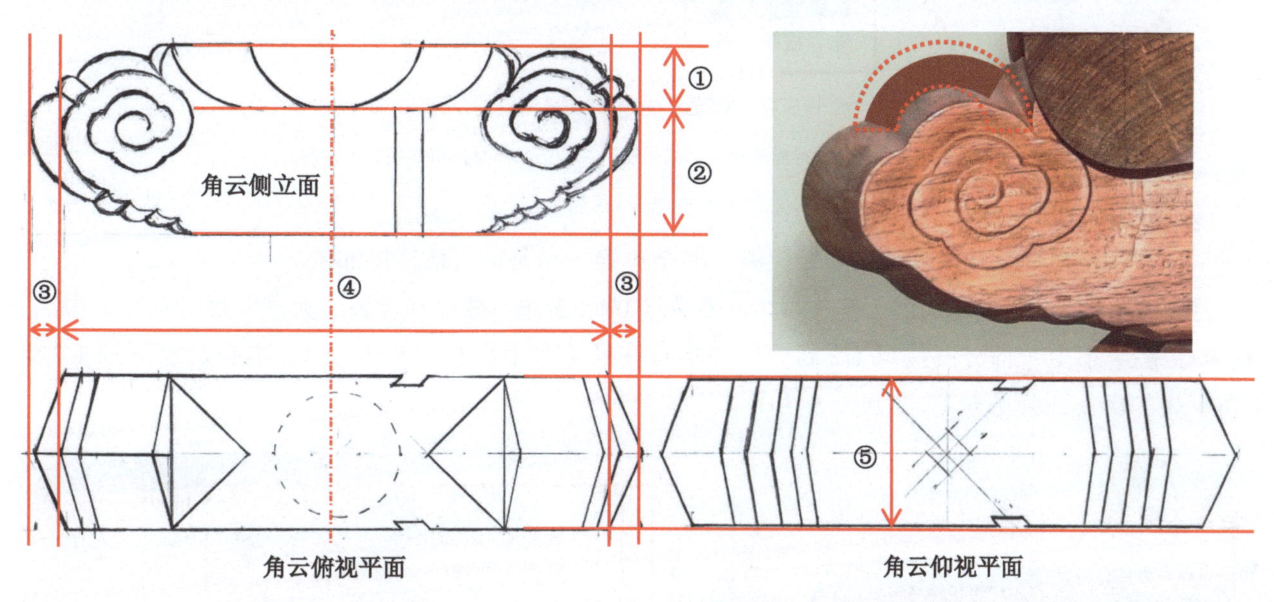

图 1-298　角云（花梁头）划线方法——侧立、俯、仰视详图

注：①—1/2 檩；②—垫板高；③—起峰 1/5 角云厚；④—3 檩径 × 加斜系数；⑤—1.1 ~ 1.2 倍柱径。

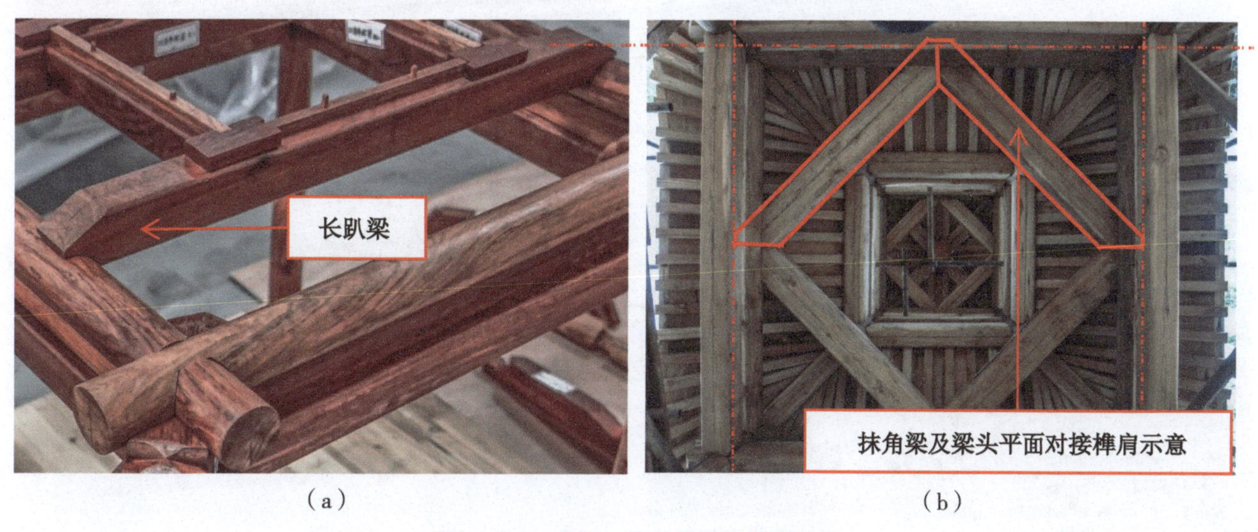

图 1-299　趴梁、抹角梁头饰做法示意

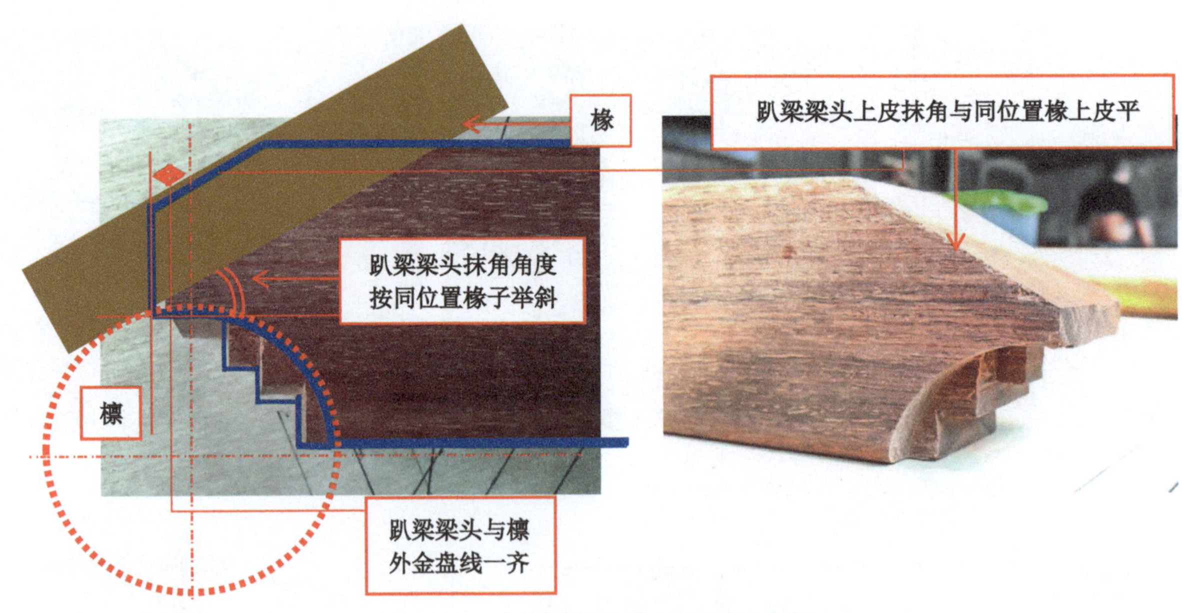

图 1-300　趴梁（抹角梁）梁头做法示意

注：抹角梁做法与趴梁做法相同，只是按所在建筑角度抹角或对接制作榫肩。

g. 梁榫卯规格、做法

ⅰ. 大进小出榫。用于抱头梁、桃尖梁、插金角梁、递角梁与柱连接部位。

榫头尺寸：透（大进小出）榫头厚，通常为（1/4～3/10）柱径；榫头“大进”部分高按梁全高，长至柱中；“小出”部分高按梁 1/2 高，长按本身柱径（含半柱径出头）或 1/2 本身柱径另加 1/2 梁（枋）高（出头部分见方）。详见图 1-301。

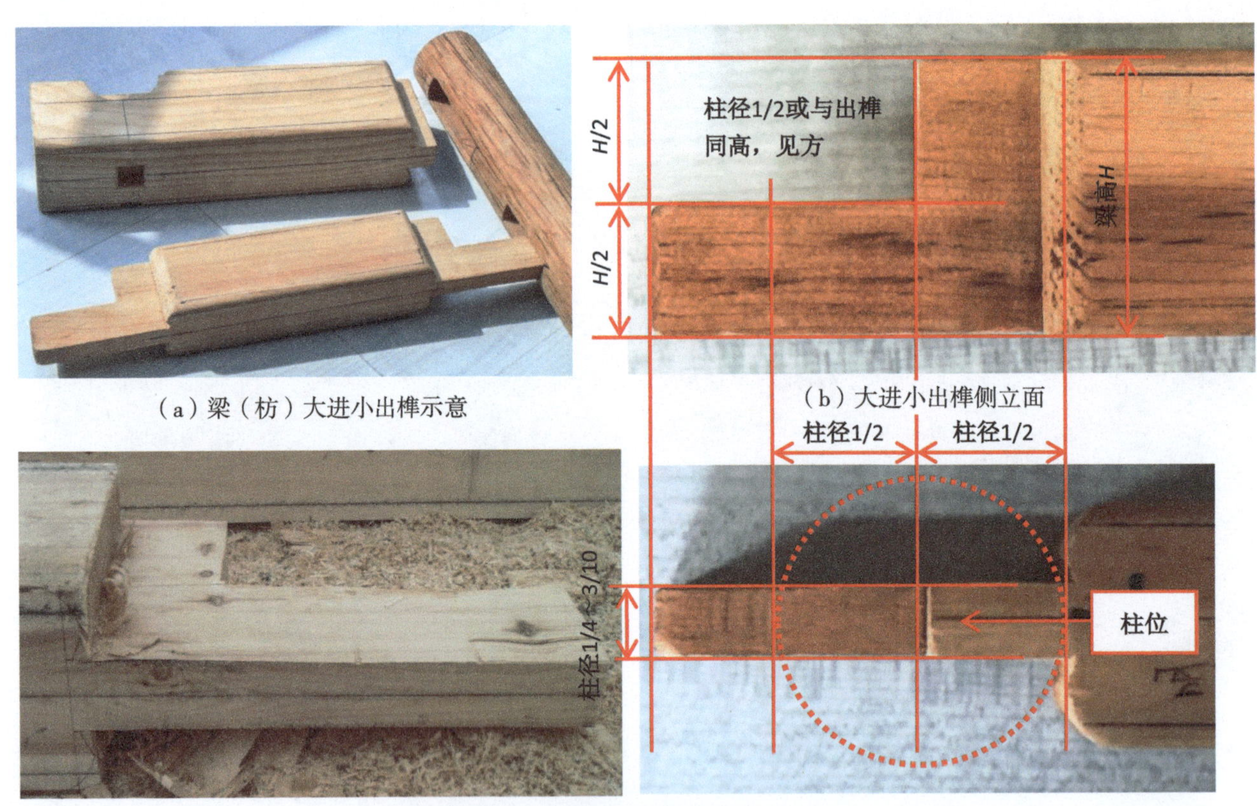

（a）梁（枋）大进小出榫示意

（b）大进小出榫侧立面

（c）大进小出榫俯视平面

图 1-301　梁（枋）类榫卯：大进小出榫

ⅱ.燕尾榫。用于随梁与柱子、梁与梁相连接的部位。

榫头尺寸：燕尾榫头上端头部宽为柱径的 1/4～3/10，上端根部按头部宽 1/10 各向两侧收“乍”，榫头长同榫头上端头部宽；枋子榫头下端除长同上端外，榫宽由上端榫两侧各按 1/10 向内收“溜”；榫头高同枋子高。带“袖肩”燕尾榫其“袖肩”部分长按 1/8 柱径，宽按榫头上端头部宽，高同榫头高。详见图 1–302。

榫肩做法有两种：一种为撞肩做法，常用；另一种为回肩做法，不常用。

撞肩做法：设燕尾榫榫根至梁（枋）外皮的距离为 H，分为三份；一份随柱径做抱圆，另两份按正圆向枋子外皮做回肩（俗称“撞三回七”“撞一回二”，另有“三开一等肩”之说，与“撞三回七”类同）。

回肩做法：自燕尾榫榫根按 H 尺寸向枋子外皮做回肩。详见图 1–303。

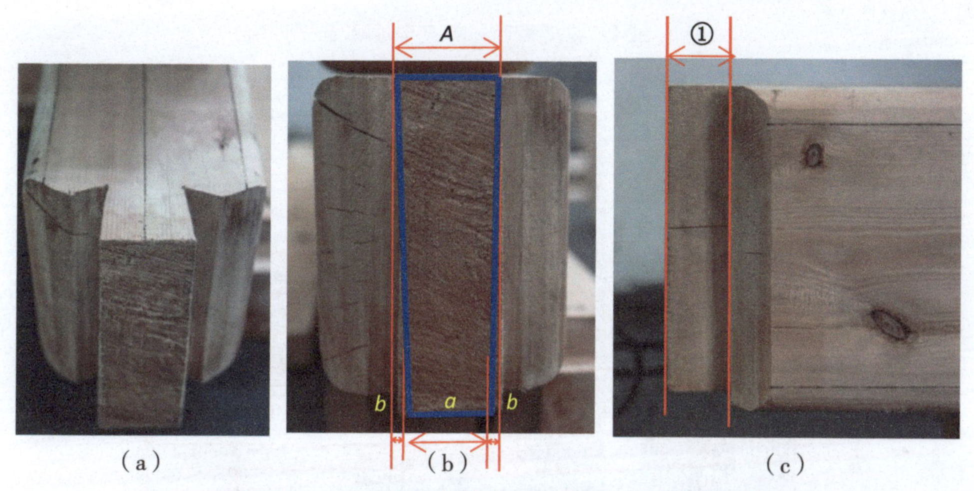

（a）　（b）　（c）

图 1–302　梁（枋）类榫卯：燕尾（大头）榫（一）

注：A=（1/4～3/10）D；a=0.8A；①=（1/4～3/10）D；D= 柱径。

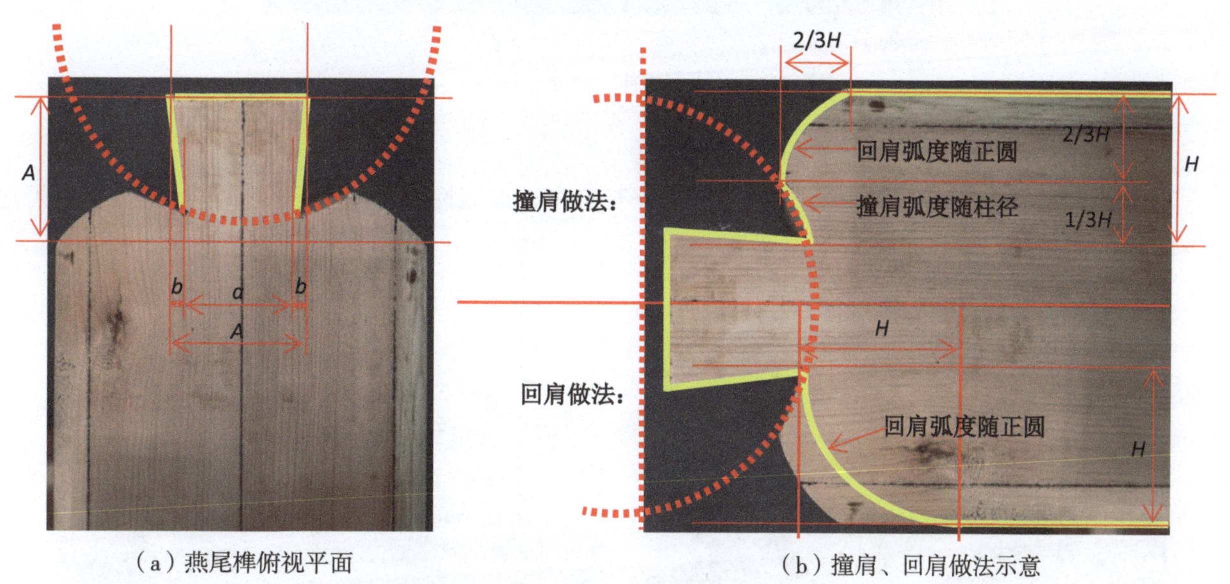

（a）燕尾榫俯视平面　（b）撞肩、回肩做法示意

图 1–303　梁（枋）类榫卯：燕尾（大头）榫（二）

注：A=（1/4～3/10）柱径；a=0.8A；b=0.1A（b 即称为“乍”）。

ⅲ.半榫。用于抱头梁、桃尖梁、单步梁、双步梁、插金角梁、递角梁与柱连接部位。

榫头尺寸：用于与圆柱相交的榫通常厚为 1/4 柱径或 1/3 梁厚；用于与方柱相交的榫通常为（1/4～3/10）柱径；榫头高按梁全高，长至入榫位置柱柱中。详见图 1–304、图 1–305。

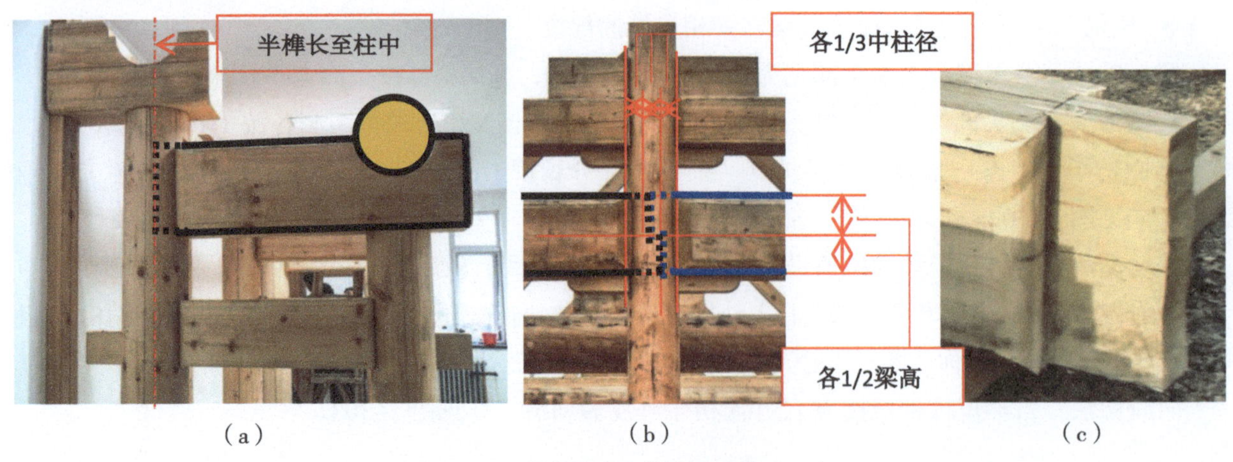

（a）　（b）　（c）

图 1-304　梁类榫卯：单直半透榫（一）

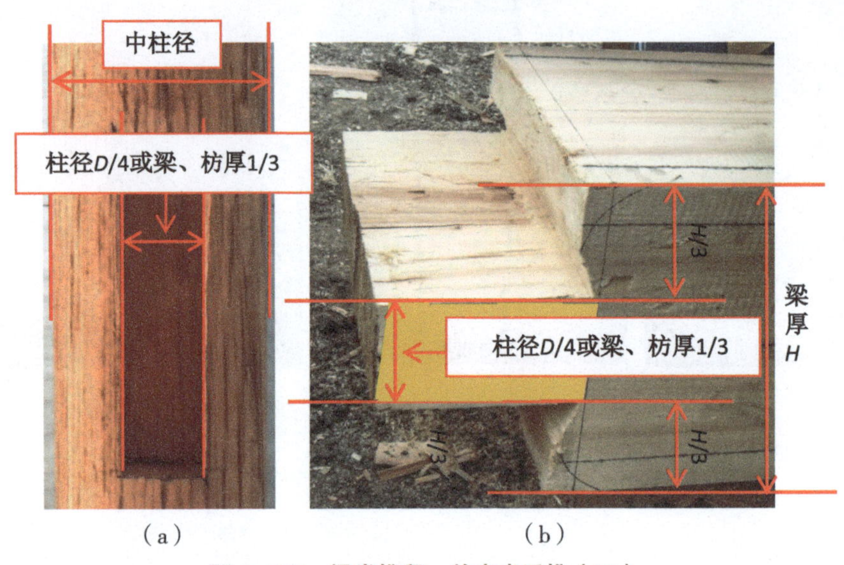

（a）　（b）

图 1-305　梁类榫卯：单直半透榫（二）

ⅳ. 透榫。用于承重梁头与沿边木连接部位等。

尺寸：自承重梁头上皮下返沿边木高，均分五份出通透双榫，如沿边木与承重梁不等高则沿边木下跨部分做出等肩承托沿边木。详见图 1-306、图 1-307。

（a）　（b）

图 1-306　梁类榫卯：透榫（一）

注：①承重梁；②沿边木。

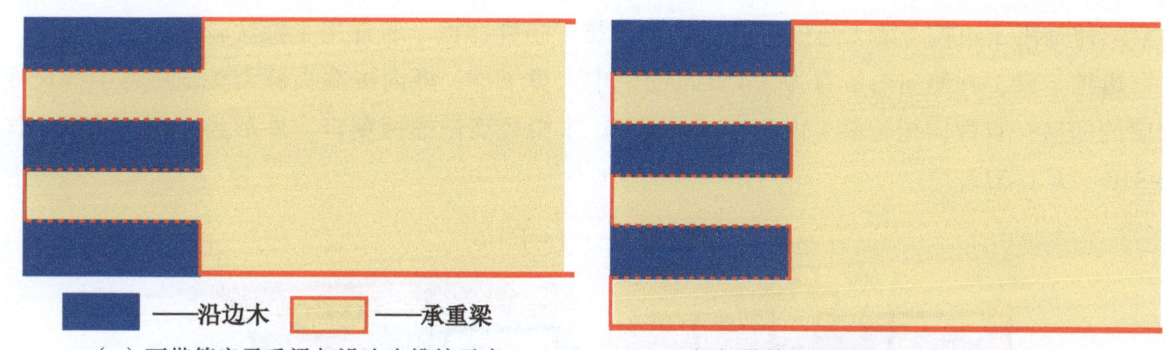

（a）不带等肩承重梁与沿边木榫接示意　　（b）带等肩承重梁与沿边木榫接示意

图 1-307　梁类榫卯：透榫（二）

v. 鼻子榫。梁头鼻子榫、檩椀分为三种。

第一种是用于开间梁与檩相接部位的大鼻子榫、檩椀，梁居中留大鼻子榫。尺寸：其榫宽为 1/2 梁宽；自榫向梁两侧各 1/4 梁宽做檩椀刻口，檩椀刻口高为半檩径，宽为 1/4 梁厚，外形为（檩）半圆。详见图 1-308、图 1-309。

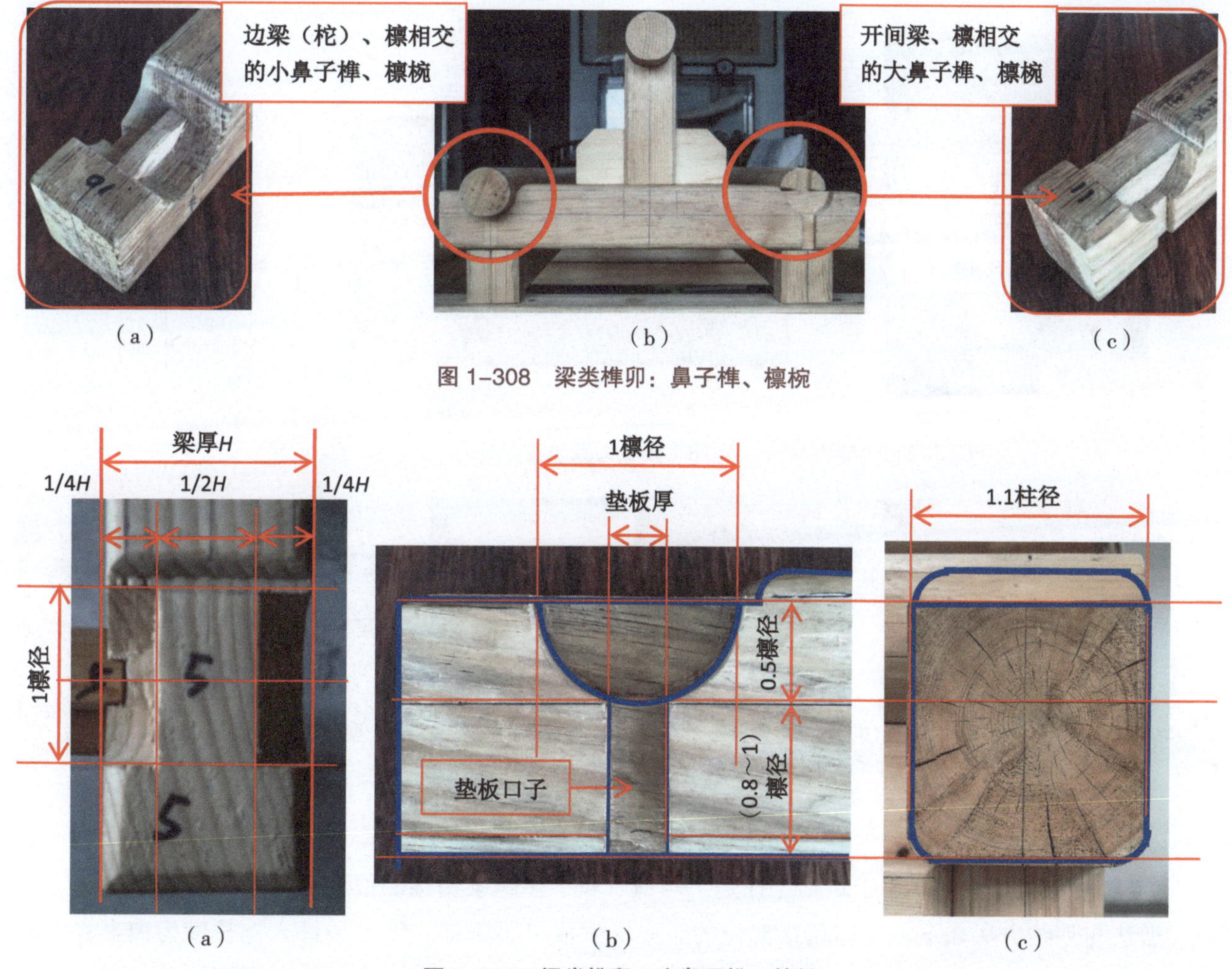

（a）　（b）　（c）

图 1-308　梁类榫卯：鼻子榫、檩椀

（a）　（b）　（c）

图 1-309　梁类榫卯：大鼻子榫、檩椀

第二种是用于边柁（梁）与檩相交部位的小鼻子榫、檩椀。由于对檩伤损较小，通常用于悬山出梢檩。尺寸：榫高自通檩椀底皮上返 1/5 檩径；榫宽同高；榫长为檩椀实际位置通长。檩椀刻口同图（a）。

第三种是用于边柁（梁）与檩相交部位的大鼻子暗榫檩椀。通常用于做法较为讲究的建筑。尺寸：自边柁（梁）外侧向内留宽为3/4梁宽的偏中大鼻子榫，榫内按端头檩大头（燕尾）榫尺寸做出相应的卯口；自榫向柁（梁）内侧按1/4梁厚、半檩径高做檩椀刻口，外形为（檩）半圆。详见图1–310～图1–312。

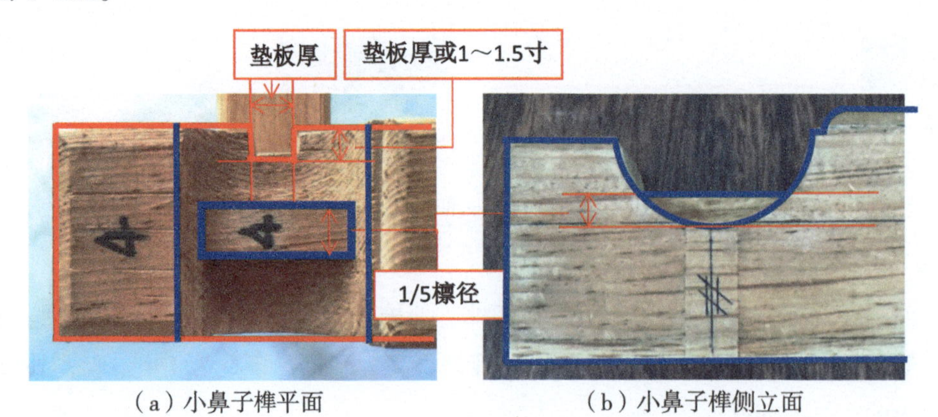

（a）小鼻子榫平面　（b）小鼻子榫侧立面

图1–310　梁类榫卯：边柁（梁）小鼻子榫、檩椀

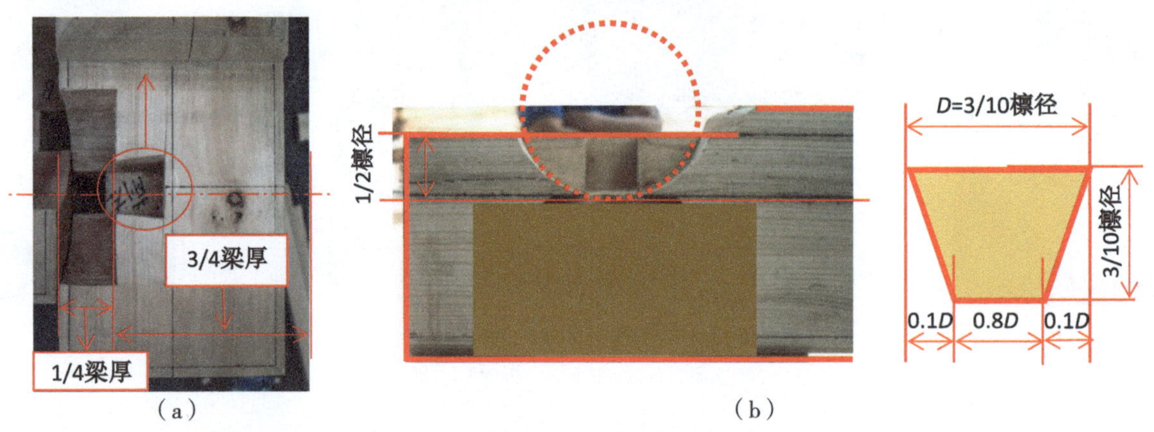

（a）　（b）

图1–311　梁类榫卯：边柁（梁）大鼻子暗榫檩椀平立、侧立面示意

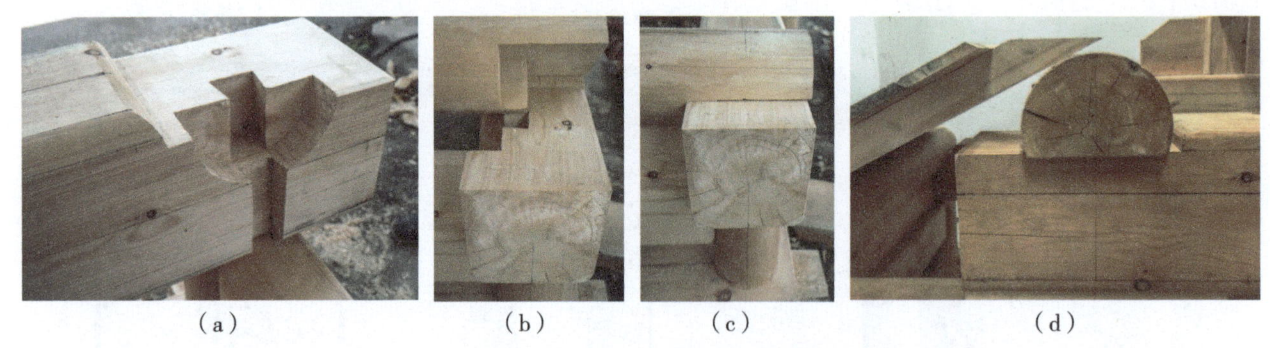

（a）　（b）　（c）　（d）

图1–312　梁类榫卯：边柁（梁）大鼻子暗榫檩椀与檩连接示意

ⅵ. 趴梁（阶梯）榫。用于趴梁（抹角）与檩、长、短趴梁相接部位。

做法与划线方法如下。与檩相接部位的趴梁榫做成三层阶梯，第一层榫入檩长度为檩半径1/4，袖入檩内；第二层榫长同为檩半径1/4；第三层可做直榫也可做燕尾榫，长可同第一、二层，也可略长但不得长过檩中。各层高同长；第一、二层直榫宽为（1/2～4/5）趴梁（抹角）厚（宽），在榫两侧按檩圆弧做（1/5～1/4）趴梁（抹角）厚（宽）的“包掩（肩）”。长、短趴梁相接部位的趴梁榫可做成三层阶梯榫或入袖燕尾榫。阶梯榫三层总长至趴梁中，各层榫长按总长均分；榫总高按短趴梁本身高，各层榫高按总高均分；入袖燕尾榫总长至趴梁中，其入袖部分为趴梁厚（宽）的 1/5，其余为榫长；入袖燕尾榫总高按短趴梁本身高，其入袖和燕尾榫部分各为总高的 1/2；榫宽按短趴梁本身宽。详见图 1–313～图 1–315。

（a）　（b）　（c）

图 1–313　梁类榫卯：趴梁阶梯榫（带燕尾榫做法）示意

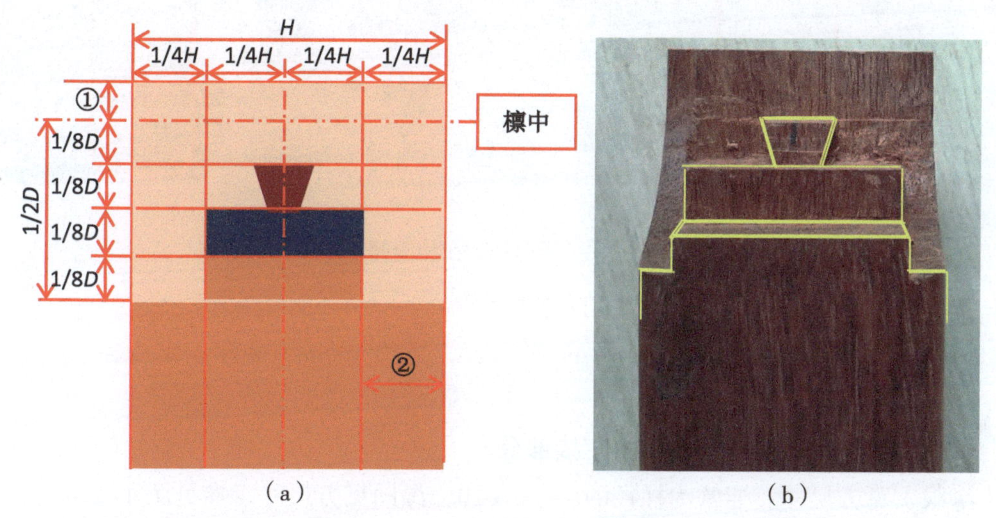

（a）　（b）

图 1–314　梁类榫卯：趴梁阶梯榫（带燕尾榫做法）平面示意

注：*H* 为梁厚，即 1.1～1.2 倍柱径或 5.2 斗口；*D* 为檩径；① 1/2 檩金盘；②趴梁榫包掩即 1/4 梁厚。

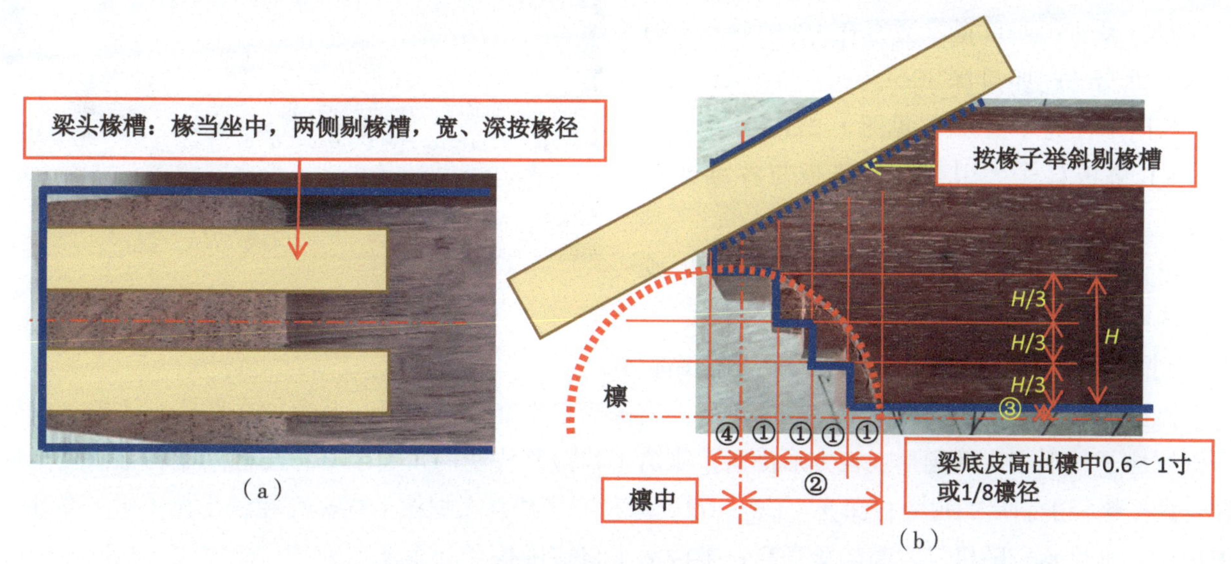

（a）　（b）

图 1–315　梁类榫卯：椽槽平面、趴梁阶梯榫侧立面示意

注：① 1/8 檩径；② 1/2 檩径；③距檩中约 0.6～1 寸；④ 1.5/10 檩径（1/2 金盘）*H*=1/8 檩径 ×3 或（1/2 檩径 –0.6～1 寸）。

ⅶ. 腰子榫。用于垂花门麻叶担子梁等两端梁身中间做榫落入柱中的梁。

做法与划线方法如下：榫厚 1/3 柱径（或梁厚），高按梁全高，榫宽按柱径。详见图 1-316。

（b）

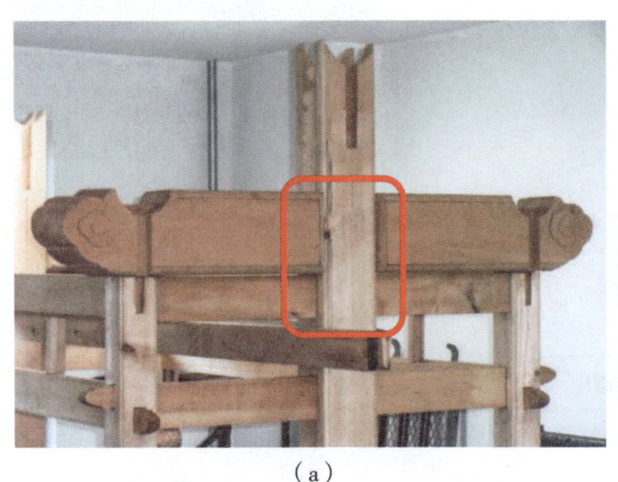

（a）

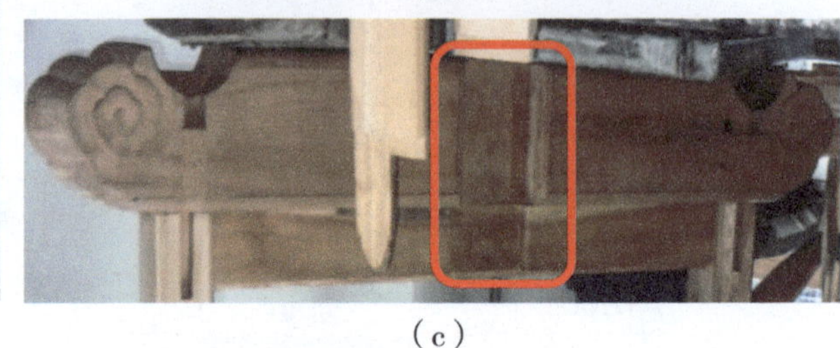

（c）

图 1-316　梁类榫卯：担梁腰子榫

ⅷ. 销子榫卯。用于梁与其他构件之间的叠压相接。

尺寸：榫厚 15～20mm（视构件尺寸可酌情加大），宽约 50mm，栽深、出头各 20～30mm。详见图 1-317。

ⅸ. 馒头榫卯口（海眼）。用于与柱头相接部分。

卯口（海眼）见方尺寸：通常为柱径的 1/4～3/10，深同见方尺寸，参见图 1-274。

ⅹ. 瓜柱双直半榫卯口。用于梁与瓜柱连接部位。

卯口尺寸：卯口宽厚通常在 18～25mm（约为六至八分）；卯口深 30～50mm（1～1.5 寸），卯口长同瓜柱宽（径），参见图 1-277。

ⅺ. 垫板口子。用于各层垫板与各梁连接部位。

尺寸：口子宽同垫板厚；深同口子宽或 1～1.5 寸；高同垫板高（宽），参见图 1-310。

图 1-317　梁类榫卯：销子榫

ⅻ. 椽窝。用于椽子与踩步柁（梁）连接部位。

根据梁身的高度分别做整椽窝或半椽窝：整椽窝根据加斜后的椽径及角度在踩步柁（梁）向外一侧按椽子外形剔出椭圆形或长方形椽窝，椽窝下口应随椽子的角度剔平并与椽附实；椽窝宽随椽径，高按椽径加斜后的尺寸；深为（1/3～1/2）椽径。半椽窝根据檩上皮标高在踩步柁（梁）向外一侧刻出，半椽窝宽随椽径；高随梁身高；半椽窝下口应随椽子的角度剔平并与椽附实，椽窝所处位置图 1-318、图 1-319。

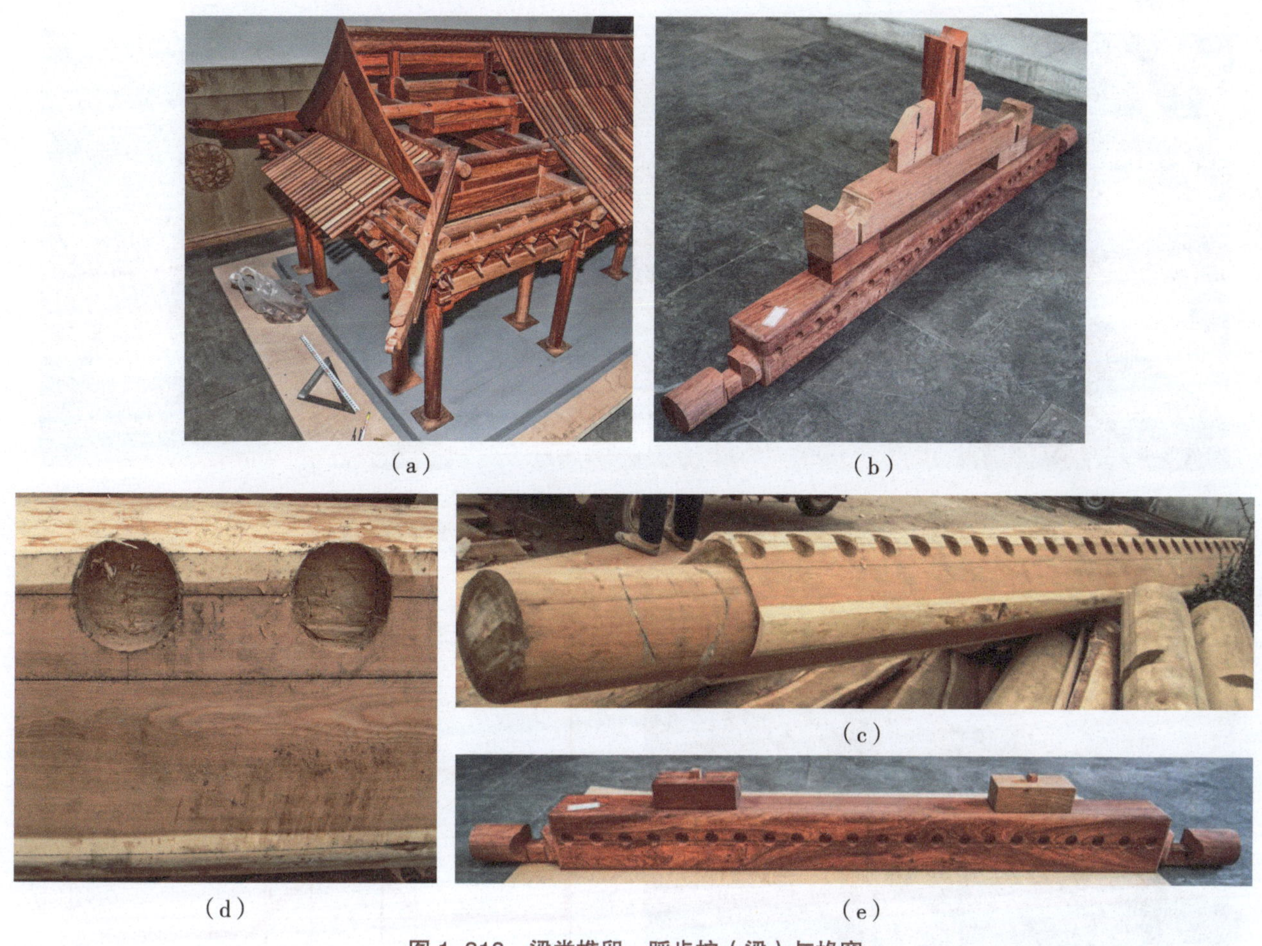
(a) (b) (c) (d) (e)

图 1–318 梁类榫卯：踩步枪（梁）与椽窝

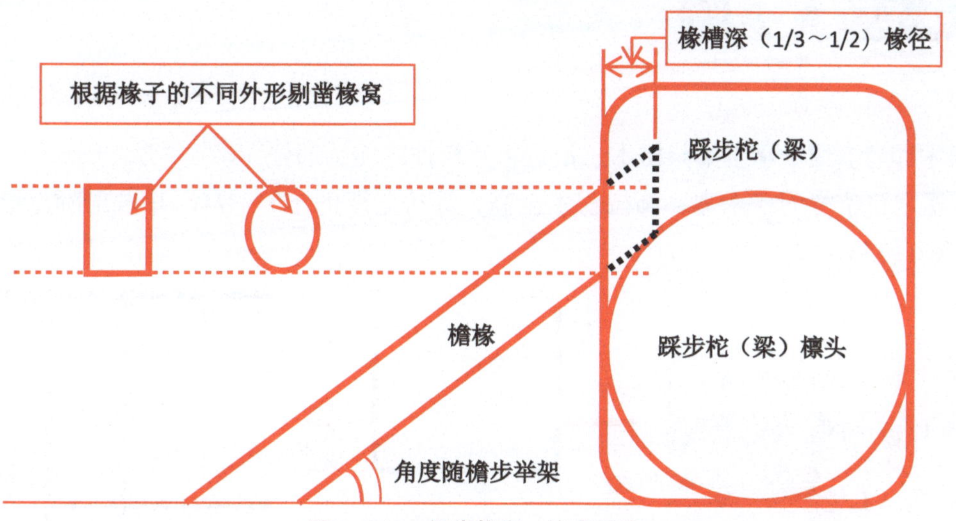

图 1–319 梁类榫卯：椽窝示意

xiii. 枪（檩）头十字卡腰榫卯。用于踩步金枪（檩）头与檩相交部位。

尺寸：榫卯依搭接角度按檩径在枪（檩）头侧面四角向内返刻去卯口，卯口两面各深 1/4 檩径，高同檩径；枪（檩）头中心留榫部分分等、盖口，按中刻半，等口枪（檩）头上面刻去卯口，盖口桁（檩）上面留榫扣搭相交。（踩步枪（梁）头因榫卯刻口位置的原因与桁檩相交不遵从“山面压檐面”的规矩。）详见图 1–320、图 1–321。

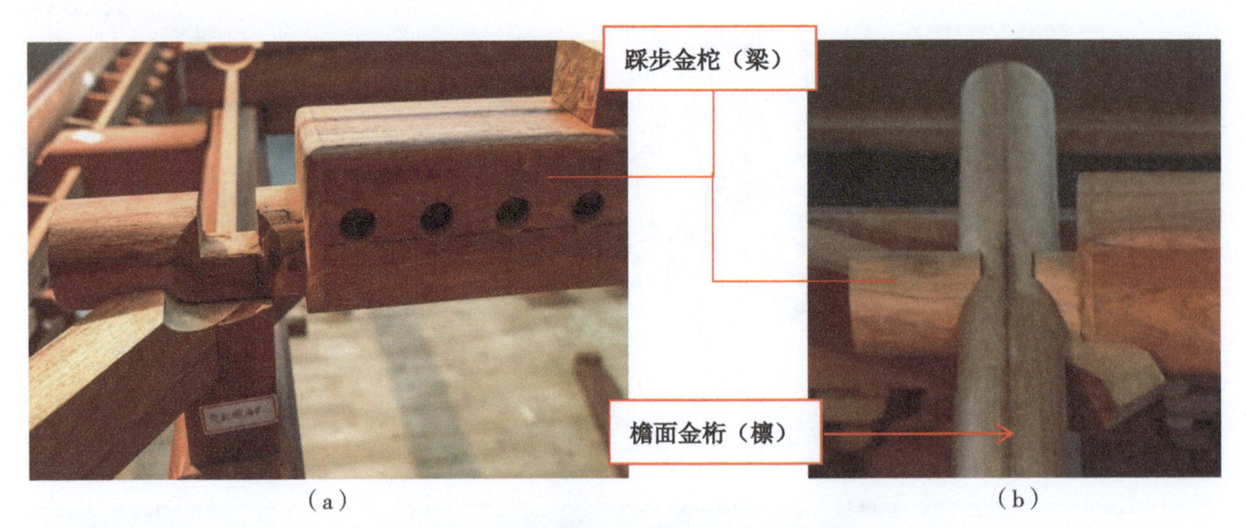

（a）　　（b）

图 1-320　梁类榫卯：枨（檩）头十字卡腰榫卯

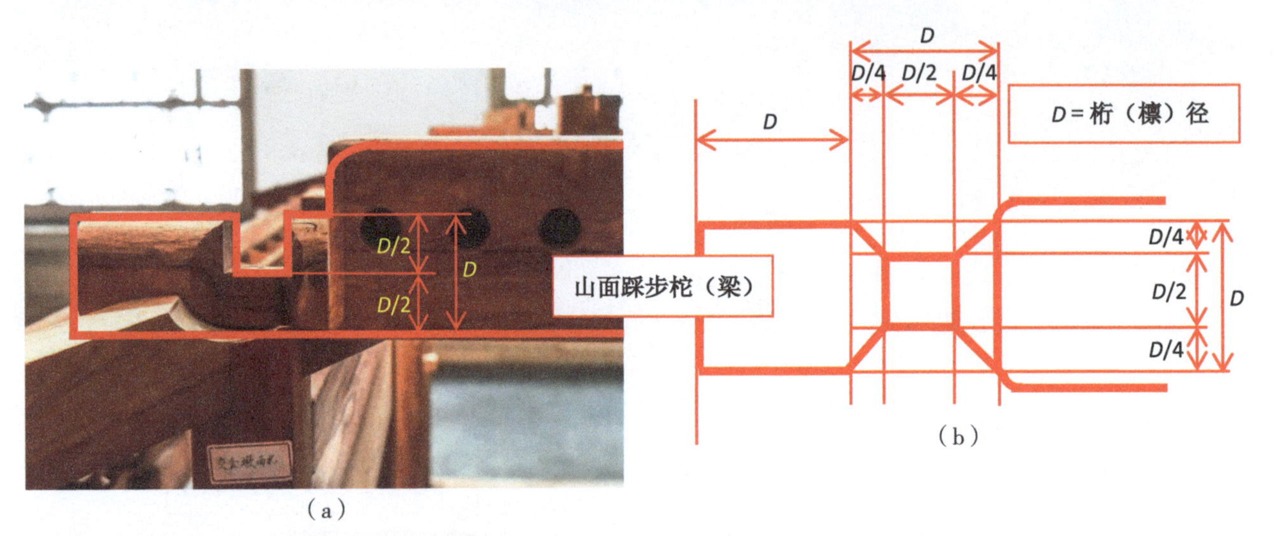

（a）　　（b）

图 1-321　梁类榫卯：枨（梁）十字卡腰榫卯侧立面、平面示意

xiv. 楞木卯口。用于承重梁与楞木、沿边木等构件的连接部位。

尺寸：楞木口子宽同楞木宽；高按楞木全高；深按梁厚的 1/5～1/4，并做出阶梯形卯口。详见图 1-322、图 1-323。

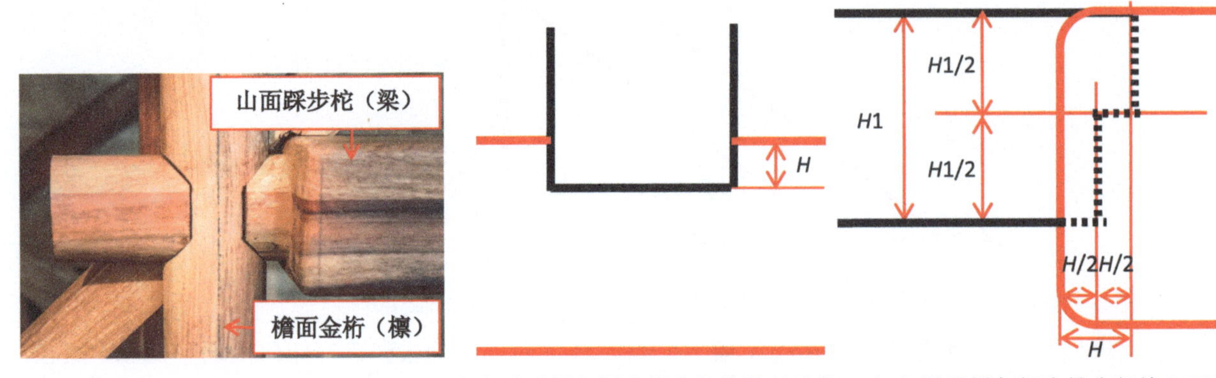

（a）承重梁与楞木榫卯相接平面示意　（b）承重梁与楞木榫卯相接立面示意

图 1-322　梁类榫卯：踩步枨（梁）、檐面金檩相交平面

图 1-323　梁类榫卯：楞木卯口平面、侧立面相交示意

注：承重梁　楞木　H—承重梁厚的 1/5~1/4　H1—楞木高。

xv. 裹（滚）棱。用在梁身四角边棱部位。

尺寸：按梁各面宽 1/10 起止刨出圆弧。

xvi. 拔腮榫。用于一端做榫出挑柱外，后将出挑柱外的榫恢复到原梁外形（俗称“钉腮帮”）的随梁、承重梁等，如图 1–324 所示。

尺寸：出榫厚按柱径 1/3，高按梁全高；“腮帮”各厚为梁厚 – 榫厚 × 1/2。

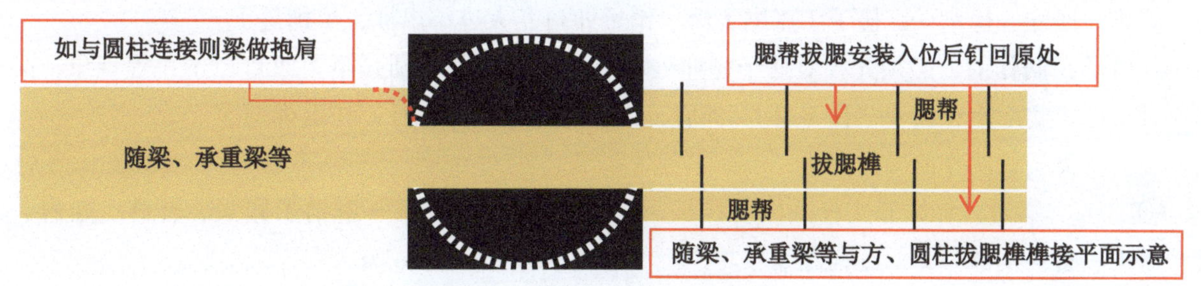

图 1–324 梁类榫卯：拔腮榫

xvii. 实（平）肩。用于梁头与沿边木，帽儿梁、贴梁与天花支条等榫肩满撞的部位。

xviii. 抱肩。用于梁与圆柱、梁、方柱、柁墩等构件的相接部位。

梁榫头两侧部分为榫肩，与圆柱相接的榫肩起点按“收溜”柱径上下不等；榫肩分三份，与圆柱相接的里侧 1/3 按圆柱上下段圆径向前做内圆撞肩；与梁、方柱、柁墩相接的里侧 1/3 做实（平）肩；外侧 2/3 由此点向外、后侧“裹圆”做外圆回肩，回肩见图 1–303。

xix. 担梁挂柱卯口。用于担梁与垂莲柱连接部位。

卯口外形、尺寸同垂莲柱燕尾挂榫。垂莲柱安装后，用同燕尾挂榫外形、尺寸的木枋堵严担梁卯口空余部分并随形做相应造型。详见图 1–325。尺寸详见图 1–279。

图 1–325 梁类榫卯：担梁挂柱燕尾卯口

3. 枋

（1）枋类构件制作的技术要求

①枋类构件在制作前应首先根据圆木（树）的自然生长方向来确定构件的用材方向：原材（树）根部安装在单体建筑中向西或向北的方向；原材（树）梢部安装在单体建筑中向东或向南的方向。

②枋类构件的截面尺寸根据传统权衡模数而定（图纸标有尺寸的按设计尺寸）。

小式建筑根据建筑物前檐柱“柱径”（柱根直径）而定，以柱径（D）为计算单位。

大式建筑根据建筑物中斗栱的“斗口”而定，以斗口为计算单位。

③枋类构件在制作前，必须先核对柱网尺寸，确定掰升尺寸，以免造成尺寸误差（通常大木构架是“下架掰升”，即设计图示平面尺寸为柱头尺寸）。

④枋与各种柱、梁、枋相交，必须采用榫卯连接的方法。

⑤枋子的线型及标识符号必须标写准确，清晰齐全。（枋子线型的种类有：中线、裹（滚）棱线、截线、掸线、椽窝线、枋子（燕尾）榫、销子卯口、大进小出榫、半榫等）

⑥枋子在制作前，必须先核对柱子榫卯处的直径尺寸，如有圆弧不匀或直径不一等现象，必须按（讨）柱子实际直径尺寸“让（退）”榫肩，即“讨退（柱讨直径，枋退榫肩）”。

（2）枋类构件制作的操作方法

①工序。摹划、制作分丈杆、榫肩样板 ⟶ 枋身弹、划线 ⟶ 凿销子卯眼、开榫、断肩、回肩、盘头、裹棱刮圆 ⟶ 标注构件编号。

②操作

a. 制作枋子分丈杆

ⅰ. 自面宽总丈杆上摹划下各枋的长度尺寸。

ⅱ. 枋子分丈杆断面尺寸不小于30mm×40mm；长度按面宽总丈杆所示建筑物明间面宽中～中尺寸另加悬山建筑中山面“出梢”长度尺寸另增适度放量为准。

ⅲ. 用三、五合板弹划并制作出各枋榫卯样板、枋头造型样板，并做出明确标识。

ⅳ. 分丈杆及榫卯样板及枋头造型样板划好后应及时通知相关部门检查复核、签字验收。

ⅴ. 分丈杆、榫卯样板及枋头造型样板应设专人妥善保管，可采取相应的措施来防止坏损丢失，以备在制作、安装施工时随时对照检验。

b. 枋身弹、划线

ⅰ. 枋子划线宜使用墨线。

ⅱ. 弹放中线、裹（滚）棱线。

ⅲ. 枋子使用面宽分丈杆在枋子上点划出各开间中～中尺寸线；讨划出各柱的柱头轮廓线，即枋子的榫肩线；划出枋子的榫头、抱肩线；点划出承椽枋的椽窝线；划出枋头造型；划出枋子截头线。

ⅳ. 榫卯划线应交错出头，以备查验。

ⅴ. 枋子榫头、抱肩线的标识符号必须有部分留存在成品梁上，以备查验。

c. 榫卯、枋头等制作、裹（滚）棱断肩

ⅰ. 枋子榫卯制作要求：榫头平直无错台；销子卯口尺寸准确、方正平直、深浅一致无错台。

ⅱ. 裹（滚）棱制作要求：平直圆顺留线影；抱肩，实（平）肩平直跟线；撞、回肩弧度和缓直顺留线影。

ⅲ. 枋头制作要求：造型准确，与样板无误差；折线面水平不“皮楞”，平直无“错台”；曲线凸凹面圆润和缓，两面对应一致不走形。

d. 标写编号

ⅰ. 枋子要求在向上一面（枋子背）标写枋子的位置编号。

ⅱ. 枋子的编号要求按传统叫法标明枋子的名称，标明枋子在建筑物中所处的具体位置。

e. 常见枋类榫卯：大进小出榫，燕尾榫，半榫，箍头榫，十字刻半口子，实（平）肩，抱肩，销子卯口，椽椀（窝），裹（滚）棱。

f. 枋榫卯规格、做法

ⅰ. 大进小出榫。用于穿插枋与柱连接部位。

榫头尺寸：透（大进小出）榫头厚，圆柱通常为 1/4 柱径或 1/3 枋厚，方柱通常为（1/4～3/10）柱径；榫头“大进”部分高按枋全高，长至柱中；“小出”部分高按枋 1/2 高，长按本身柱径（含半柱径出头）或 1/2 本身柱径另加 1/2 枋高（出头部分见方）。详见图 1-326。

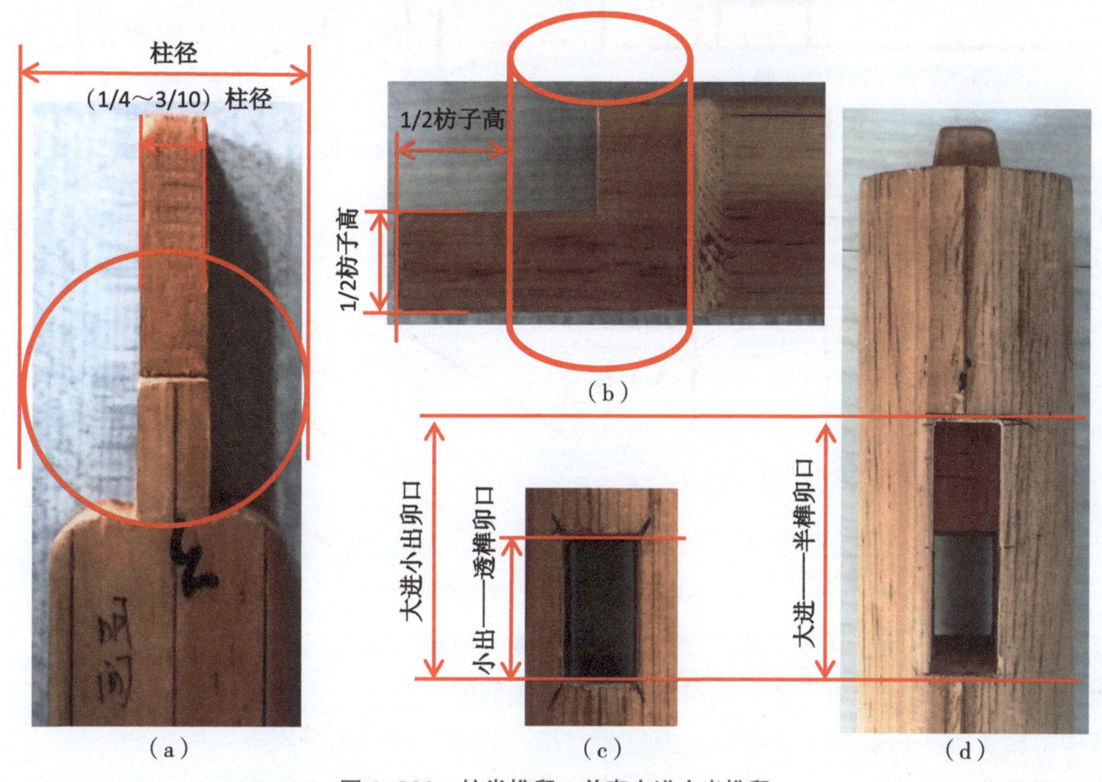

图 1-326 枋类榫卯：单直大进小出榫卯

ⅱ. 燕尾榫。用于枋子与柱子相连接的部位。

榫头尺寸：燕尾榫头上端头部宽为柱径的 1/4～3/10，下端根部按头部宽 1/10 各向两侧收“乍”，榫头长同榫头上端头部宽；枋子榫头下端除长同上端外，榫宽由上端榫两侧各按 1/10 向内收“溜”；榫头高同枋子高。带“袖肩”燕尾榫其“袖肩”部分长按 1/8 柱径，宽按榫头上端头部宽，高同榫头高，参见图 1-279。

ⅲ. 半榫。用于承椽枋、围脊枋、间枋、棋枋、门头枋与柱连接部位。

榫头尺寸：圆柱通常厚为 1/4 柱径或 1/3 枋厚，方柱通常为（1/4～3/10）柱径；榫头高按枋全高，长至柱中。参见图 1-304、图 1-305。

ⅳ. 箍头榫。用于额（檐、金）枋与角檐柱、角金柱相连接的部位。

尺寸：箍头榫宽为（1/4～1/3）柱径；高分里、外口，以相交枋子箍头榫里皮为界，以里部分为里口，高按枋子全高；以外部分为外口，高按枋子高 8/10；按此高度相交箍头枋上下各分别做刻口（即等、盖口），刻深一半，刻口宽同榫厚尺寸。参见图 1-283。

ⅴ. 十字刻半卡腰榫。用于平板枋与枋之间的相互连接。

尺寸：刻口深为平板枋厚的 1/2，宽（长）按平板枋宽（长）尺寸在两侧向内各做枋宽 1/10 的“隔角袖肩”，所余的 8/10 枋宽即为刻口的宽（长）。参见图 1-327。

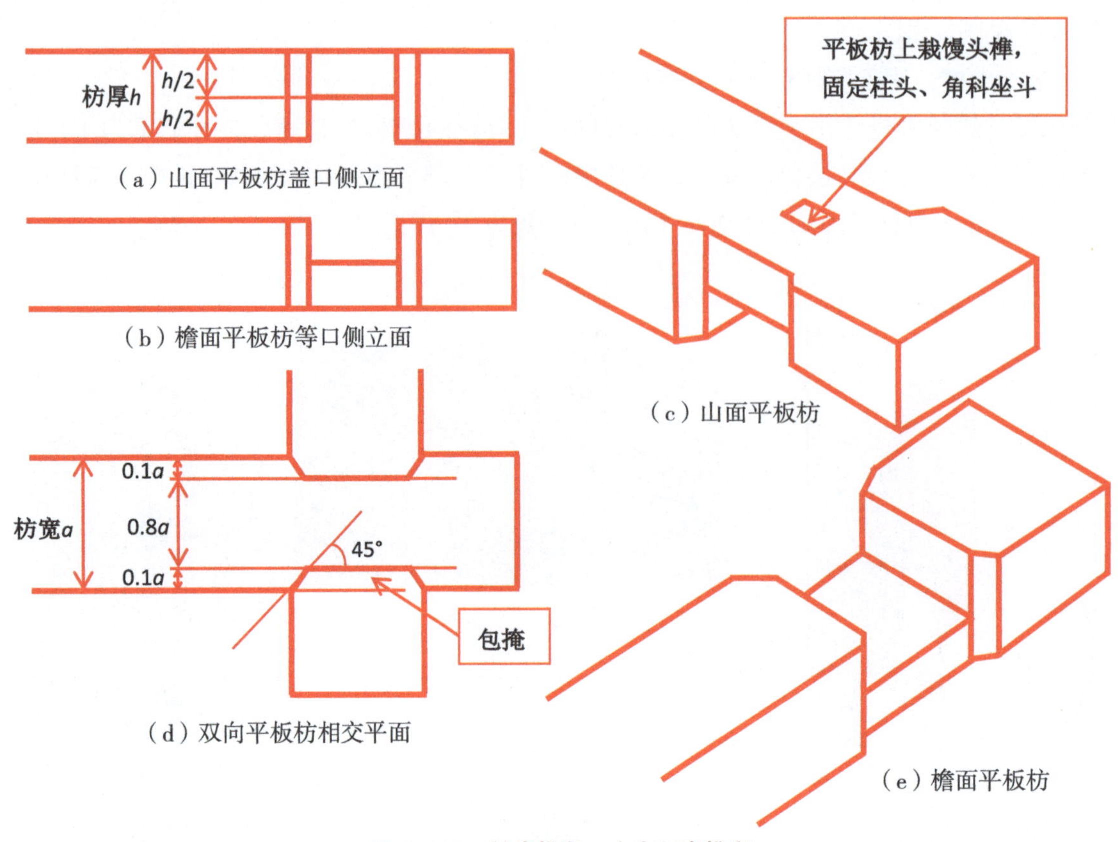

图 1-327 枋类榫卯：十字刻半榫卯

ⅵ. 实（平）肩。用于枋子与梁、方柱、柁墩相接“撞肩”部位。

ⅶ. 抱肩。用于枋子与柱、梁、柁墩等构件的连接部位。

尺寸：枋子榫头两侧部分为榫肩，榫肩起点按“收溜”柱径上下不等；榫肩分三份，里侧 1/3 按圆柱上下段圆径向前做内圆撞肩；与梁、方柱、柁墩相接的里侧 1/3 做实（平）肩；外侧 2/3 由此点向外、后侧“裹圆”做外圆回肩，回肩见图 1-303。

ⅷ. 销子卯口。用于枋子与板、与枋之间的叠压连接部位。

尺寸：销子卯口通常宽 20～30mm，长 50mm 左右，深 30～40mm。参见图 1-317。

ⅸ. 椽椀（窝）。用于承椽枋与椽子连接部位，椽椀根据加斜后的椽径及角度在承椽枋向外一侧剔出椭圆形或长方形椽窝，椽窝下口应随椽子的角度剔平并与椽附实。

尺寸：椽椀宽随椽径，高为椽径加斜后的尺寸；深约 1 寸（33mm）。参见图 1-319、图 1-328。

图 1-328 枋类榫卯：承椽枋椽槽（窝）

x. 滚（裹）棱。用在枋身四角边棱部位。

尺寸：按枋子各面宽 1/10 起止刮刨出圆棱。参见图 1-289。

4. 檩

（1）檩类构件制作的技术要求

①檩类构件。树梢部用于榫头，安装于单体建筑中向东或向南的方向；树根部用于卯口，安装于单体建筑中向西或向北的方向，即所谓“晒公不晒母，晒梢不晒根”。

②檩（桁）类构件的直径尺寸根据传统权衡模数而定（图纸标有尺寸的按设计尺寸）。

小式建筑根据建筑物檐柱“柱径”而定，以柱径（D）为计算单位。

大式建筑根据建筑物中斗栱的斗口而定，以斗口为计算单位。

③檩（桁）径尺寸专指檩（桁）的垂直净高，而不是水平净宽。有金盘的檩子按刮掉金盘后的净高尺寸计，在檩料加工时应根据放样适当加出涨（“泡”）量（约 1/10 檩径）。

④檩（桁）与檩（桁）之间交叉搭接的顺序原则：建筑物的山面压檐面。

檩（桁）与踩步金柁（梁）交叉搭接的顺序原则：建筑物的檐面压山面。

⑤中柱建筑梢、尽间的梢檩（桁）在制作前，必须先核对两山梁架掰升后的面宽尺寸，确定檐、金（下、中、上）脊檩各自不同的面宽及出梢尺寸，以免造成尺寸误差。

⑥建筑物中檩（桁）与各种柱、梁、枋、檩（桁）相交，必须采用榫卯连接的方法。

⑦檩（桁）与趴（抹角）梁相接，檩（桁）阶梯卯口的底皮必须高于檩（桁）水平中线 0.6～1 寸或 1/8 檩（桁）径；卯口部分长度不得长过檩（桁）垂直中线。

⑧根据受力大小综合考虑搭交檩（桁）与角梁相交部分的刻口深，避免过多伤及受力部分。

⑨檩（桁）的金盘根据檩（桁）上下是否有叠压构件而定：有叠压构件的必须有金盘，无叠压构件的可以取消金盘。金盘尺寸、位置分别为居中宽 3/10 檩（桁）自身直径，高在 5% 檩（桁）径左右。

⑩弧形檩（桁）的制作必须根据放实样而定，以保证上下构件的弧度一致。

⑪檩（桁）与各种柱、梁、枋、檩（桁）相交，必须采用榫卯连接的方法。

⑫檩（桁）的线型及标识符号必须标写准确，清晰齐全。（檩子线型的种类有中线、上下金盘线、截线、掸线、椽花分位线等）

（2）檩类构件制作的操作方法

①工序。摹划、制作分丈杆、榫肩样板⟶弹划檩榫肩、盘头、椽花等线⟶凿卯、开榫、盘头、铇刮金盘⟶标注构件编号（晒梢不晒根，晒公不晒母）。

②操作

a. 制作檩子分丈杆

i. 自面宽总丈杆上摹划下各檩的长度尺寸。

ii. 檩子分丈杆要求分别划出建筑物明、次、梢、尽间面宽中～中尺寸线、檩两端榫长线、两山“出梢”尺寸线；各间“椽花”线；并标识编号。

iii. 檩子分丈杆断面尺寸不小于 30mm × 40mm；长度按面宽总丈杆所示建筑物明间面宽中～中尺寸另加悬山建筑中山面“出梢”长度尺寸另增适度放量为准。

iv. 用三、五合板弹划并制作出檩“榫卯”样板；用厚纸板弹划并制作出搭交檩十字卡腰榫造型样板，并做出明确标识。

ⅴ. 分丈杆及榫卯样板划好后应及时通知相关部门检查复核、签字验收。

ⅵ. 分丈杆、榫卯样板样板应设专人妥善保管，可采取相应的措施来防止坏损丢失，以备在制作、安装施工时随时对照检验。

b. 按丈杆、样板弹、划线

ⅰ. 檩（桁）划线宜使用墨线。

ⅱ. 檩（桁）弹放十字中线、金盘线。

ⅲ. 使用面宽分丈杆和榫卯样板在檩（桁）上点划出各檩中线、榫头卯口线、各檩（桁）盘头截线、各檩（桁）椽花线。

ⅳ. 榫卯划线应交错出头，以备查验。

ⅴ. 檩（桁）端盘头线、榫卯标识符号必须有部分留存在成品檩（桁）上，以备查验。

c. 榫卯、金盘制作、断肩盘（截）头

ⅰ. 檩（桁）的榫卯制作要求：榫头平直无错台，刻半、卯口尺寸准确、方正平直无错台。

ⅱ. 金盘宽窄、高低一致，平齐直顺留线影。

ⅲ. 断肩要求：平直方正。

ⅳ. 檩（桁）盘头要求：自檩上下面按盘头线两锯盘齐（一盘柁，二盘檩，三盘柱子站得稳）；截面平直方正无错台。

d. 标写编号

ⅰ. 檩（桁）要求在向上一面标写檩（桁）的位置编号。

ⅱ. 檩（桁）的编号要求按传统叫法标明檩（桁）的名称，标明檩（桁）在建筑物中所处的具体位置。

e. 常见檩类榫卯：燕尾榫，十字卡腰榫，趴（抹角）梁（阶梯）卯口，小鼻子卯（刻）口，销子卯口

f. 檩榫卯规格、做法

ⅰ. 燕尾榫。用于檩与檩之间的连接。

榫头尺寸：燕尾榫端头宽为檩（桁）本身直径的3/10，榫根部按榫头宽1/10各向两内侧收“乍”，榫长同榫端头宽，榫高按部位不同分别做梁头刻半榫或脊檩（桁）通榫。参见图1-329、图1-330。

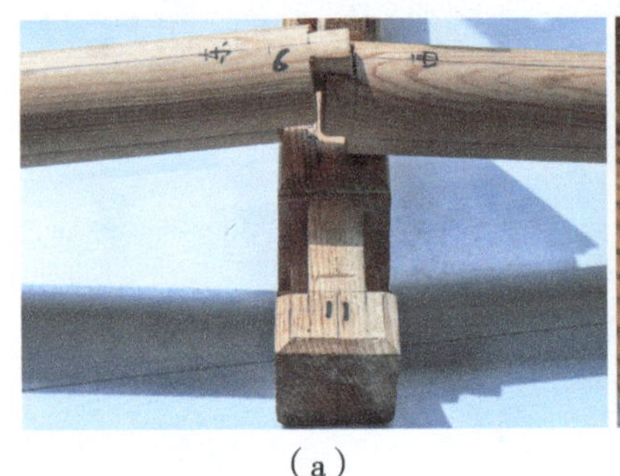

（a）

（b）

（c）

图1-329 檩类榫卯：梁头刻半燕尾榫卯

图1-330 檩类榫卯：通脊檩燕尾榫卯

ⅱ. 十字卡腰榫。用于檩（桁）与檩（桁）之间交叉相交部位详见图1-331、图1-332。它由三部分组成。

· 割角刻口。两檩（桁）外皮相交点交叉连线，呈割角状，刻口深（宽）为 1/4 檩（桁）径，高按檩（桁）径。

· 等口刻口。刻口坐于轴线中，刻口长（宽）、厚为 1/2 檩（桁）径，高同宽。

· 盖口榫。留榫部分尺寸同等口刻口部分。十字卡腰榫等、盖刻口的上下设制根据檩（桁）所处山、檐面的不同分别设置，等口檩（桁）是刻口在上，留榫在下；盖口檩（桁）是留榫在上，刻口在下。

檩（桁）的金盘根据檩（桁）上下是否有叠压构件而定：有叠压构件的必须有金盘，无叠压构件的可以取消金盘。

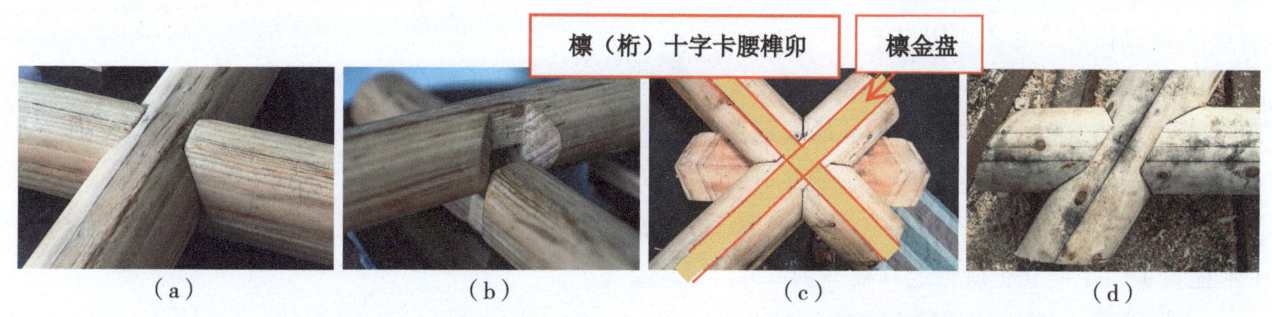

图 1-331　檩（桁）类榫卯：方角、多边角度十字卡腰榫卯

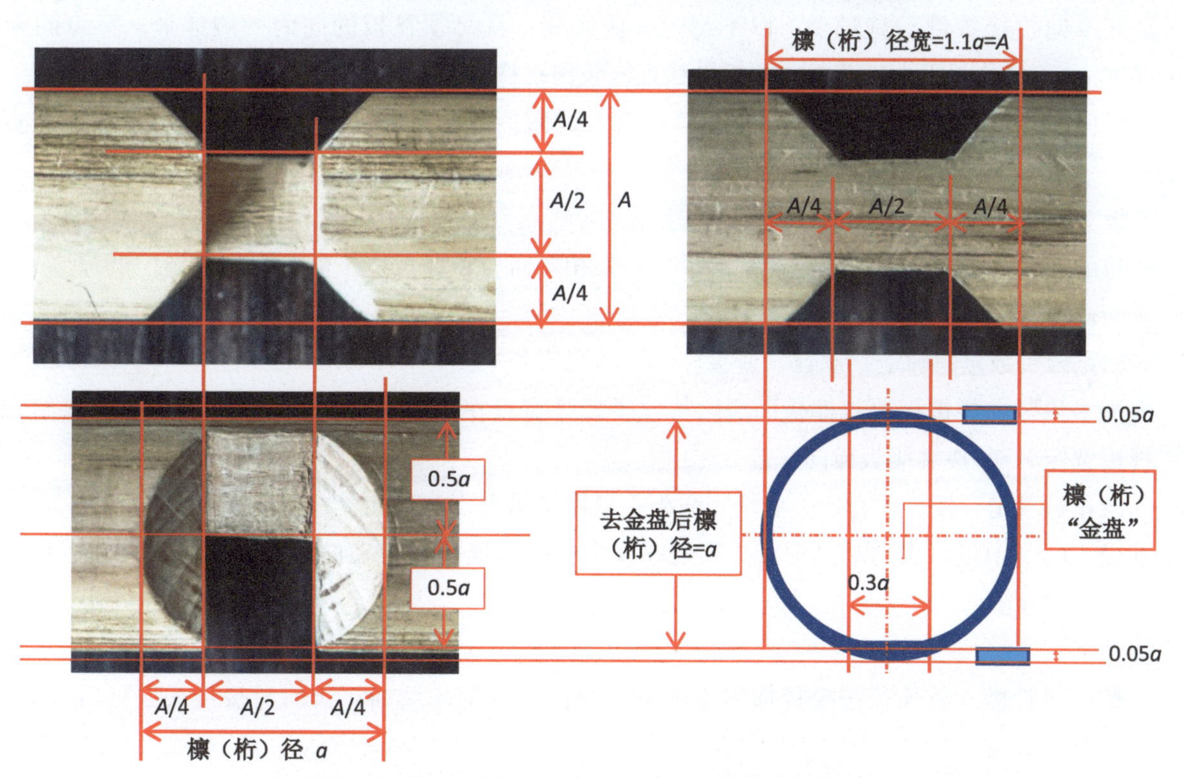

图 1-332　檩（桁）类榫卯：方角度十字卡腰榫卯细部做法示意

注：1. 图中檩（桁）径 a 为加“泡”后尺寸，约为 1.1 檩（桁）径；

2. ▬ 檩（桁）“金盘”砍刮部分，高约为檩（桁）5%，俗称“泡”。

ⅲ. 趴（抹角）梁（阶梯）卯口。用于檩（桁）与趴梁（抹角梁）相接部位。

尺寸做法：与梁相接部位的趴梁卯口做成三层阶梯形状，第一层趴梁榫入檩（桁）刻口长度为檩半径 1/4，高同长；第二层刻口长、高同第一层；第三层可做直卯口也可做燕尾卯口，长、高可同第一、二层，也可略长，但不得长过檩（桁）中。各层直卯口宽为（1/2～4/5）趴梁（抹角梁）厚

（宽），燕尾卯口尺寸同燕尾榫头尺寸。参见图 1-314、图 1-315。

ⅳ. 小鼻子卯（刻）口。用于檩（桁）与边柁（梁）相接部位。

卯（刻）口高自檩（桁）底皮上返 1/5 檩（桁）径；卯（刻）口宽同高；卯（刻）口长以深定。参见图 1-309。

ⅴ. 销子卯口。用于檩（桁）与垫板之间的连接。卯口厚 15～20mm，宽约 50mm，长 20～30mm。参见图 1-315。

5. 板

（1）板类构件制作的技术要求

①板类构件通常不作用材方向的要求。

②板、连檐、瓦口的截面尺寸根据传统权衡模数而定（图纸标有尺寸的按设计尺寸）。

a. 小式建筑根据建筑物檐柱柱径而定，以柱径（D）为计算单位。

b. 大式建筑根据建筑物中斗栱的斗口而定，以斗口为计算单位。

c. 各板之间接缝形式的确定：横望板—柳叶缝顺望板—企口榫滴珠板—企口榫博缝板—龙凤榫（带托舌）山花板—企口榫走马板—企口榫。

③博缝板

a. 宽窄向拼接数量不宜过多，以不超过 3 块为宜；且必须在板的向内一侧穿带，穿带间距为 600～800mm，每块板不少于两根；两板拼缝处嵌装银锭榫，间距错开穿带。

b. 长向对接接头必须赶在檩中；接头缝垂直于地面；双脊檩罗锅博缝脊步博缝板接头缝垂直于博缝板。

c. 板对接必须使用龙凤榫卯，且必须带托舌。

d. 板的曲线弧度（囊向）应与梁架的举、步架相等对应；并按檩子的实际位置剔挖檩椀。

④滴珠板

a. 如意云头数量的确定：双数，云头坐中，两端头各半。

b. 由多块竖向拼接板企口榫接而成。每块拼接板宽宜在 800mm 左右，由 3～4 块竖向板组合拼接（视板宽定），每块拼接板横向穿带 2～3 根。

⑤山花板、走马板、围脊板。多块竖向板企口榫接组合。

⑥椽（闯）中板。长向对接接头必须赶在椽中；接头缝垂直于地面；板上口刮成坡面，角度随举架。

⑦椽椀

a. 整体通长做。通长板按椽径加斜（举）挖圆；上口刮成坡面；长向对接接头必须赶在椽中；接头缝垂直于地面。

b. 整体单个做。单块板按椽径加斜（举）两侧各挖半圆；上口刮成坡面。

c. 分体做。板高各半，各出龙凤榫卯；按椽径加斜（举）挖半圆；上板上口刮成坡面；长向对接接头必须赶在椽中，上下对接接头错缝安装；接头缝垂直于地面。

⑧望板

a. 望板按是否露明做刨光或不刨光处理。

b. 横望板板两侧做坡棱，俗称“柳叶缝”。柳叶缝角度在 45°～60° 之间。

c. 顺望板板两侧做企口榫。

⑨大连檐

a. 大连檐向望板一面做出“坡面”，角度同望板柳叶缝。

b. 翼角部分的大连檐必须做分层锯解处理，且不少于三层。

c. 锯解长度最下一层至正身椽，向上每层依次递减300～400mm。

d. 大连檐必须使用手工锯锯解，以免影响大连檐的立面高度。

e. 大连檐可以采用“套裁”的方法进行加工。

⑩小连檐。小连檐向望板一面做出坡面，角度同望板柳叶缝。

⑪瓦口

a. 瓦口根据底瓦实样及“排当”尺寸进行加工。

b. 瓦口的弧度必须与底瓦“合墁”。

c. 瓦口可以采用“套裁”的方法进行加工。

d. 安装前按照屋面的坡度在瓦口底面刮出斜面，以保证安装后的瓦口垂直于地面。

（2）板、连檐、瓦口制作的操作方法

①工序。按样板摹划外形，弹、划长短宽窄尺寸线⟶穿带、凿销子卯眼，锯解、铯光成形⟶标注大木编号。

②操作

a. 制作丈杆、样板

ⅰ. 利用建筑物大木面宽分丈杆来控制各开间、各位置垫板的长度尺寸。

ⅱ. 博缝板放样可根据设计图示及大木进深分丈杆，所标尺寸将建筑物大木上架（纵向）剖面（可仅划出各檩的实际位置）按1∶1比例弹放、过划到五、七合板或10～20mm厚木板上（或按传统“三拐尺”方法直接弹放），并按图形制作出博缝板样板，同时标识编号。

ⅲ. 滴珠板的放样可根据传统规矩定尺在三、五合板上直接放样并制作成形。

ⅳ. 山花板根据大木构架实样直接定尺制作；瓦口根据屋面用瓦的实样放划样板；大小连檐根据传统尺寸、做法直接定尺制作。

ⅴ. 博缝板样板、滴珠板、瓦口样板划好后，应及时通知相关部门检查复核、签字验收。

ⅵ. 博缝板样板、滴珠板、瓦口样板等应设专人妥善保管，可采取相应的措施来防止坏损丢失，以备在制作、安装施工时随时对照检验。

b. 按各丈杆、各样板弹线和划线

ⅰ. 板、连檐、瓦口弹线和划线宜使用墨线。

ⅱ. 根据面宽分丈杆所示各开间中～中尺寸，分别减去各梁除口子外的实际厚度，点划垫板盘（截）头线。根据样板在加工好的规格材上摹划滴珠板、博缝板、……、轮廓线。根据安装位置的实际尺寸量划山花板、走马板、围脊板、椽中板、椽椀、……根据屋面实际尺寸和用瓦实样计算、摹划瓦口。根据传统规矩、做法弹划出大小连檐、里口木断面及口子锯解线。根据传统规矩、做法在各板上划出相应的榫卯线。

ⅲ. 各板轮廓线两面对应，不得“绞线”。

ⅳ. 各板盘（截）头线应有部分留存在成品板上备查。

ⅴ. 各板应将废线及时刮去，以免造成误差。

c. 榫卯加工、锯解成形

ⅰ.各种板榫卯的加工，要求按线在榫卯线里、线外锯解，保证榫卯不亏不撑，松紧适度。

ⅱ.各种板的外形加工要求折线面盘（截）头面方正平直无错台；曲线面方正平顺，曲度和缓，线条流畅。

d.标写编号。各式垫板的标识编号应写在垫板向上的小面上；博缝等板可直接写在板向外一侧的大面上。

e.常见板类榫卯：企口榫，柳叶缝，龙凤榫，头缝榫，抄手榫卯，银锭扣，齿接榫卯。

f.板榫卯规格、做法

ⅰ.企口榫。用于顺望板、滴珠板、山花板、走马板等。

板两侧分别配制等、盖口榫，以便依次安装。详见图 1–333。

ⅱ.柳叶缝。用于横望板等。

板两侧同方向按 45°～60° 刮刨出斜面。详见图 1–334。

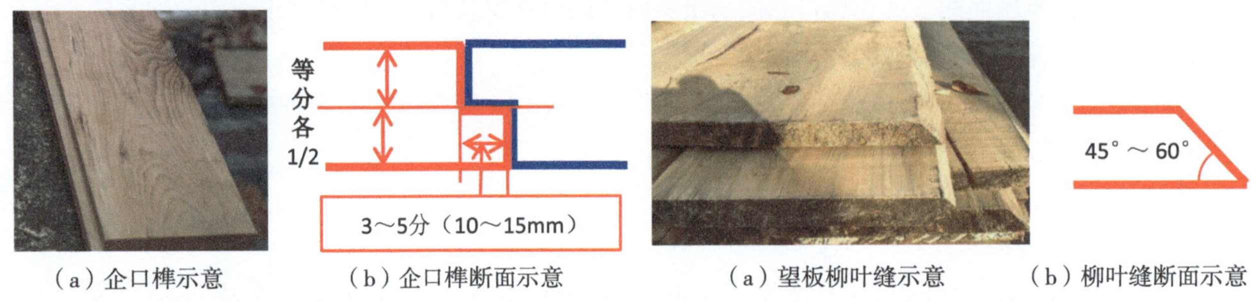

（a）企口榫示意　（b）企口榫断面示意

图 1–333　板类榫卯：企口榫

（a）望板柳叶缝示意　（b）柳叶缝断面示意

图 1–334　板类榫卯：柳叶缝

ⅲ.龙凤榫。用于博缝板、实榻大门门板等。

板两侧分别做出榫头、卯口，做法详见图 1–335、图 1–336。

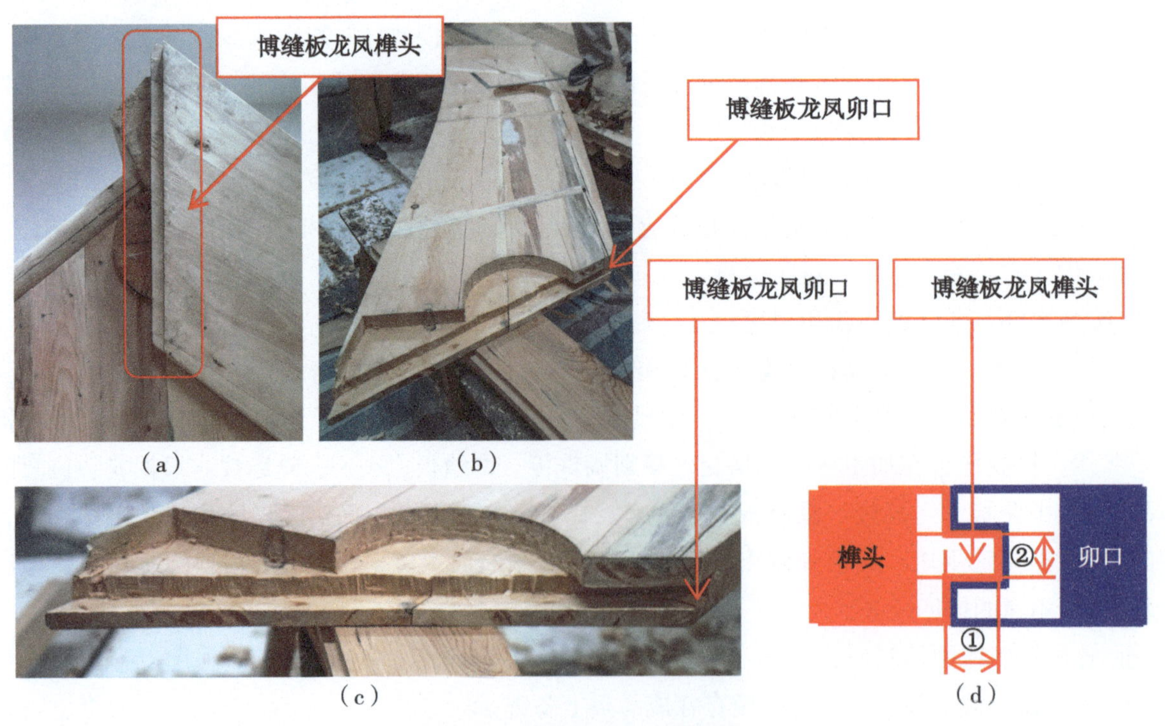

（a）　（b）　（c）　（d）

图 1–335　板类榫卯：龙凤榫卯

注：①榫头长 6～8 分（18～25mm）；②榫头厚 4 分至 1 寸（12～30mm）。

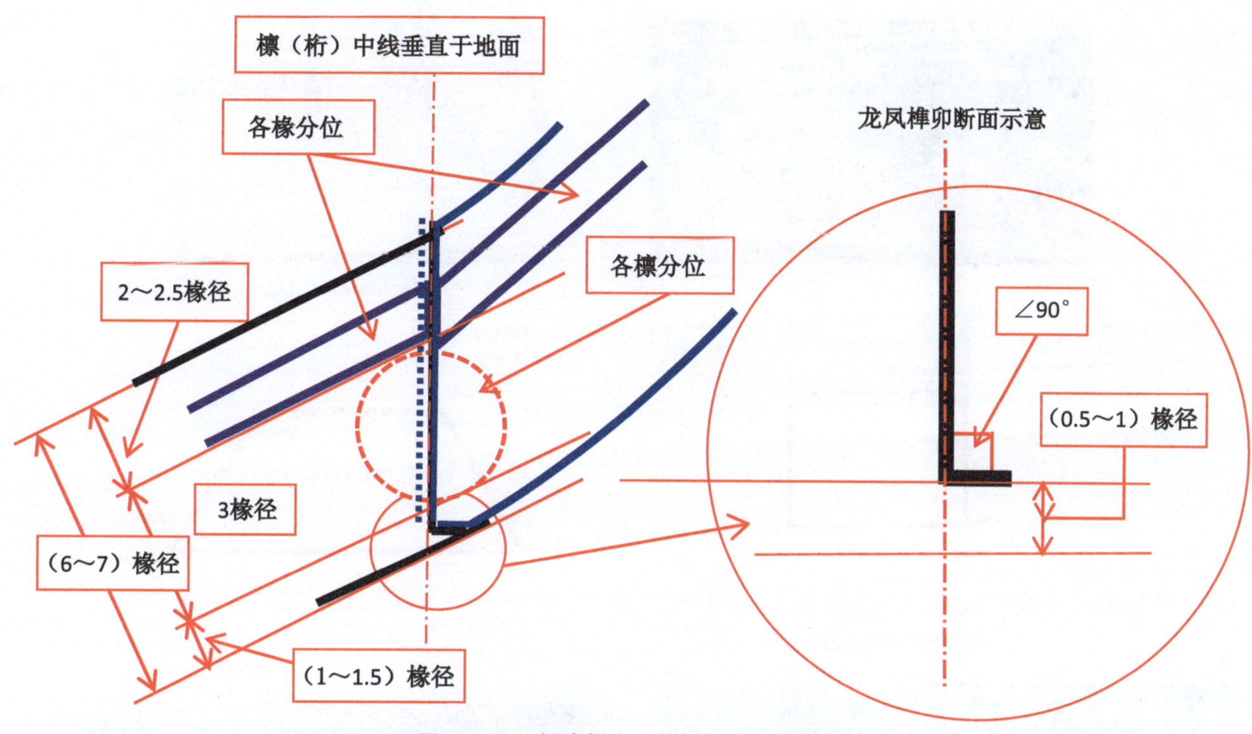

图 1-336　板类榫卯：博缝板龙凤榫托舌

注：▬ 所示为下段博缝板，做龙凤卯口、托舌承接上段博缝板；
▬ 所示为上段博缝板，做龙凤榫头，插入下段博缝板卯口内。

ⅳ. 头缝榫。用于攒边门门板、活动门窗扇安装。

榫厚 4～6 分（13～20mm），长约 4 分（13mm）；活动扇上端榫长双倍于下榫。详见图 1-337。

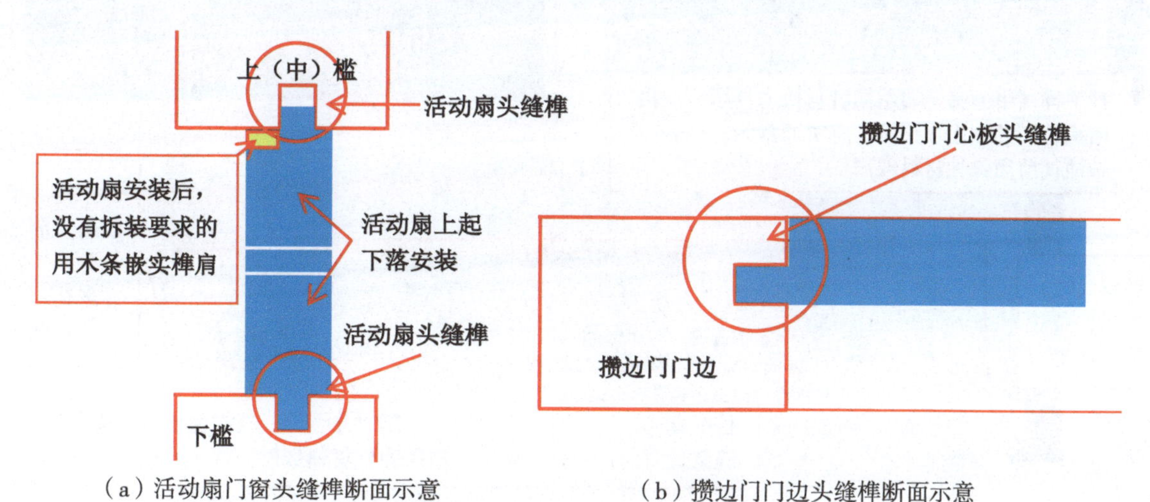

（a）活动扇门窗头缝榫断面示意　　（b）攒边门门边头缝榫断面示意

图 1-337　板类榫卯：头缝榫卯

ⅴ. 抄手榫（带）。用于榻板、坐凳面、挂落（檐）板、博缝板、门板等制作。

· 根据拼板数量定单或双向穿带。通常，独板单向穿带即可；多块板拼接穿带需双向穿带，抄手带大小头相邻调向，呈八字形布置。

· 抄手榫（带）做出“溜（大小头）”，尺寸多在 2～4 分（6～15mm）之间，根据实际情况酌定。

· 穿带板如有不露立茬的要求，可在端头用同种材质木料顺纹做出堵头补严，同时留出顶头缝，缝宽通常为 1～2 分（3～6mm），做地仗前用弹性材料或玻璃胶嵌严。详见图 1-338～图 1-342。

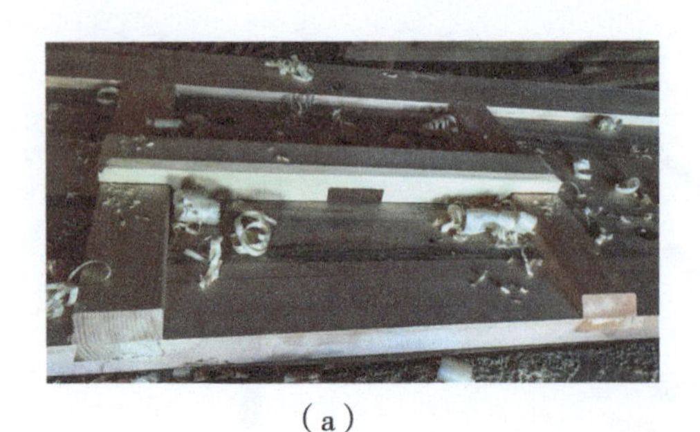

（a）

（b）

图 1-338　撒带门门心板穿带抄手榫

图 1-339　撒带门、攒边门门心板穿带抄手榫断面示意

注：虚线所示为攒边门穿带抄手榫。

图 1-340　各类板穿平带抄手榫断面示意

图 1-341　板类榫卯：抄手榫（带）（一）

（a）坠山花板抄手榫（带）示意

（b）博缝板抄手榫（带）

（c）博缝板抄手榫（带）

图 1-342　板类榫卯：抄手榫（带）（二）

ⅵ. 银锭榫卯（扣）。用于各类板拼（接）缝部位的加强连接。

尺寸：银锭榫卯（扣）长度和厚度根据所用部位及板厚酌情定，榫头出“乍”尺寸参考燕尾榫。详见图 1-343。

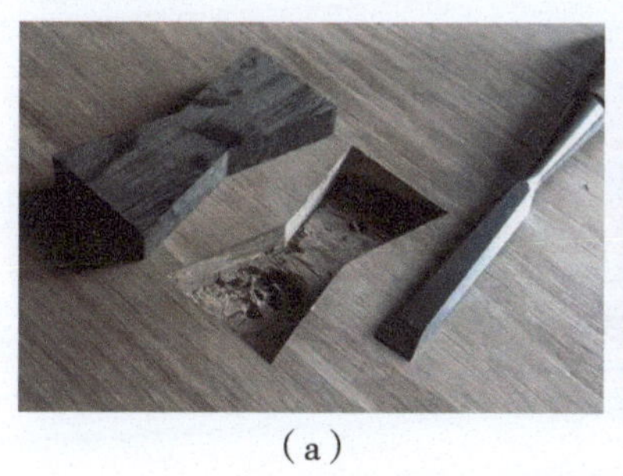
（a）

（b）

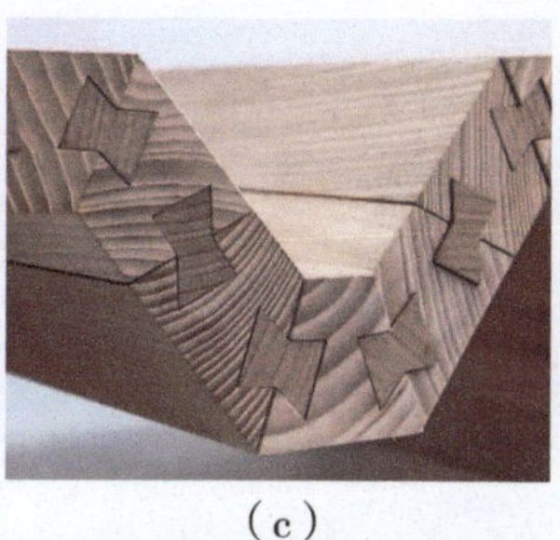
（c）

（d）

图 1-343 板类榫卯：银锭榫卯

ⅶ. 齿接榫卯。板类的新型拼接方式，可用于走马板及板面不做雕刻的门心板、绦环板等。详见图 1-344。

（a）

（b）

图 1-344 板类榫卯：齿接榫卯

6. 椽

（1）椽类构件制作的技术要求

①椽类构件通常不作用材方向的要求。

②椽、飞椽的直径尺寸根据传统权衡模数而定（图纸标有尺寸的按设计尺寸）。

小式建筑根据建筑物檐柱柱径而定，以柱径（D）为计算单位。

大式建筑根据建筑物中斗栱的斗口而定，以斗口为计算单位。

③椽子数量的确定。建筑物每开间正身椽子数量取双数，椽档坐中。

椽子与椽档之比为 1∶（1～1.5）（根据每根椽子的自身尺寸及荷载定）。

翼角椽数量通常取单数（偶有双数椽，以取飞椽与翘飞椽椽当一致），按建筑物廊（檐）步架尺寸加檐平出尺寸（大式有斗栱建筑另加斗栱出踩尺寸）总和除以一椽径另加一椽当尺寸，得数以“宜密不宜稀”的原则取单数得翼角椽数量。

④椽径尺寸专指椽子的垂直净高，而不是水平净宽。有金盘的圆椽按刮掉金盘后的净高尺寸计。故在椽料加工时应根据放样适当加出涨（“泡”）量。

⑤正身椽、飞椽的线型必须弹划准确，清晰齐全。椽子的线型种类有：金盘线、盘头线、绞掌线、闸挡板口子线、飞椽绞尾线等。

⑥正身椽、飞椽的盘头线以上直边为基准向下垂直过线；绞掌线以椽飞的上下直边为基准垂直或水平过线；飞椽口子线以椽尾底皮为基准垂直过线。翼角、翘飞椽的盘头必须以椽头短边侧帮为

基准垂直过线，不得以大小连檐外皮为基准平行过线。

⑦正身椽、飞椽绞掌的形式根据建筑物的功能、做法而定：椽尾处需要做（室内外）分隔的采用墩掌形式，截面垂直于地面，椽尾安装椽（闯）中板；椽尾处不需要做（室内外）分隔的采用压掌形式，截面水平于地面。

⑧正身飞椽头、尾的比例通常为 1：2.5（一飞二尾半）或 1：3（一飞三尾）。

⑨圆椽与望板相接面居中做金盘。金盘尺寸为 3/10 椽本身直径。

⑩方椽及飞椽应在椽头两侧面及下面做扫棱，上棱可以不扫，但不得有锯毛。

⑪椽长根据椽尾绞掌的形式而定：墩掌，椽尾长至檩的外金盘线；压掌，椽尾长至檩的里金盘线。

⑫飞椽的制作可采用尾部套叠的方法下料。

（2）椽飞制作的操作方法

①工序。圆椽弹中线、金盘线──►按样板画盘头、绞掌、闸挡板、飞椽后尾线──►盘头、绞掌、锯闸挡板口子、锯解飞椽后尾。

②操作

a. 制作檐平出分丈杆、椽子分位分丈杆、椽飞样板。

ⅰ. 自檐出总丈杆上摹划下檐平出、老檐平出、小檐平出的尺寸。

ⅱ. 利用檩子分丈杆分别排划出各间的椽子分位——“椽花”线。

ⅲ. 根据分丈杆所标檐平出尺寸将建筑物大木上架（纵向）剖面（可仅划出各檩的实际位置）按 1：1 比例过划到地面或墙面上，再用 10～20mm 厚木板弹划并制作出各种椽子样板，并标识编号。

ⅳ.“椽花”分丈杆、椽飞样板、翼角翘飞分丈杆、样板划好后，应及时通知相关部门检查复核、签字验收。

ⅴ.“椽花”分丈杆、椽飞样板、翼角翘飞分丈杆、样板应设专人妥善保管，可采取相应的措施来防止坏损丢失，以备在制作、安装施工时随时对照检验。

b. 按各丈杆、样板弹线和划线

ⅰ. 椽飞弹、划线宜使用墨线。

ⅱ. 使用椽飞样板在椽材上点划出椽子盘头线、绞掌线，飞椽盘头线、绞尾线、闸档板口子线。

c. 锯解成形、绞掌绞尾、盘（截）头擦（扫）棱、锯闸挡板口子

ⅰ. 椽飞加工一定要求两面跟线，锯解盘（截）头面不凸不凹，方正平直无错台。

ⅱ. 檐椽、飞椽头擦（扫）棱加工三面，椽头上棱不做。

ⅲ. 闸档板口子要求锯解宽、深一致，口子只锯不剔，留待安装。

d. 常见椽类榫卯：墩掌、压掌，异形掌，闸挡板口子，擦棱。

e. 椽榫卯规格、做法

ⅰ. 墩掌、压掌。用于各种椽子的搭接部位。

· 墩掌：椽头对接面垂直于地面，直接坐于檩（桁）上，通常用于有室内外分隔需求的廊步檐椽与金步花架椽对接部位。

· 压掌：椽头对接面水平于地面，上端椽头直接坐于檩（桁）上，下端椽头与下段椽子压掌相接，通常用于室内无分隔需求的花架椽、脑椽对接部位。详见图 1-345。

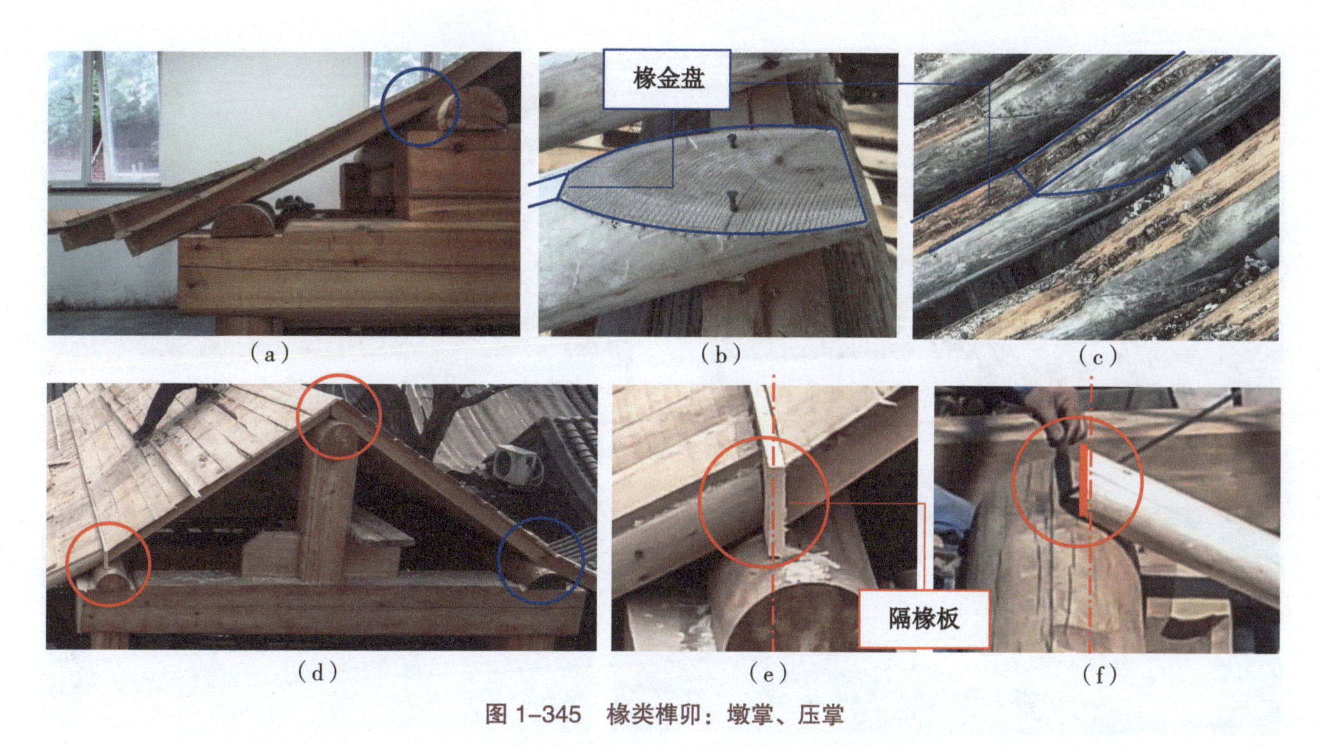

（a）（b）（c）（d）（e）（f）

图 1-345　椽类榫卯：墩掌、压掌

注：▬ 墩掌：对接面垂直；▬ 压掌：对接面水平。

ⅱ.异形掌。用于椽子与木构件的对接部位，椽子端头与构件对接部位随形附实。详见图 1-346～图 1-348。

图 1-346　椽类榫卯：异形掌蜈蚣椽与窝角梁、由戗对接

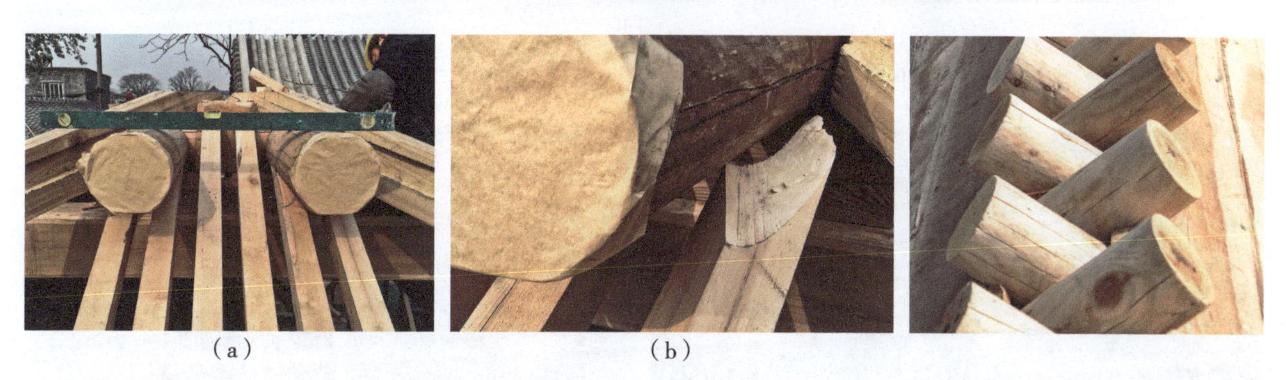

（a）（b）

图 1-347　椽类榫卯：异形掌牛耳椽与檩（桁）贴附对接

图 1-348　地方做法：脑椽错当安装

ⅲ.闸挡板口子。用于飞椽之间安装闸挡板。

尺寸：口子通常为 4～6 分宽（12～18mm），深 3 分（10mm），高同飞椽。详见图 1-349。

其他椽类榫卯的做法及木工操作，见图 1-350～图 1-354。

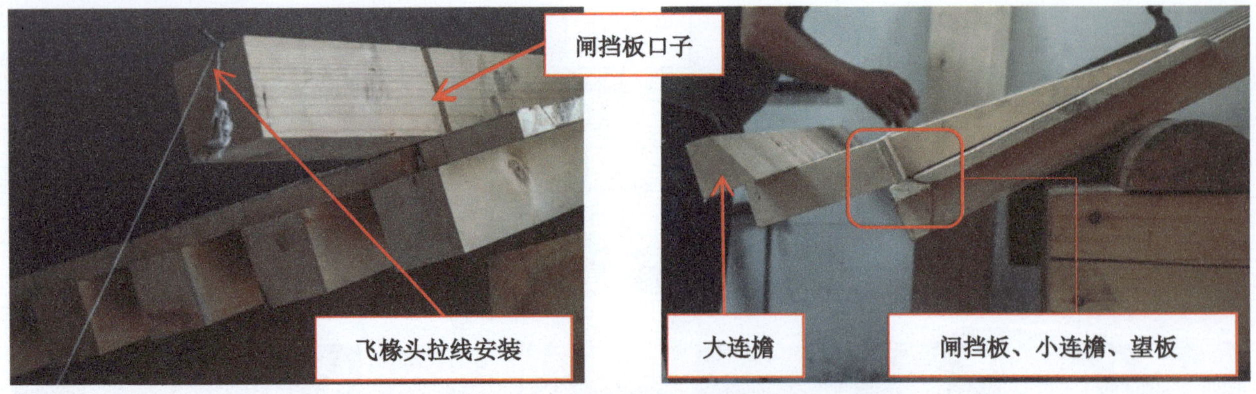

图 1-349　椽类榫卯：闸挡板口子

图 1-350　飞椽绞尾对裁示意

图 1-351　檐椽、飞椽头擦（扫）棱示意

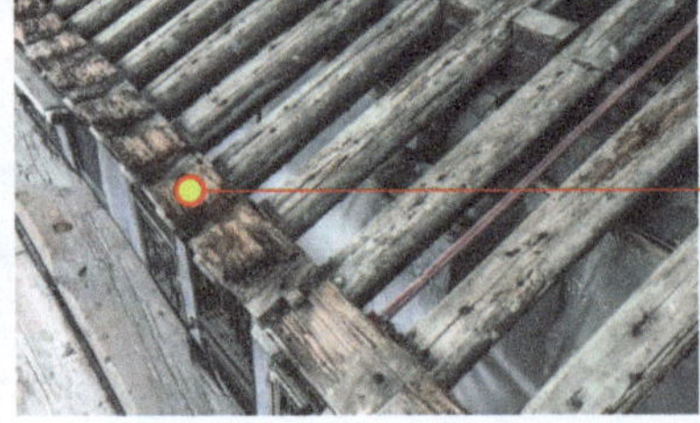

（a）　　（b）

图 1-352　椽——里口木做法

图 1-353　椽——椽椀做法

（a）划线　（b）锯解榫肩　（c）卯眼剔凿　（d）枋口剔凿

（e）锯解翘飞椽　（f）梁、枋刨光　（g）构件加工制作

图 1-354 木工操作

三、构架安装

（一）大木安装的技术要求

①大木的立架安装必须从建筑物的明间开始，按“先内后外，先下后上”的顺序进行施工。

②遇有丁字、十字、拐角等组合形建筑物时，应从中心点或中心部分开始依次向外组装。

③大木构件必须按所标位置号入位安装，不得错位混装。

④大木立架安装必须在下架立架完成并经“核尺掩卡口、拨正吊直、支搭戗杆”工序后，方可进行上架木构件的立架安装。

⑤安装大木下架柱子时，柱脚十字中线对正柱顶石十字中线；拨正时，有升（侧脚）线的柱子依升（侧脚）线吊垂直、无升（侧脚）线的柱子依中线吊垂直。

⑥大木立架安装中，应严格控制大木构架的平面轴线、立面柱高、举架及翘升尺寸，随时校核尺寸，如有误差及时修正，避免影响下一构件的安装。

⑦大木立架安装，除构件老、仔角梁、由戗可辅以铁钉加固外，其余构件，除设计要求安装的加固铁件外，一律不得使用铁钉进行加固拉结。

（二）大木安装的安全要求

木构架的戗杆在支搭完后必须采用“打撞板”等方法作为技术措施，随时检查施工中戗杆是否有受撞击而造成木构架歪闪的情况，以便及时做出处理。

大木立架安装中应特别注意不得损伤构件的榫头、角梁的檩椀等受力部位。

（三）大木安装的操作方法

1. 工序

运输码放⟶制定整体安装顺序⟶柱顶平面、标高尺寸复核⟶支搭大木下架立架架子⟶架子复验⟶柱、枋到位⟶下架安装⟶尺寸校正（拨正吊直）⟶背实榫卯涨眼、掩卡口⟶支戗固定⟶支搭大木上架立架架子⟶安装位置水平、方正尺寸复验⟶梁、枋、板、檩、瓜柱到位⟶上架安装⟶尺寸校正（拨正吊直）⟶背实榫卯涨眼、掩卡口⟶拉结固定⟶擢檐

——钉椽望。

2. 操作要求

（1）运输码放

①将制作完成的大木构件分类运至安装现场。在运输当中注意成品保护，可采用木枋支顶或填充材料铺垫的措施，避免发生磕碰现象。特别要注意不得伤损柱子的榫头。

②运至现场后的成品构件，应分类、分位置就近码放在相应部位，以方便安装。

（2）柱顶平面、标高尺寸复核

①根据设计图纸对现场已安装完毕的柱顶石面宽、进深尺寸拉线进行核对，特别要注意的是建筑物最外圈柱子的掰升尺寸是否留出。

②用仪器对现场已安装完毕的柱顶石进行标高核对。

（3）支搭下架大木立架架子

①在建筑物的每“间”内，顺建筑物纵向支搭平台架子，架子的边缘距柱子应留有一定的空间，原则上要求柱中两侧架子净空当在1000～1500mm左右，以方便向上搬运其他构件。

②在每根柱子柱头四周的适当高度上应有架管或木枋支搭，以方便柱子的临时固定。

③平台架子的支搭高度应控制不影响檐枋（大小额枋）和随梁安装的高度，并便于头层梁架安装的高度。

④各种架管、支撑及临时用作固定的枋子均不得影响大木构件的上下搬运和安装。

⑤平台架子应保证其稳定性和牢固性；除供构件上下搬运的洞口空间外，其余部分应满铺脚手架；平台架子支搭的各项技术指标应符合国家相关标准。

（4）立下架大木

①安装工序：制定整体安装顺序——大木立架架子复验——柱、枋到位——立架安装——核尺掩卡口——拨正吊直——支搭戗杆。

②安装工艺要求

a. 制订整体安装顺序

ⅰ. 根据传统工艺顺序，建筑物的立架安装应从建筑物的明间开始。

ⅱ. 根据施工现场的实际情况及人力、运输、机械等诸因素的影响制定安装顺序，由明间向一侧或同时由明间向两侧延续安装。

b. 大木立架架子复验。在下架安装前，应对安装所用架子进行位置、高度及牢固程度的检查，合格后方可开始立架安装。

c. 柱、枋到位。将柱、枋运至相应的安装部位，以利于安装、不影响从事施工活动为宜。

d. 立架安装

ⅰ. 安装顺序：“由明向次，由内向外，先下后上”。立架安装自建筑物明间内柱（金柱、重檐金柱、里围金柱）开始，依次向前、后檐安装“外”柱；明间两柱间安装各式枋子（随梁）；安装两次、梢、尽间各柱、枋（随梁）。

ⅱ. 柱子各就各位，并用“浪荡绳”拴拢在大木立架架子上。

ⅲ. 各式枋、梁入位。

e. 核尺掩卡口。用建筑物面宽、进深分丈杆自明间起校核建筑物相应尺寸，如有误差，及时整

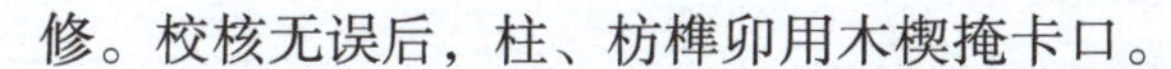

修。校核无误后，柱、枋榫卯用木楔掩卡口。

f. 拨正吊直

ⅰ. 柱子拨正使下脚的四面中线与柱顶石上的中线相交吻合。

ⅱ. 有“升”的柱子依“升”线吊垂直，无“升”的柱子依“中”线吊垂直。

g. 支搭戗杆。在吊垂直的同时支搭柱子戗杆，横（面宽）向两柱之间支搭“龙（罗）门”戗；纵（进深）向两柱之间支搭“迎门”戗；建筑物外圈柱子支搭“野”戗。

（5）支搭上架大木立架架子

①在原平台架子上根据第二、三层梁的标高向上延续支搭上架立架架子。

②上架立架架子的支搭高度应控制在不影响金、脊等各枋及各檩安装的高度，并便于各层梁架安装的高度。

③各种架管、支撑及临时用作固定的枋子均不得影响大木构件的上下搬运和安装。

④立架架子应保证其稳定性和牢固性；除供构件上下搬运的洞口空间外，其余部分应满铺脚手架；平台架子支搭的各项技术指标应符合国家相关标准。

（6）立上架大木

①安装工序：安装位置水平、方正尺寸复验⟶大木立架架子复验⟶梁、枋、板、檩、瓜柱到位⟶立架安装⟶核尺吊正⟶构件入位⟶背实榫卯涨眼、卡口。

②安装工艺要求

a. 安装位置水平、方正尺寸复验。安装前，应使用柱高分丈杆、进深分丈杆对已安装好柱子的柱头进行水平高程、平面尺寸的复核，尺寸无误后方可进行下一步的安装。

b. 上架大木立架架子复验。在上架安装前，要对架子的牢固程度进行检查，合格后方可开始立架安装。

c. 梁、枋、板、檩、瓜柱到位。将柱、枋、板、檩、瓜柱运至相应的安装部位，以利于安装、不影响从事施工活动为宜。

d. 立架安装。安装顺序（以七开间七檩前后廊硬山建筑为例）：“由明向次，自内向外，先下后上”。

立架安装自建筑物明间向次、梢、尽间顺序开始，依次安装五架梁、双步梁⟶下金垫板⟶校核尺寸⟶下金檩⟶校核尺寸⟶背卡口⟶三架梁、单步梁瓜柱（柁墩）⟶上金檩枋⟶三架梁、单步梁⟶上金垫板⟶上金檩⟶校核尺寸⟶背卡口⟶角背⟶脊瓜柱⟶脊檩枋⟶脊垫板⟶校核尺寸⟶ 脊檩⟶校核尺寸⟶背卡口；依次安装前后抱头梁⟶檐垫板⟶校核尺寸⟶檐檩⟶校核尺寸⟶背卡口⟶背涨眼。

大木安装顺序操作（以硬山七檩前后廊木构架模型、五檩和七檩前后无廊“檐平脊正”梁架、五架梁及杂式六方亭木构架为例，详见图 1-355～图 1-360（见本书二维码）。

七檩前后无廊“檐平脊正”梁架安装（立架）实例，见图 1-361～图 1-373（见本书二维码）。

杂式六方“半亭”梁架制作、安装案例（国内加工，国外安装）见图 1-374～图 1-380（见本书二维码）。

峻極神工
天下奇觀
釋迦塔
天宫高聳
天柱地軸
萬古觀瞻

第二章

翼角的基础知识

第一节 翼角的位置、构成与尺度

一、翼角的位置

在中国传统建筑中，最有辨识度的就是屋顶：出檐深远、曲线优美、反宇向阳，它四角昂扬翘起如鹏鸟展翅……被形象地称之为“翼角”，详见图 2-1。

图 2-1 外转角（出角）、里掖角（窝角）示意

在清官式建筑中，翼角的构造是相对复杂的，构成它的每个构件都有着独特的形态和详细的制作方法与尺寸规定，相对木结构的其他部分来说，这部分的做法要更为繁杂，其技术含量更高。掌握它，对于专业人员特别是从事实际操作的人员来说代表着本人技术素质跃升到了一个更高层次。

翼角是中国传统歇山、庑殿、攒尖建筑中屋檐转角部位的统称，从位置上区分为外转角，详见

图 2-1（a）（b）（c）；里掖角，详见图 2-1（d）（e）（f）。它们的构成决定了各坡屋面檐口相交的独特形态，也造就了中国传统建筑极灵动的优美外形。

外转角是歇山、庑殿、攒尖建筑中两个不同方向屋檐檐口外转相交的部位，亦称“出角”。

里掖角是歇山、庑殿、攒尖建筑中两个不同方向屋檐檐口内转相交的部位，亦称“窝角”。

平面位置指建筑物转角檐步架自金（或下金）檩中到出檐檐口这段距离，详见图 2-2～图 2-6；立面位置指建筑物转角檐步架自金（或下金）檩上皮到出檐檐口这段高度，详见图 2-2～图 2-6。

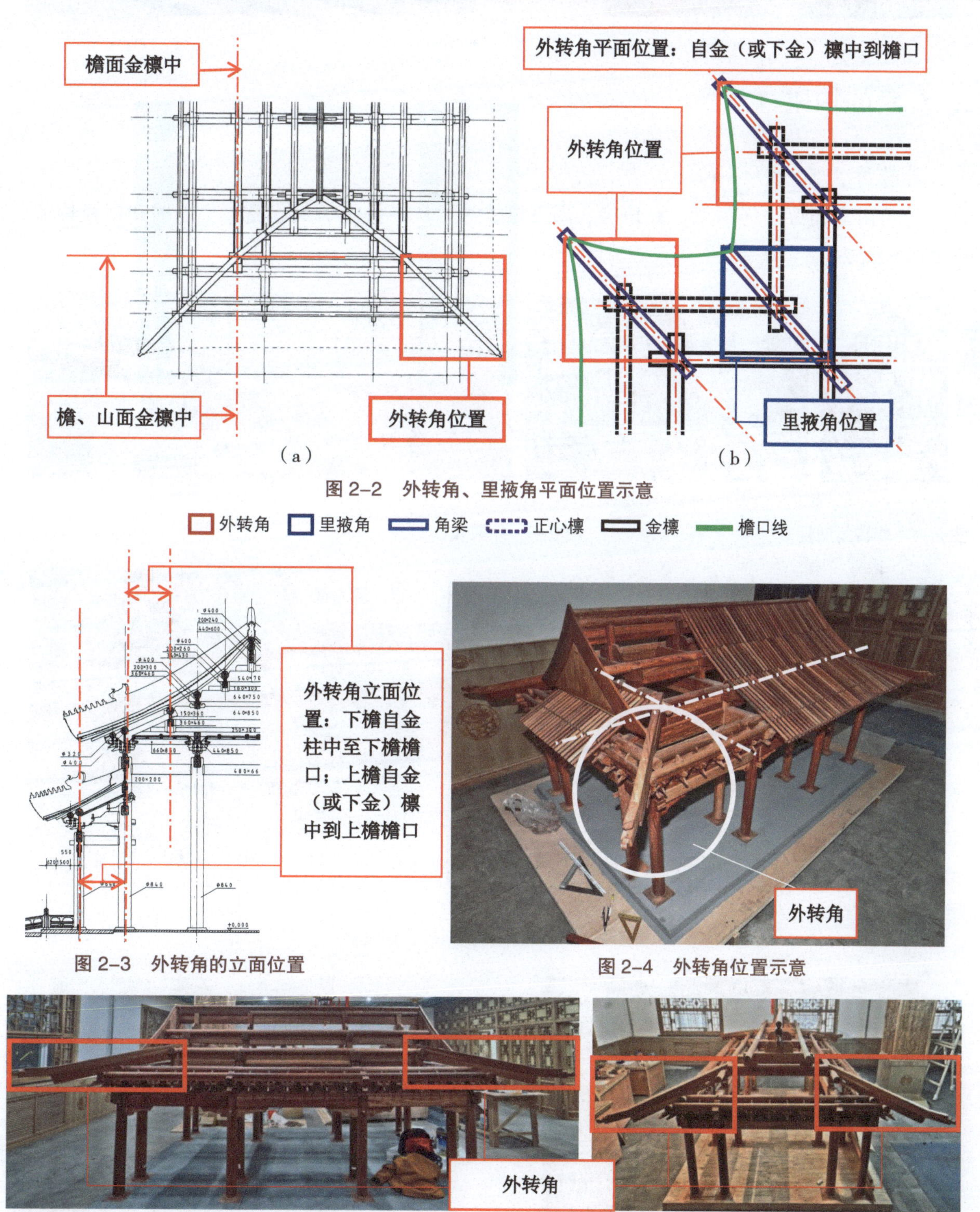

图 2-2　外转角、里掖角平面位置示意

图 2-3　外转角的立面位置

图 2-4　外转角位置示意

图 2-5　外转角

图 2-6　里掖角

二、翼角的构成

1. 外转角

外转角由老角梁、仔角梁、翼角椽、翘飞椽、衬（枕）头木、大连檐、小连檐和望板构成，详见图 2-7～图 2-12。

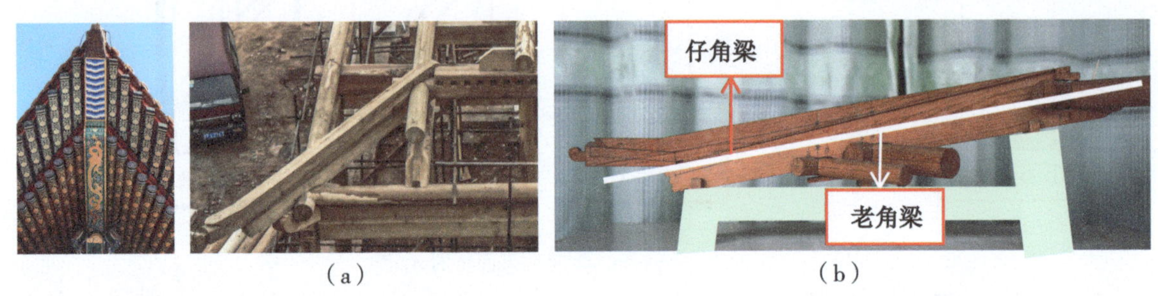

（a）　（b）

图 2-7　外转角仰视

图 2-8　外转角：角梁

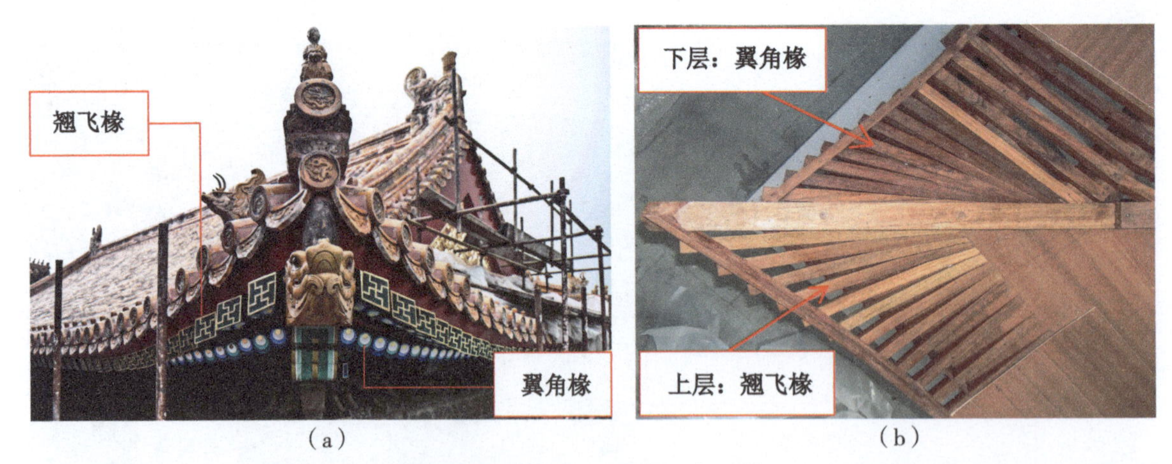

（a）　（b）

图 2-9　外转角：翼角椽、翘飞椽

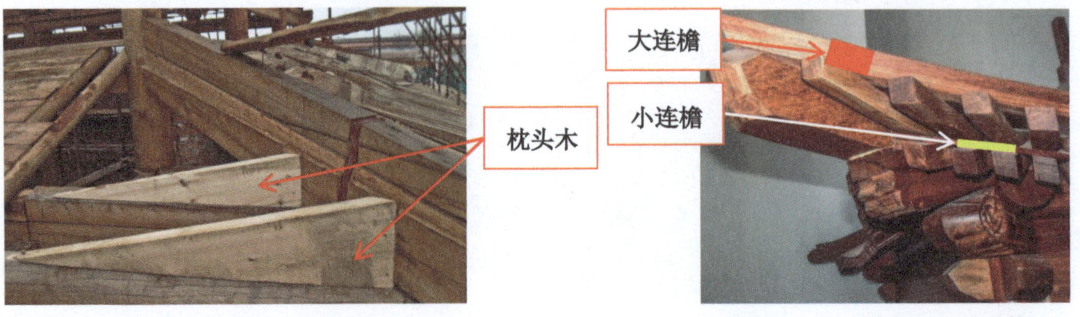

图 2-10　外转角：枕头木

图 2-11　外转角：大小连檐

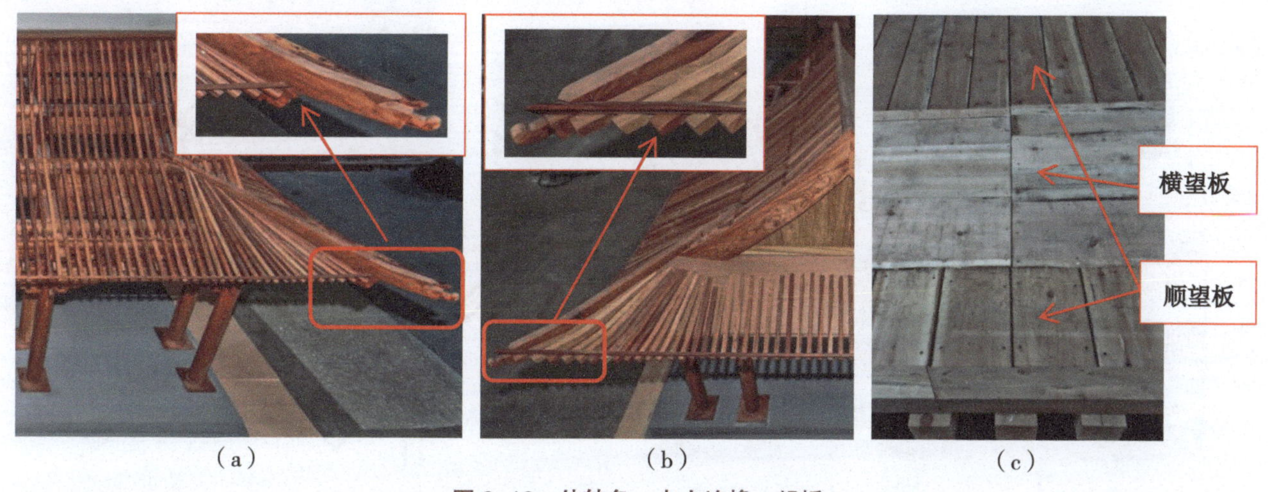

（a）　（b）　（c）

图 2-12　外转角：大小连檐、望板

2. 里掖角

里掖角由老角梁、仔角梁、蜈蚣檐椽、蜈蚣飞椽、大小连檐和望板构成，详见图 2-13～图 2-16（图 2-15、图 2-16 见本书二维码）。

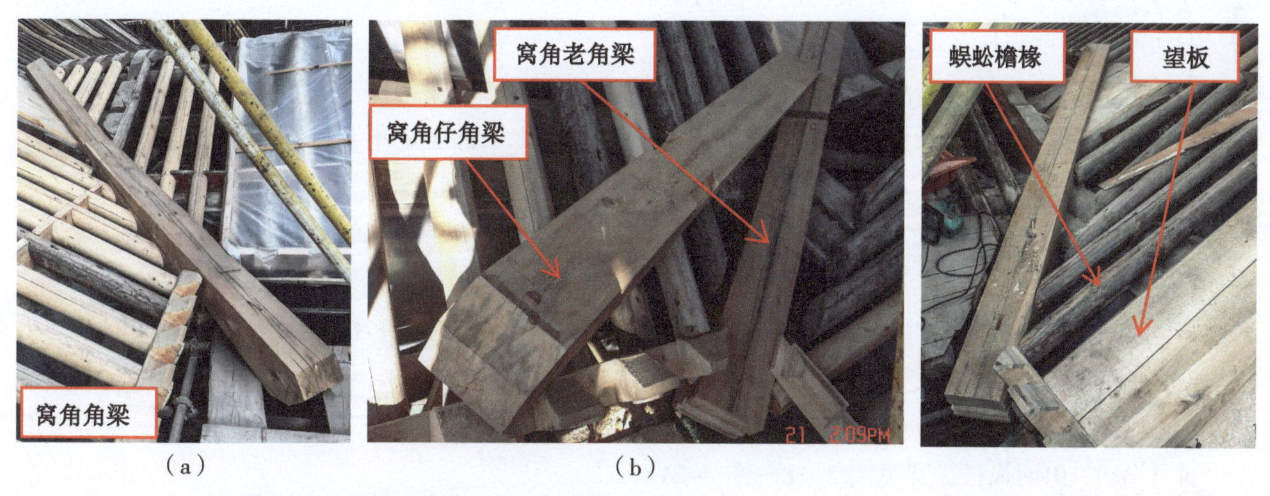

（a）　（b）

图 2-13　里掖（窝角）老、仔角梁

图 2-14　蜈蚣檐椽、望板

三、翼角的尺度

注：下文中叙述的做法及尺度为多种做法之一，仅供参考。

这里讲的翼角尺度是讲翼角檐口的平面、立面尺度，因为翼角檐口形成的空间曲线构成了中国传统建筑独有的"飞檐翘角"，直接影响到建筑的整体造型，非常重要。

1. 翼角檐口

木作中外转角的檐口，是指屋檐最外端的飞椽头及连接锁合它们的大连檐，由于屋檐通常是双层椽配置，所以它的檐口通常也是两道，根据各自的位置可分别称为翼角椽檐口、翘飞椽檐口。详见图 2-17。

与外转角不同，里掖角和两坡正身屋檐内凹水平相交，它的檐口与正身屋檐的檐口的高度、出进是一样的，不同的是它两道檐口的名称与外转角有所区别，分别称为蜈蚣檐椽檐口、蜈蚣飞椽檐口，对应正身部分的檐椽檐口和飞椽檐口。

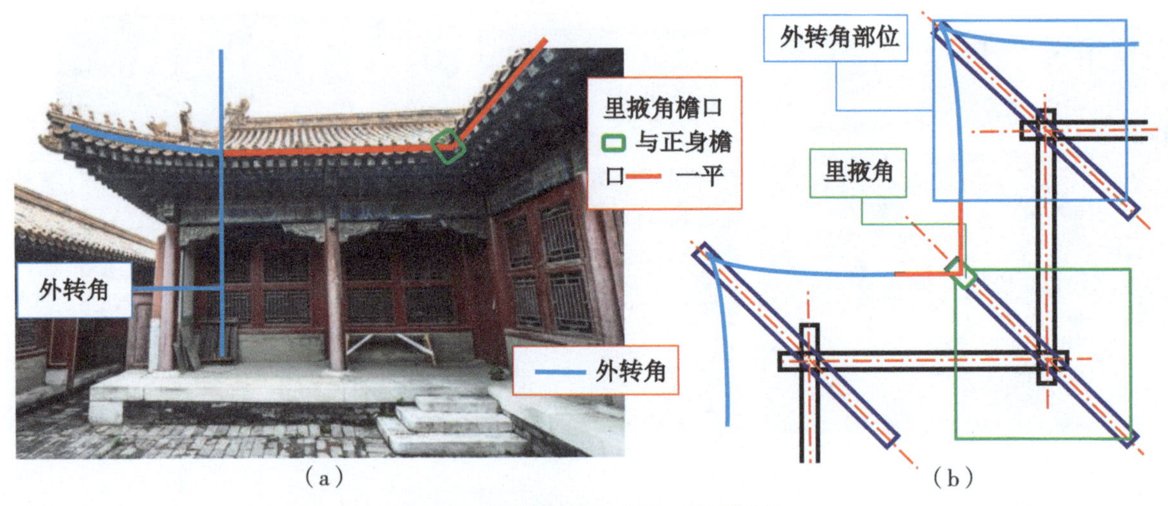

（a）　　（b）

图 2-17　里掖角檐口立面、平面示意

2. 外转角（出角）平面、立面的尺度与形态

外转角中，各部位尺度与各构件形态有一整套较为复杂的规矩和一些特殊要求，这就是翼角部分在木作大木技艺中属于技术含量较高且较为复杂难学的原因。

（1）平面尺度与形态

①外转角两坡屋面的檐步步架要相同；这两坡屋面相交的终端构件——角梁，要处于这两坡屋面夹角的平分线上，这是构成外转角的必要条件，如果以上条件满足不了，则会给角梁的断面尺寸和形态带来变化，还会因两坡屋面举高不等而影响到屋面铺瓦、挑脊。

②“冲”是清官式歇山、庑殿、攒尖建筑中对外转角檐口平面形态的专有称呼，在官式做法中有如下规定。

a. 翘飞椽檐口：自外转角起始点正身飞椽椽头端点至终端构件——仔角梁（不含头饰榫）梁头中心端点平面逐渐“冲（探）”出三椽径。详见图 2-18～图 2-21。

b. 翼角椽檐口：自外转角起始点正身檐椽椽头端点至终端构件——老角梁梁头中心端点水平逐渐“冲（探）”出两椽径。详见图 2-18～图 2-21。

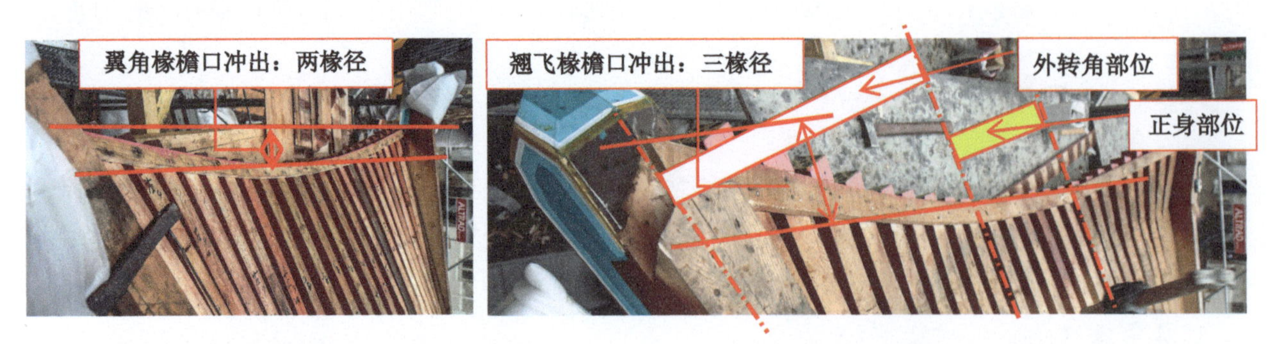

图 2-18　翼角椽檐口（小连檐）冲出　　图 2-19　翘飞椽檐口（大连檐）冲出

（2）立面尺度与形态

①外转角两坡屋面的檐步举高也要相同，一旦不同，就不能形成规则的外转角，还会给角梁的断面尺寸和形态带来变化，也会因两坡屋面举高不等而影响到屋面铺瓦、调脊。

②“翘”是清官式歇山、庑殿、攒尖建筑中对外转角檐口立面形态的专有称呼，在官式做法中有如下规定。

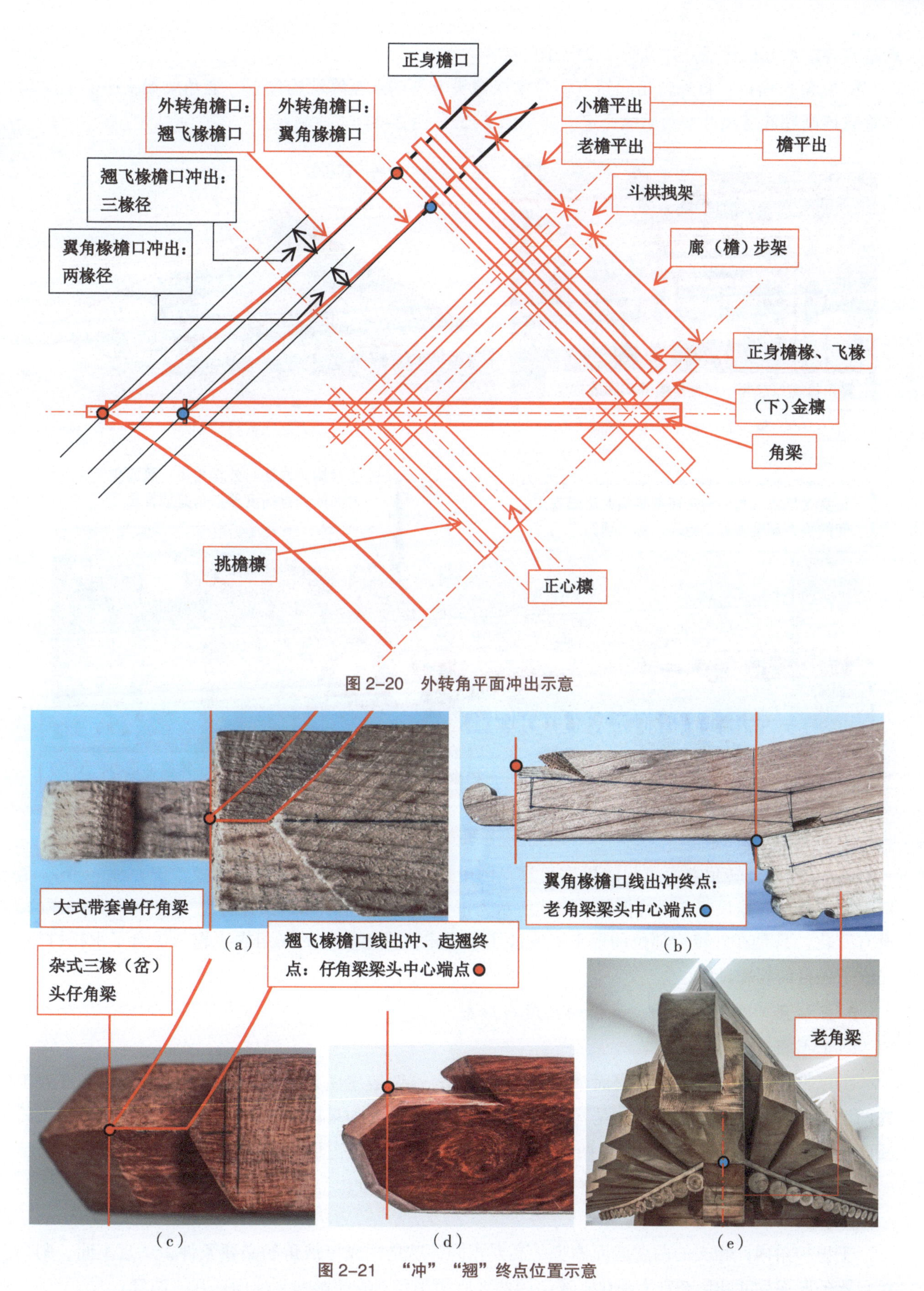

图 2-20 外转角平面冲出示意

(a) (b) (c) (d) (e)

图 2-21 “冲”“翘”终点位置示意

a. 翘飞椽檐口：自外转角起始点正身飞椽椽头上皮端点至终端构件——仔角梁梁头中心上皮端

点垂直逐渐翘起四椽径。详见图 2-21～图 2-24。

b. 翼角椽檐口：自外转角起始点正身檐椽椽头上皮端点至终端构件——老角梁梁头中心上皮端点垂直逐渐翘起，尺寸按角梁放样定。详见图 2-22～图 2-24。

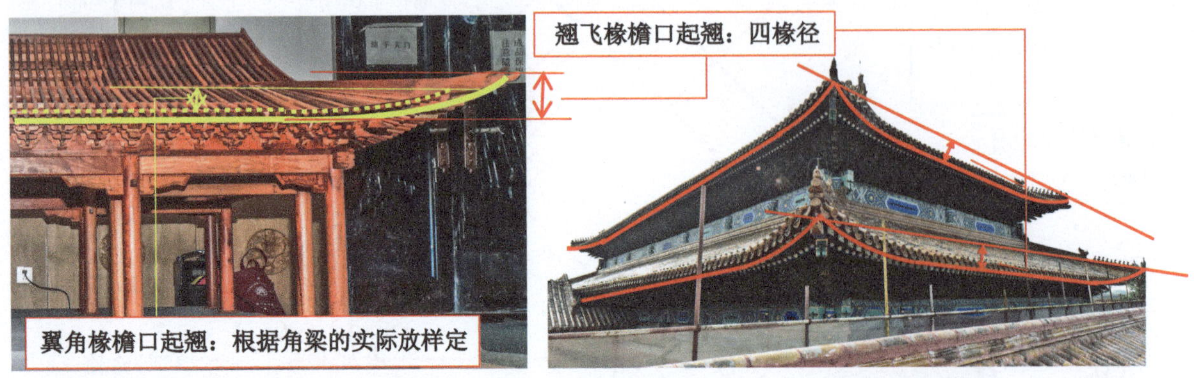

图 2-22　翼角椽、翘飞椽檐口翘起

图 2-23　翘飞椽檐口翘起

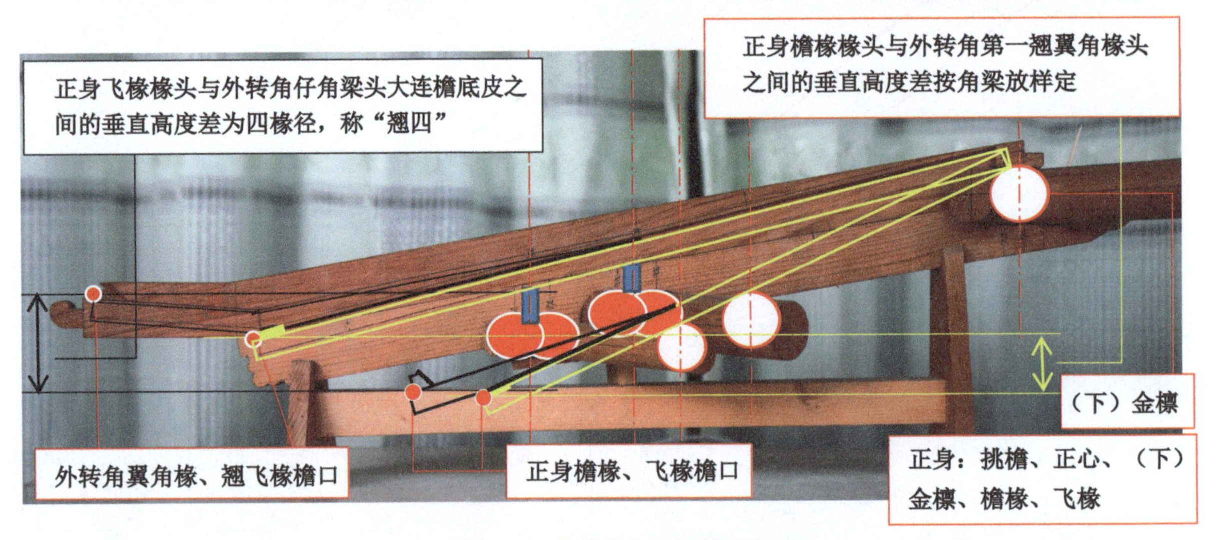

图 2-24　外转角立面翘起示意

图 2-24 为外转角立面翘起的尺度示意，图中○所示为正身部分的挑檐檩、正心檩、（下）金檩以及正身部分檐椽、飞椽的位置；●●所示为正身檩子投影在角梁上的位置，檩子高度是一样的，没有变化，只是在外转角部位的檩上面安装了枕头木，使起翘后的翼角椽、翘飞椽有了承托衬垫，完成了各自的起翘过程。

3. 里掖角（窝角）平面、立面的尺度与形态

（1）平面尺度与形态

①里掖角内凹相交的两坡屋面檐步步架要相同；这两坡屋面相交的终端构件——角梁，要处于这两坡屋面夹角的平分线上，这是构成里掖角的必要条件，如果以上条件满足不了，则会给角梁的断面尺寸和形态带来变化，还会因两坡屋面举高不等而影响到屋面铺瓦、调脊。

②里掖角（窝角）檐口平面尺度与正身屋檐相同，无“冲出”。详见图 2-17。

（2）立面尺度与形态

①里掖角内凹相交的两坡屋面檐步举高要相同，这是构成里掖角的必要条件，一旦不同，则会给角梁的断面尺寸和形态带来变化，还会因两坡屋面举高不等而影响到屋面铺瓦、调脊。

②里掖角（窝角）檐口立面尺度与正身屋檐相同，无“翘起”。详见图 2-17。

第二节　翼角的制作

一、外转角角梁的制作

1. 角梁的构成

角梁在宋《营造法式》中称之为大角梁、子角梁；清《工程做法》中称之为老角梁、仔角梁；地方上还称之为阳马、老戗、嫩戗……详见图 2-25～图 2-27。

清官式建筑角梁是由两层构件叠压在一起而组合成的构造部分。其中下层构件称为老角梁、上层构件称为仔角梁，详见图 2-27。

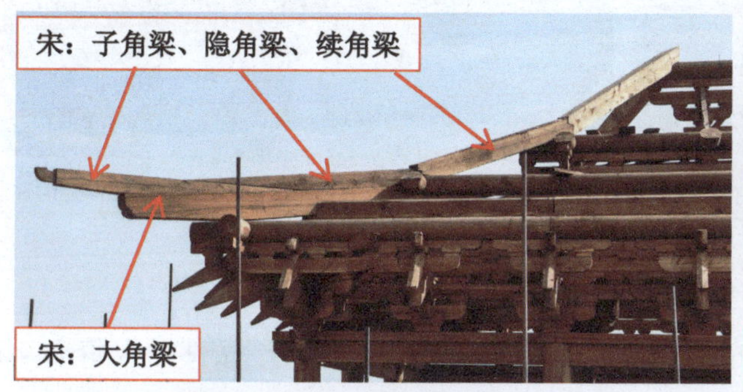

图 2-25　宋：外转角角梁

图 2-26　苏州：外转角角梁

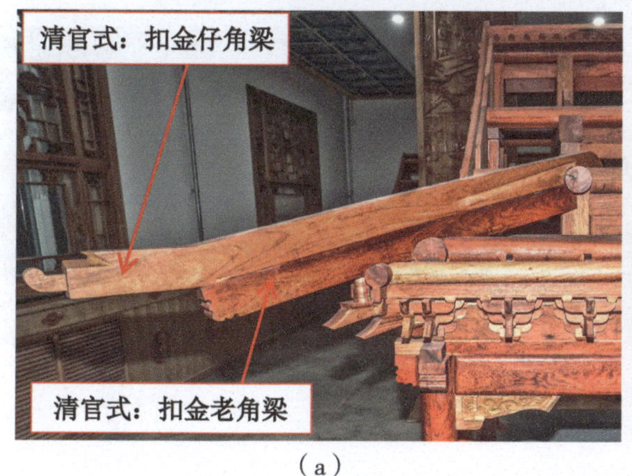

（a）

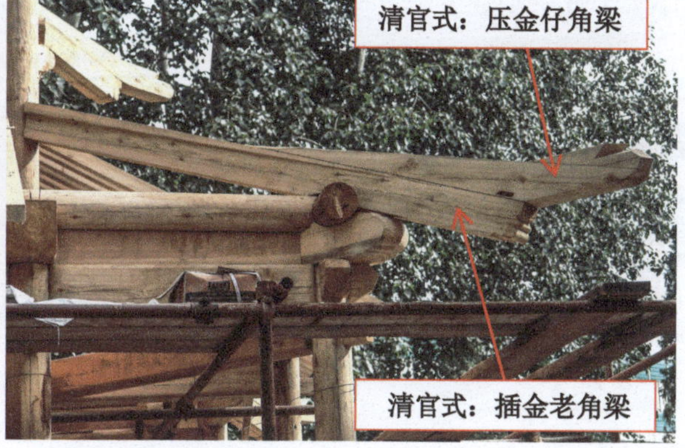

（b）

图 2-27　清官式：外转角角梁

2. 角梁的功能定位

在外转角中，角梁是外转两坡屋面椽子相交的终端构件，它的尺寸、形态和做法决定了整个翼角的尺度和形态，是翼角椽、翘飞椽等构件的尺寸依据，也是承托起整个建筑物翼角部分的荷载的骨干构件。老角梁是正身檐椽、翼角椽在翼角部分延续的终端构件；仔角梁是正身飞椽、翘飞椽在翼角部分延续的终端构件。

3. 角梁的几种不同构造做法

（1）扣金角梁　特征：通长有两层配置，老角梁在下，仔角梁在上；老角梁梁身扣在挑檐檩、正心檩之上，后尾在下，托住搭交（下）金檩；仔角梁梁身叠压在老角梁上，后尾扣在搭交（下）金檩上（图 2–28），用于大式或杂式建筑中。

图 2–28　扣金老、仔角梁组合构造示意

（2）压金角梁　特征：前端由下层的老角梁和上层的仔角梁构成；下层老角梁梁身、梁尾均扣压在挑檐檩、正心檩，搭交金檩上；上层仔角梁叠压在老角梁前端，后尾渐次减薄呈楔形，形状与飞椽近似。多用于檐步架较小的杂式建筑，详见图 2–29。

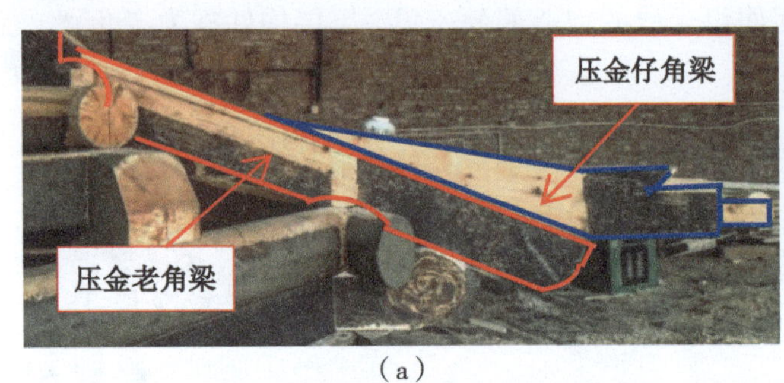

（a）

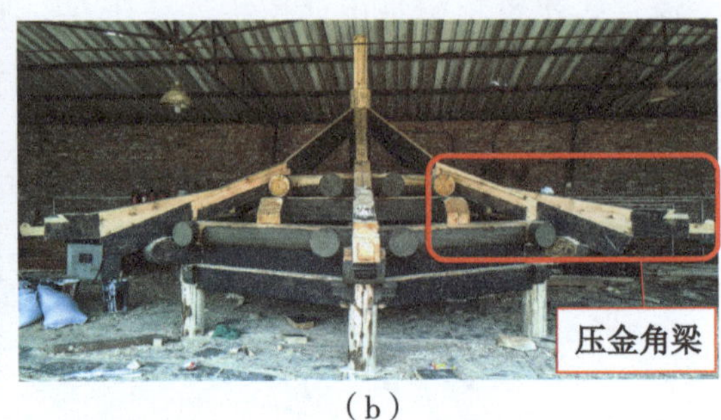

（b）

图 2–29　压金角梁组合构造示意

（3）插金角梁　特征：扣金做法的老、仔角梁后尾或压金做法的老角梁后尾做榫插入角金（童）柱的做法称为插金角梁。它用于重檐的庑殿、攒尖和歇山建筑，详见图 2–30。

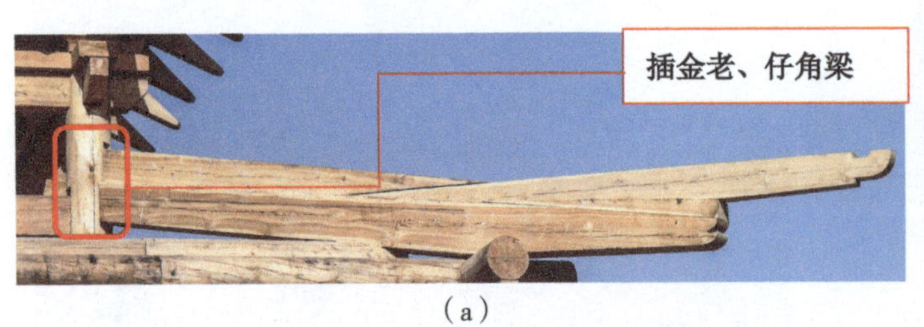

（a）

（b）

图 2–30　插金角梁组合构造示意

4. 扣金角梁的放样（划线）

以清《工程做法》大木大式做法通例：七檩单檐歇山（庑殿同）周围廊重昂斗口二寸五分（80mm）角梁（方角）为例。

在角梁的制作中，放样（划线）是最关键的工序。它需要根据檐（廊）步架、檐平出的平面尺寸、角度、“冲出”的尺度及头、尾饰的尺寸计算出老、仔角梁的平面长度；还需要根据檐（廊）步架的举高、“翘起”的尺寸划出老、仔角梁的立面形态和实际位置，还要划出老、仔角梁头尾饰的实样。这些虽然在纸上可以绘出小样图来，但在木工制作时仍然需要依照 1∶1 的比例放出样板，所以通常都是直接在制作现场的墙上或地面上放出 1∶1 的大样图（侧样），然后按大样图做出样板，再根据样板进行角梁制作。

（1）相关部位的认识　在放样之前，需要对一些在叙述中提到的术语进行“对号入座”，以便掌握：①廊（檐）步架；②斗栱拽架；③檐平出（上出）、老檐平出（老檐出）、小檐平出（小檐出）；④廊（檐）步（含斗栱）举高；⑤斗栱举高；⑥斜桁（注：桁同檩）椀；⑦金盘（附：金盘尺寸＝3/10 檩径）；⑧挑檐檩；⑨正心檩；⑩（下）金檩；⑪老角梁；⑫仔角梁；⑬老中；⑭外由中；⑮里由中。详见图 2-31～图 2-34（图 2-31 见本书二维码）。

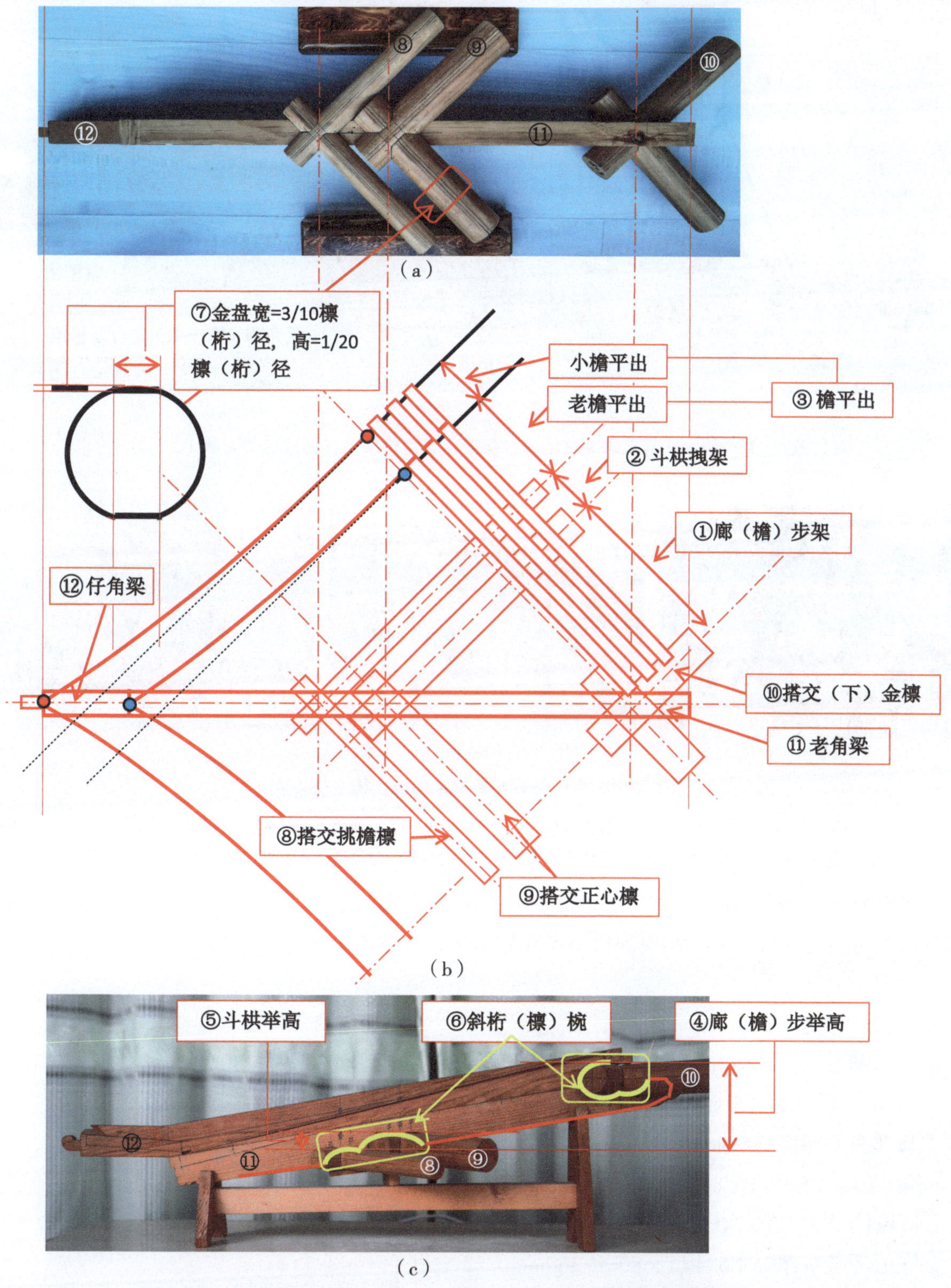

图 2-32　清大式带五踩斗栱歇山、庑殿建筑角梁相关各部位名称对照（一）

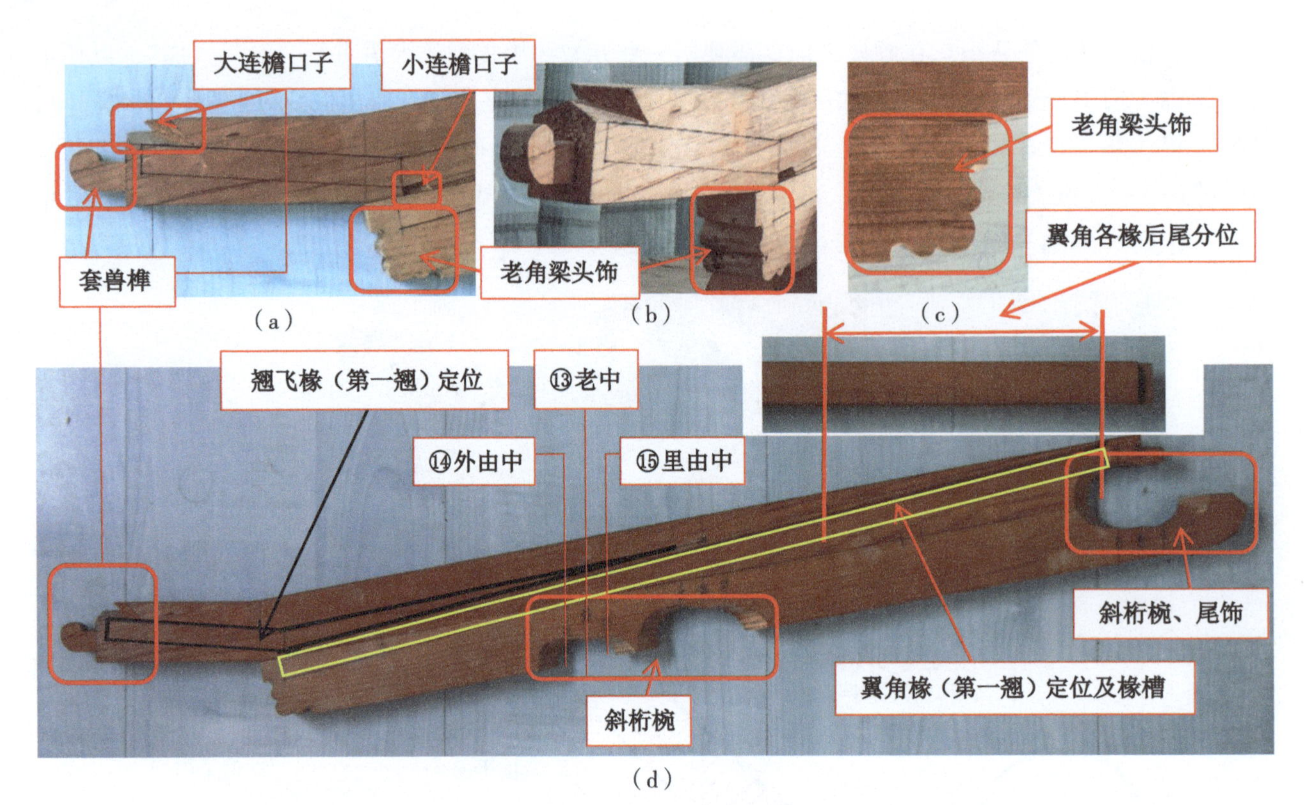

图 2-33　清大式带五踩斗栱歇山、庑殿建筑角梁相关各部位名称对照（二）

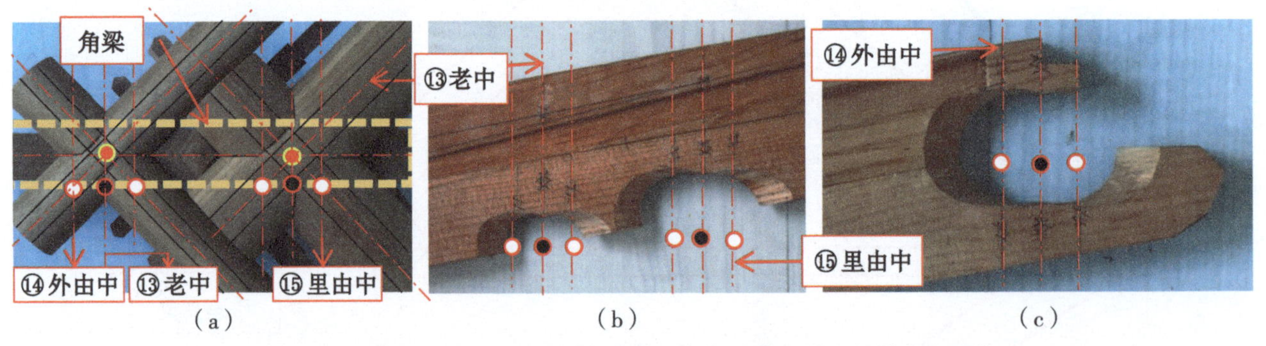

图 2-34　角梁老中、由中各线与各檩、斜桁（檩）椀之间的定位示意

注：图 2-34（a）老中，老中 ● 指各檩中线与角梁中线三方向相交点 ● 在角梁侧面上的定位；由中 ○ 指各檩中线与角梁侧面（帮）的相交点，搭交檩中线向室外一侧的称“外由中”，向室内一侧称“里由中”。

（2）放样（放线）　注：按清《工程做法》大木大式做法通例“七檩单檐歇山（庑殿同）周围廊重昂斗口二寸五分（80mm）”相应的权衡尺寸施划角梁（方角）。

①定尺

a. 斗口二寸五分 =80mm。

b. 廊步架 22 斗口 × 80mm=1760mm；五踩斗栱拽架 6 斗口 × 80mm=480mm。

c. 平出檐 21 斗口 × 80mm=1680mm；老檐出 2/3=1120mm；小檐出 1/3=560mm。

d. 廊步五举举高=880mm；斗栱拽架举高 =240mm。

e. 角梁 3 × 4.5 斗口 × 80mm=240 × 360mm。

f. 挑檐檩 ϕ 3斗口 × 80mm= ϕ 240mm。

g. 正心（金）檩 ϕ 4.5 斗口 × 80= ϕ 360mm。

h. 椽（檐、翼角）径 ϕ 1.5 斗口 × 80mm= ϕ 120mm。

i. 飞椽（翘飞）1.5 斗口 × 1.5 斗口 × 80mm=120mm × 120mm。

j. 小连檐（0.45～0.5）斗口 ×（1～1.5）斗口（厚 × 宽）× 80mm=35mm × 80mm。

k. 望板 0.3 斗口（厚）× 80mm=24mm。

l. 翼角、翘飞椽数量 = 廊步架 + 平出檐 + 斗栱拽架 / 1 椽 +1 当 =（1760mm+1680mm+480mm）/（120mm+120mm）≈ 17（根）。详见图 2-35、图 2-36。

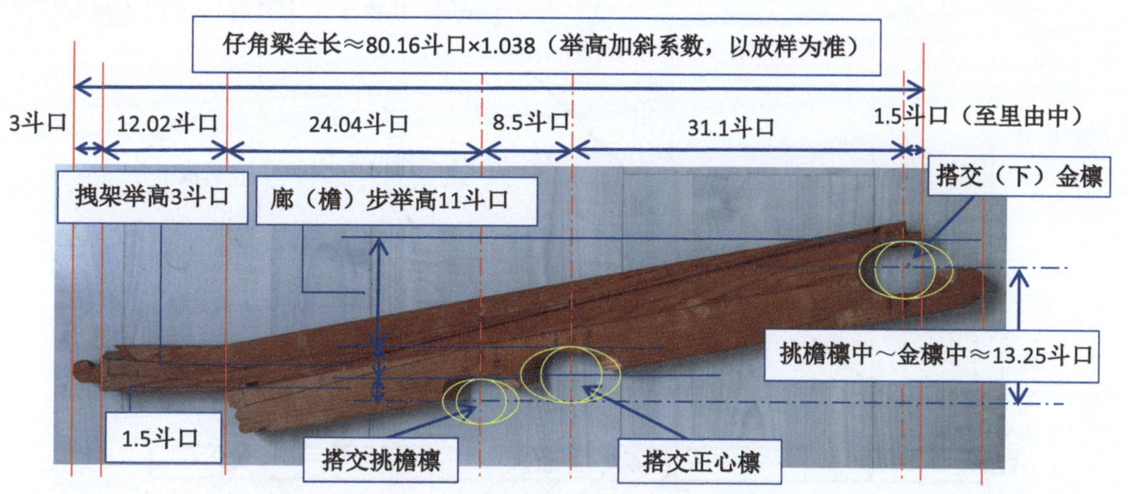

图 2-35　老、仔角梁平面和立面定尺对应示意（一）

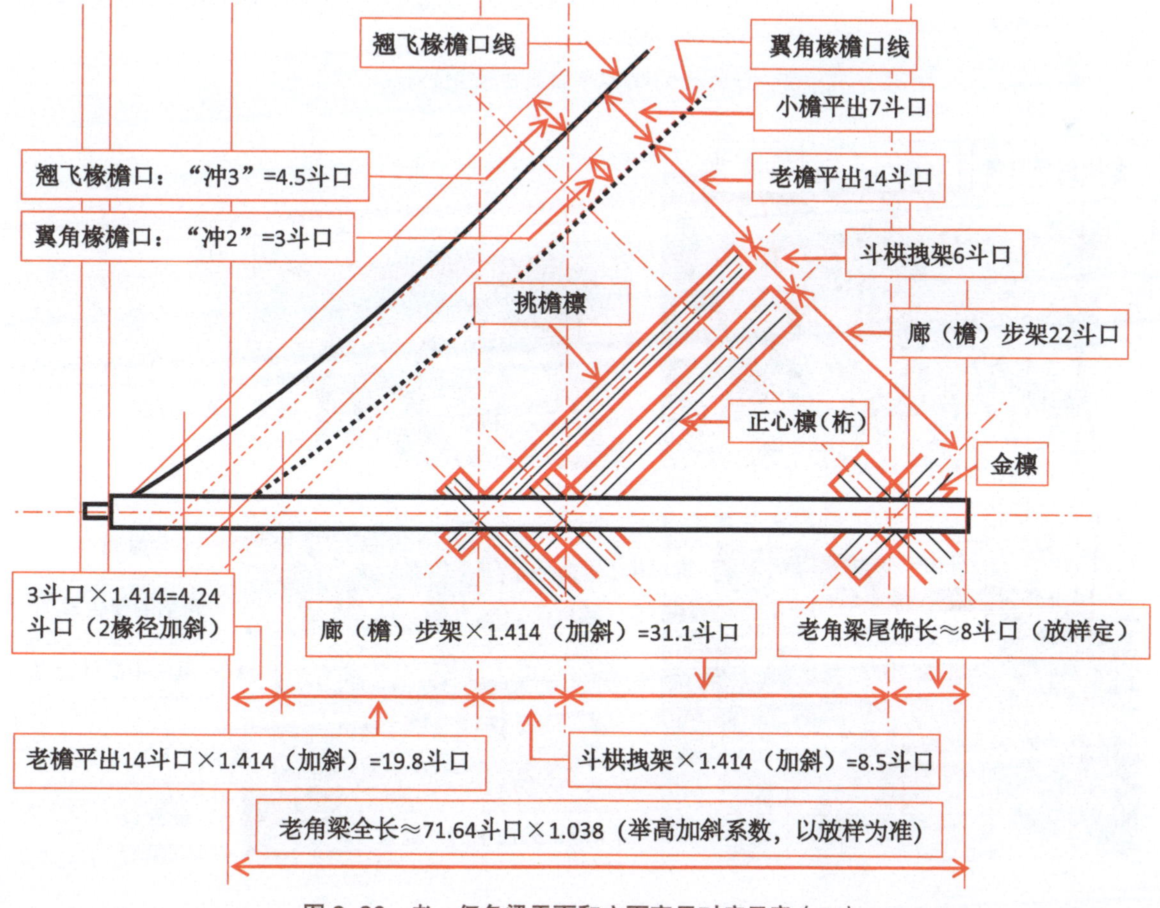

图 2-36　老、仔角梁平面和立面定尺对应示意（二）

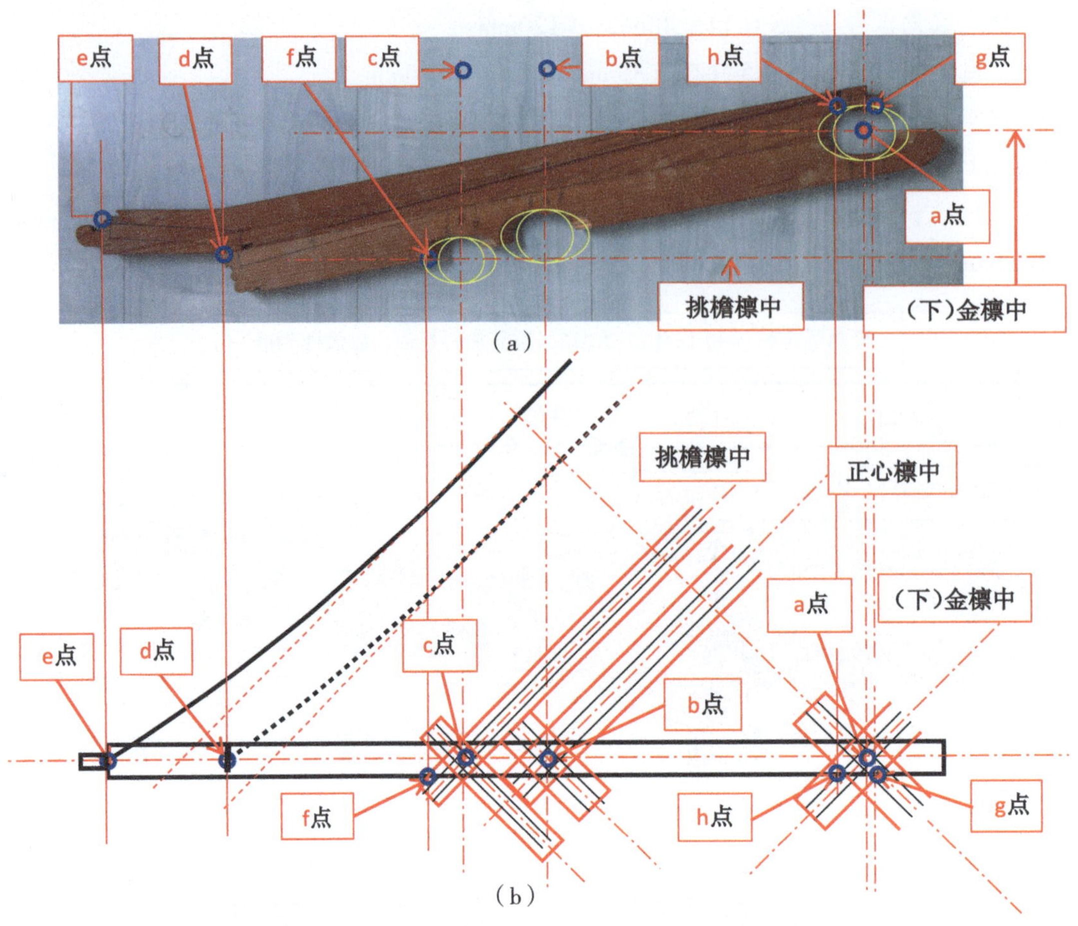

图 2-37　老、仔角梁 a～h 点平面和立面定位对应示意（一）

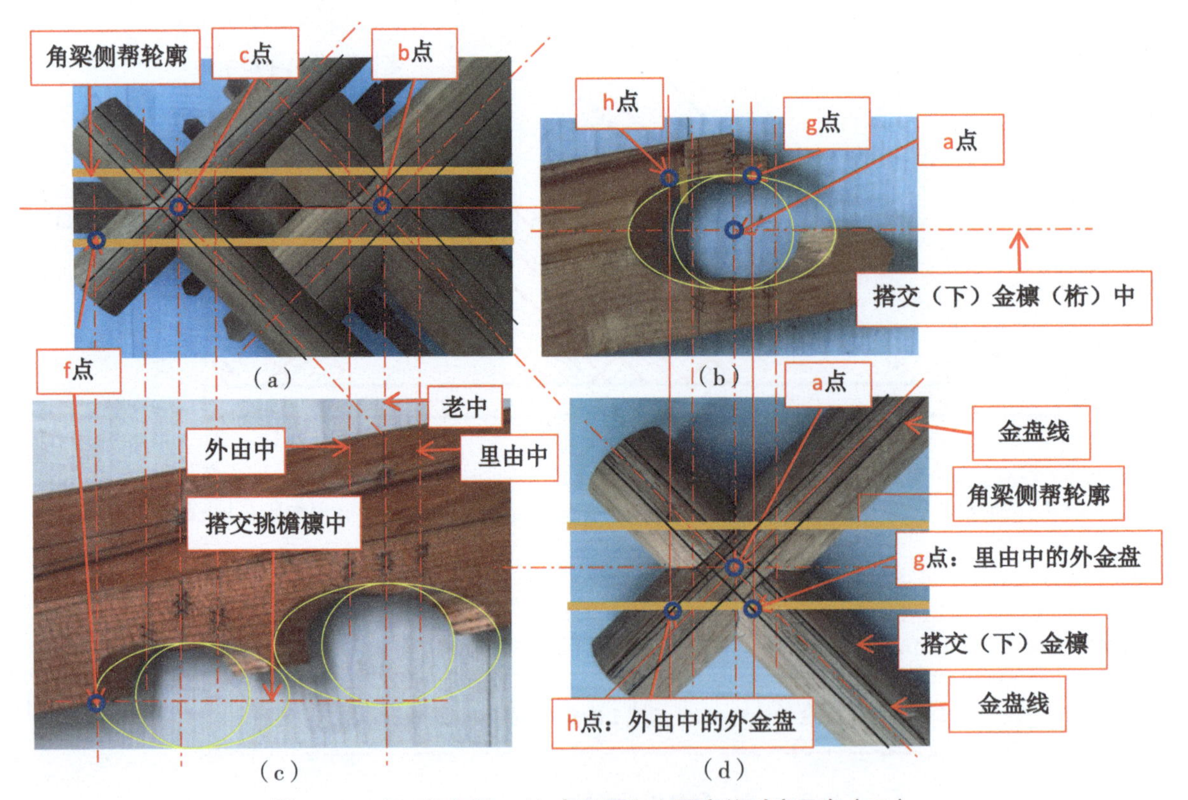

图 2-38　老、仔角梁 a～h 点平面和立面定位对应示意（二）

②定点。角梁放线（划线）最关键的是要确定点位，点位确定了，角梁的平面及空间尺度就不会出现偏差，下一步翼角椽、翘飞椽的制作、安装才能顺畅。

第1步：按3斗口（2椽径）宽度弹划老、仔角梁平面图的中线、轮廓线。

第2步：尾端适当位置定出搭交（下）金檩老中（平面图中设为a点）。

a点：搭交（下）金檩平面老中；搭交（下）金檩立面举高中老角梁后尾轮廓上皮控制点。详见图2-37、图2-38。

第3步：自a点按廊（檐）步架尺寸加斜（乘以系数1.4142）向前定搭交正心檩平面老中（平面图中b点）；

b点：搭交正心檩（桁）平面老中详见图2-37。

第4步：自b点向前按斗栱拽架尺寸加斜（乘以系数1.4142）向前定搭交挑檐檩平面老中（平面图中c点）。

c点：搭交挑檐檩平面老中。详见图2-37。

第5步：c点向前按老檐平出尺寸加3斗口（2椽径）尺寸加斜（乘以系数1.4142）定老角梁平面端头线（平面图中设为d点）。

d点：老角梁端头控制点，也是仔角梁探出部分底皮水平基点——翼角椽檐口线端点。详见图2-37。

第6步：自d点向前按小檐平出尺寸加1.5斗口（1椽径）尺寸加斜（乘以系数1.4142）定仔角梁平面端头线（平面图中设为e点；不含套兽榫长）。

e点：仔角梁端头控制点——翘飞椽檐口线端点。详见图2-37。

第7步：a、b、c点自老、仔角梁中线依次向后方两侧45°方向划搭交（下）金檩、搭交正心檩、搭交挑檐檩的平面中线，并按各檩径划出各檩的平面端头线、金盘线和轮廓线。

第8步：在搭交挑檐檩前外侧轮廓线与老角梁侧帮轮廓平面相交点设定出f点；搭交（下）金檩里由中的外金盘与老角梁侧帮轮廓平面相交点设定出g点；搭交（下）金檩外由中的外金盘与老角梁轮廓线平面相交点设定出h点。

f点：平面搭交檐（挑檐）檩端头外轮廓与老角梁侧帮轮廓相交点；立面老角梁下皮与搭交檐（挑檐）檩中的交点——老角梁前端轮廓下皮控制点。详见图2-37、图2-38（a）（c）。

g点：搭交（下）金檩里由中外金盘线与老角梁侧帮轮廓平面相交点——角梁椽槽底皮控制点。详见图2-37、图2-38（b）（c）。

h点：搭交（下）金檩端头外由中外金盘线与老角梁侧帮轮廓平面相交点——角梁椽槽尾端终点。详见图2-37、图2-38（b）（c）。

至此，角梁的定点完成。

第9步：自a点适当角度（因无基准线，只能斟酌初定，以老角梁底皮线与a点呈直角为准。）向下方按4.5斗口定老角梁底皮点，并与f点连线，老角梁底皮线完成。详见图2-39。

第10步：依老角梁底皮线按4.5斗口上返划出老角梁上皮线（梁尾过a点）即仔角梁身底皮线，同法划出仔角梁身上皮线。详见图2-39。

第11步：老角梁上皮线与平面d点延长线相交定出老角梁端头d点；自d点向前水平引线（见

详图 2–38）引仔角梁梁头底皮线并以此线为准按 4.5 斗口上返划出仔角梁梁头上皮线。详见图 2–38（c）。

至此，角梁的轮廓定位完成。

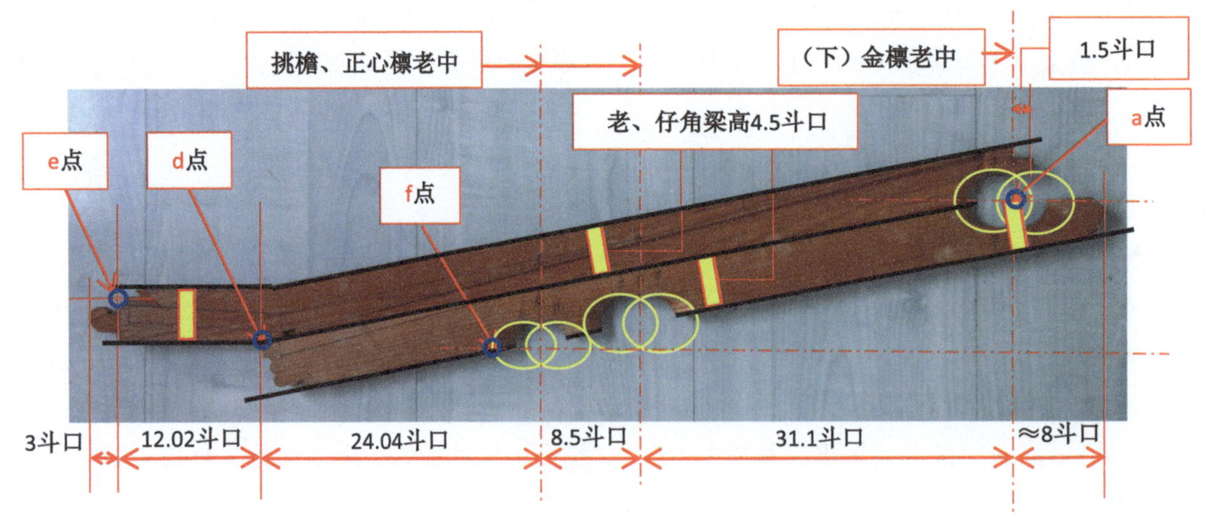

图 2–39　角梁放样（线）步骤示意

③细部做法。角梁的划线，除去定位步骤非常关键外，细部详图的划线也很关键，下面我们把角梁分为 4 个部分进行详细的解析（图 2–40）。

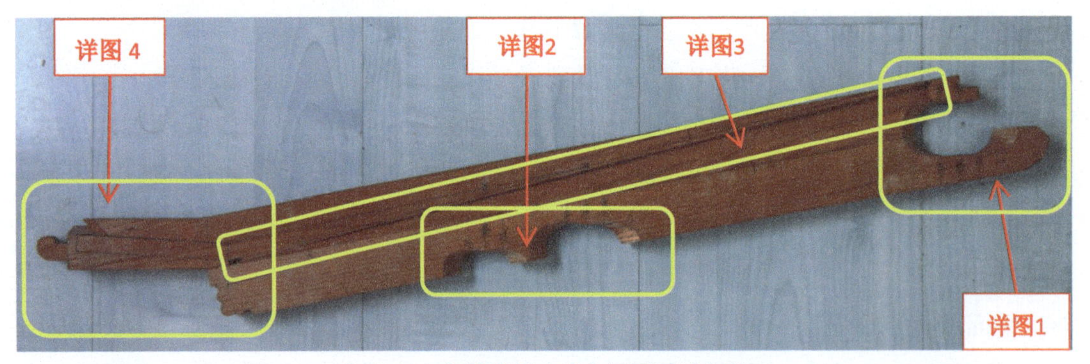

图 2–40　角梁放样（线）详图区域划分

a. 详图 1 划线方法

ⅰ. 搭交（下）金檩斜桁（檩）椀。注：为计算、标注简便，下列方法中檩径均按不加“泡”的 1 檩径计算与标注，如需檩径加“泡”，则按加“泡”后的 1.1 檩径计算。

· 自斜桁（檩）椀平面上引老中线 ○、里由中线 ○、外由中线 ○ 至适当位置，详见图 2–41（a）（c）。

· 划搭交（下）金檩水平中线并上下各返 0.5 檩径划檩上、下皮轮廓线。

· 以搭交（下）金檩老中 a 点 ○ 为圆心，按檩径加斜尺寸划出椭圆与搭交（下）金檩外皮及角梁水平中线交点 ● 重合。

· 以里、外由中与檩水平中线交点 ○ 为圆心，按檩径加斜尺寸划出椭圆与搭交（下）金檩外皮及角梁侧帮交点 ● 重合。

· 自斜桁（檩）椀平面上引搭交（下）金檩里、外金盘线与角梁侧帮交点 ● 至檩上、下皮相应位置并划出金盘线，详见图 2–41（a）（c）。

·按 2–41（b）所示划出檩椀实际保留的轮廓线，搭交（下）金檩檩椀划线完成。详见图 2–41（a）。

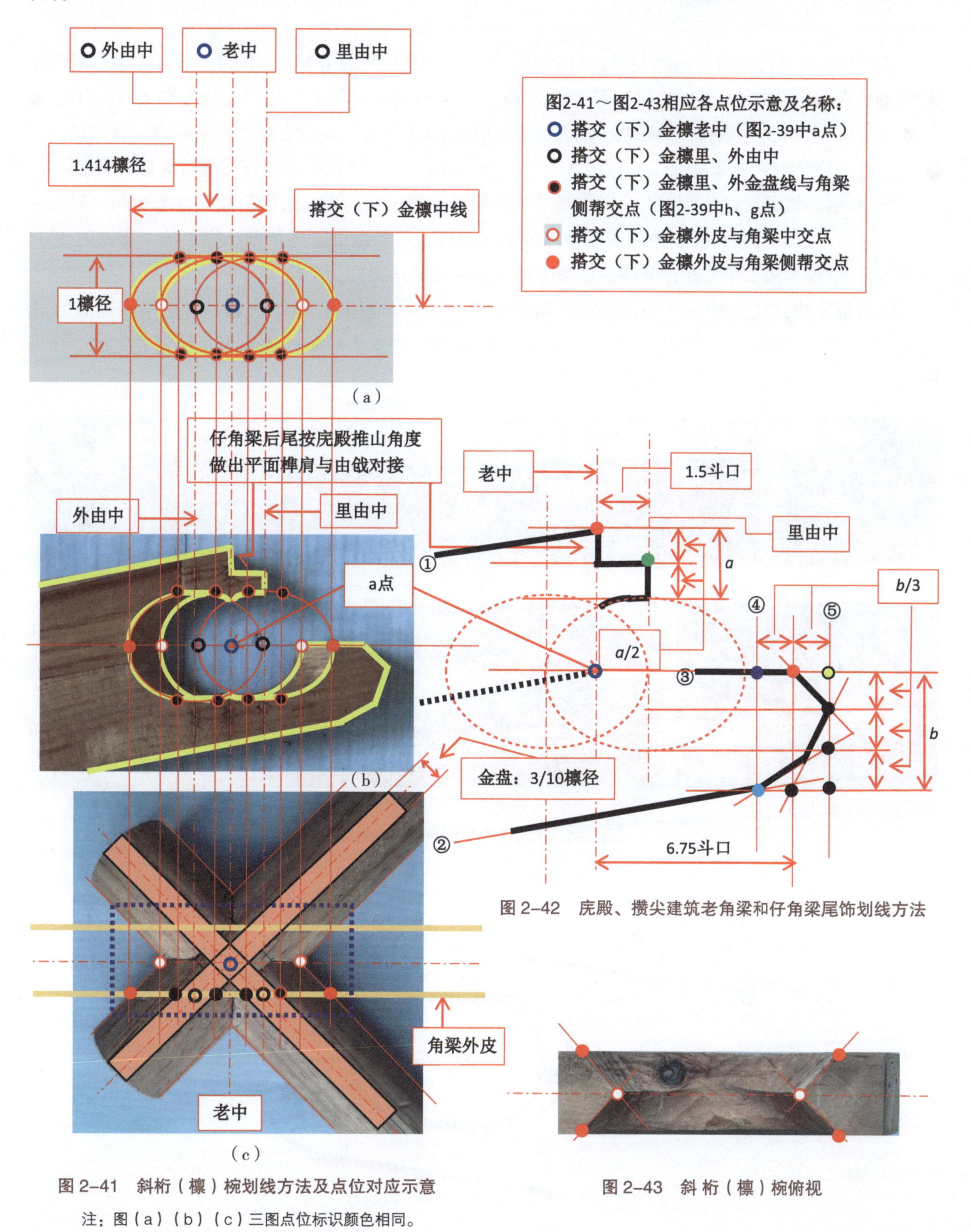

图 2–41　斜桁（檩）椀划线方法及点位对应示意

注：图（a）（b）（c）三图点位标识颜色相同。

图 2–42　庑殿、攒尖建筑老角梁和仔角梁尾饰划线方法

图 2–43　斜 桁（檩）椀俯视

ⅱ. 庑殿、攒尖建筑老角梁和仔角梁尾饰。仔角梁尾饰：仔角梁上皮线①延伸至老中定长 ●；此点与搭交（下）金檩上金盘之间的高度一分为二做等口刻半等口榫，按里由中定长 ●。详见图2-42。

老角梁底皮线②延伸至适当位置；自搭交（下）金檩老中后返 6.75 斗口（1.5 檩径）水平划线③定点 ●；自 ● 点向前约 1/3 高（b）尺寸定点 ● 并下引垂直线④与老角梁底皮线相交 ● 点（注：● 与 ● 点间尺寸可综合调整，以调整为 ● 与 ● 点间净高 1/3 为宜）；● 与 ● 点之间净高均分三份；自 ● 点后返一份，向下垂直划线⑤；按图 2-42 划出辅助线、辅助点位，最后连接尾饰轮廓，完成。

ⅲ. 歇山建筑老、仔角梁尾饰。歇山建筑的角梁与庑殿、攒尖建筑角梁的做法基本相同，只是仔角梁后尾由于没有续接构件。由戗不用做出刻半等口榫，但需做出后尾扣檩（桁）椀，详见图 2-44（a）（b），划线方法如下（注：其他部位与庑殿、攒尖建筑角梁同，图略）。

仔角梁底皮线①延伸至适当位置；仔角梁上皮线②延伸至里由中定点 ●；自老中后返 6.75 斗口（1.5 檩径）与仔角梁底皮线①相交定点 ●，两 ● 连接划弧，后尾扣檩（桁）椀划线完成。详见图 2-45。

（a）

（b）　（c）　（d）

图 2-44　歇山建筑扣金角梁尾饰示意

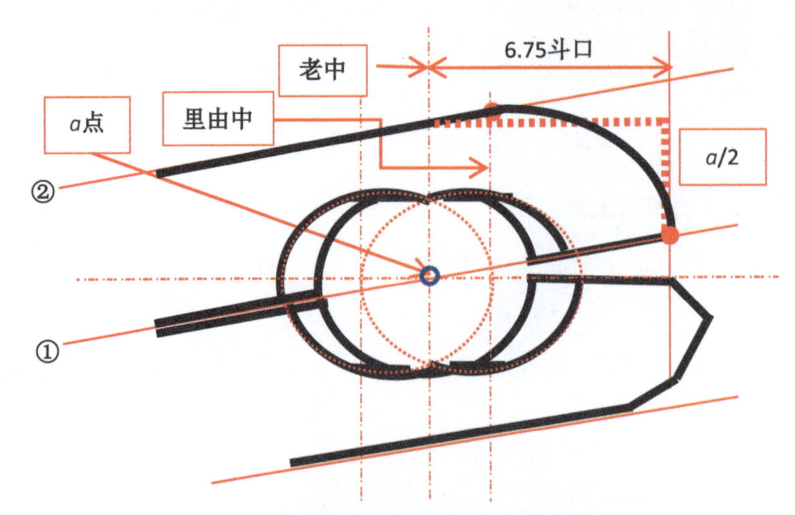

图 2-45　歇山建筑扣金角梁尾饰划线方法

注：---- 所示为歇山仔角梁后尾尾饰的另外一种做法。

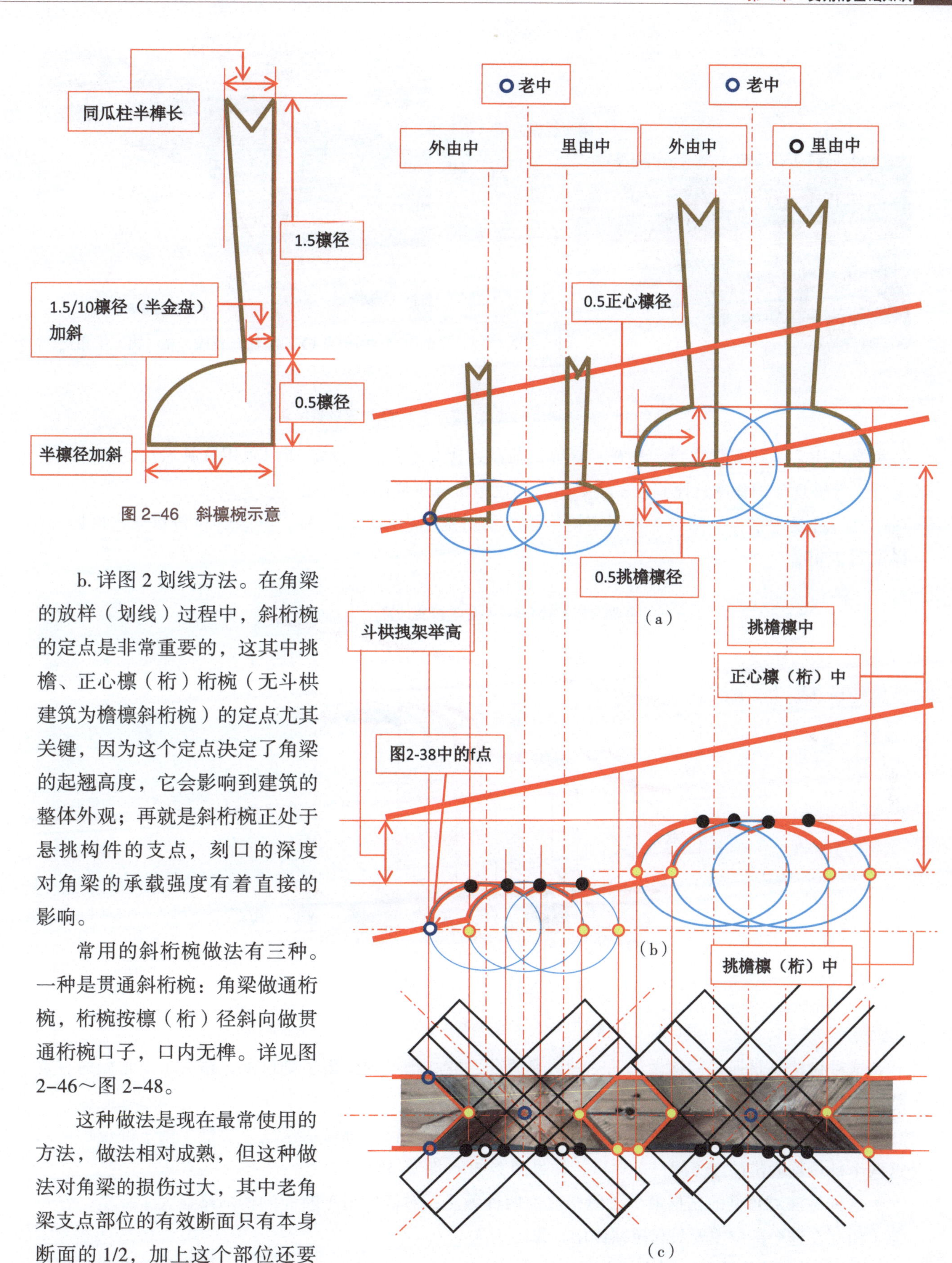

图 2-46 斜檩椀示意

图 2-47 贯通斜桁椀放样（划线）平、立面各中线、各点位对应示意

b. 详图 2 划线方法。在角梁的放样（划线）过程中，斜桁椀的定点是非常重要的，这其中挑檐、正心檩（桁）桁椀（无斗栱建筑为檐檩斜桁椀）的定点尤其关键，因为这个定点决定了角梁的起翘高度，它会影响到建筑的整体外观；再就是斜桁椀正处于悬挑构件的支点，刻口的深度对角梁的承载强度有着直接的影响。

常用的斜桁椀做法有三种。一种是贯通斜桁椀：角梁做通桁椀，桁椀按檩（桁）径斜向做贯通桁椀口子，口内无榫。详见图 2-46～图 2-48。

这种做法是现在最常使用的方法，做法相对成熟，但这种做法对角梁的损伤过大，其中老角梁支点部位的有效断面只有本身断面的 1/2，加上这个部位还要凿出角梁钉的贯通卯口，再有就

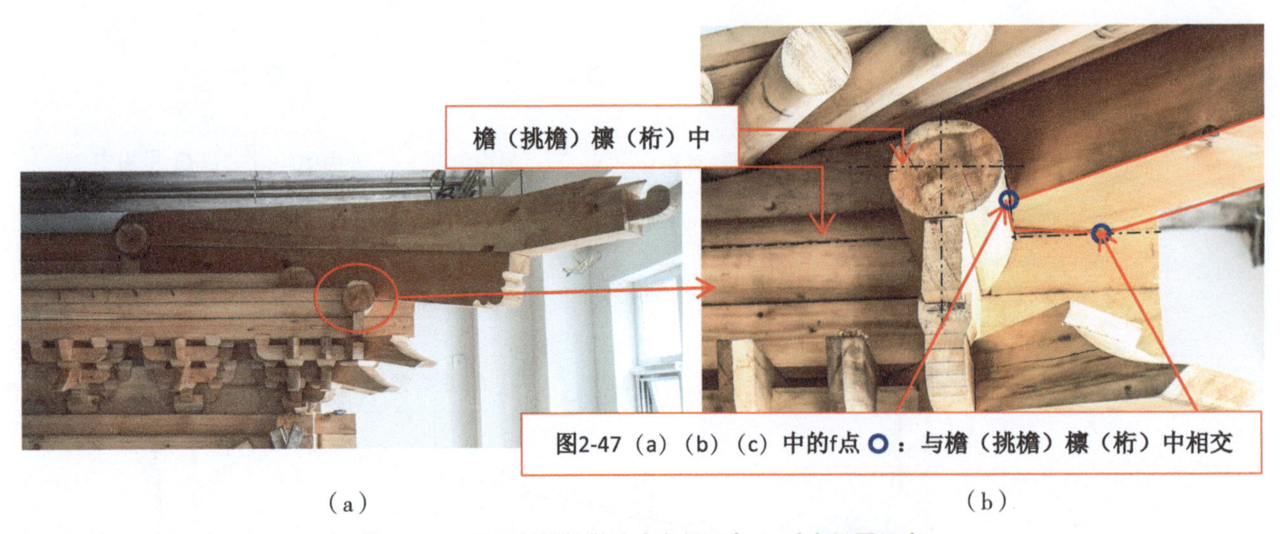

（a）　　　　（b）

图 2-48　贯通斜桁椀做法中角梁 f 点 ○ 对应位置示意

是角梁出挑，承托瓦作垂脊、岔脊、脊兽，荷载远比其他部位要大，所以采用这种做法的角梁出现压折、弯垂现象的概率远比其他做法要多，建议尽量减少使用。

另一种是带槽齿（闸口）榫斜桁椀：角梁斜桁椀中心做出刻口榫，其余部位按贯通桁椀做法。详见图 2-49。

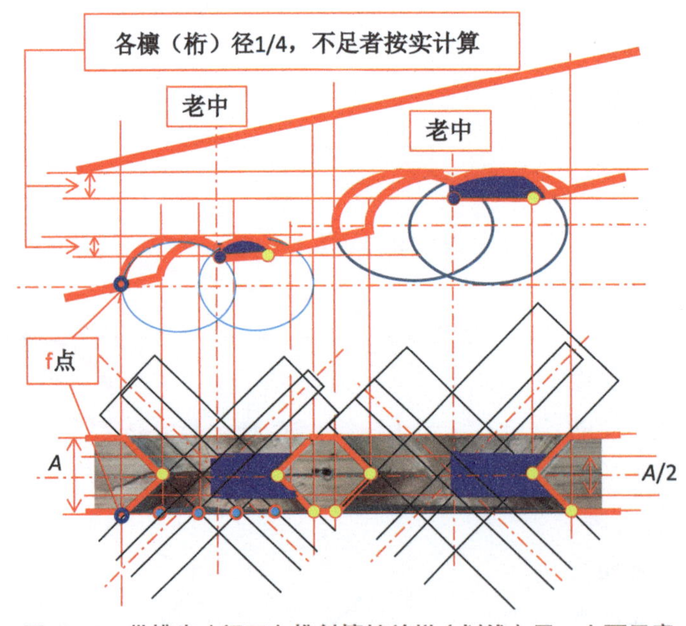

图 2-49　带槽齿（闸口）榫斜檩椀放样（划线）平、立面示意

这种做法是贯通斜桁椀做法的一种改良强化，它在桁椀内留出了刻口榫，增大了老角梁的有效断面，也保留了老角梁斜桁椀的箍抱固定作用。

第三种是无桁椀槽齿（闸口）榫：角梁不做斜桁椀，仅在挑檐部位或正心檩（桁）部位也可以这两个部位均做出槽齿（闸口）刻口。详见图 2-50～图 2-52。

这种做法对角梁的伤损最少，但相比前两种做法，对檩（桁）断面的伤损略显大了一些，好在檩（桁）在这个部位主要只起拉结作用，影响不大。

ⅰ. 贯通斜檩椀放样（划线）方法。檐檩或挑檐檩、正心檩部位贯通做法的斜檩椀与角梁后尾斜檩椀的做法相同，放样方法参照图 2-41。

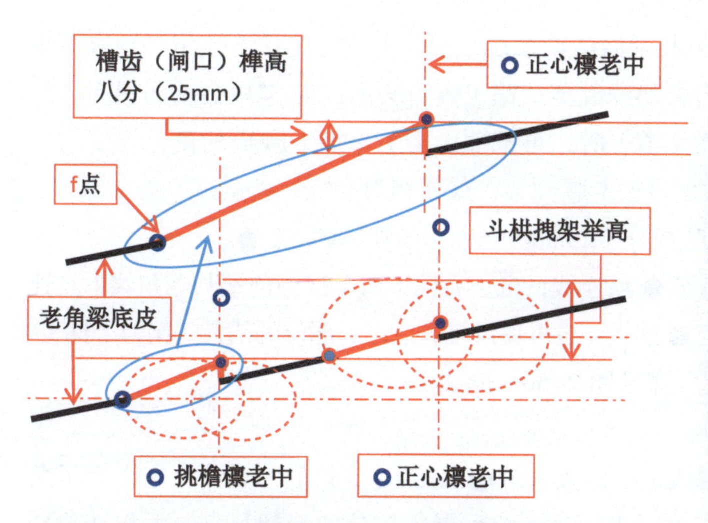

图 2–50　角梁无桁椀槽齿（闸口）榫放样（划线）方法示意

注：不做双檩，仅做挑檐檩或正心檩的槽齿（闸口）。

图 2–51　角梁无桁椀槽齿（闸口）榫对应的搭交檩（桁）刻口做法示意

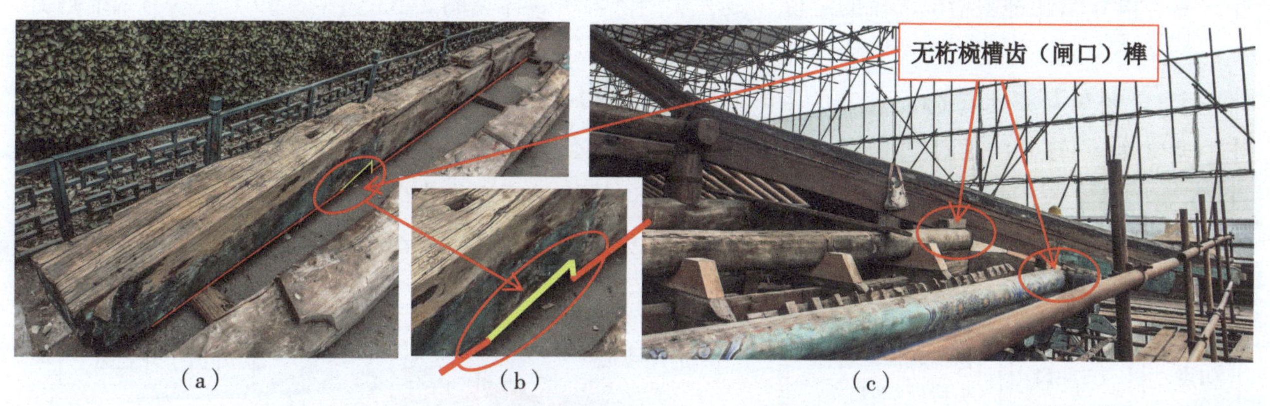

图 2–52　无桁椀槽齿（闸口）榫角梁实例示意

在角梁实物上进行斜檩椀放样与上述方法有所不同，它需要根据斜檩椀 1/4 的划线实样摹划制作出斜檩椀样板，详见图 2–46，然后利用斜檩椀样板进行角梁实物的制作放样。具体方法如下。

· 按檩径依尺寸制作斜檩椀样板，详见图 2–46。

· 按角梁、搭交檩平面过划老中线、里由中、外由中线到角梁侧立面样板，详见图 2–47（a）。

· 按举高过划各檩水平中线。

· 各檩斜檩椀贴附里、外由中线，向外、内过划檩椀线并连接金盘线。

贯通斜檩椀样板划线完成。这里需要特别强调的是：在斜檩椀放样（划线）中 f 点 ○ 的定位非常重要，不能深过檩（桁）中，过深则对角梁的承载力产生严重影响。详见图 2–47（b）（c）。

ⅱ. 带槽齿（闸口）榫斜檩椀放样（划线）方法

· 按贯通斜桁椀放样（划线）相同步骤方法划线。

· 角梁侧立面图搭交挑檐、正心檩上皮自各檩老中下返 1/4 檩径定点 ○，再按此点向后水平引线与角梁斜桁椀相交，此为斜桁椀槽齿（闸口）榫高；槽齿（闸口）榫宽为角梁宽（厚）的 1/2。

这里需要注意的是，如因举高原因导致老角梁留榫部分不足 1/4 檩（桁）径则根据实际情况能留多少就保留多少。详见图 2–49。

ⅲ. 无桁椀槽齿（闸口）榫放样（划线）方法。此种角梁做法较为简单，仅在老角梁底皮相应位置上做出刻口即可，详见图 2-50、图 2-51。但此种做法如果还是按照上述的定位方法定老角梁下皮与挑檐檩（桁）中相交，这时挑檐檩（桁）刻去部分过多，檩（桁）头的拉结作用会减弱很多，影响到结构的强度。通常情况下，在制作搭交檩（桁）时，可把檩（桁）十字卡腰榫的刻半高度做一下修改，按檩（桁）减去角梁刻口高度后的尺寸再做卡腰刻半，这样相对会好一些。

· 老角梁底皮线与各檩（桁）老中交点上返八分（25mm）左右定刻口深度点 ●。

· 自搭交挑檐檩（桁）中（图中 f 点 ○）起与 ● 点连线；自正心檩（桁）桁椀前端与老角梁下皮连接点（图中设为 ● 点）起与正心檩（桁）老中点 ● 连线（也可仅做挑檐或正心部位的槽齿（闸口）榫）。

无桁椀槽齿（闸口）榫放样（划线）完成。详见图 2-50、图 2-51。

实例示意见图 2-52。

在角梁挑檐、正心部位斜桁椀的放样（划线）中，其 f 点 ○ 定位的步骤最为重要，它决定了角梁桁椀的刻口深度，直接影响到角梁的承载强度，也间接影响到翼角部分的起翘尺度，所以在放样（划线）中一定要根据出檐、起翘的尺度及角梁的材质等因素综合考虑确定做法。除以上介绍的做法外，笔者再介绍几种斜桁椀部位的定位、做法实例供参考。详见图 2-53～图 2-59（见本书二维码）。

c. 详图 3 划线方法

ⅰ. 自老角梁头 d 点 ○ 后返 1.5 斗口定位小连檐口子，口子向前按（1/5～1/4）椽径"雀台"尺寸［通常为（1/5～1/3）椽径］定翼角椽端头；按平面 g 点 ○ 上返至立面（下）金檩（桁）上皮 g 点 ○ 划出角梁侧面翼角椽底皮线、轮廓线；自小连檐口子后返 9 斗口划线，椽槽以此位置起始由浅至椽槽终端 h 点 ○ 剔槽，终端槽深 0.75 斗口。详见图 2-60～图 2-64。

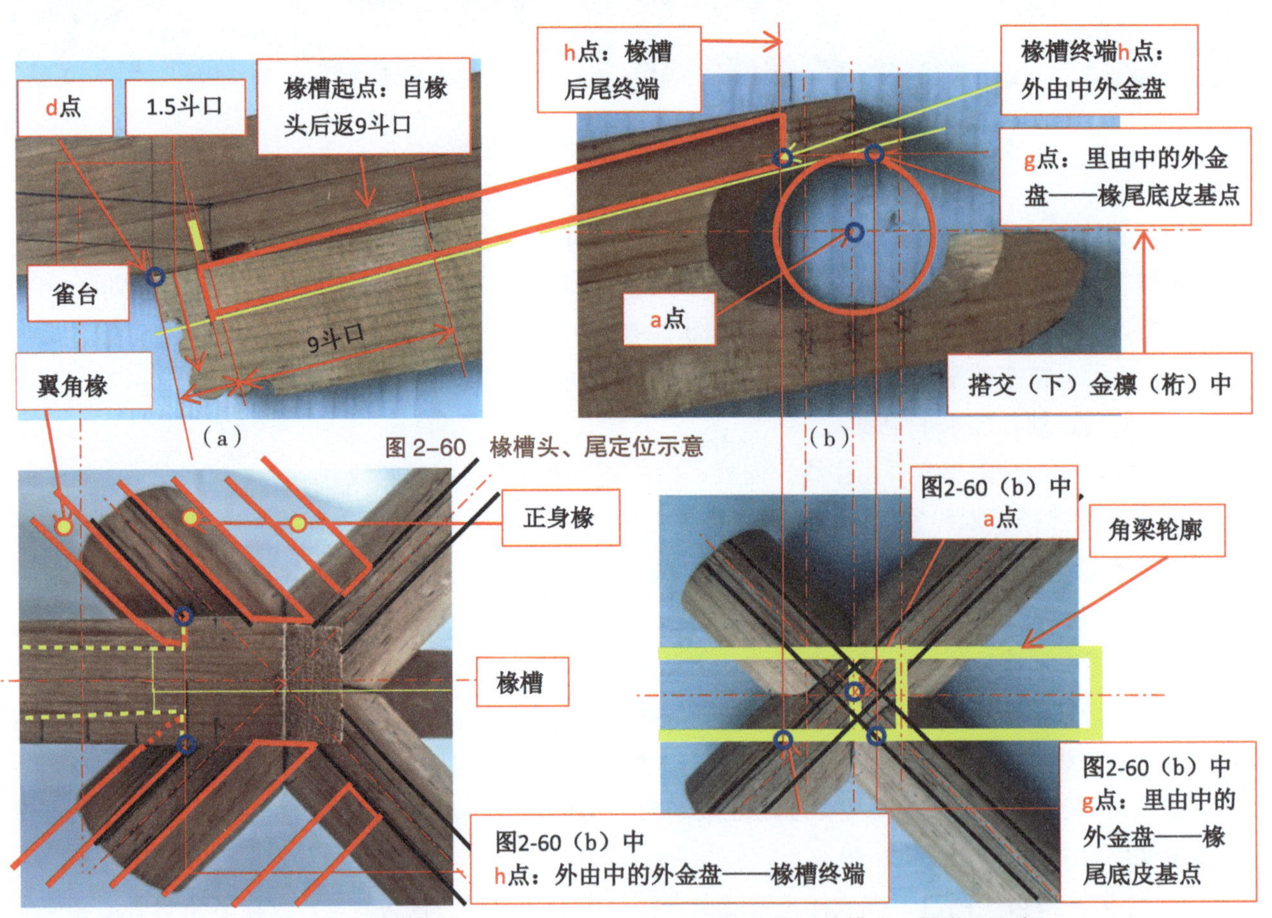

图 2-60　椽槽头、尾定位示意

图 2-61　正身、翼角椽后尾定位示意

图 2-62　椽槽头、尾定位示意

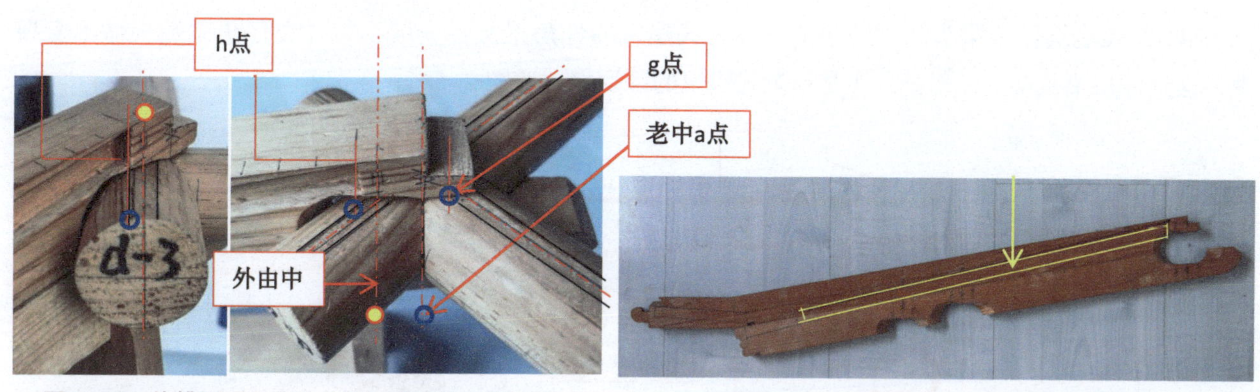

图 2-63　椽槽剔深及各檩（桁）中定位交集示意　　图 2-64　椽槽在老、仔角梁中的位置

ⅱ. 自 h 点 ○ 向前按"方八、八四、六方五"的规矩分点出椽尾椽花线。详见图 2-62、图 2-63。

ⅲ. 方八：方角建筑为 0.8 椽径、1.2 斗口；八四：八方建筑为 0.4 椽径 0.6 斗口；六方五：六方建筑为 0.5 椽径 0.75 斗口。详见图 2-65。

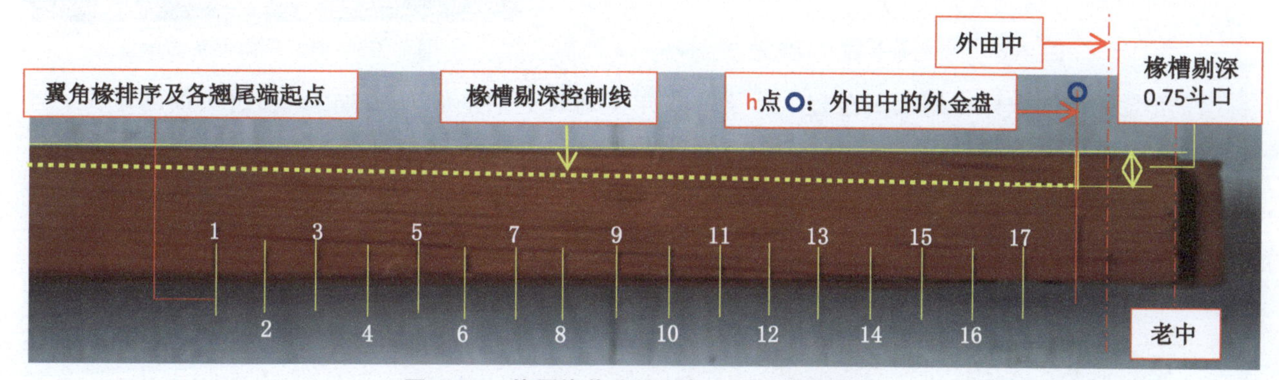

图 2-65　椽尾椽花分位示意（以 17 翘为例）

d. 详图 4 划线方法

ⅰ. 老角梁头饰。划法 1 如下。

· 老角梁头 d 点 ○（图 2-38）下返 1.5 斗口，下皮里返 3 斗口定 A、B 两点 ●，连线。

· 此线段均分六份（6a），在线段的中心向外增出一份 a 定 C ● 点，连接 AC、BC 线段。

· 自 AB 线段依次 1/6 位置作垂直线与 AC、BC 线段相交，各为 3 份。

· 按图 2-66 所示由每份线段中按半径向内、外划半圆，中段按 2 份向外划半圆，划线完成。

划法 2 如下。

· 老角梁头 d 点 ○（图 2-38）下返（1～1.5）斗口，下皮里返（1.5～1.75）斗口定 A、B 两点 ●，连线。

· 此线段均分六份（6a）。

· 按图 2-67 所示由每份线段中按半径向内、外划半圆，中段按 2 份向外划半圆，划线完成。

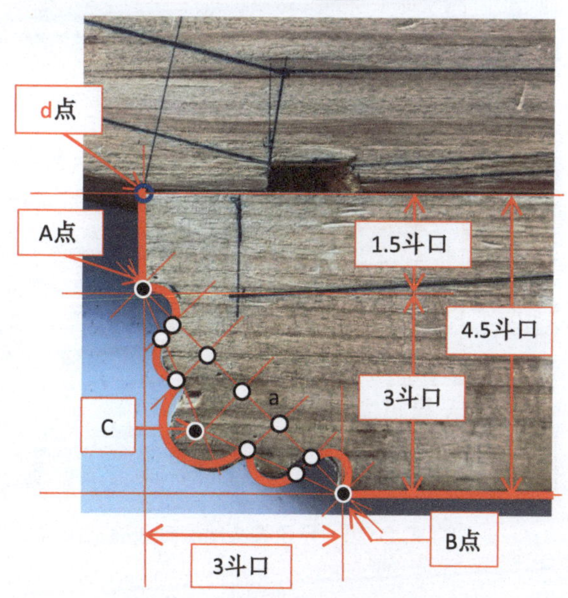

图 2-66　老角梁头饰划线方法 1

ⅱ. 大式建筑仔角梁头饰。通常情况下大式建筑的仔角梁头都安装套兽并在仔角梁端头做出套兽榫，这是仔角梁头饰的一部分，也是与杂式建筑的区别之一（图 2–68）。

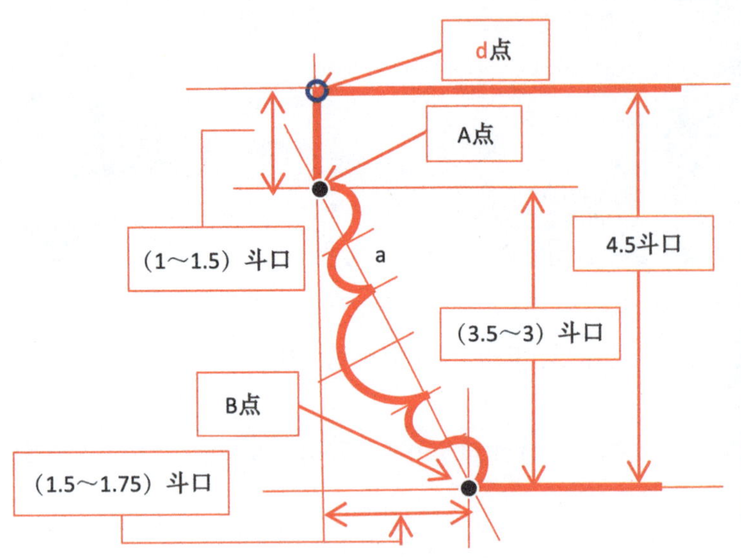

图 2–67　老角梁头饰划线方法 2

图 2–68　老、仔角梁头饰示意

仔角梁头饰的放样（划线）在整个角梁的放样（划线）中是最为重要的，通过头饰的定位，才能准确地完成翼角“冲三、翘四、撇五（0.5 椽）、扭八（0.8 椽）”的造型要求。

（a）确定仔角梁头部底皮线。做法 1：自老角梁头 d 点 ○（图 2–38）向前水平划仔角梁头部底皮线与端头点 ● 连线，即为仔角梁头部底皮线。详见图 2–69、图 2–70。

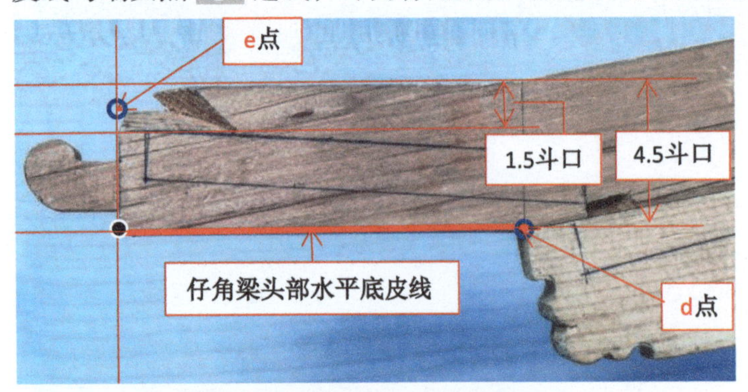

图 2–69　仔角梁头部底皮线确定做法 1

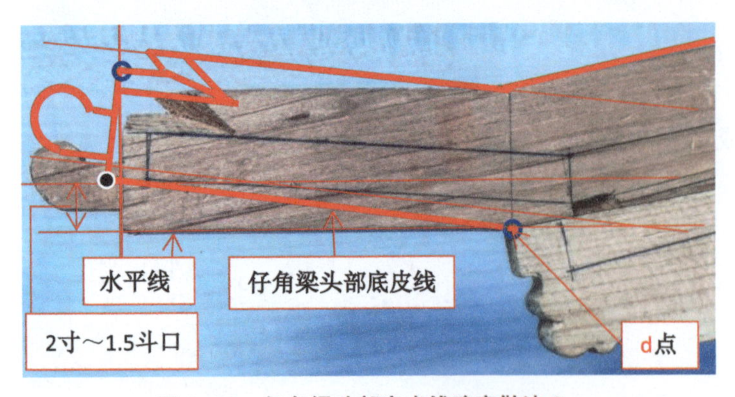

图 2–70　仔角梁头部底皮线确定做法 2

做法 2：自老角梁头 d 点 ○（图 2–39）向前按水平划线，然后在端头位置上返 2 寸～1.5 斗口定点 ●，与 d 点 ○ 连线，即为仔角梁头部底皮线。

做法 3：自老角梁上皮延长线与仔角梁端头线相交于 ● 点，再依此点上返 6 斗口（四椽径）定点 ○，然后按 3.75 斗口（2.5 椽径）向下定点 ●，● 点与 d 点 ○ 连线，即为仔角梁头部底皮线。详见图 2–71。

做法 4：自（下）金檩老中按檐（廊）步架、举高定位挑檐檩、正心檩，按正身定位方法划出正身檐、飞椽；自正身飞椽椽头上皮上返四椽径定位仔角梁端头 e 点 ○；按做法 1 方法反向确定仔角梁头部底皮线。详见图 2–72。

这种做法是严格按照“翘四”的尺寸进行定位的，尺寸准确，但是由于要先划出正身檐、飞椽才能定位翘飞椽继而定位仔角梁头部，相比上述几种做法要麻烦一些，而且用这种方法定位的仔角梁头通常与第一种方法定位的仔角梁头相差不大，所以这种方法用得不是很多。

图 2-71 仔角梁头部底皮线确定做法 3

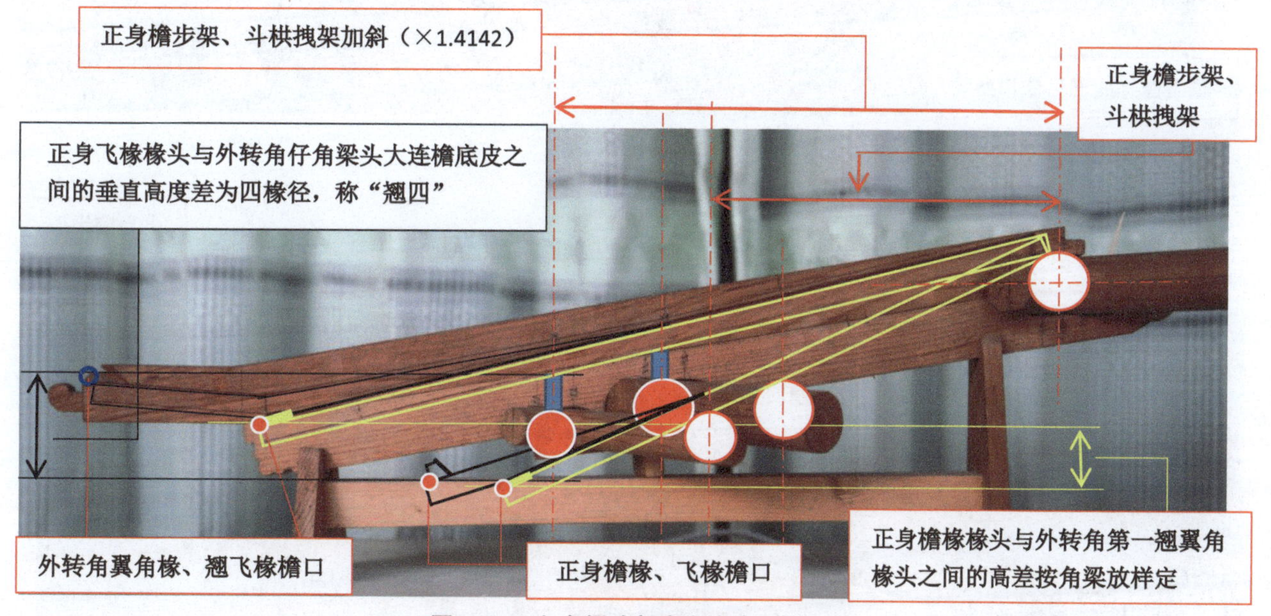

图 2-72 仔角梁头部底皮线确定做法 4

评点：由于仔角梁底皮的定位直接关系到翘飞椽翘起高度的定位，所以非常关键。以上四种及实例中仔角梁底皮定位的做法都略有不同，其中有师传的原因，同时也有老角梁在檐檩或挑檐檩交点定位原因。由于这几种做法差别都不大，反映到空间如果不是有其他做法角梁的相邻比照一般是看不出来的，这也是这几种做法能传承下来的原因之一，各有千秋，无所谓对与不对。

所谓“冲三、翘四、……”都是指正身飞椽与仔角梁端点（有的是第一翘翘飞椽上皮端点）之间的出进（冲）与高差（翘）（图 2-73、图 2-74），特别是高差也就是翘，不管檐檩或挑檐檩交点如何变化，最终都要满足“翘四”的权衡规定，从“翘四”的高度上往下返仔角梁底皮，这样就能在建筑外观的檐口曲线上遵循相对固定的尺度标准（图 2-74、图 2-75）。至于“冲三、翘四、……”的尺度能不能满足业主或设计人的使用要求和审美取向那就另做调整了，可以将“冲三、翘四、……”改为“冲二、翘三、……”，文物建筑需要按原做法补配、更换，不在可调范围之内。

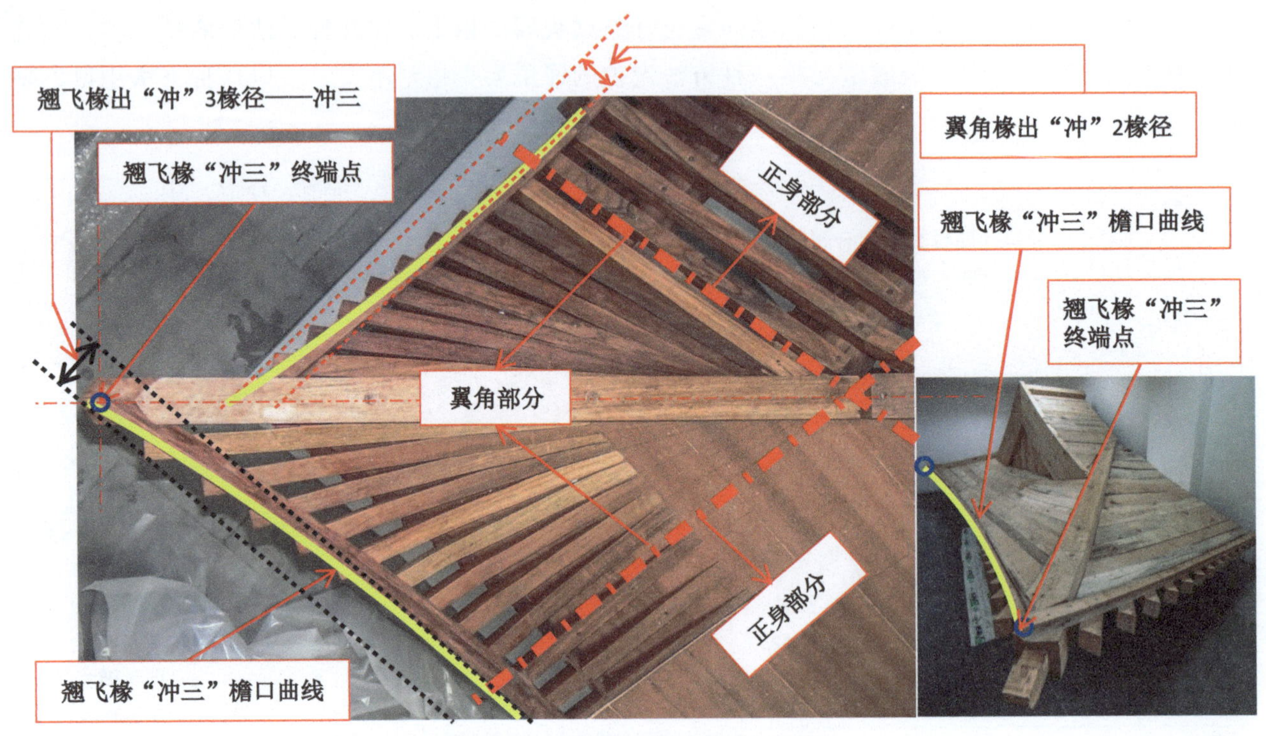

图 2-73　外转角平面“冲三”示意

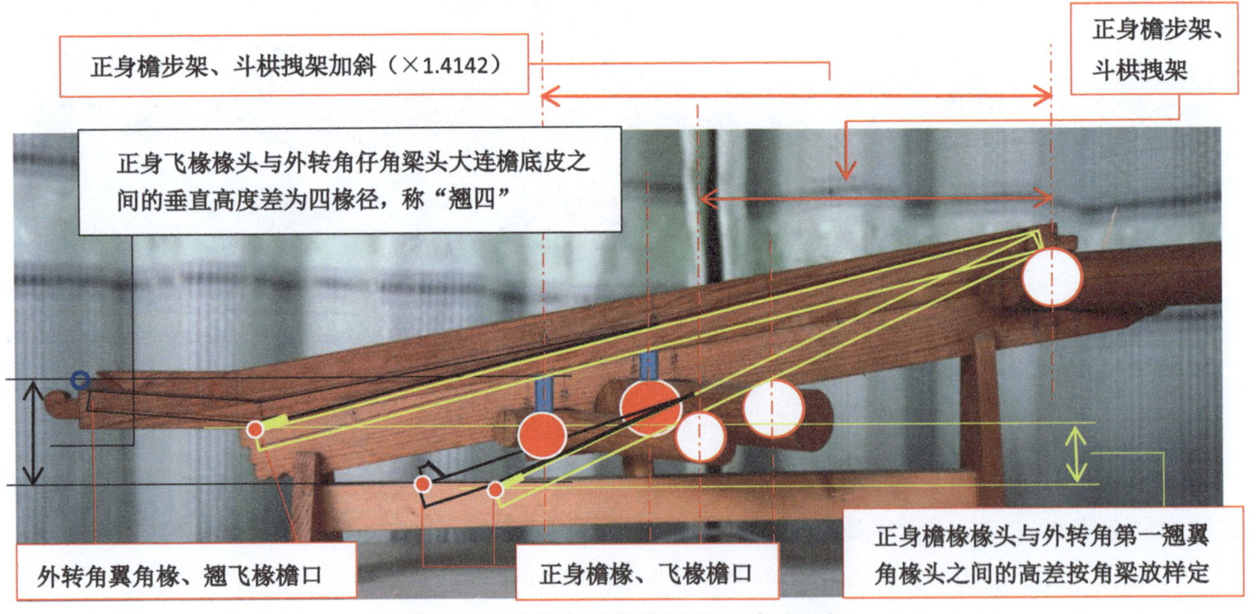

图 2-74　外转角立面“翘四”示意（一）

（b）大连檐口子。大连檐口子位于仔角梁端头上部，是联系两坡檐口的构件——大连檐在仔角梁上的交集部位。详见图 2-76（a）（b）。由于此部位在平面上有“冲”，立面上有“翘”且大连檐又是不规则造型再加上是两坡的大连檐相交，所以，大连檐口子的放样（划线）较为复杂，需要根据仔角梁头的平面、侧立面和正立（迎）面造型来确定。下面把仔角梁头饰的平、侧立、正立（迎）面之间的位置关系及各相关点位的解释做个详细的表述（以不带托舌仔角梁头饰为例），以利于读者能更直观、更快地理解和掌握这部分的知识。

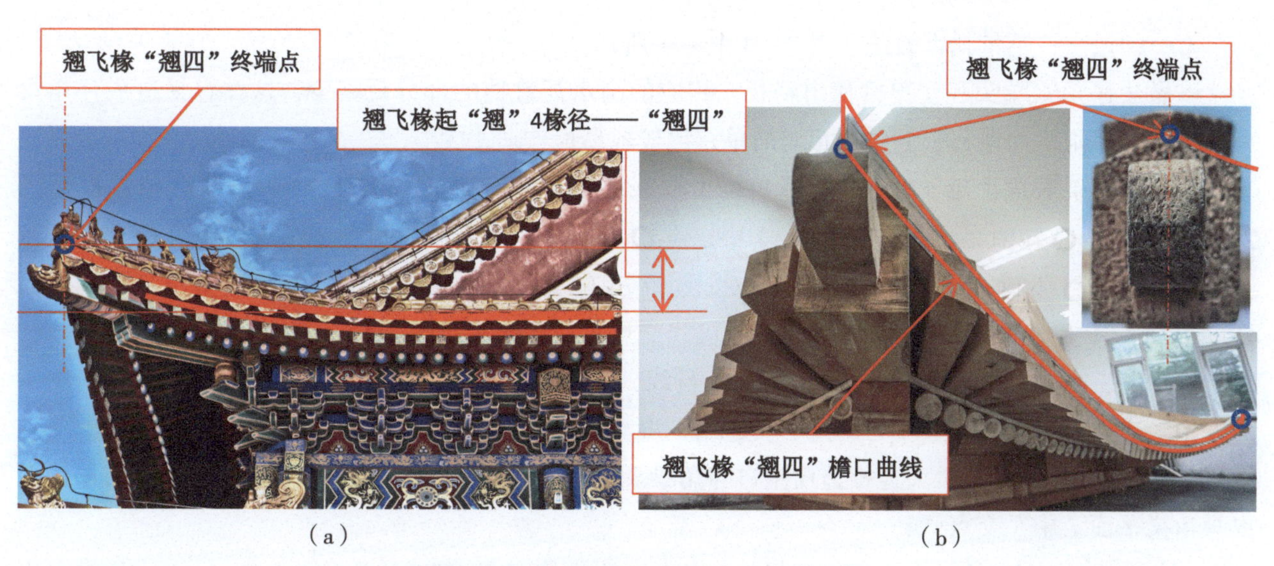

图 2-75　外转角立面“翘四”示意（二）

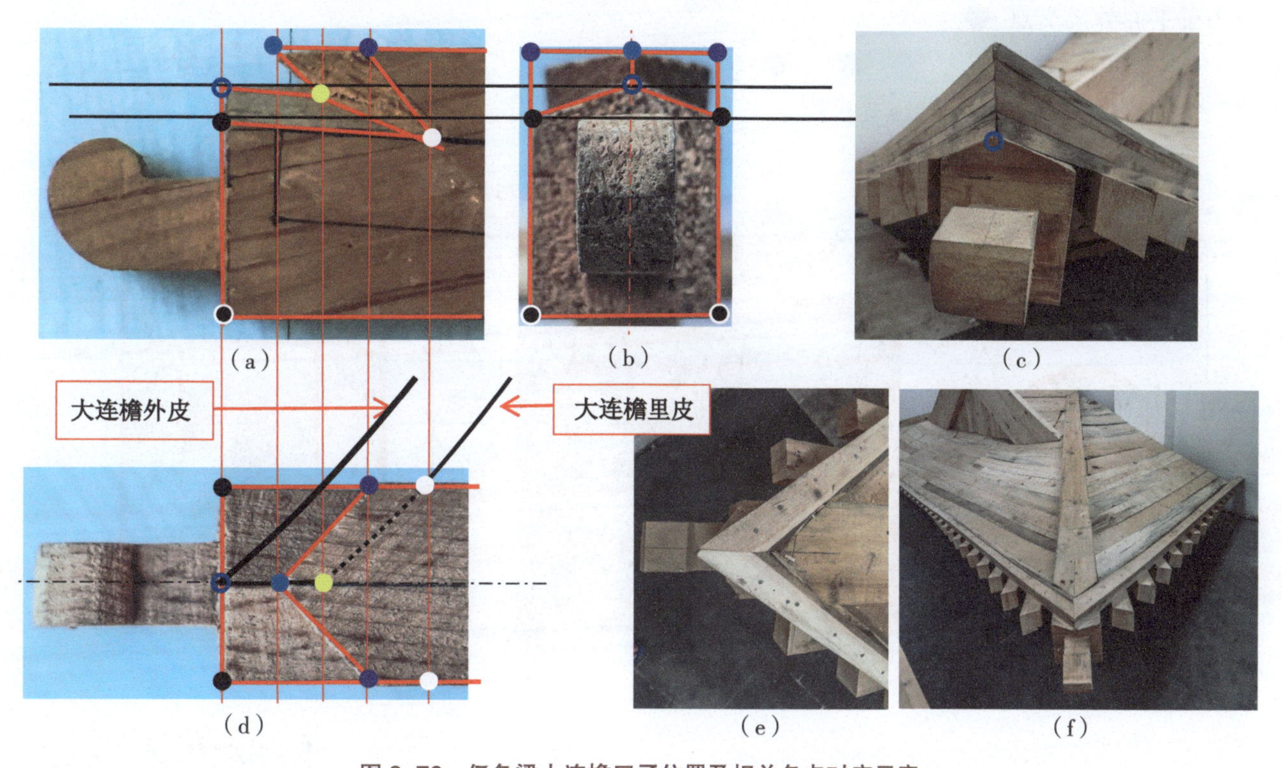

图 2-76　仔角梁大连檐口子位置及相关各点对应示意

○ 点：两坡翼角大连檐下皮在仔角梁终端中的交点，也是大连檐“冲三、翘四、撇半椽”的定位 a 点（图 2-73）。

● 点：仔角梁下皮终端点。

● 点：大连檐下皮在仔角梁终端外皮的交点，● 点与 ○ 点之间的高差称“撇半椽”。

● 点：大连檐下皮里口与仔角梁中的交集点。

○ 点：大连檐下皮里口与仔角梁外皮的交集点。

● 点：大连檐上皮里口与仔角梁中的交集点。

● 点：大连檐上皮里口与仔角梁外皮的交集点。详见图 2-76。

大连檐口子有三种不同的尺寸做法，可根据不同的建筑现状及建造方的要求确定。

第一种做法：不带托舌做法（图 2-73 中 所示）

该做法仔角梁端头和套兽榫探出略长，相应的滴水瓦遮挡的部分就略少，这样容易造成仔角梁头和套兽榫遇雨水而糟朽，但做法相对简单，比较容易操作。

· 自仔角梁底皮上返 4.5 斗口定仔角梁上皮线并下返 0.75 斗口（0.5 椽径）划线分位；根据图 2-38 所示 e 点 在图 2-76（a）（b）（c）中定点 并与仔角梁下皮终端点 连接线段 。

· 自 e 点 下返 0.75 斗口定点 ；按图 2-76（a）（b）（c）所示大连檐下皮里口与角梁平面外皮交点 上返至图 2-76（a）翘飞椽上皮线交点 ，连接线段 。

· 自 e 点 向后按 线段上返平行线，再按图 2-76（d）所示大连檐下皮里口与角梁平面“中”交点 上返至图 2-76（a）大连檐下皮与角梁平面“中”交点 ，连接线段 。

· 按图 2-76（a）所示大连檐上皮里口与角梁平面“中”交点 上返至图 2-76（a）大连檐上皮与角梁平面“中”交点 。

· 按图 2-76（d）所示大连檐上皮里口与角梁平面外皮交点 上返至图 2-76（a）大连檐上皮与角梁平面外皮交点 。

· 连接线段 、、、。

· 按图 2-77 所示尺寸划出套兽榫。

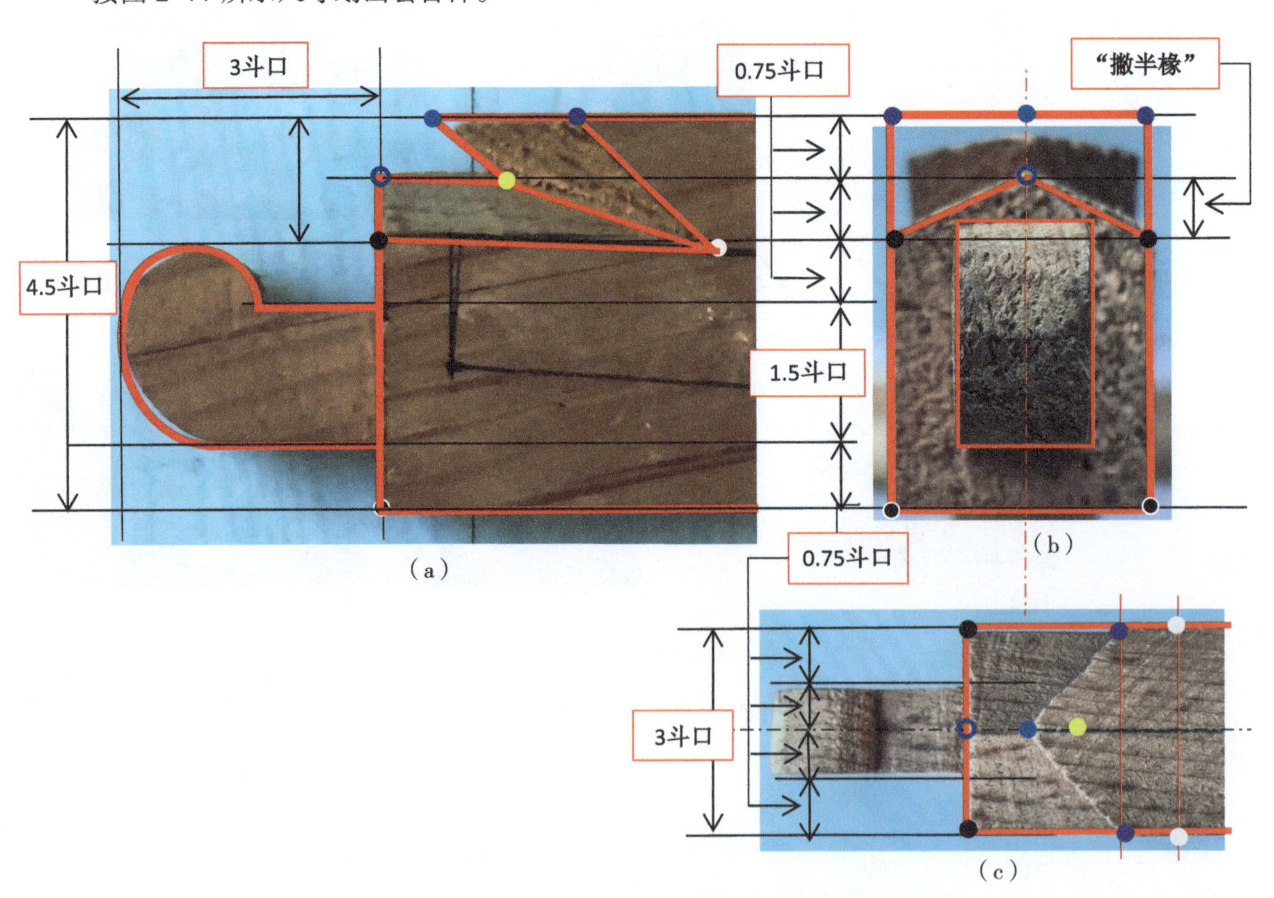

图 2-77 仔角梁不带托舌大连檐口子划线方法示意

第二种做法：带托舌做法（图 2-78 中 所示）

该做法将仔角梁头回缩并做出托舌，使套兽与仔角梁头的接缝处处于托舌的遮挡下，有利于防止雨水内流侵蚀套兽木榫。

第三种做法：带托舌做法（图 2–78 中▪▪▪▪所示）

这种做法与第二种做法基本相同，只是仔角梁头在回缩的尺度和托舌的长度上加大了一些，更有利于减少套兽木榫糟朽的可能。两种做法对比详见图 2–79、图 2–80。

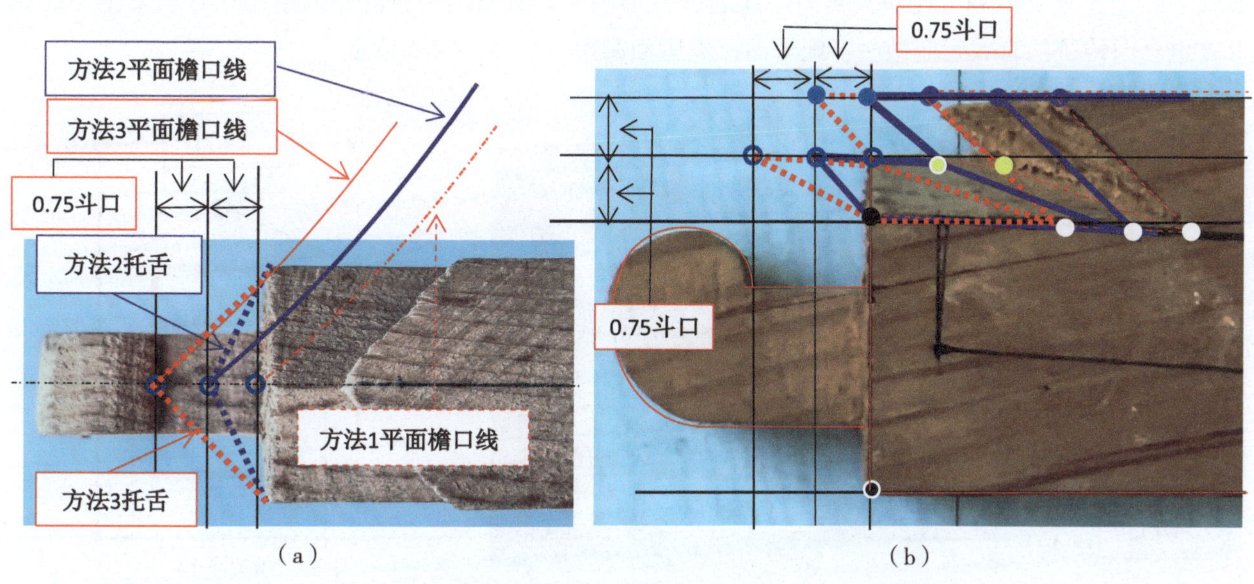

（a）　（b）

图 2–78　仔角梁带托舌大连檐口子划线方法 2、3 示意

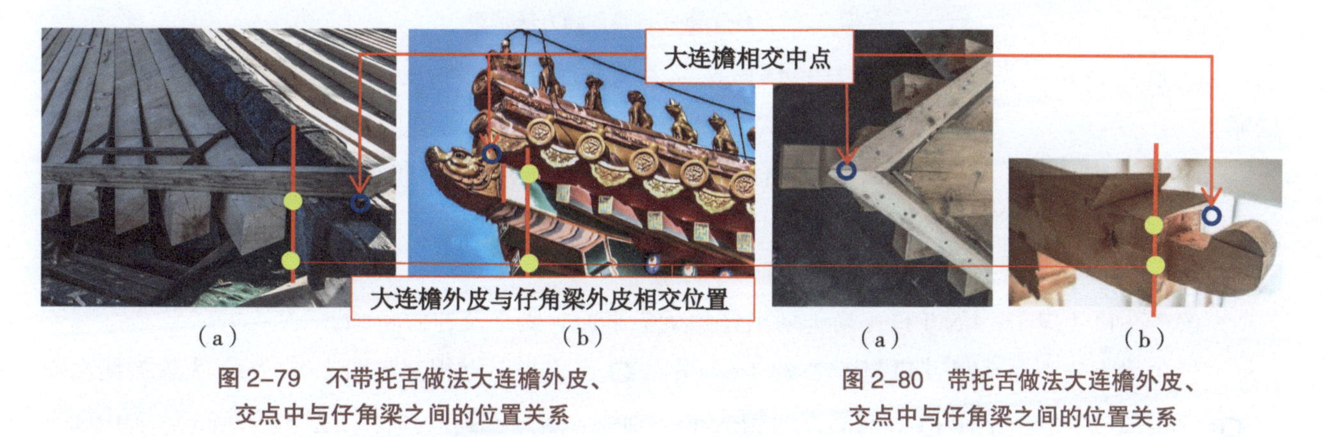

（a）　（b）

图 2–79　不带托舌做法大连檐外皮、交点中与仔角梁之间的位置关系

（a）　（b）

图 2–80　带托舌做法大连檐外皮、交点中与仔角梁之间的位置关系

这三种做法的区别除了遮挡雨水强弱的区别外，在外观上也有一些不同。第一种做法中套兽与翘飞椽头的距离过大，显得有些突兀；而第三种做法又过于内敛，不太能突出翼角部分的交点，所以笔者比较看好第二种做法，两相兼顾，长短适宜。

（c）套兽榫。大式建筑中，仔角梁头通常都安装套兽，都需要在仔角梁梁头做出套兽榫以备安装套兽之用。

按图 2–81（a）所示方法自仔角梁底皮 ● 向上按 0.75 斗口、1.5 斗口、0.75 斗口分位，向前按各 1.5 斗口分位；按图 2–81（b）所示方法迎面按 0.75 斗口、1.5 斗口、0.75 斗口分位，按图示方法连接各线段，套兽榫放样（划线）完成。

ⅲ. 杂式建筑仔角梁头饰。杂式建筑通常用于园林、庭院，这种建筑的仔角梁多为压金做法，扣金做法的也有，不管是哪种做法它们的头饰做法都是一样的，梁头不安装套兽而是直接做出“三岔头”的造型，除去这个不同外其他部位的定位做法与大式老、仔角梁相同，只是由于杂式建筑体量通常不大且观赏需求强，为迎合这个特性它需要把翼角部分处理得更为灵动飘逸，也就是说“冲”

出得稍多一些，"翘"起得稍大一些，这个处理不需要在角梁的放样尺度上再做出改变，只需要在以上所介绍的几种不同的老、仔角梁定位方法中加以选择就行。如果这样的尺度还满足不了要求，可在现有的基础上适当地加大一些，但需要注意的是，官式建筑的翼角与地方建筑的翼角构造不同，如果一味地追求类似南方建筑翼角高高翘起的外形效果，必然因材料的原因给结构带来安全上的隐患，也会因传统的官式瓦面做法不配套而造成屋面漏雨，所以一定要慎重。

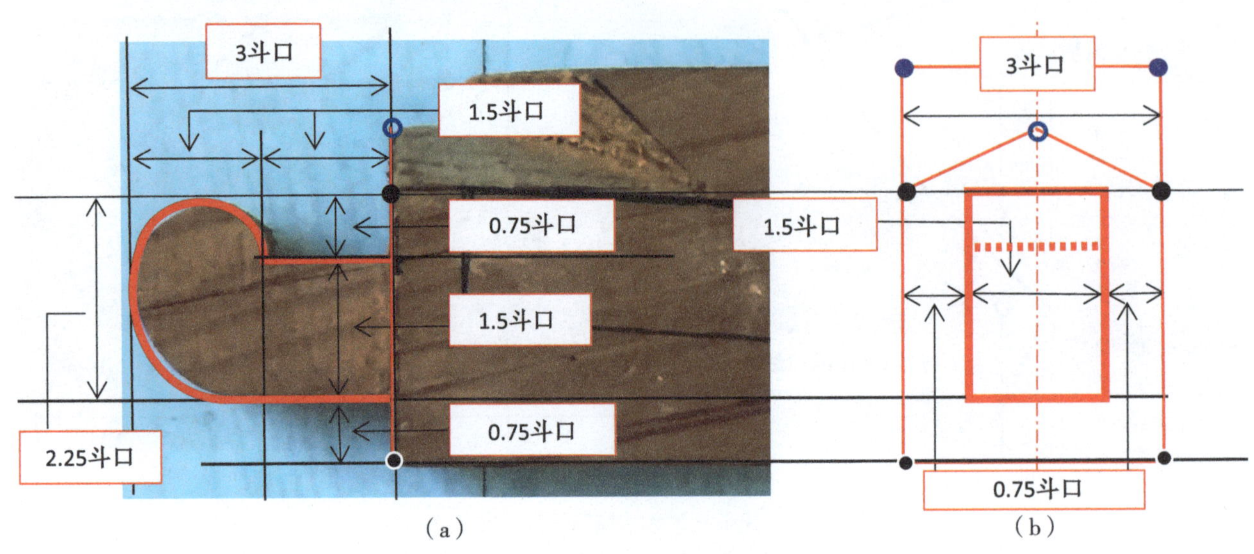

图 2-81　仔角梁套兽榫划线方法示意

（a）确定仔角梁头部底皮线。注：该做法与大式仔角梁头部底皮线的放样（划线）相同，此处略。

（b）大连檐口子。注：该做法与大式仔角梁头部底皮线的放样（划线）相同，此处略。

（c）三岔头头饰。图 2-82 为仔角梁出峰三岔头示意。

仔角梁"出峰三岔头"头饰划法如下。

· 按 3 斗口（厚）× 4.5 斗口（高）划出仔角梁头平面、侧立及迎面轮廓。

· 仔角梁上皮下返 0.75 斗口与图 2-83（c）平面 ○ 点垂直上返相交定图 2-83（a）大连檐侧面端点 ○；自图 2-83（c）平面 ○ 点向后方两侧按 60° 划线、定点 ●，垂直上返与图 2-83（a）中翘飞椽侧面上皮延线相交定图 2-83（a）● 点，连接线段 ○ ●。（注：图 2-83 中 ○ 点源自图 2-37。）

· 自图 2-83（c）平面 ○ 点划出大连檐轮廓曲线，定里皮与仔角梁外轮廓交点 ○；垂直上返至翘飞椽侧面定 ○ 点，与 ● 点连接线段 ●、○。

· 按图 2-83（c）定大连檐里皮与仔角梁中平面交点 ○；自 ● ○ 线段上返平行线；平面 ○ 点垂直上返至平行线，定侧面 ○ 点，连接线段 ○ ○、○ ○。

· 自图 2-83（a）侧立面 ● 点垂直下返均分三份，向前、向后各 1 斗口定点 ● ● ○ ●，连接线段 ● ●；在 ● ●、● ○ 之间连线，定交点 ●，连接线段 ● ●、● ●。

· 自 ○ 点作线段 ● ● 平行线，过交点 ○ 作线段 ● ● 平行线，过交点 ● 作线段 ● ● 平行线，三线段相交，分别定 ● 点、● 点，连接线段 ○ ●、● ●、● ●、● ●、● ●。

注：仔角梁"出峰三岔头"大连檐口子部分与套兽榫大连檐口子做法相同，详图 2-76。

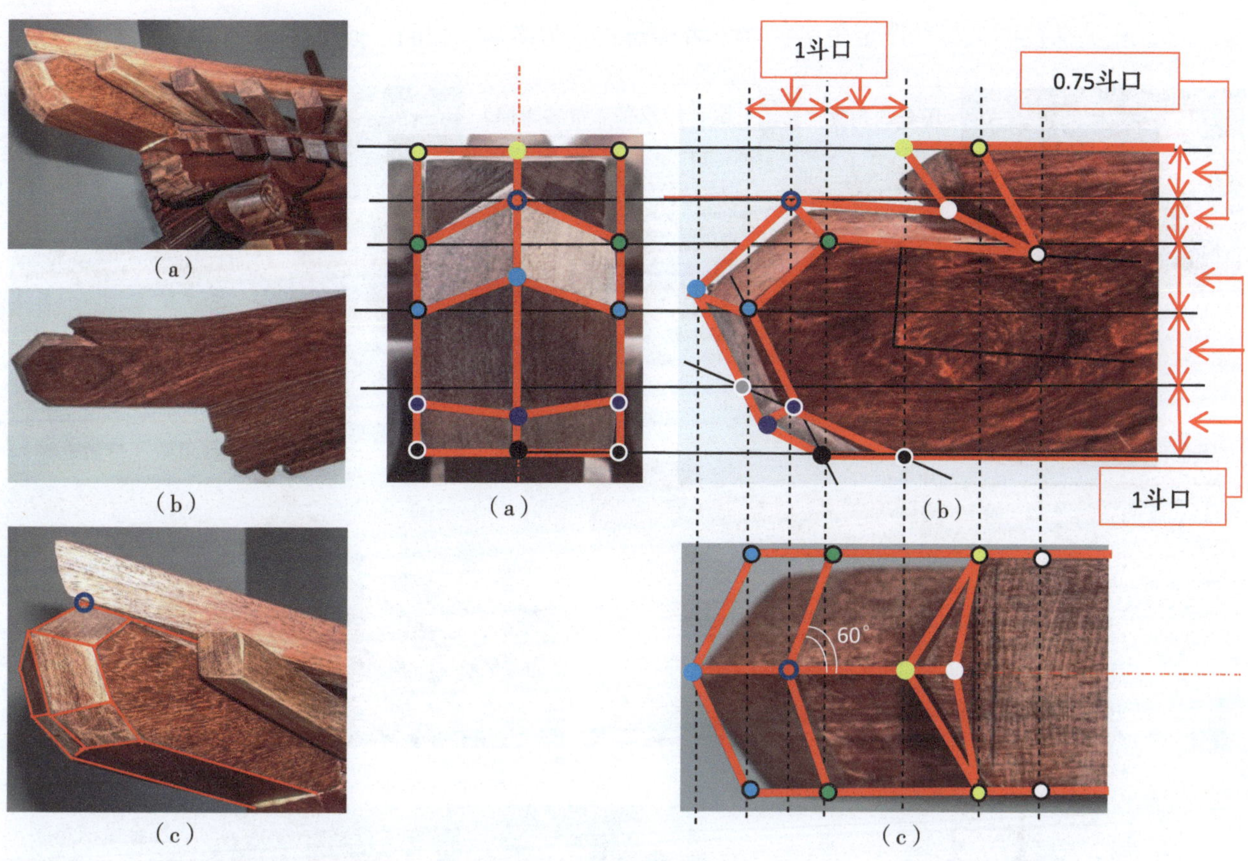

图 2-82 仔角梁出峰三岔头示意　　图 2-83 出峰三岔头放样（划线）方法及定点对应示意

至此，扣金角梁各部位的划线完成。

（3）扣金角梁划线掌握重点　上述划线方法步骤繁多，各点位对应不是一目了然，对于初学者来说不易熟练掌握，现将重点尺度、步骤提炼出来，便于记忆掌握，其余的细节再对照图 2-35～图 2-83 进行消化。

①步架、举高定位：步架尺寸加斜，加斜系数按建筑各自不同的转角平分角度；举高尺寸同正身。

②斜桁椀侧立面定位：自平面桁（檩）椀老中、里由中、外由中、加斜金盘、加斜半径等各点上引至各桁（檩）举高位置定位，按点位划出斜桁（檩）椀（图 2-35～图 2-40）。

③老、仔角梁侧立面定位：搭交（下）金檩（桁）立面举高中 a 点 ○ 下返老角梁高定点；搭交（挑）檐檩（桁）斜檩（桁）椀前端中 f 点 ○ 定点，两点连线，为老角梁底皮基线。

④翼角椽侧立面定位：椽尾端点交于搭交（下）金桁（檩）上皮 g 点 ○；椽槽终点交于搭交（下）金桁（檩）上皮 h 点 ○（图 2-60～图 2-65）。

注：以上各点的定位划线较为关键，应重点注意。

5. 压金角梁的放样（划线）

压金角梁从做法特征上说是下层老角梁后尾扣压在搭交（下）金檩（桁）上，上层仔角梁后尾做出与飞椽相同的楔形式样叠压在老角梁上，与搭交（下）金檩（桁）无交集。

在杂式建筑中，通常檐步架尺寸较小，如果还是按照扣金做法制作角梁会形成翼角部分翘起过高，不仅会影响整体造型还会给施工带来一定的难度，甚至影响到屋面的质量，所以在杂式建筑包括尺寸较小的其他建筑中，角梁通常采用压金做法。

（1）相关部位的认识　压金角梁各部位名称与扣金角梁基本相同，此处略（图 2–84、图 2–85）。

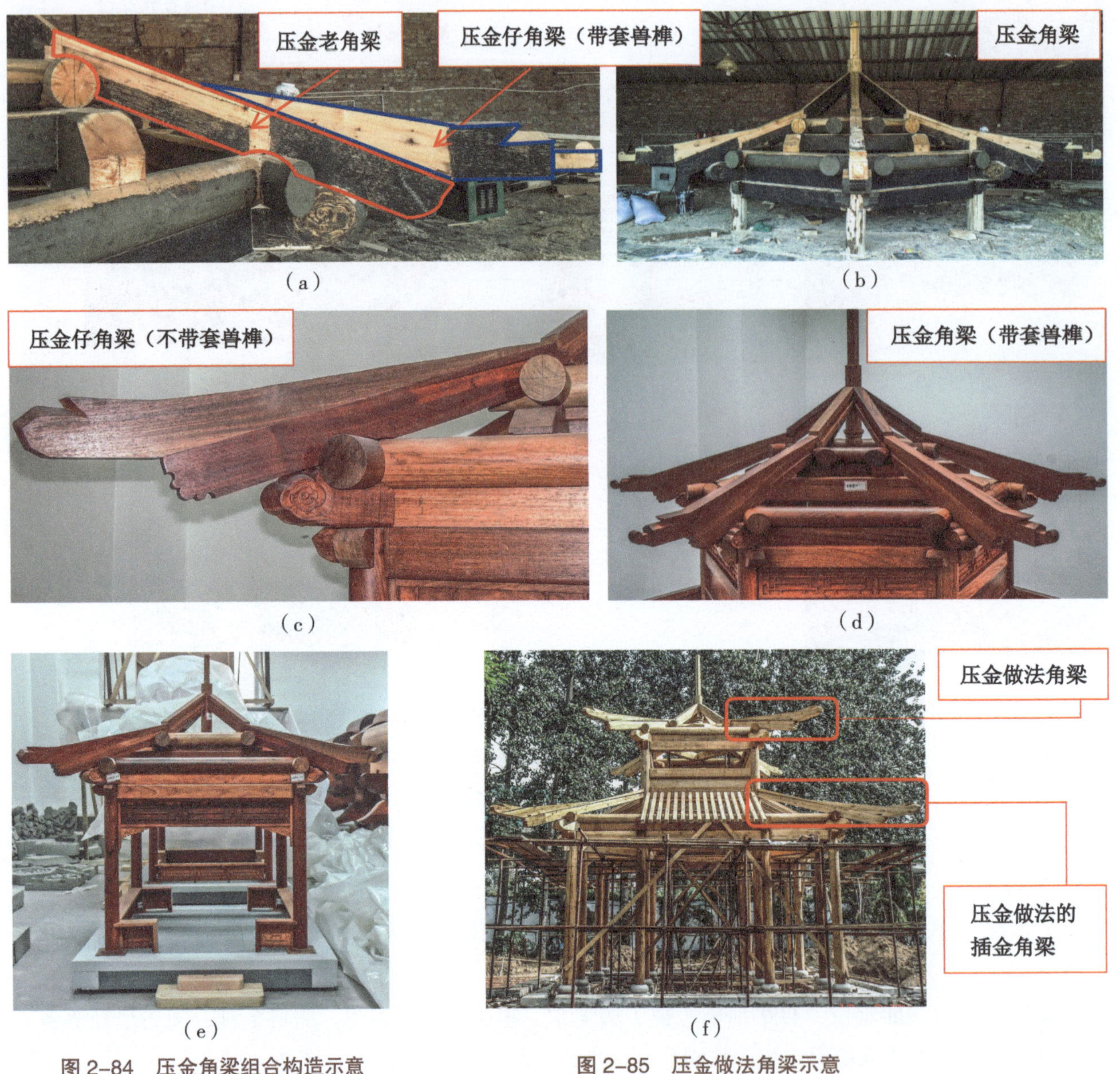

（a）（b）（c）（d）（e）（f）

图 2–84　压金角梁组合构造示意　　图 2–85　压金做法角梁示意

（2）压金角梁划线方法

①除图 2–86（a）另有标注外，其余各点位及详图均同扣金角梁。

②图 2–87 中 a、f ○ 两点连线并向上按 4.5 斗口平行划出老角梁上皮线。

③上皮线前端与 d 点 ○ 垂直线相交，依上皮线过 d 点向下按 90° 划出老角梁端头线。

④自 d 点 ○ 向前水平（可适当调整）划出仔角梁底皮线并按 4.5 斗口平行划出仔角梁上皮线并定出大连檐口子端点 e 点 ○。

⑤按仔角梁尾部底皮线垂直过 d 点 ○ 上返 4.5 斗口与仔角梁头部上皮线相交 d′ 点 ● 并向后按正身飞椽一飞二尾半或一飞三尾同样比例定仔角梁尾长，按尾长划仔角梁后尾上皮线。

⑥图 2–86（a）中，老角梁金桁椀、尾端头饰部分、老角梁檐桁椀部分、老角梁、仔角梁头饰部分、翼角椽、翘飞椽基线部分及椽槽等均与扣金角梁做法同，图略。

至此，压金角梁放样（划线）完成。详见图 2–86。

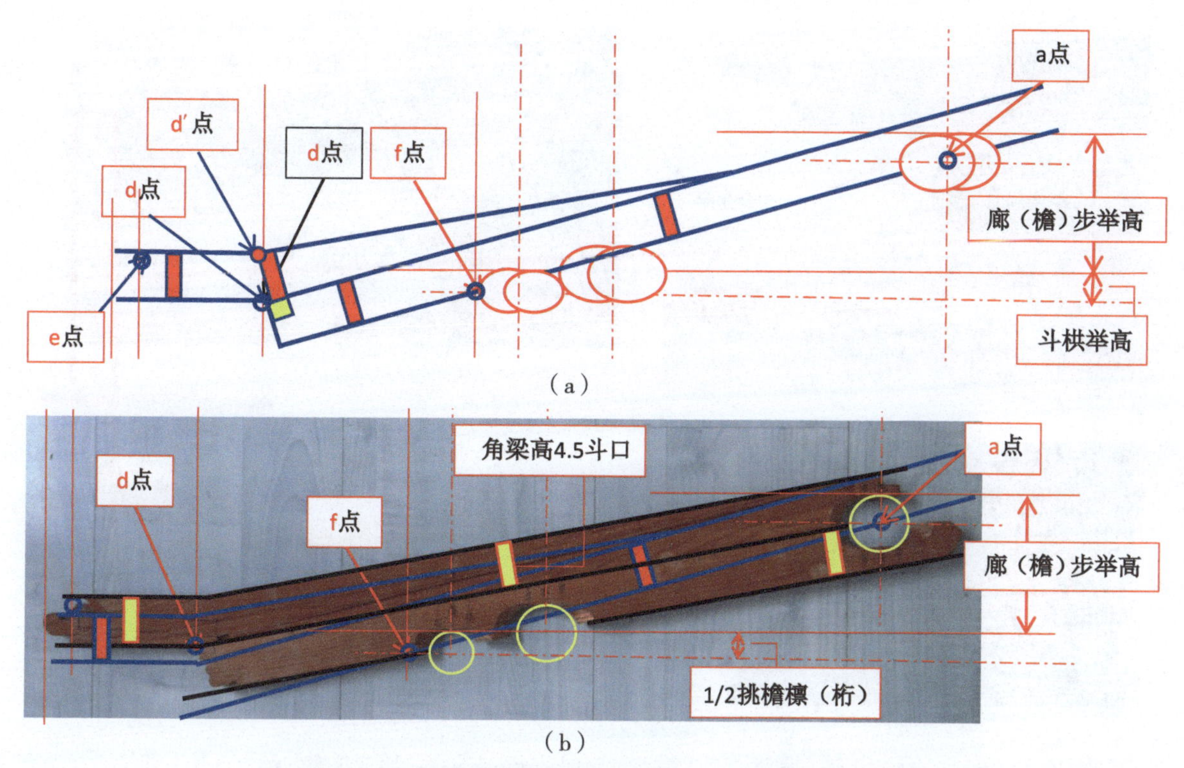

（a）

（b）

图 2-86 压金角梁放样（线）步骤及压金、扣金角梁对比示意

注：图中 ▬ 为压金角梁轮廓线， ▬ 为扣金角梁轮廓线。

6. 插金角梁的放样（划线）

前面说的扣金和压金角梁后尾都是与金檩扣搭相交，而在重檐庑殿、重檐歇山或重檐攒尖建筑中，下层檐角梁的后尾是与角金（童）柱相交，需要角梁的后尾做出榫头插入角金（童）柱，这就是插金角梁的特征。

根据建筑物形式、规模的不同，角梁做法可以选择扣金或者压金，当这两种做法的角梁用在重檐建筑中时，下层角梁的后尾只能做榫插入角金（童）柱完成连接而不是与金檩扣搭相交，这也是插金角梁最直接的字面解释。

插金角梁除尾端做法与扣金、压金不同外，其他部位做法都相同，这里不另作介绍，只是把后尾入榫部分进行详解。

（1）相关部位认识　注：插金角梁各部位名称与扣金角梁基本相同，此处略。

扣金、压金角梁详见图 2-87～图 2-90。

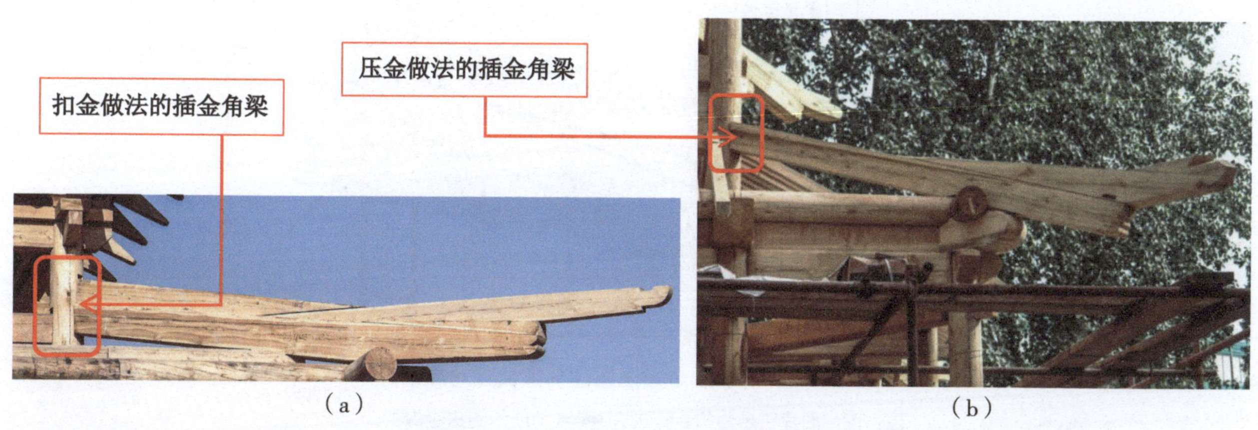

（a）　（b）

图 2-87 扣金、压金做法的插金角梁

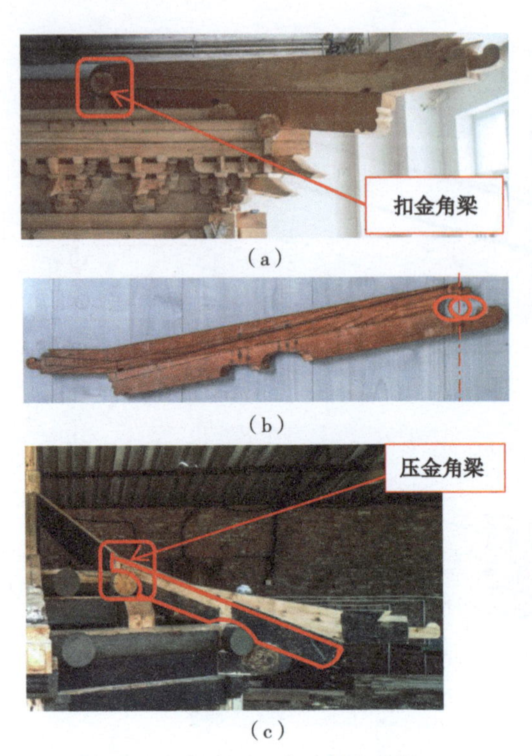

图 2-88　扣金、压金（檩）连接

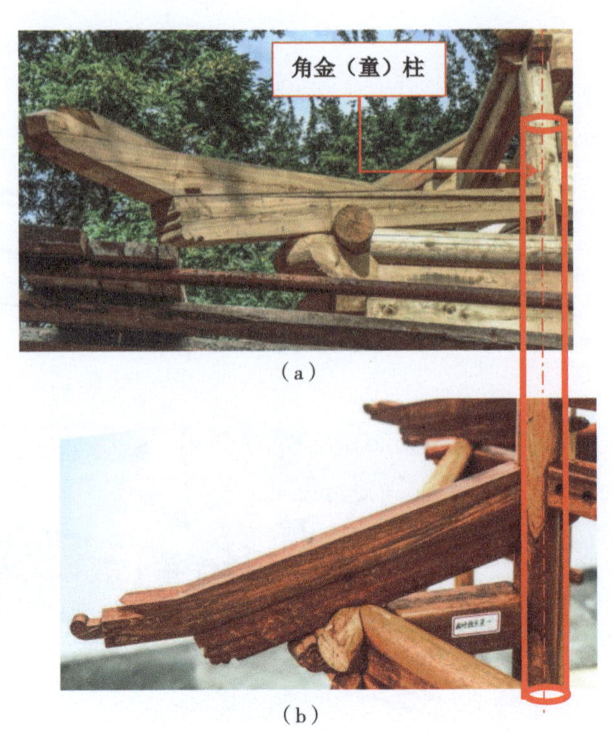

图 2-89　扣金、压金角梁的插金（柱）连接

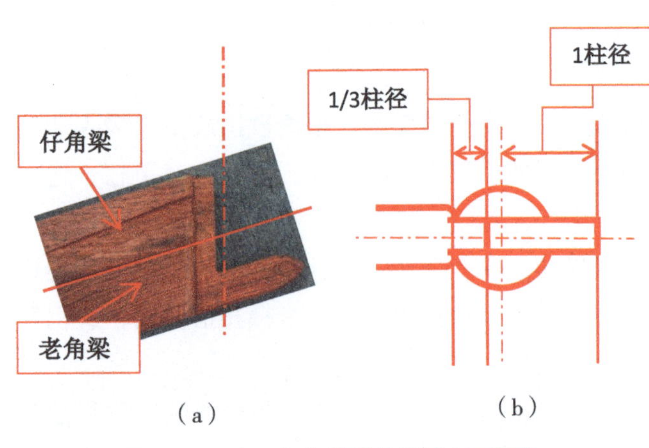

图 2-90　老、仔角梁插柱榫平立面示意

（2）插金角梁划线方法

①后尾插金（柱）位置按金檩定高，同金檩定高。

②扣金、压金角梁按前述划线方法定位、划线。

③扣金做法老角梁做大进小出入柱榫；头饰部分做麻叶云头或方头造型；仔角梁做单直半榫。

④压金做法老角梁做大进小出入柱榫；头饰部分做麻叶云头或方头造型。

插金角梁划线完成，详见图 2-91。

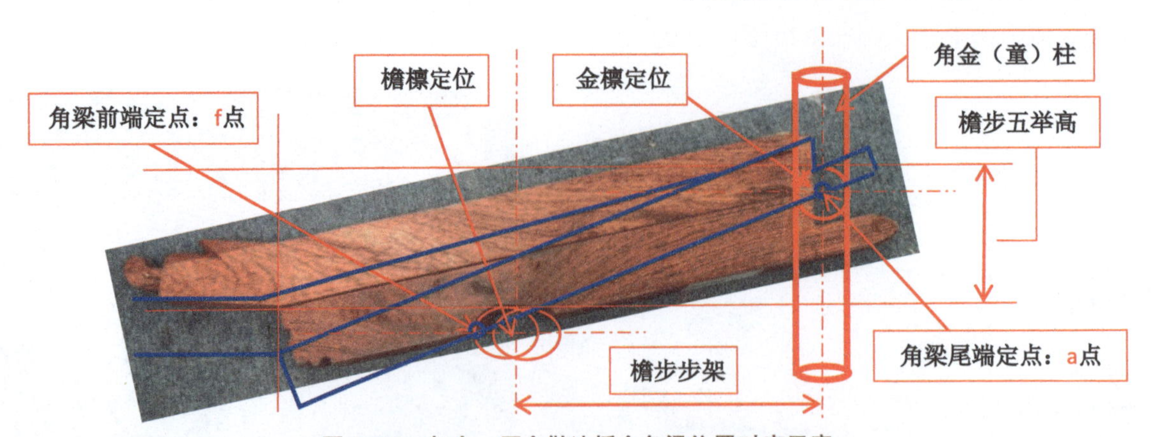

图 2-91　扣金、压金做法插金角梁位置对应示意

注：图中图片所示为扣金做法，▬▬ 为所示为压金做法。

7. 角梁制作

（1）制作流程 放、制样板⟶选材、梁材加工⟶梁身划线⟶榫卯、头尾饰加工制作⟶组装摆验。

（2）操作工艺

①备 10～20mm 厚实木板，按放样（见前）尺寸、轮廓分别做出老、仔角梁样板，所有的老中、里外由中线、檩（桁）中线、梁头、梁尾饰轮廓线及销子卯眼、大小连檐口、椽槽线、挑檐檩、正心檩、檐檩、金各檩檩椀、角梁等掌刻半榫头、套兽榫头等均应清晰标注，并在样板上需要过线的部位刻出齿口，以便于制作时在梁身划线。详见图 2-92。

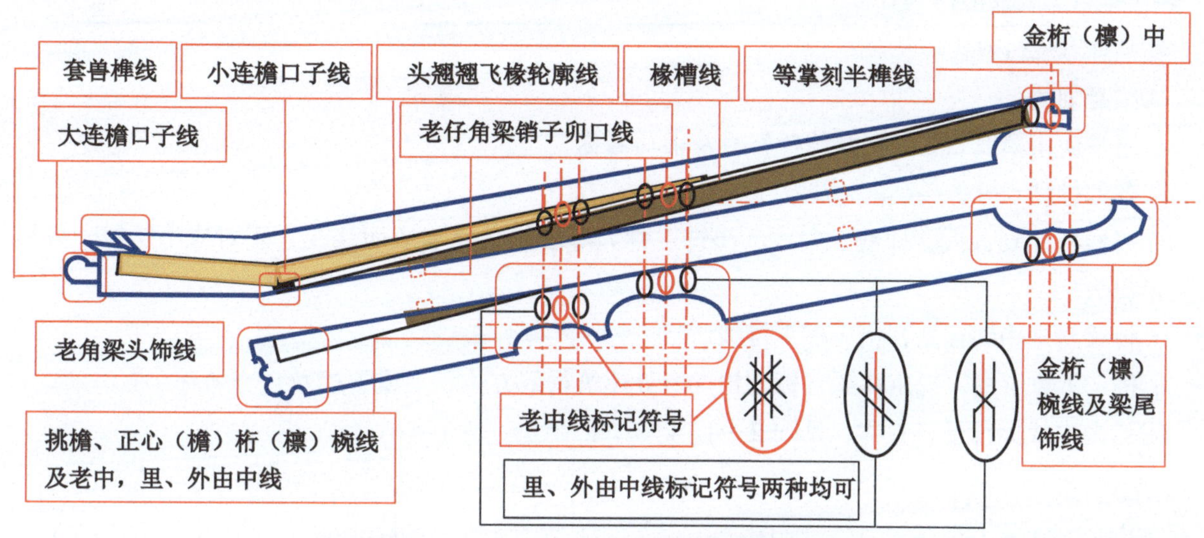

图 2-92 老仔角梁样板及标注线段、符号示意

②备五合板，按各檩直径乘以所在建筑转角平分线的加斜系数（四方：1.4142，六方：1.156）做出半斜檩椀的样板（图 2-93）。

注：檩如按加“泡”做法制作则径按 1.1 檩径宽，高 1 檩径，即去金盘后净高。

③按表 2-1 选材、加工配料。

a. 采用天然生长的优质风干木材为制作原材料，用材的标准应符合表 2-1 的规定。

b. 梁的用材北方多用松木类软杂材，南方软、硬杂材均用。

c. 梁的用材通常使用无拼攒、无包镶的完整方材，因特殊原因必须使用拼攒、包镶或以短接长的方法来制作梁的，必须有精准可靠的计算数据和切实可行的施工加固方法；扣金做法的仔角梁用材可在梁头部位采用拼接的方法。

d. 按各式角梁的定尺加工规格方材，要求方正平直，尺寸准确，长短留出适当余量。

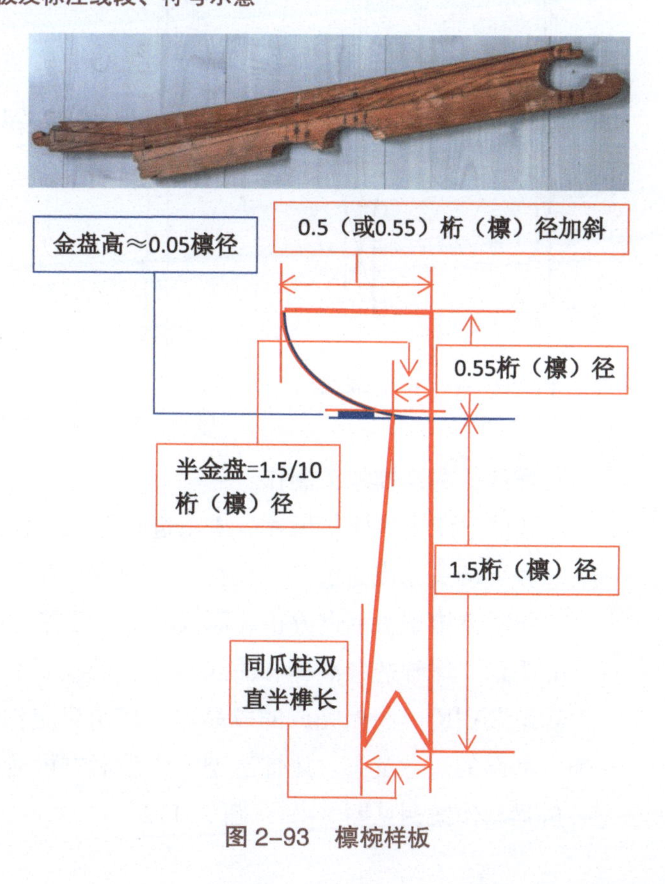

图 2-93 檩椀样板

表 2-1 角梁用材标准

构件类别	各类木材的缺陷及指标							备注
	腐朽	木节	斜纹	虫蛀	裂缝	髓心	含水率	
梁类构件	不允许	在构件任何一面、任何 150mm 长度内，所有木节尺寸的总和不应大于所在构件面宽的 1/3；老角梁檐桁（檩）椀局部梁背不应有死节	斜率≤8%	不应有虫蛀	外部裂缝深度不应大于材宽（厚）的 1/3；径裂深度不应大于材宽（厚）1/3；轮裂不允许	不应有中空腐蚀，其他不限	≤25%	

④梁身划线

a. 通常使用墨线划线、标注线标符号及书写名称。

b. 各部榫卯尺寸。

c. 按样板标划截线、掸线、中线、头饰、榫卯等各线，要求双面线头方正对应不错线，各线线头交错出头。

d. 依梁身老中线标划各桁（檩）椀线。

e. 按“上青下白”规矩在梁背标划构件所处建筑物的方位、上或下檐及自身名称。

附：大木线标符号、名称，见图 2-94。

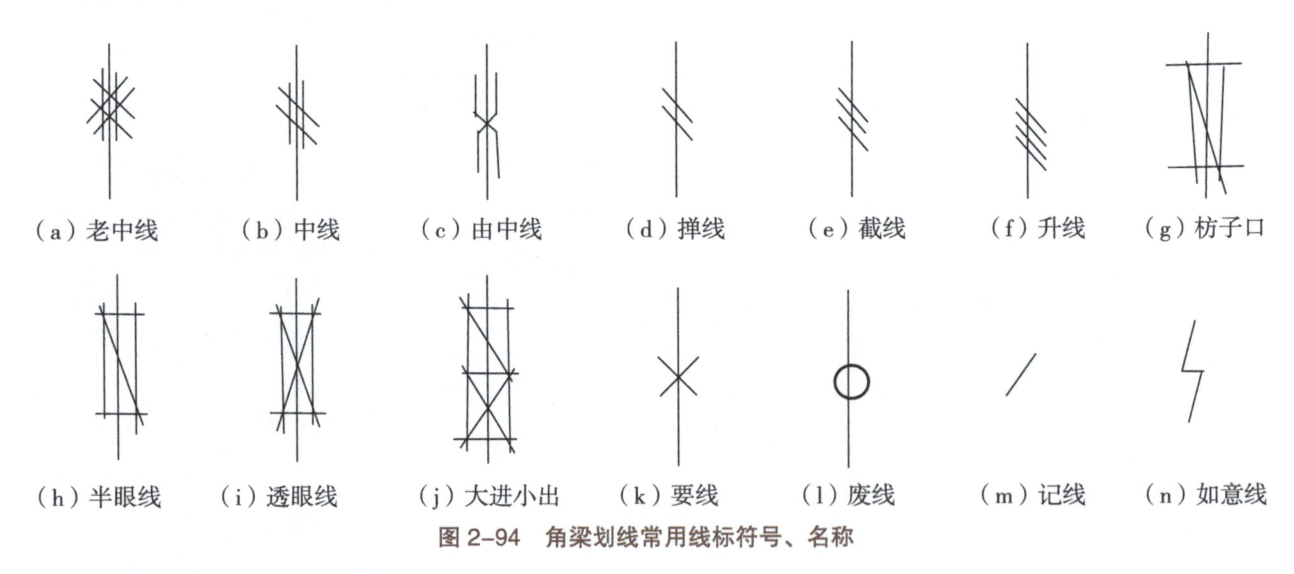

图 2-94 角梁划线常用线标符号、名称

⑤榫卯、头尾饰加工制作

a. 按前文所示式样、尺寸、方法进行加工制作。

b. 各梁端头完成面按“一盘柁……”规矩盘头，不得出现阶梯错茬。

c. 卯眼齿槽剔凿垂直方正、深浅一致、松紧适宜。

d. 头饰、尾饰造型准确、曲线和缓、折线面平直，表面光洁无明显刨痕。

⑥组装摆验。制作完成的成品老、仔角梁应扣搭在一起进行组装摆验，重点核实各中线的标划，步架、举高的尺寸及头、尾饰造型，无误后方可运至现场进行正式安装。

角梁制作案例见图 2-95～图 2-112。

（a）

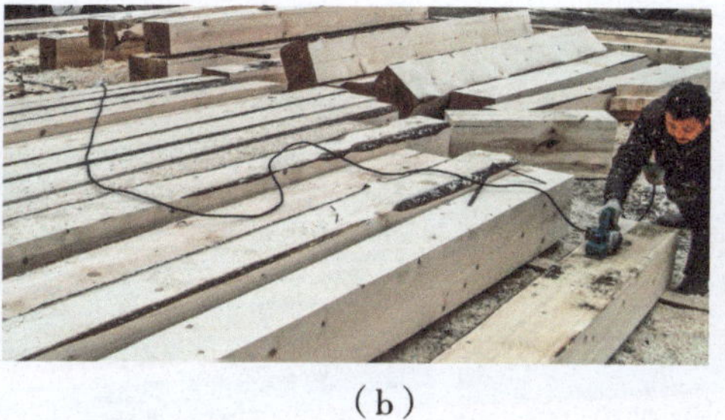

（b）

图 2–95　方材加工

图 2–96　样板划线

图 2–97　角梁制作：样板划线

（a）

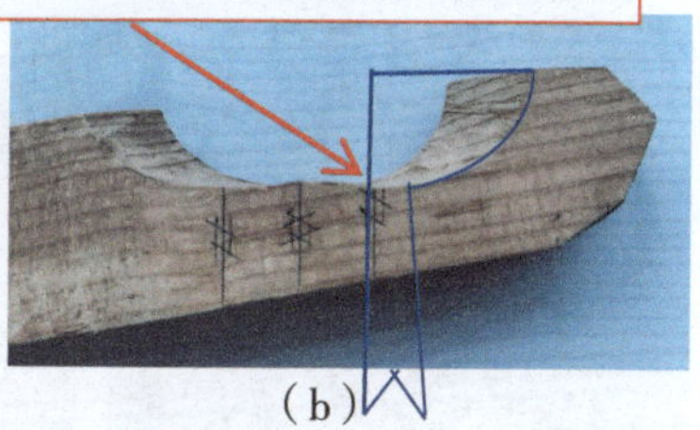

（b）

图 2–98　梁身、梁尾标划中线、桁（檩）椀线

（a）

（b）

（c）

图 2–99　角梁制作：锛、凿、锯加工槽口、榫卯

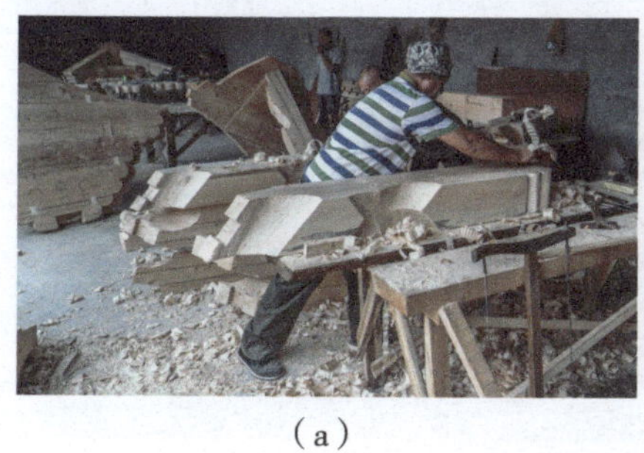

（a）

（b）

图 2–100　角梁制作

图 2–101　梁身、梁尾斜桁（檩）椀

（a）

（b）

图 2–102　梁身斜桁（檩）椀

图 2–103　角梁交金瓜柱：小鼻子榫

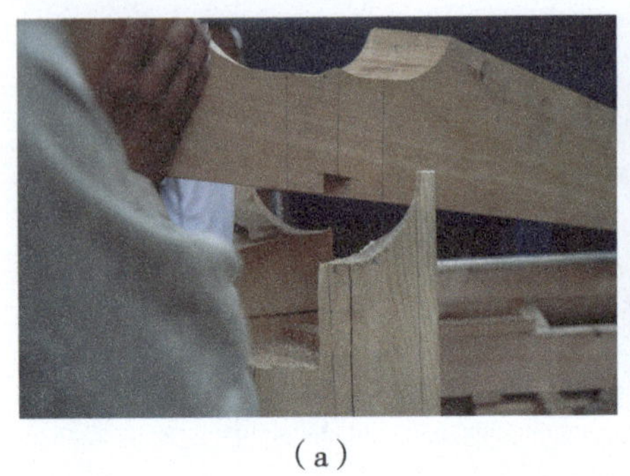
（a）

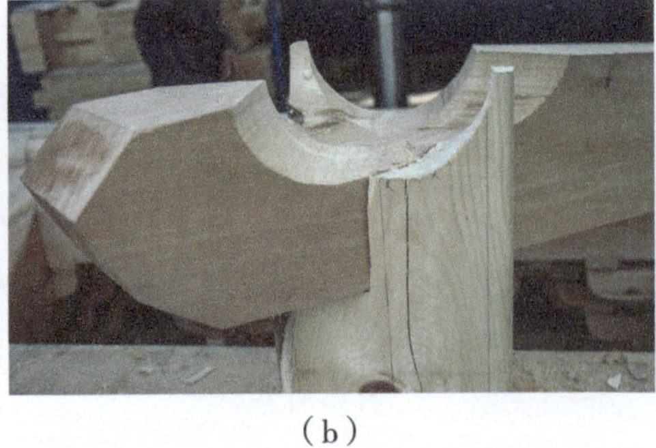
（b）

（c）

图 2-104　仔角梁梁尾桁（檩）椀入位交金瓜柱

（a）

（b）

图 2-105　老、仔角梁后尾构件扣搭和交接组合

图 2-106　老、仔角梁头饰和椽口

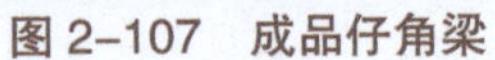
图 2-107　成品仔角梁

图 2-108　老、仔角梁安装完成

图 2-109　老、仔角梁安装完成

（a）

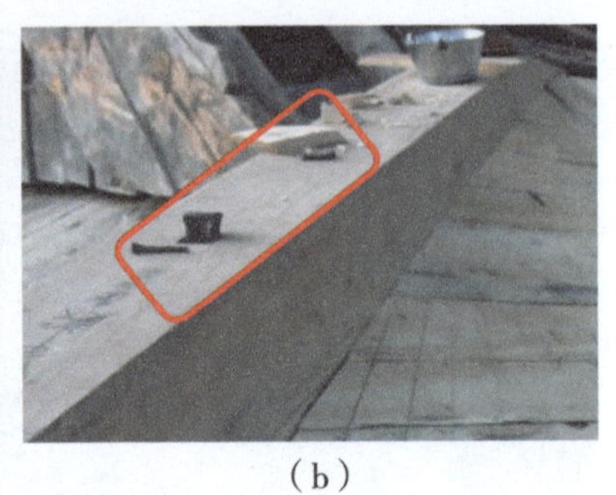
（b）

图 2-110　钉角梁钉

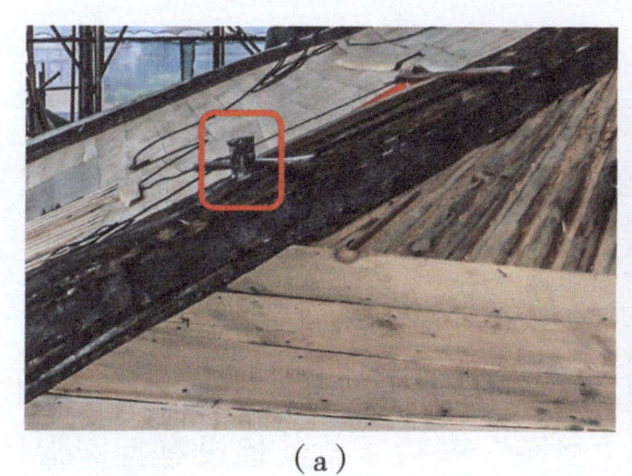
(a)

(b)

图 2-111　钉角梁

图 2-112　角梁砍圆棱

二、里掖角角梁的制作

1. 角梁的构成

里掖角通常称为窝角梁，它外形与外转角压金角梁相似，下层通长老角梁，上层楔形仔角梁，两层构件叠压，组合成完整角梁。详见图 2-113。

图 2-113　里掖角（窝角）老、仔角梁

2. 角梁的功能定位

老角梁是建筑物里掖角两方向相交分界的构件，是承托两方向檐椽在里掖角部分对接终结的终端构件。

仔角梁是建筑物里掖角两方向相交分界的构件，是承托两方向飞椽在里掖角部分对接终结的终端构件。详见图 2-114。

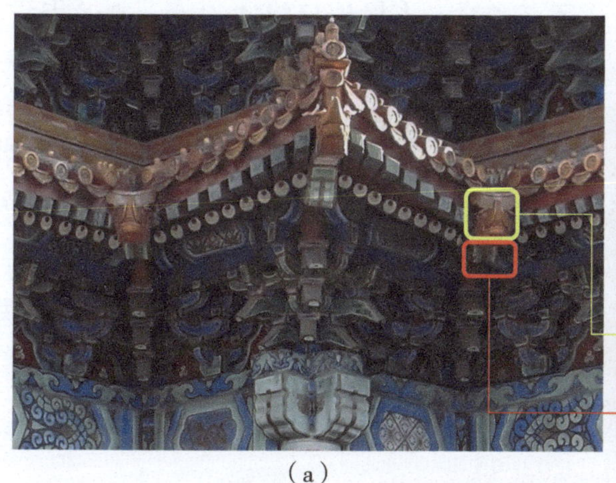

(a)

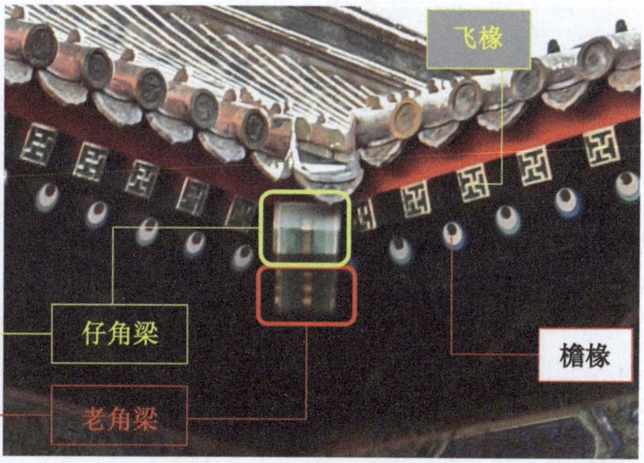

(b)

图 2-114　里掖角（窝角）两方向檐椽、飞椽檐口对接终端：老、仔角梁

3. 角梁的种类

如果按外转角角梁中扣金、插金和压金的做法来区分种类的话，里掖角角梁的种类只有一种，只是由于所处建筑物转角部位的不同角度（四方、六方等）在尺寸上有一些不同，再就是根据建筑物的大小式类别在仔角梁梁头的头饰上有所区别，其他没有不同。详见图 2–115。

4. 里掖角角梁特殊的尺度指标

在里掖角中，通常是两个方向的檐口在同一个标高上，对于老或仔角梁来说，只要保证它们的上皮标高与正身檐椽、飞椽的上皮标高一致，用行话说就是“交圈”就行了，其他没有特殊指标。如果碰到转角部位两个方向的檐口不在同一个标高上且差距不是很大时，就需要在角梁的断面尺寸上做出调整，两侧不等高，分别去追两边的檐口；如果两个方向的檐口标高差距很大，单靠调整角梁的断面尺寸来追两方向檐口的标高无法做到，这时就要考虑在两个方向中的某一面调整正身檐口的标高，否则就很难做到两个方向檐口的“交圈”。详见图 2–114。

5. 里掖角（窝角）角梁的定位、放样（划线）

（1）相关部位的认识　同外转角角梁，此处略。

（2）放样（划线）　有两种方法：方法 1 是按蜈蚣檐、飞椽的标高去决定里掖角老、仔角梁的标高；方法 2 是按正心桁（檩）斜桁椀桁（檩）中定位的方法决定里掖角老、仔角梁的标高。这两种方法各有千秋。第一种方法严谨准确，能保证蜈蚣檐、飞椽檐口的标高与正身檐、飞椽檐口的标高一致，只是在划线过程中要先划出蜈蚣檐、飞椽才能定位里掖角老、仔角梁的标高，稍显烦琐。第二种方法可直接在正心檩（桁）斜桁椀檩（桁）举高中定位里掖角老、仔角梁的标高。这种方法简单、省事，但不如第一种方法严谨、精准，虽然不会在后续的安装中带来太多的剔改操作，但不能精准到位，尤其是里掖角角梁，它是与正身檐口一平的，如果在高度上有了些许误差就只能在角梁头上进行剔凿或垫补调整，势必会影响到角梁头的造型，不像外转角，即使两种做法的高度有些不一致，也只是在空间上对翘起的高度产生一些变化，但影响不大。所以，笔者推荐方法 1 的放样方法，即便是稍费些事。

①方法 1。第一步：按 3 斗口宽度弹划老、仔角梁仰视平面图的中线、宽（厚）度轮廓线。

第二步：尾端适当位置定点搭交（或合角）金檩（桁）平面老中 ● A 点；

自 ● A 点按廊步架尺寸加斜向前定点正心檩（桁）平面老中 ● B 点；

自 ● B 点按斗栱拽架尺寸加斜向前定点挑檐檩（桁）平面老中 ● C 点；

自 ● C 点按老檐平出、小檐平出尺寸加斜向前定点檐椽、飞椽檐口线 ● D 点、● E 点详见图 2–115。

第三步：按里掖角角度自 ● A 点、● B 点、● C 点双方向划出金檩（桁）、正心檩（桁）、挑檐檩（桁）平面老中线及各檩（桁）平面轮廓线、金盘线。

第四步：按 ● D 点、● E 点划出檐椽、飞椽檐口线，此线与角梁两侧外皮交点定为 ● D′点、● E′点，依此两点向前各按 0.75 斗口（0.5 椽径）定老角梁头端点、仔角梁头端点。

第五步：自平面 ● A 点向上引线适当位置定点搭交（下）金檩（桁）侧立面老中；按檐步架、举高尺寸向前定位正身正心檩（桁）、挑檐檩（桁）侧立面老中。

第六步：平面 ● B 点、● C 点上引至与正身各桁（檩）同高位置划出（下）金、正心、挑檐。

各桁（檩）斜桁椀，划法参考图 2–40、图 2–44、图 2–45。

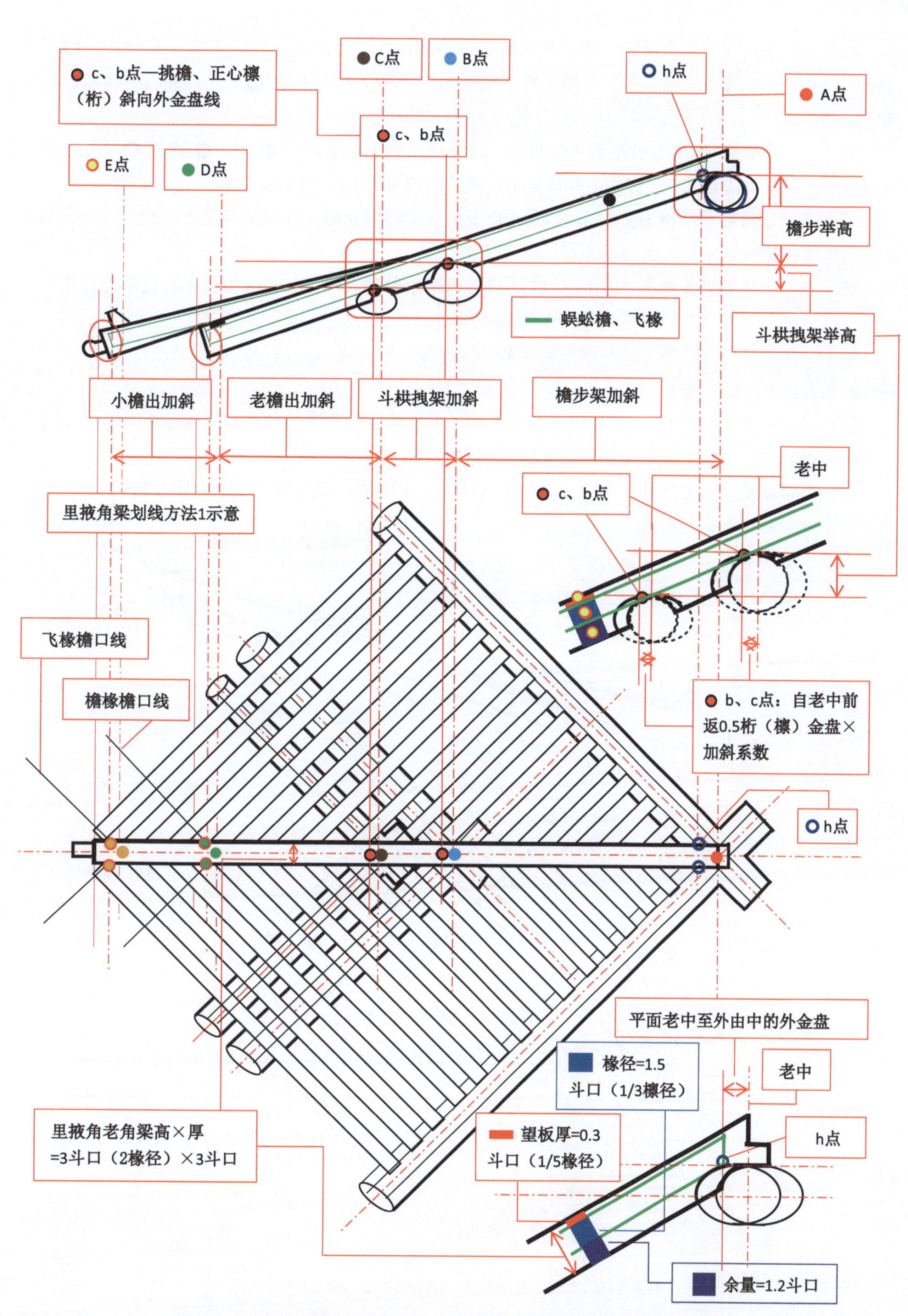

图 2-115　各桁（檩）、里掖角梁、蜈蚣椽、正身椽平面及各点位对应示意

第七步：按搭交（下）金桁（檩）平面外由中外金盘线与老角梁外皮轮廓线平面相交点 ○ h 点（图 2-37）向上引线与搭交（下）金桁（檩）侧立面斜桁椀上皮相交定 ○ h 点，此点为蜈蚣檐椽尾端底皮基点。

第八步：自平面 ● 点上引至侧立面挑檐、正心檩（桁）外金盘定 ● 点，● 点与 ○ h 点连线为翼角椽底皮线，向上返 1.5 斗口划出翼角椽上皮线；再按 0.3 斗口上返划出望板线。

第九步：自角梁平面 ● D 点向前 0.75 斗口上引至角梁侧立面，与翼角椽望板线相交，交点即为老角梁端头；同外转角方法定位小连檐、翼角椽头、尾。

第十步：自角梁平面 ● E 点向前 0.75 斗口上引至角梁侧立面；翼角椽望板延长线即为仔角梁头部底皮线，端头上返 3 斗口交点即为仔角梁端头。

第十一步：按一飞二尾（或一飞二尾半或一飞三尾，同正身）自仔角梁端头划出仔角梁上皮线；同外转角方法定位蜈蚣飞椽。

第十二步：参考图 2-67 方法划出老角梁头饰；老角梁后尾刻半等掌榫，划线方法同图 2-42；套兽榫或三岔（椽）头头饰另加尺寸同图 2-69～图 2-81。

至此，带斗栱里掖（窝角）角梁（方角）放线方法 1 完成。详见图 2-115、图 2-116。

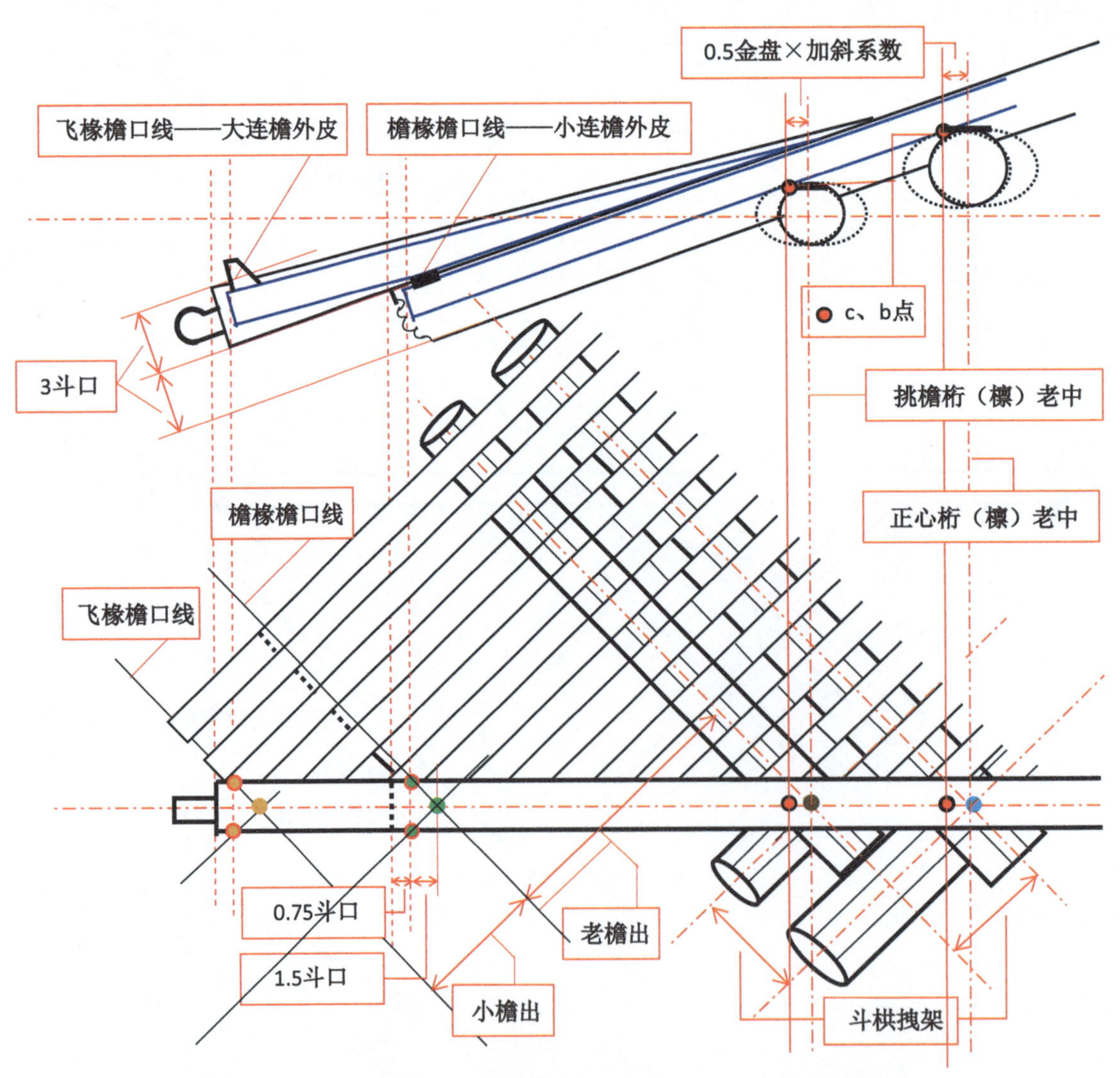

图 2-116 方法 1 里掖角老、仔角梁梁身、梁头定位示意

说明如下。

a. 方法 1 中老、仔角梁梁背的高度定位为望板上皮，详见图 2-114，这种方法抬高了角梁，使角梁腹（底）面檩（桁）椀刻口少刻了望板厚，加大了有效截面积，有利于角梁的受力，是科学的方法，只是在安装施工中需要在角梁背面两侧裁出仔口来承托住望板，稍显费工；还有做法是蜈蚣檐、飞椽上皮即老、仔角梁上皮，这样安装时望板可以直接铺钉在角梁上，这样安装起来省工省力，只是角梁檩（桁）刻口要深一些，不利于角梁的受力。如果此建筑荷载不是很大，比如出檐小或不是琉璃屋面等，可以采用这种省力的做法，但一定要在保证角梁能满足受力的前提下才能使用。

b. 本案例仔角梁为套兽榫头饰，实物中也多见三岔（椽）头头饰（图 2-117），其细节做法参考外转角角梁三岔（椽）头头饰。

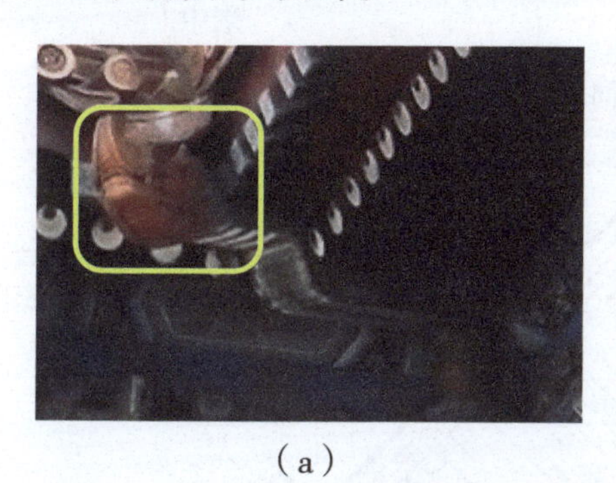

（a）

（b）

图 2-117 套兽榫、三岔（椽）头头饰示意

c. 蜈蚣檐、飞椽排列方向与正身椽同，与老、仔角梁抹角钉接，不剔椽槽，亦不划椽当，安装时按正身椽当现场派划。

d. 大、小连檐刻口直接钉附在老、仔角梁梁头上，两方向合角相交。

方法 1 重点：上述划线方法步骤繁多，各点位对应不是一目了然，对于初学者来说不易熟练掌握，现将重点尺度、步骤提炼出来，便于记忆掌握，其余的细节再对照图 2-115、图 2-116 进行消化。

a. 步架加斜，举高同正身。

b. 斜桁椀各点引自平面。

c. 椽位定高:（下）金檩（桁）——外由中的外金盘加斜，图 2-115、图 2-116 中 ○ 点；挑檐、正心檩（桁）——外金盘加斜，图 2-115、图 2-116 中 ● 点。

d. 檐、飞椽檐口线撞角梁 ● D、● E 点，另加 0.75 斗口（半椽径）为老、仔角梁端头。

图 2-115、图 2-116 和图 2-118、图 2-119 中：

● A 点：平面（下）金檩（桁）老中。

● B 点：平面（檐）正心檩（桁）老中。

● C 点：平面挑檐檩（桁）老中。

● D 点：平面檐椽檐口线与角梁中交点。

● D ′点：平面檐椽檐口线与角梁两侧外皮交点。

● E 点：平面飞椽檐口线与角梁中交点。

● E ′点：平面飞椽檐口线与角梁两侧外皮交点。

○ h 点：平面，搭交（下）金檩（桁）外由中外金盘线与老角梁外皮轮廓线平面相交点；立面，平面点上引与搭交（下）金檩（桁）斜桁椀上皮相交点。

● c 点、b 点：立面挑檐、正心檩（桁）外由中的外金盘。

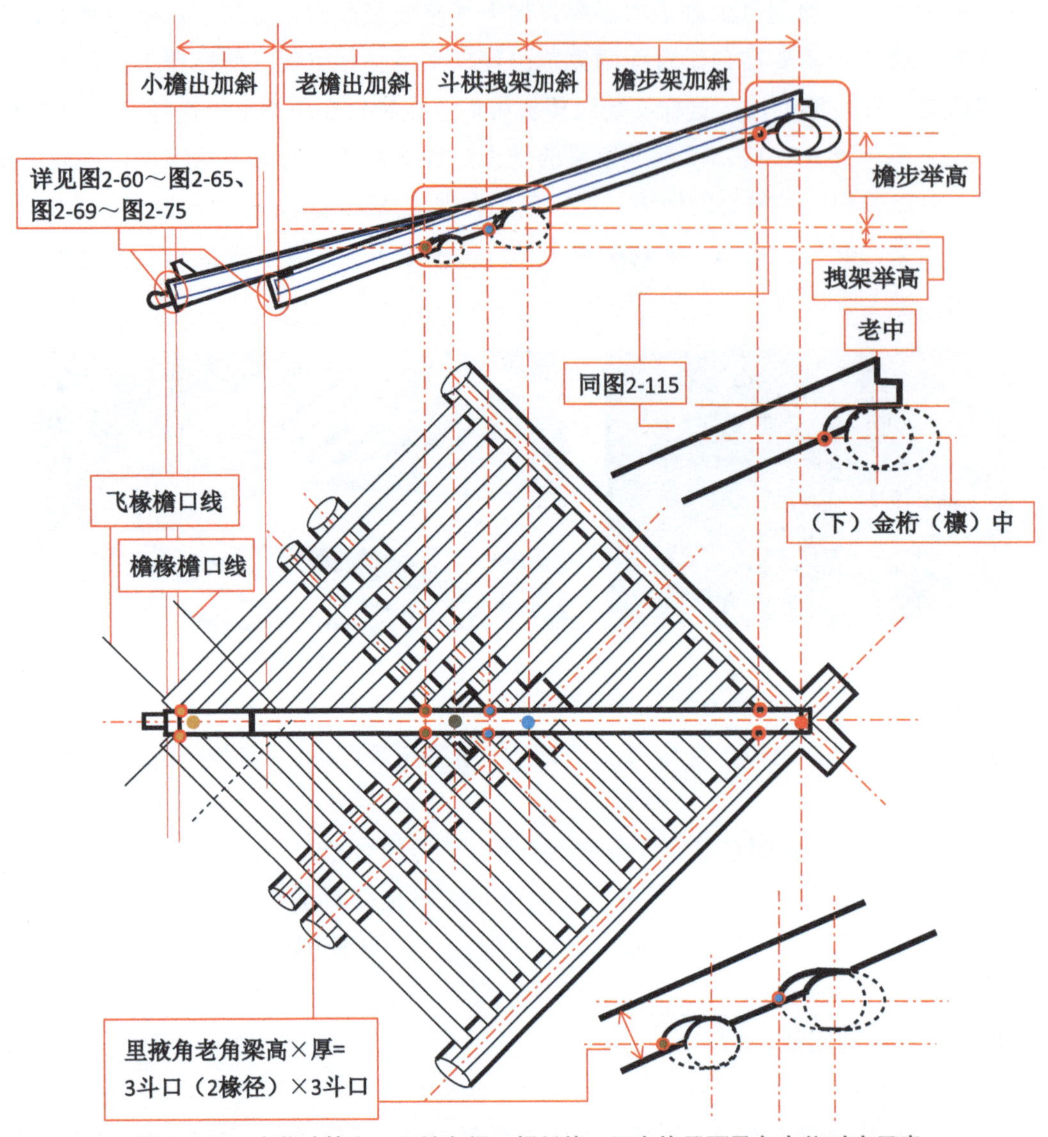

图 2-118　各桁（檩）、里掖角梁、蜈蚣椽、正身椽平面及各点位对应示意

②方法 2。第一步至第四步同方法 1。

第五步：自平面 ● A 点上引至适当位置定点搭交（下）金檩（桁）举高中；自 ● B 点、● C 点上引至适当位置按檐步举高、斗栱拽架举高定正心檩（桁）、挑檐檩（桁）立面举高中。

第六步：老角梁平面外皮轮廓线与搭交（下）金檩（桁）外皮轮廓线交点定 ○ a 点；与正心檩（桁）外皮轮廓线交点定 ● b 点；与挑檐檩（桁）外皮轮廓线交点定 ● c 点；三点上引线与举高檩（桁）中相交定举高 ○ a 点、● b 点、● c 点，按各檩（桁）径划出（下）金、正心、挑檐檩（桁）斜桁椀，划法参考图 2–40、图 2–44、图 2–45。

第七步：○ a 点与 ● b 点连线为老角梁底皮线，上返 3 斗口（2 椽径）划出老角梁上皮线；上皮线与平面老角梁头端点相交并依此线见方向下划出老角梁端头，头饰划法同图 2–61；尾饰刻半等掌榫划线方法同图 2–40。

第八步：按檐椽檐口线划出小连檐口子（厚 0.45 斗口或 1.5 倍望板厚，宽 1.5 斗口或 1 椽径），老角梁划线完成。

第九步：老角梁上皮划延长线为仔角梁底皮线，按底皮方角上返 3 斗口定仔角梁端头，出套兽榫或三岔（椽）头头饰另加尺寸，划法同图 2-81。

第十步：自仔角梁端头点按正身飞椽一飞二尾半或一飞三尾尺寸加斜定长，呈楔形，与端头点连线划出仔角梁上皮线。详见图 2-119。

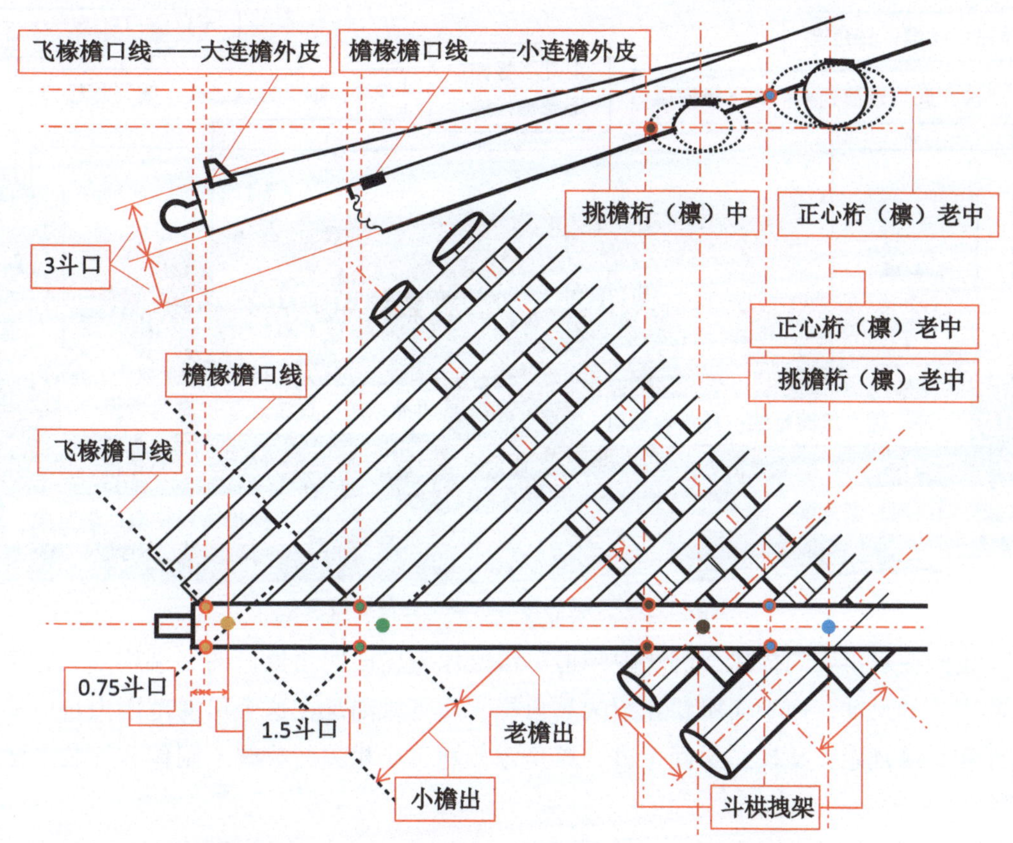

图 2-119 方法 2 里掖角老、仔角梁梁身、梁头定位示意

至此，带斗栱里掖（窝角）角梁（方角）放线方法 2 完成。

方法 2 重点：上述划线方法步骤繁多，各点位对应不是一目了然，对于初学者来说不易熟练掌握，现将重点尺度、步骤提炼出来，便于记忆掌握，其余的细节再对照图 2-115 ～图 2-119 进行消化。

a. 步架加斜，举高同正身。

b. 斜桁椀各点引自平面。

c. 斜桁椀定高：金桁（檩）外轮廓线与角梁外轮廓线交点，图 2-119 中 ○ a 点；

正心桁（檩）外轮廓线与角梁外轮廓线交点，图 2-119 中 ● b 点；

两点为基准连线，为老角梁底皮线并依此线定挑檐檩（桁）椀 ● c 点。

d. 檐、飞椽檐口线撞角梁外皮，向前另加 0.75 斗口（半椽径）为老、仔角梁端头。

6. 角梁制作

里掖角角梁的制作与外转角角梁的制作流程、用材标准基本相同，只是仔角梁头大连檐口子的做法与外转角仔角梁大连檐口子有所不同，里掖角仔角梁上不用做出大连檐口子，两方向大连檐直接钉在仔角梁梁头上，合角相交。其余做法与外转角角梁的制作方法基本相同，可作参考，此处略。

三、外转角翼角椽、翘飞椽的制作

“飞檐翘角”是中国传统建筑中最具特色的构造部分，飞檐是指建筑正身部分的屋面、屋檐，翘角则指的是建筑翼角部分的屋面、屋檐，这两部分的檐口线连接、延续在一起形成了建筑主体平直庄重、四角昂扬灵动的屋檐轮廓（图 2–120）。

图 2–120　飞檐翘角与正身、翼角檐口示意

前面，我们在对角梁的描述、讲解中知道了角梁作为屋面四角檐口的终端构件，它掌控着“翘起”和“冲出”的尺度，而下面所要介绍的翼角椽、翘飞椽则是在这个尺度范围内自成体系的一整套做法标准和尺度规定，从操作层面上讲，翼角椽、翘飞椽相关的放线、制作和安装方法其技术含量是很高的。

1. 配置

中国传统建筑的屋檐多是双层椽子对应叠落配置，下层檐椽在殿堂、坛庙、府邸、衙署建筑中多为圆形椽，园林杂式及小式民居建筑中多为方形椽；上层是飞椽，方形椽；少有单层配置的，只是一层檐椽，没有飞椽；三层配置也有，一层檐椽，两层飞椽，更为少见，笔者仅在北京普渡寺见到过。

在翼角中，翼角椽对应檐椽，翘飞椽对应飞椽，配置与正身部分是一样的。详见图 2–121、图 2–122。

2. 排列方式

在清官式做法中，翼角椽、翘飞椽的排列方式都是放射状排列（图 2–123 ～图 2–127），与我国南方及日本古（仿古）建筑中多见的平列状排列方式有所不同。详见图 2–128 ～图 2–130。

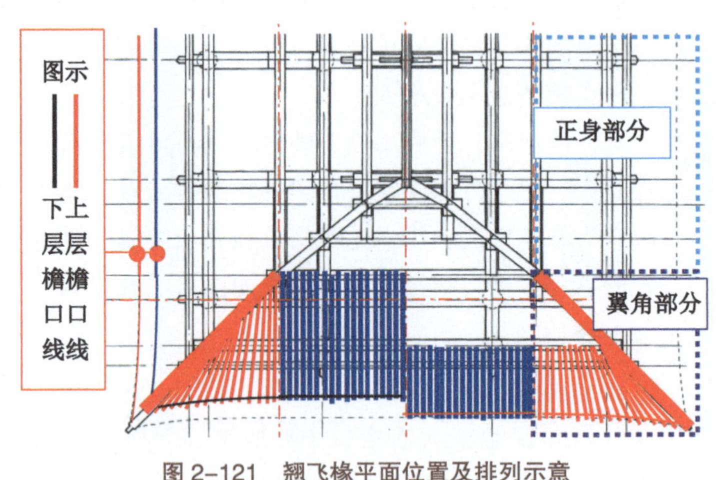

图 2–121　翘飞椽平面位置及排列示意

下层檐椽；翼角椽；上层飞椽

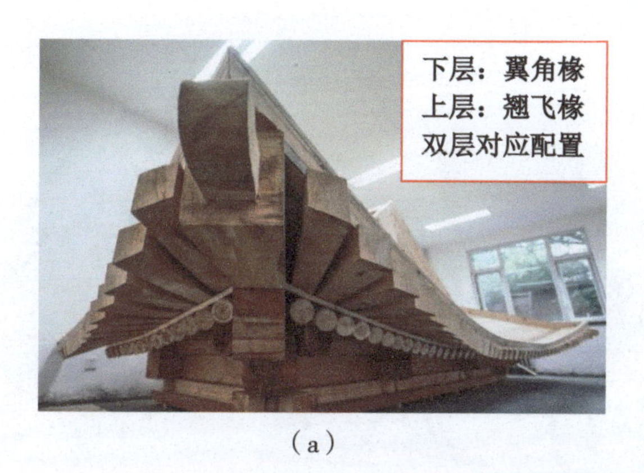

（a）

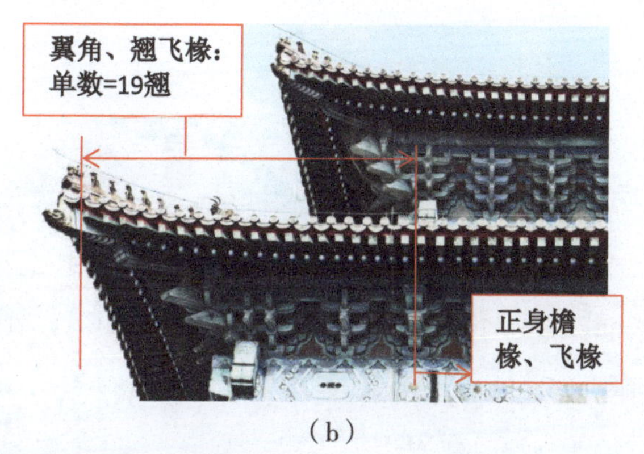

（b）

图 2-122 翼角椽、翘飞椽的配置及根数控制

图 2-123 放射状排列：下层翼角椽

图 2-124 放射状排列：上层翘飞椽

图 2-125 放射状排列示意

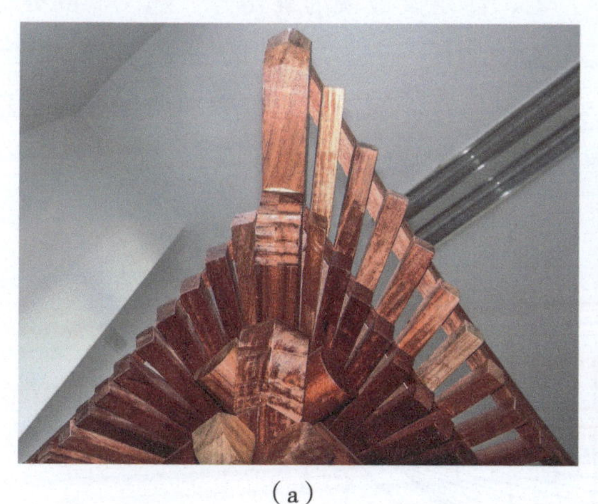

（a）

（b）

图 2-126 放射状排列：双层椽

图 2-127 放射状排列：单层椽

（a）

（b）

图 2-128 平列状排列：双层椽、单层椽

图 2-129 平列状排列：翼角后尾

(a)

(b)

(c)

图 2–130　平列状排列：单层椽

3. 根数确定、编号及椽花分点方法

（1）单数配置　在清官式做法中，翼角椽配置的总根数不限，根据建筑物檐步架、斗栱拽架和平出檐的大小确定，只是通常都要求是单数配置“取单不取双”。需要说明的是，在我国现存古建筑中，翼角椽双数配置的也有不少，就像开间椽子的数量要取双数而实物建筑中也常见单数椽一样，都有特例。这样的数量配置是追求翼角椽当和正身椽当的一致而忽略了椽数的单、双。所以不能简单地凭着数量的单与双来认定做法的对错，只是我们在构建仿古建筑或没有实物、原始资料留存时尽量按“取单不取双”这个规矩做，因为在翼角中，老、仔角梁被视为翼角椽、翘飞椽的终端构件，它们也位列椽数之中，而且在确定翼角尺度中，无论是“冲”还是“翘”的尺度，都源自于老、仔角梁，可以说老、仔角梁就是真正意义上的“第一翘”翼角椽、翘飞椽，单数翼角椽再加上这根“第一翘”就是双数，这样也就和建筑物其他开间椽为“双数”的规定契合了。

翼角椽、翘飞椽平面排列顺序详见图 2–131。

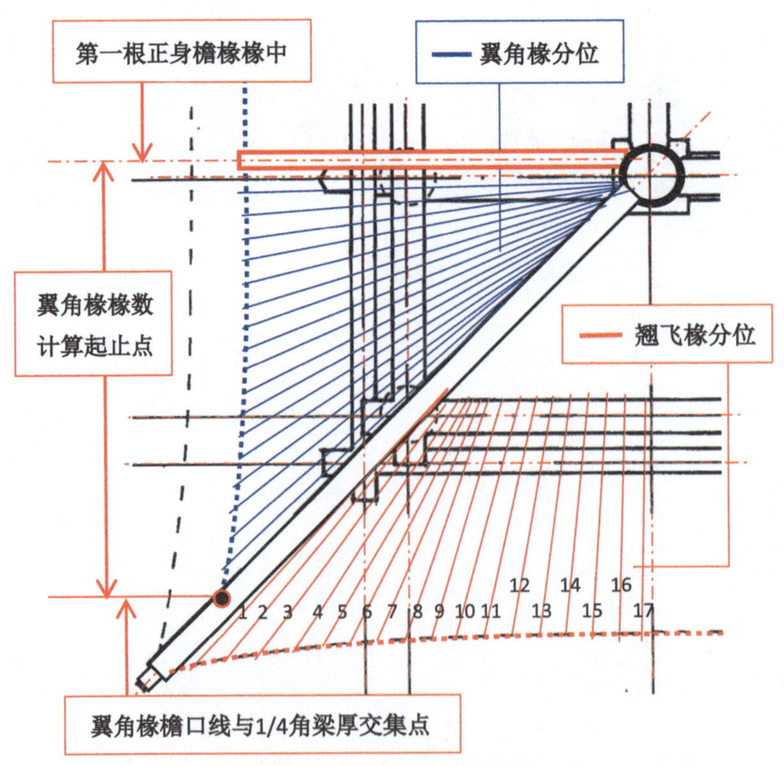

图 2–131　翼角椽、翘飞椽平面排列顺序 1 翘 ~ 17 翘

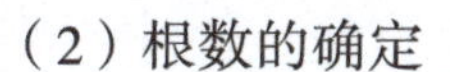

（2）根数的确定

①大式带斗栱方角建筑：（廊（檐）步架 + 斗栱出踩尺寸 + 平出檐尺寸）÷（1 椽 +1 当尺寸），得数取整数并且取单数，如得数为双数则“宜密不宜稀，遇双数加一取单”。

②大式不带斗栱方角建筑：（廊（檐）步架 + 平出檐尺寸）÷（1 椽 +1 当尺寸），得数取整数，取单数。如得数为双数，则“宜密不宜稀，遇双数加一取单”。

关于翼角椽根数“宜密不宜稀，遇双数加一取单”的做法在清《工程做法》和《清式营造则例》中笔者没有查到，只是有“翼角翘椽以成单为率，如逢双数，应改成单”的记载。笔者在 20 世纪 70 年代参加工作初学翼角时老师傅传授的是“遇双减一”，后来实践中知道了“遇双加一”的做法。通过几次的实践笔者认识到：在大式建筑方角翼角中，由于建筑出檐大，翼角部分所含的面积也大，这时，遇到上面的情况时就可以“遇双加一”，这样的好处一是翼角椽多了，荷载安全上加大了保险系数；再者，从地面看翼角没有了稀疏的感觉，变好看了，只是翼角椽多了，增加了木材用量也增加了人工成本；如果建筑的出檐小，特别是遇到杂式的六方、八方亭子这类规模较小的建筑时，翼角椽的数量就可“遇双减一”，因为这类的建筑出檐小，安全上不会产生大的问题，对外观的影响也不大，而且还能降低成本。总之，翼角椽数是“加一”还是“减一”要综合建筑物的整体尺度来考虑，首先要保证的是翼角部分的安全，其次才是美观和成本。

还有一个需要考虑到的因素是椽子通常是双层配置，而翼角部分的椽子是自室内方向向外放射状排列，下层翼角椽靠近室内，排列密，椽头椽当小；当翘飞椽放射状排列到椽头时椽当就要比翼角椽的椽当大许多，所以，无论是加还是减，翼角部分的椽当都一定要小于正身椽的椽当，否则到了翘飞椽的檐口，翘飞椽的椽当就会大于正身飞椽的椽当。这一点在确定翼角椽数量时一定要考虑到。

大式带斗栱方角建筑翼角同尺寸翼角椽数增一、减一翘确定方法平面疏密对比如图 2-132 所示。

（3）分点椽花（分位）

①翼角椽定位方法。自第一根正身檐椽椽中檐口线起始至翼角椽檐口与角梁厚 1/4 交接点●止，这段曲线为檐口线，在图 2-133 中设为 A。

A 除以翼角椽椽数另加 1 根，这个尺寸就是每根翼角椽椽中～中的尺寸，设为 a。

自翼角椽檐口线与角梁交接点●向正身方向按 a-0.7 椽径在檐口小连檐上定点，此点为第一翘翼角椽椽中，然后，自（下）金檩中向角梁端返 0.5a 定最后一翘翼角椽中线；按 a 尺寸依次在小连檐上划出各翼角椽椽中线。

②翘飞椽的定位方法。自翼角椽椽中线向翘飞椽檐口延伸，过划到翘飞椽檐口线（大连檐）上即可。

③小结。分点椽花计算公式为 $a=A$ ÷（翼角椽根数 +1 根）。

式中，a 为翼角椽椽中～中的尺寸。

分点椽花方法是：自●向正身方向返 a-0.7 椽径定 1 翘中线；自（下）金檩中向角梁端返 0.5a 定最后一翘翼角椽中线；顺序按 a 尺寸定各翘中线。

（4）顺序编号　翼角、翘飞椽平面放射状排列，自角梁左右两侧起按 1、2、3、……翘顺序向正身部分排列并编号，编号要求写明位置“左”或“右”翘，例如“左 2”“右 3”……

“左、右”区分方法为：面向角梁端头，左侧即为左翘，右侧即为右翘。详见图 2-134。

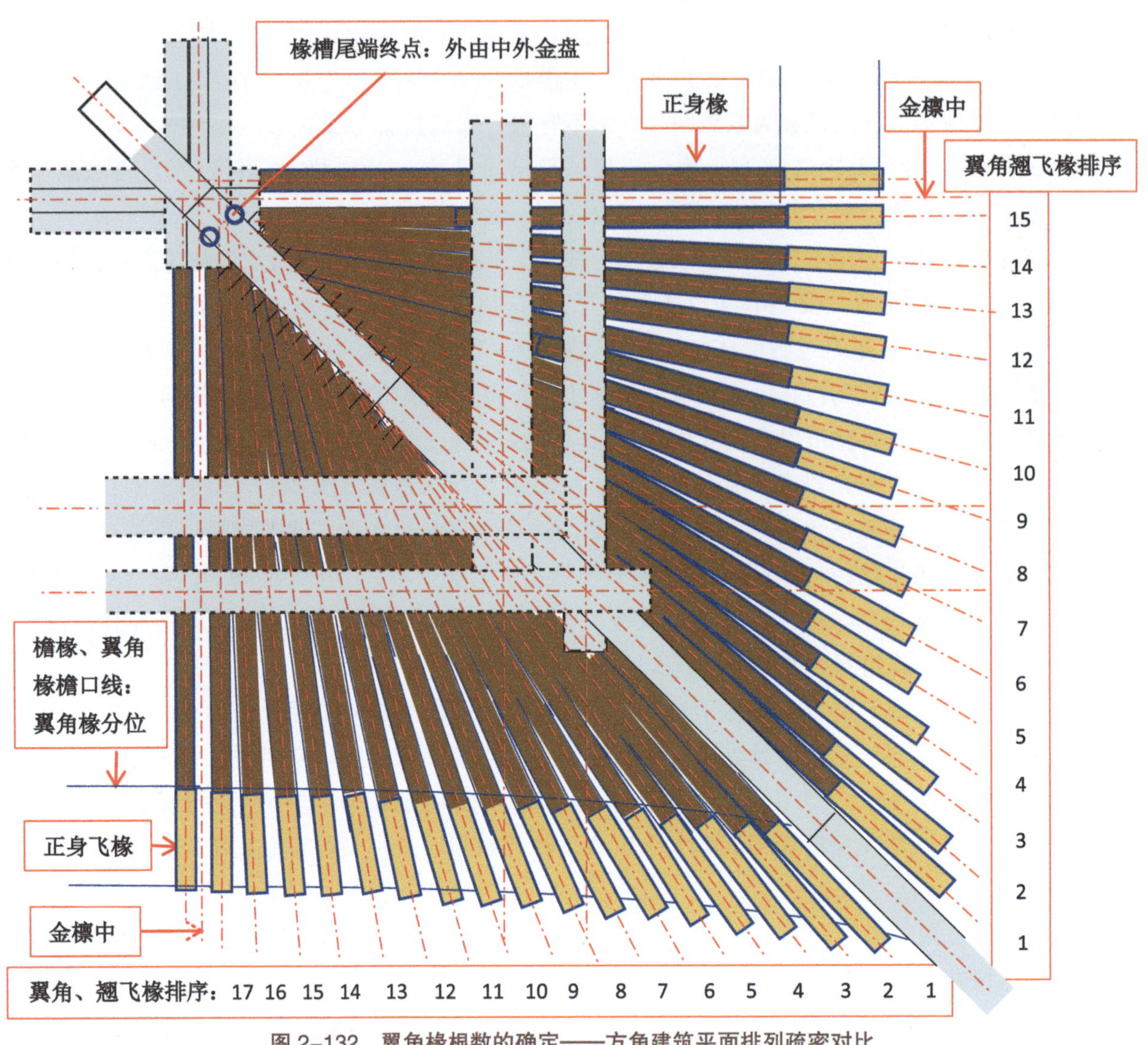

图 2-132 翼角椽根数的确定——方角建筑平面排列疏密对比

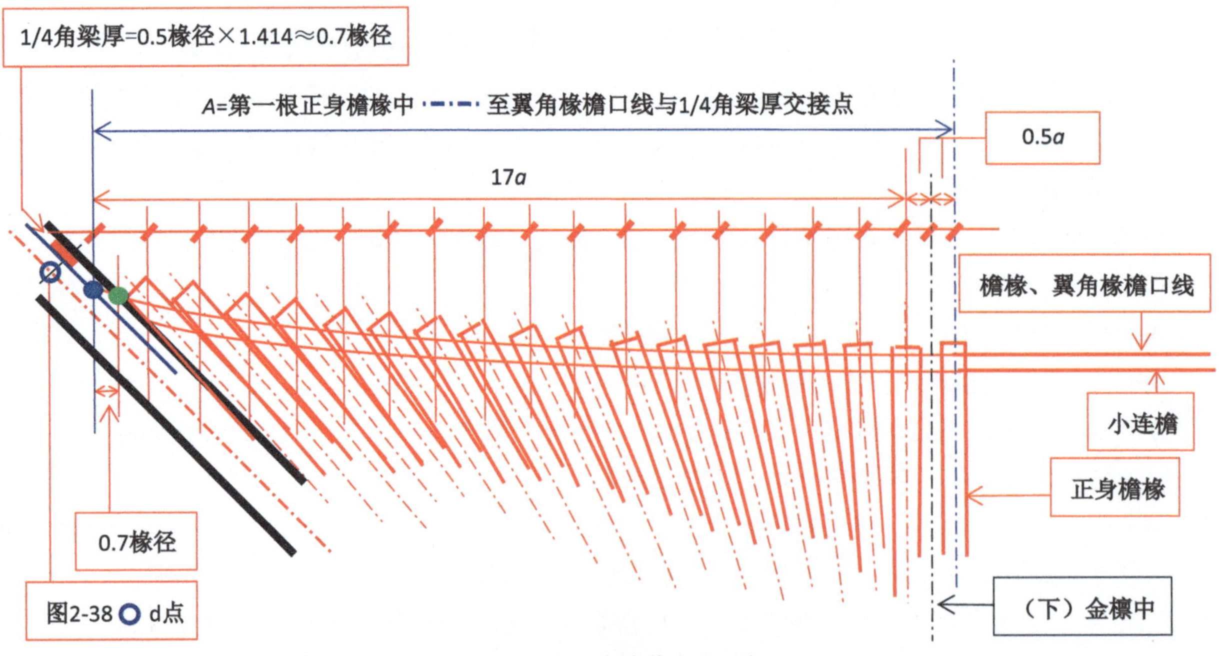

图 2-133 分点椽花方法示意

（a）

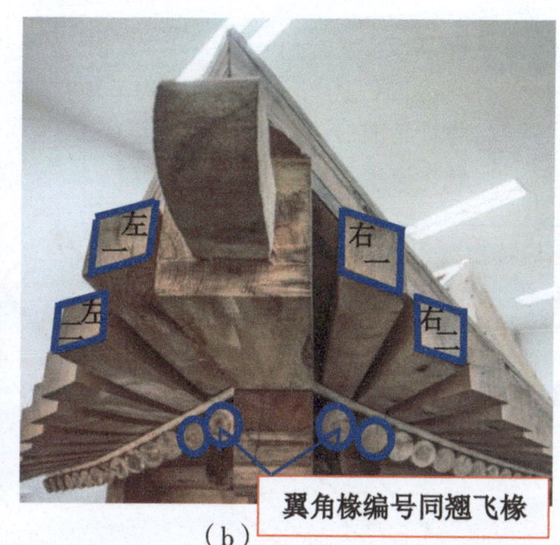

（b）

图 2-134　翼角椽、翘飞椽编号示意

4. 翼角椽、翘飞椽中的“冲、翘、撇、扭”及其他的认识

（1）冲与翘　在前面角梁中我们知道了翼角的造型之所以特殊，就在于它的冲与翘（图 2-135～图 2-137），而冲与翘的关键尺度都反映在角梁之上。

作为翼角一部分的翼角椽、翘飞椽是翼角终端构件——角梁与正身构件檐椽、飞椽之间的过渡构件，通过它们的过渡，将冲与翘的尺度细化分配到每一根翼角椽、翘飞椽，使翼角的冲出、翘起曲线和缓自然，更具美感。

翼角椽、翘飞椽中的冲、翘尺度源自于角梁。

（2）撇与扭　在清官式做法中，撇向简称为“撇”，扭向简称为“扭”，都是官式建筑的特有名称，专指官式建筑的翼角椽、翘飞椽在翼角部位的空间形态，也是区别多类非官式建筑翼角椽、翘飞椽（暂以官式名称冠之，下同）非常明显的特征。

①撇。清官式做法的撇向要求安装完的成品翘飞椽及方形翼角椽的腹、背两面与呈曲线状的大、小连檐底面平行附实；在圆形翼角椽中，要求椽背做出“金盘”并要求“金盘”与呈曲线状的小连檐底面平行附实；要求翘飞椽及方形翼角椽的两侧帮垂直，圆形翼角椽中，不存在侧帮垂直的问题，因此不要求。

在清官式做法撇向要求中，椽“两侧帮垂直”的规定最为重要，它的存在导致了每一根翘飞椽因在翼角中所处的檐口曲线位置不一造成“撇”度不一，因而给放线和制作带来了一定的难度，这也就是官式建筑中翼角部分的技术含量较高的原因之一了。

图 2-135　翼角椽、翘飞椽檐口翘起

图 2-136　翘飞椽檐口翘起

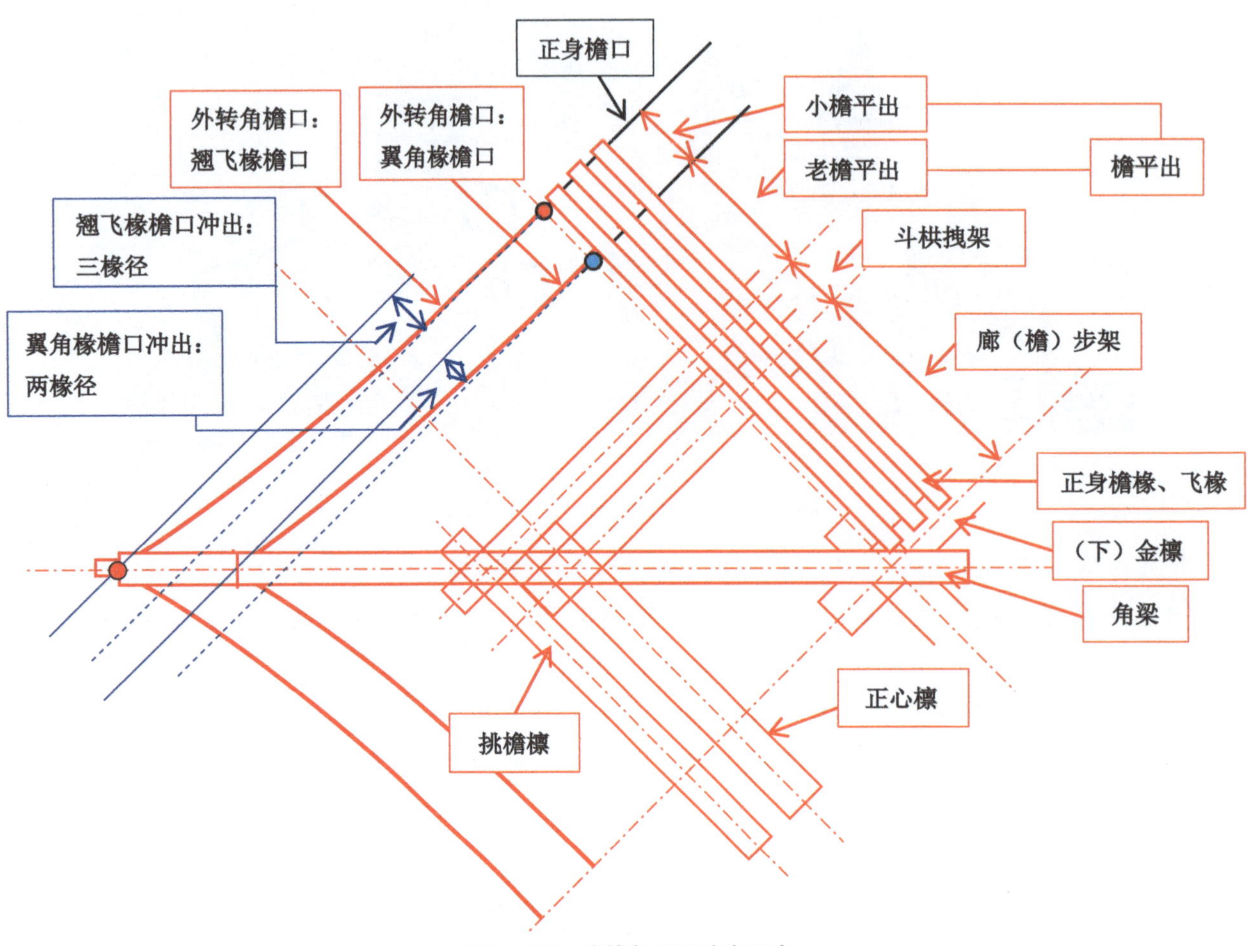

图 2-137　外转角平面冲出示意

我们先从实景照片中（图 2-138、图 2-139）认识一下官式建筑中翼角椽、翘飞椽的撇向，然后对常见的非官式做法翼角椽、翘飞椽中的撇向加以比较，相信我们对这两种做法的不同之处会有更深刻的了解，也会更认同官式建筑翼角部分做法的难度了。翘飞椽、方、圆形翼角撇向示意见图 2-140。

（a）　（b）

图 2-138　官式建筑翼角椽、翘飞椽的空间形态

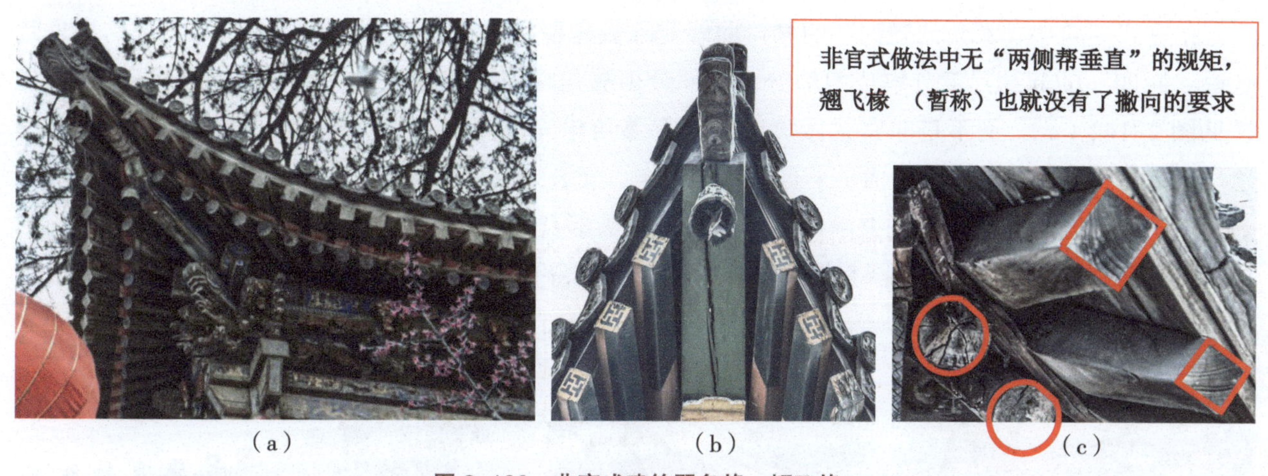

（a） （b） （c）

图 2-139 非官式建筑翼角椽、翘飞椽

注：（暂以官式名称冠之）的空间形态。

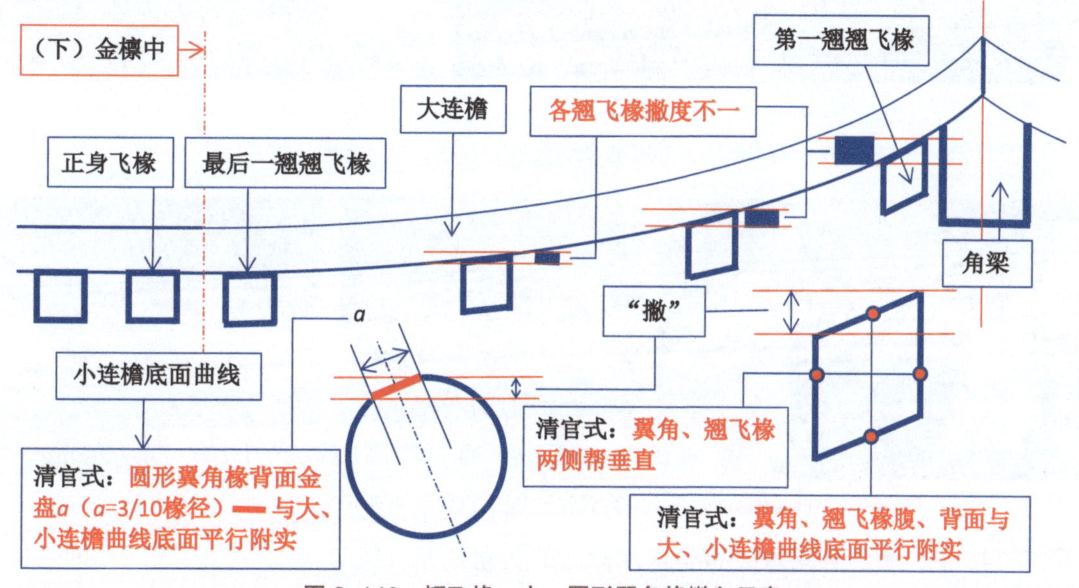

图 2-140 翘飞椽、方、圆形翼角椽撇向示意

②扭。清官式做法的扭向仅在翘飞椽中有要求，翼角椽无论是方形椽还是圆形椽都没有扭向的要求。这是因为翼角椽腹、背面是平直的，而翘飞椽的腹、背面是折线状的，不在一条直线上。这道折线以翼角椽檐口线为界，前端探出部分称为翘飞椽的头部，檐口线以里部分称为翘飞椽尾，这道折线称为翘飞母，因与椽侧帮不垂直也被俗称为扭脖（图 2-141）。

（a） （b）

图 2-141 官式做法翘飞椽背面折线及扭脖示意

在官式建筑中，翼角“翘四”的檐口曲线是靠翼角椽檐口线和翘飞椽檐口线共同完成的，也就是说“翘四”的起翘尺度分解成两部分，一部分由翼角椽完成翘起，另一部分由翘飞椽完成翘起，详见图 2-142（a），而不是非官式做法中完全靠翼角椽完成翘起，一步到位，详见图 2-142（b）；翘飞椽则与正身飞椽一样椽背面是平直的，其制作、安装方法与正身飞椽大致相同，详见图 2-143。

正是由于官式做法的这些要求，导致了翘飞椽头部自翘飞母处要向上翘起，来完成分配给它的翼角檐口翘起尺度，这就是翘飞椽腹、背面在翘飞母处会有折线而不是平直的原因。

图 2-142　官式做法、非官式做法成品翼角椽和翘飞椽檐口线对比示意

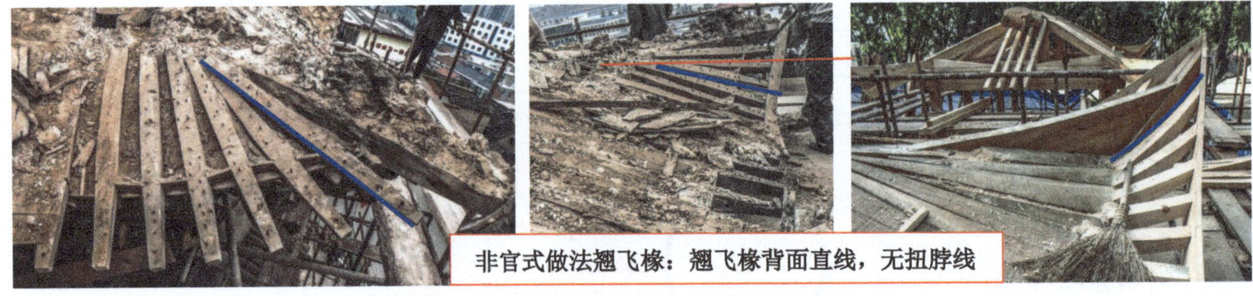

图 2-143　非官式做法翘飞椽背面平直示意

在图 2-148 中，通过官式做法和非官式做法的翼角椽檐口线与翘飞椽檐口线之间的对比可以看到官式做法翼角椽檐口线与翘飞椽檐口线之间的高差是自正身檐椽与正身飞椽起逐渐增大，虽然照片因角度原因有失真变形的情况，但还是可以由此判断出翘飞椽与翼角椽翘起的高度不是平行的，与非官式做法二道檐口线基本平行有区别，说明翘飞椽本身也带了翘。在图 2-144、图 2-145 中，通过对官式与非官式做法的成品翘飞椽的对比更是印证了这两种做法在翘飞椽上的这种区别。

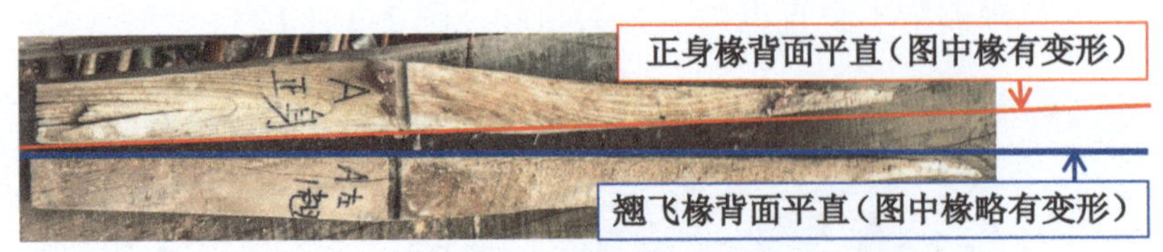

图 2-144　非官式做法正身椽与翘飞椽对比示意

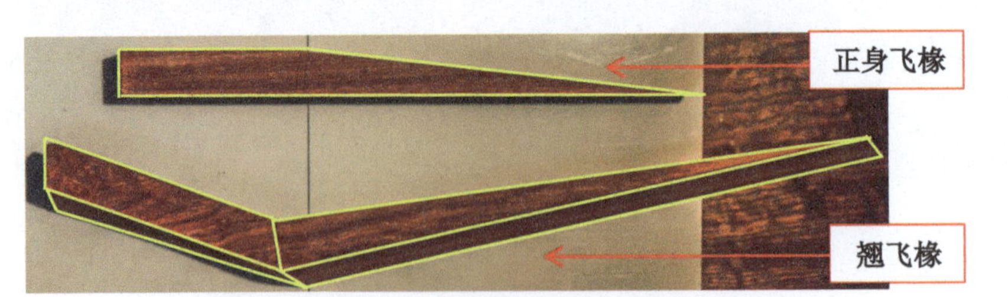

图 2-145　官式做法正身椽与翘飞椽对比示意

"翘飞椽起翘"的规矩让翘飞椽有了扭向的要求，下面再从图 2-146～图 2-149 中详细了解、认识一下扭向及它的一些细节要求。

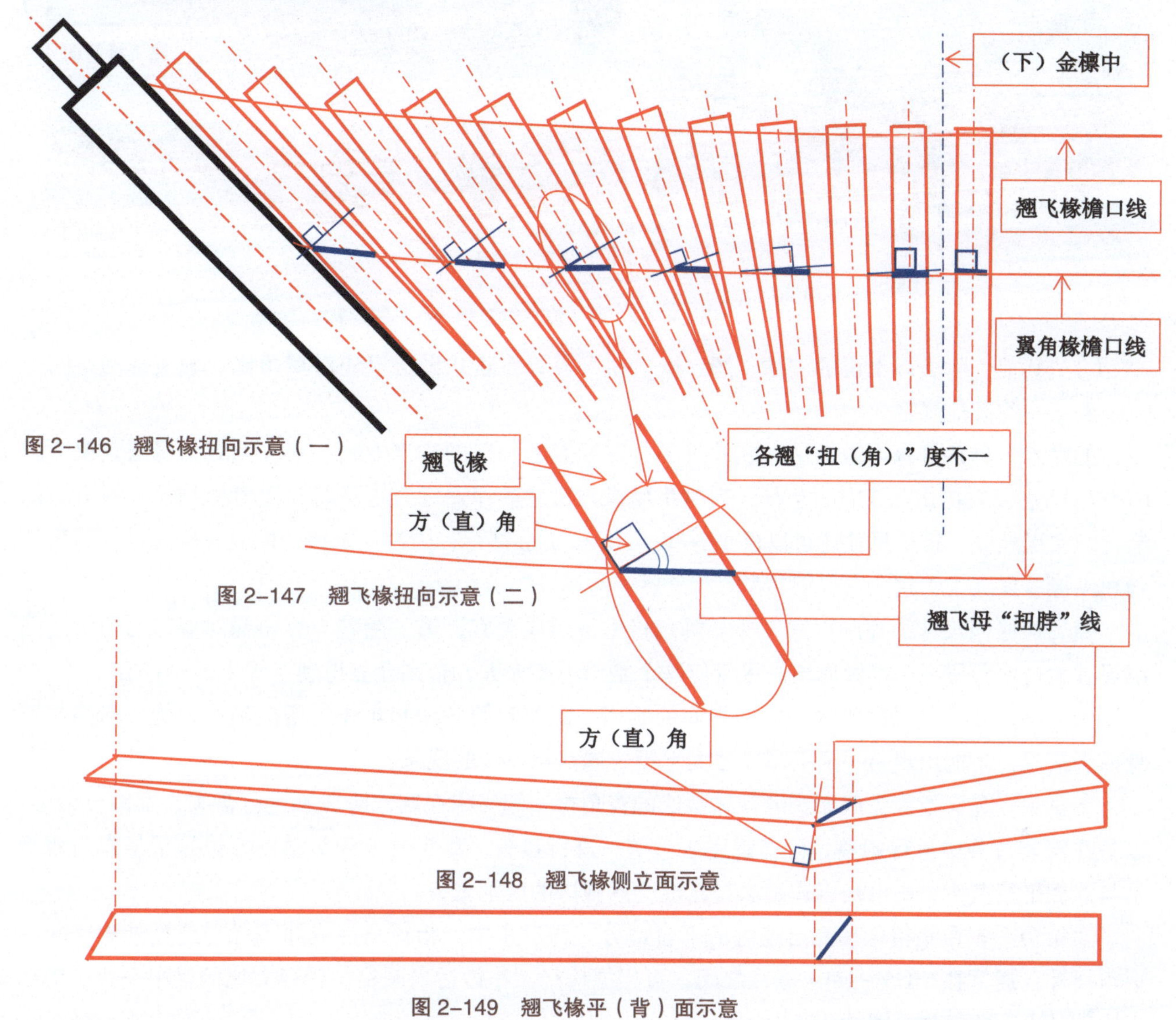

图 2-146　翘飞椽扭向示意（一）

图 2-147　翘飞椽扭向示意（二）

图 2-148　翘飞椽侧立面示意

图 2-149　翘飞椽平（背）面示意

从图 2-146 中可以看出，翘飞椽的扭脖线实际上就是翼角椽檐口线在翘飞椽上的投影。我们知道，翼角椽的檐口线是自正身部位逐渐向角梁端平面冲出、立面翘起的一道平、立面曲线。这道檐口的立面曲线决定了自正身飞椽背面平直到每根翘飞椽背面折线翘起的高度，反映在翘飞椽"头"上的立面形态就是"撇"；而檐口的平面曲线则决定了每根翘飞椽背面折线冲出的角度，反映在翘飞椽"脖"上的平面形态就是"扭"。

通过以上所讲的我们试着梳理一下翘飞椽："椽侧帮垂直"和"翘飞椽起翘"这两个官式做法规矩，让翘飞椽有了"撇"和"扭"，也让翘飞椽成了一个既"皮楞—扭曲"又"窜角—不方正"的这样一个歪七扭八的特殊构件（图 2-150）。这在其他非官式建筑中是少见的，也是区分官式与非官式建筑的方法之一。

"冲翘尺度源自于角梁，撇扭形态展现于翘飞"，这概括了官式建筑翼角中冲、翘、撇、扭的做法规矩，也体现出古人匠师的聪明才智、奇想妙招，所以才有了"从工匠角度讲，翼角这部分的技术含量与难度在木作技术中是相当高的"这个说法。

（a）　（b）　（c）

图 2-150　翘飞椽形态示意

（3）其他　除去以上说的“冲、翘、撇、扭”外，在官式做法里还对翼角椽、翘飞椽的空间形态做出了一些其他规定。

①椽当。翼角椽椽当遵循“一翘伸进手，二翘跟着走”的排当方法：第一翘翼角椽与角梁之间的空当尺寸控制在20～30mm左右，其他几翘椽当尺寸顺序递增至正身时与正身椽当尺寸接近。以笔者的实操经验，这个尺寸还可以再小一些，10～20mm都行，因为这个尺寸的翼角椽椽当放射延伸到翘飞椽就很大了，这一点仅供参考。

翘飞椽椽当尺寸的控制以翘飞椽与翼角椽上下对应为宜，第一翘若与翼角椽对应后与角梁之间空当过大可向角梁方向稍做调整，尽量使这个空当不要太大，否则会显得翘飞椽太散不好看。

无论是翼角椽还是翘飞椽，它们之间的空当一定要自第一翘起顺序递增至最后一翘，椽当与正身椽当接近，不能出现第一翘空当尺寸大于第二翘空当尺寸的现象。

②盘头。盘头指椽头截面。清官式做法的翼角椽、翘飞椽在制作阶段不进行盘头，都留出余量，以备在安装过程中进行调整，待安装完成后统一进行盘头。盘头时，椽头截面与椽侧帮呈直角而不是与连檐平行截头，这也是官式做法与其他一些做法的区别之一。

③雀台。雀台是指椽头探出连檐的平台部分。在翼角中，指翼角椽或翘飞椽与连檐外皮之间的短角尺寸，通常在（1/5～1/3）椽径之间，可根据椽径大小做适当调整，椽径大比例就小一些，椽径小比例就大一些。详见图2-151。

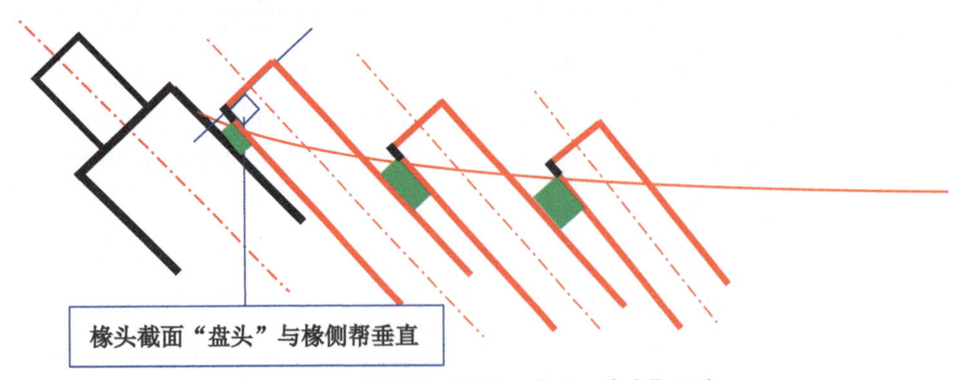

图 2-151　翘飞椽“椽当、盘头、雀台”示意

注：▬“雀台”：自连檐外皮至翘飞椽头为（1/5～1/3）椽径；▬ 翘飞椽椽当。

5. 翼角椽、翘飞椽的放线方法

（1）尺度　“冲三、翘四、撇半椽、扭0.8”是前人总结出的翼角椽、翘飞椽放线、制作的尺度数据，为了记起来更容易，我们对它略作改动称为“冲三、翘四、撇五、扭八”。

①冲三。冲三是指正身飞椽椽头与仔角梁端点之间平面冲出的尺寸是3椽径，按斗口尺寸说是4.5斗口。详见图2-18～图2-20。

②翘四。翘四是指正身飞椽椽头上棱与仔角梁大连檐口子两坡面中心交点（图2-37e点 ○）之间立面翘起的尺寸是四椽径，按斗口尺寸说是6斗口。

③撇五（撇半椽）。“撇”在翼角椽和翘飞椽中的尺度是不一样的，撇五（撇半椽）是指翘飞椽的撇向尺度，严格意义上说是指仔角梁（这时，可将仔角梁视为第一翘翘飞椽）大连檐口子两坡面中心交点e点 ○ 至仔角梁侧帮交点 ● 的高差是0.5椽径（撇半椽），按斗口尺寸说是0.75斗口（图2-152）。

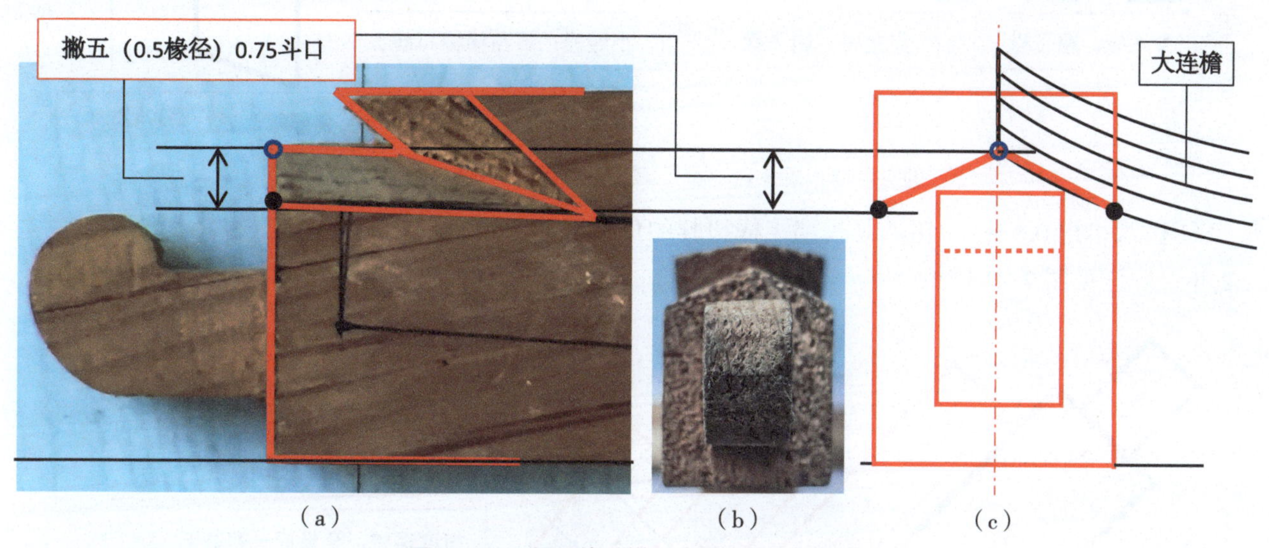

图2-152 翘飞椽“撇五（撇半椽）”示意

在翼角椽中，第一翘的撇向尺度与翘飞椽第一翘（实际为仔角梁）有所不同，是1/3椽径。为什么有这个不同呢？前面说了官式建筑翼角做法的一个特征就是它把翼角翘起的尺度分解为两部分，翼角椽翘起一部分，在它之上的翘飞椽又翘起一部分，这就导致了翘飞椽翘起的尺度也就是撇度要大于翼角椽，再加上它们所处的平面位置也不一样，就有了翘飞椽撇五（撇半椽）与翼角椽撇1/3椽的区别了。详见图2-153、图2-154。

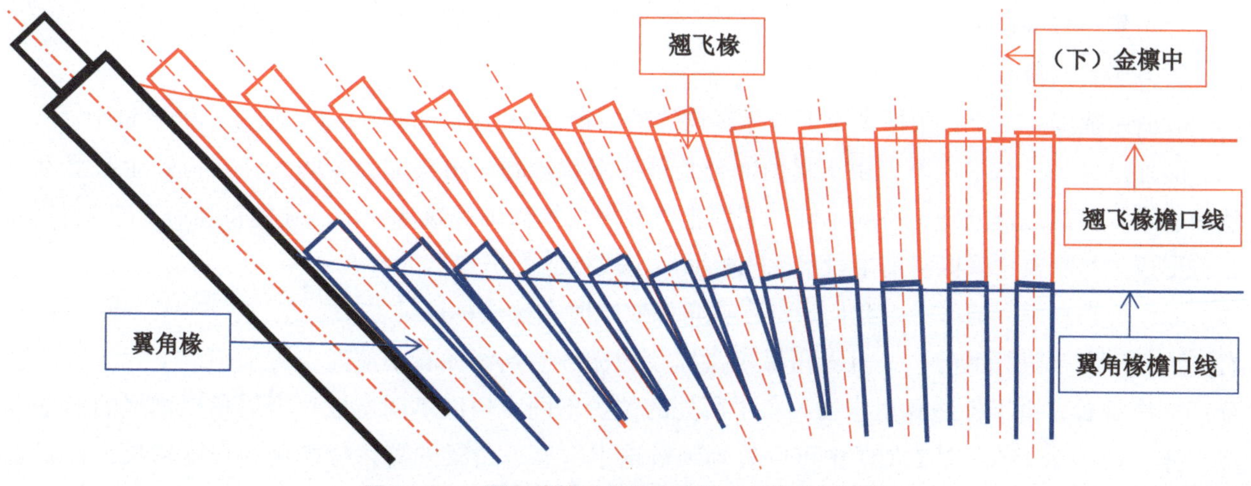

图2-153 翼角椽檐口与翘飞椽檐口平面位置示意

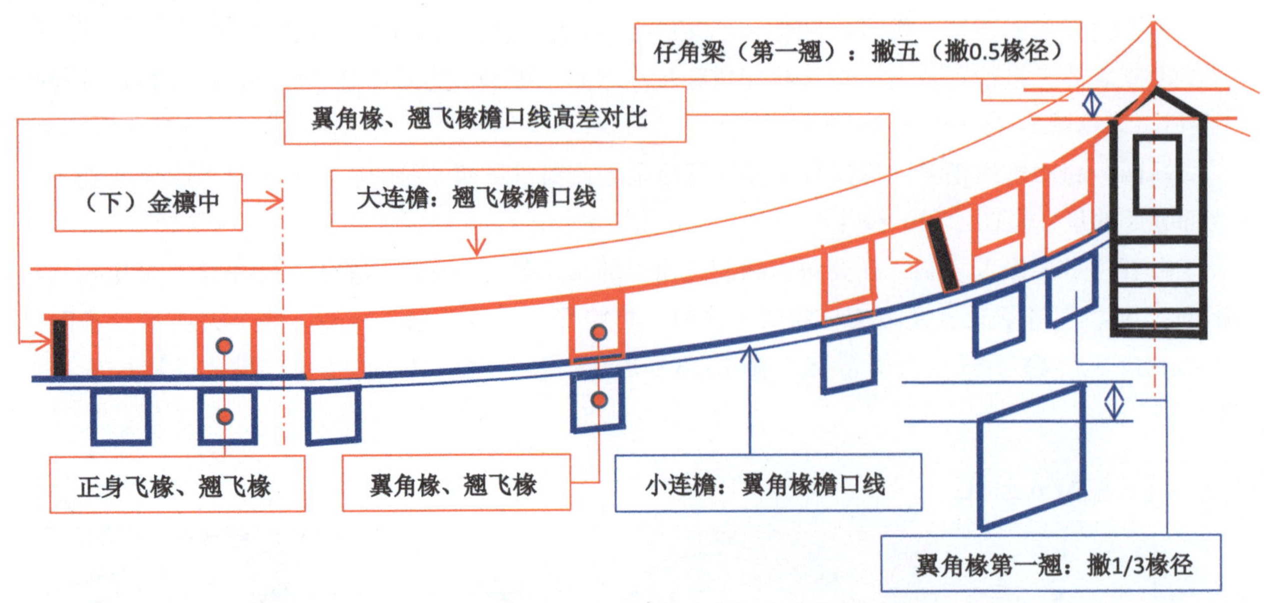

图 2-154　翼角椽、翘飞椽檐口立面翘度（撇度）示意

④扭八（扭 0.8 椽）。扭八是指翘飞椽扭脖的角度尺寸，第一翘翘飞椽扭 0.8 椽径，按斗口说是 1.2 斗口。详见图 2-155。

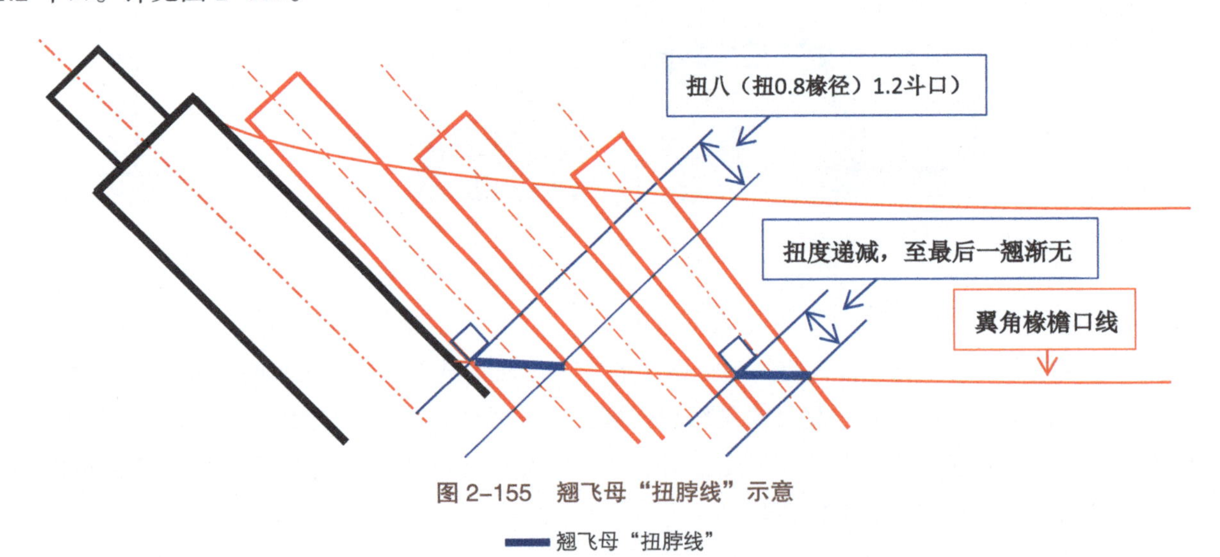

图 2-155　翘飞母“扭脖线”示意

翘飞母“扭脖线”

（2）翼角椽的认识

①方形翼角椽

a. 适用范围。方形翼角椽多用于园林建筑的亭、廊、轩、榭、阁等一些规模较小的建筑中。

b. 外形特征。从平面看，由于翼角部分是呈放射状排列，出头部分空间大，翼角椽能保留出完整的椽身，而后尾部分则是空间不够，需要把每根翼角椽砍削掉减薄一部分才能挤在一起完成安装。这就形成了每根翼角椽椽身前半段尺寸完整而后半段被砍削呈楔形的状态。

c. 左右翘和翘数的区分。我们通常在翼角椽放线时在椽头标注“左一、左二、……”或“右一、右二、……”来进行区分；一旦翼角椽椽头标注的标号遭到污损看不清时也可采用以下方法进行区分：从椽身看，由于各翘翼角椽在翼角中所处的位置不同、角度不同所以每根翼角椽楔尾的形态也不一样，在图 2-156、图 2-157 中可以看到翘数越小越靠近角梁的翼角椽楔尾的长度越长，也就是越瘦的翼角椽翘数越小；翼角椽楔形砍削的起止点在椽身左右侧也不一样，左翘是椽右侧砍削的长，左侧短；右翘则反之。从椽头看，左角高是右翘，右角高是左翘；翘度越高则翘数越小。

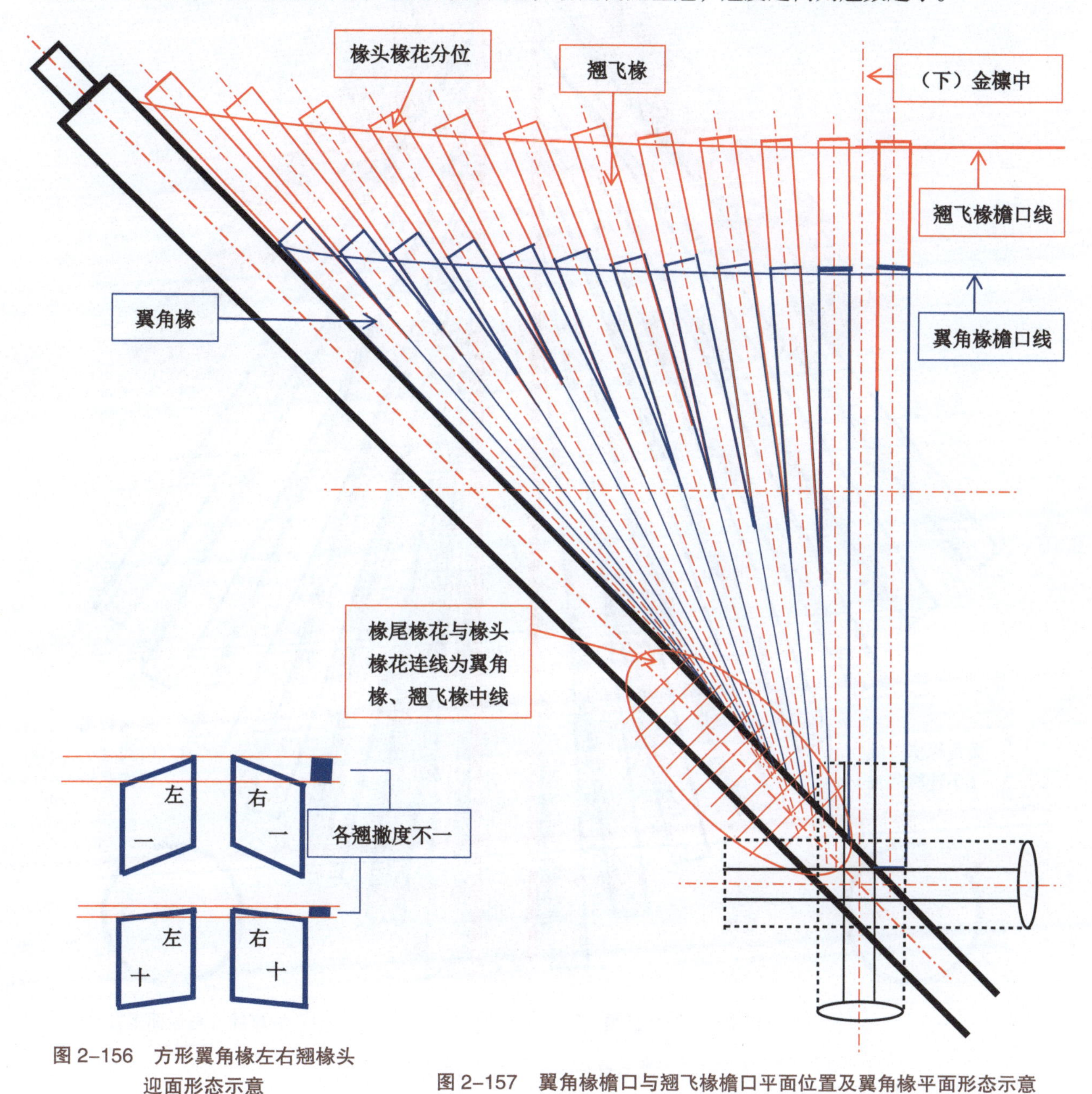

图 2-156 方形翼角椽左右翘椽头迎面形态示意

图 2-157 翼角椽檐口与翘飞椽檐口平面位置及翼角椽平面形态示意

②圆形翼角椽

a. 适用范围。圆形翼角椽多用于宫殿、庙宇、衙署、府邸等大式建筑中。

b. 外形特征。椽子背（上）面有金盘（3/10 椽径），其余与方形翼角椽相同。注：圆形翼角椽也有不做金盘的做法。

c. 左右翘的区分。由于是圆形椽，不存在侧帮垂直的问题，所以左右翘的区分除利用椽头标号外还可以利用椽上的金盘来进行判断：自椽头（金盘在上）迎面看：金盘偏左，右侧直边短、楔尾长，左侧直边长、楔尾短即为左翘；右翘反之。无论左右翘，椽直边越长翘数越大。详见图 2-158。

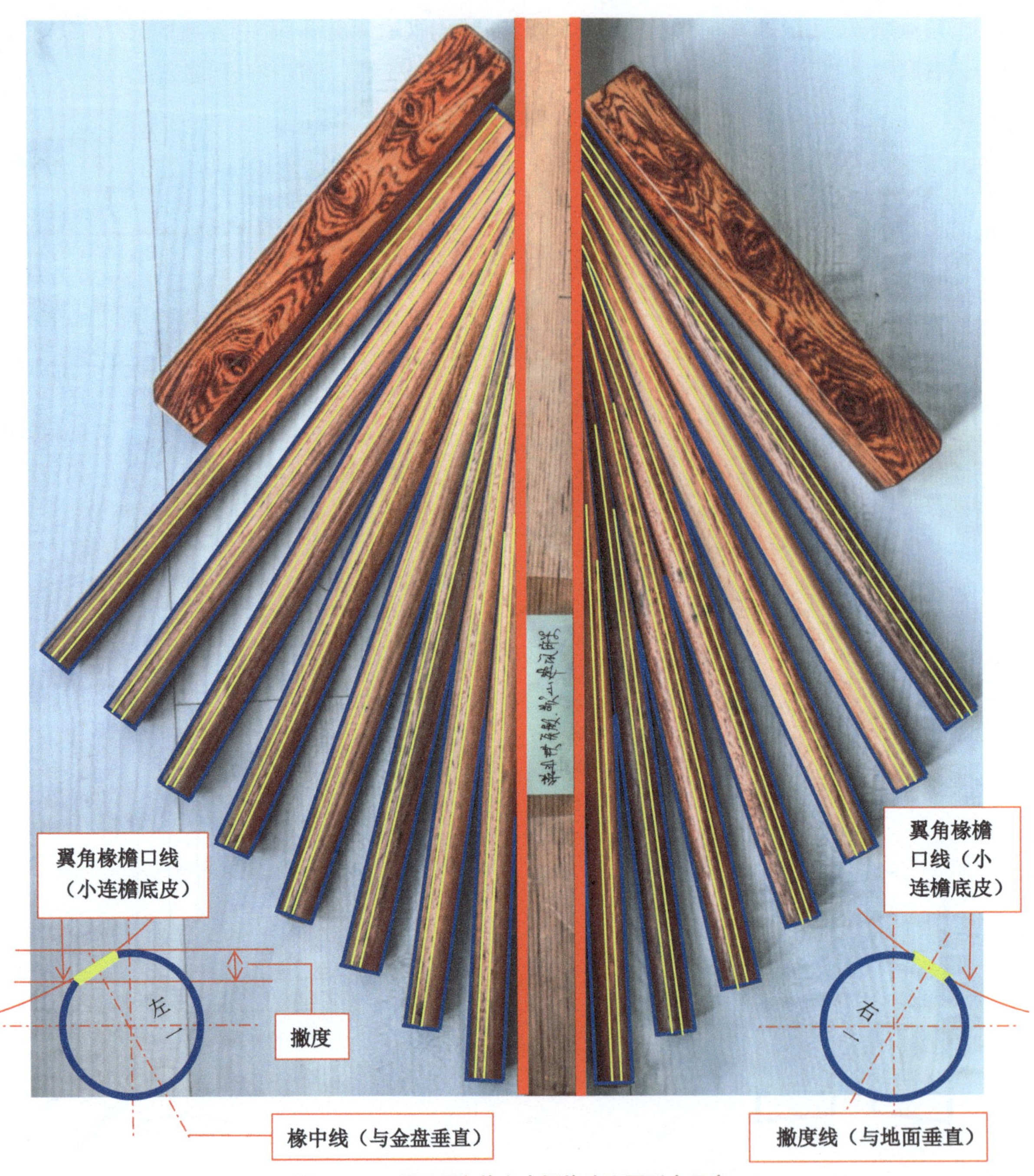

图 2-158　圆形翼角椽左右翘椽头迎面形态示意

（3）翼角椽的放线

①准备工作

a. 备料。方翼角椽用料厚按椽厚度加刨光余量；宽按椽宽度加椽撇度、锯口、刨光量、同翘椽根数相加（非添配性质通常四角（根）同翘连做）再加出适当余量；长与正身椽长同，通常情况下，为避免在安装过程中发生误差，都要加出部分余量。按以上尺寸选取锯成板材以备放线。

圆翼角椽用料按椽径刮圆、刨光并在椽头、尾迎头划出对应中线；如有做金盘要求的则按放八卦线方法弹出头、尾迎头中线、金盘线并刮刨出金盘。

b. 放线用具

ⅰ.搬增板。掌握、控制各椽头立面撇度所用。宽约 1.2 椽径，长约 1.5 椽径，厚 8～10mm 实木板或五至七合板；翼角椽、翘飞椽通用。

ⅱ.卡具。掌握、控制各椽身、尾平面宽度（肥、瘦）所用。

·方形翼角椽。头部用：宽约 2 椽径，长（4～5）椽径，厚 15～20mm 实木板。

尾部用：宽约 2.5 椽径，长（4～5）椽径，厚 15～20mm 实木板。详见图 2-159。

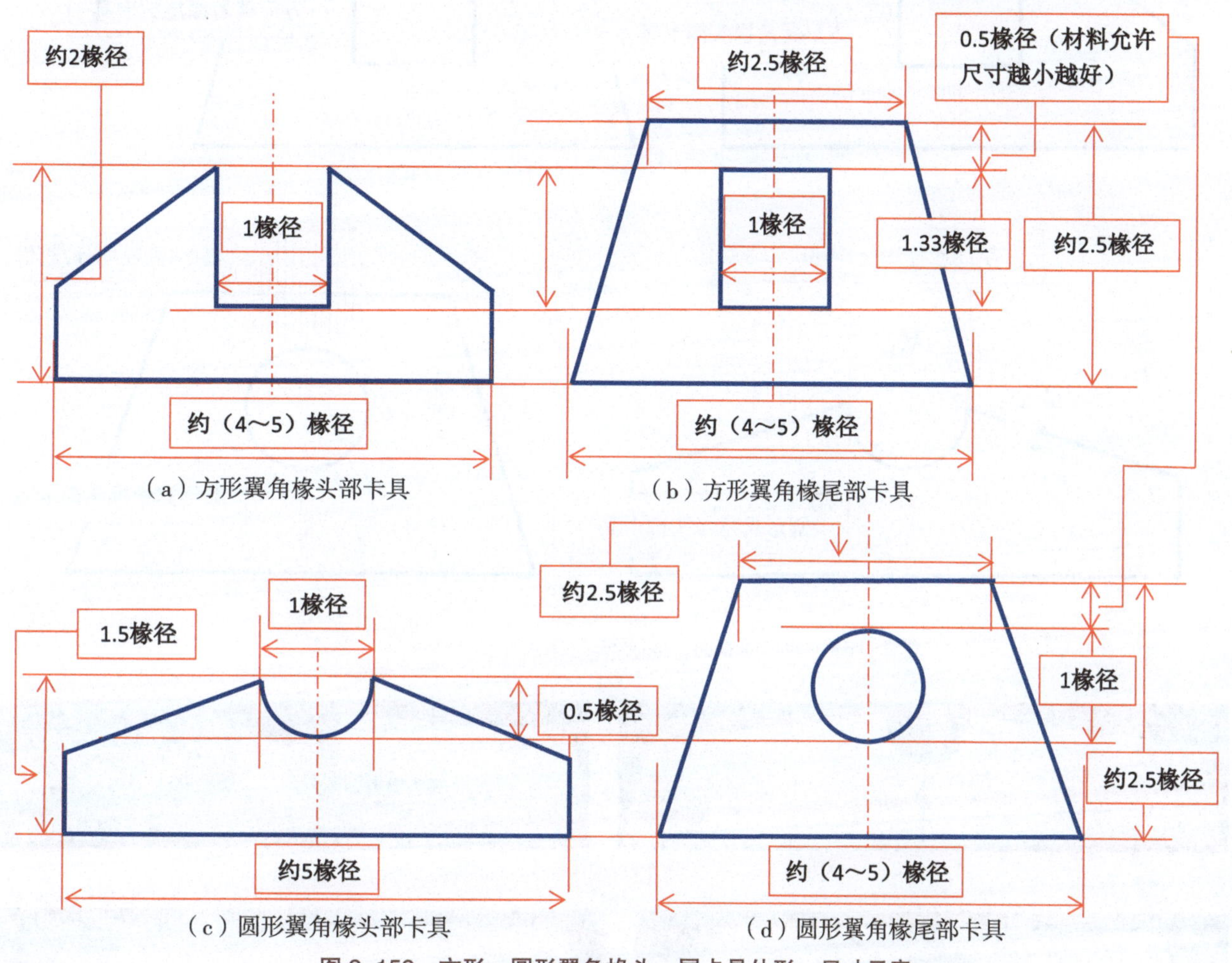

（a）方形翼角椽头部卡具　（b）方形翼角椽尾部卡具

（c）圆形翼角椽头部卡具　（d）圆形翼角椽尾部卡具

图 2-159　方形、圆形翼角椽头、尾卡具外形、尺寸示意

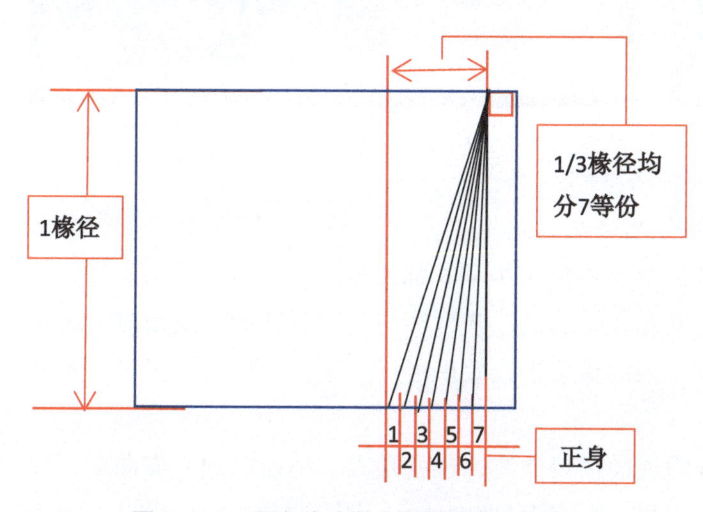

图 2-160　翼角椽头撇度搬增板定位方法

·圆形翼角椽。与方形翼角椽基本相同，此处略。

c.尺度。翼角椽的尺度源于角梁的“冲三、翘四”，它把这个尺寸分解细化到每一根翼角椽当中，每一根翼角椽的形状和尺度都不一样，第一翘椽身平面尺寸最瘦，椽头撇度最大；最后一翘椽身平面尺寸最肥，椽头撇度最小。详见图 2-153、图 2-158。

现在通常采用均分递减的排当方法来完成每一根翼角椽的放线，详见图 2-160、图 2-161。

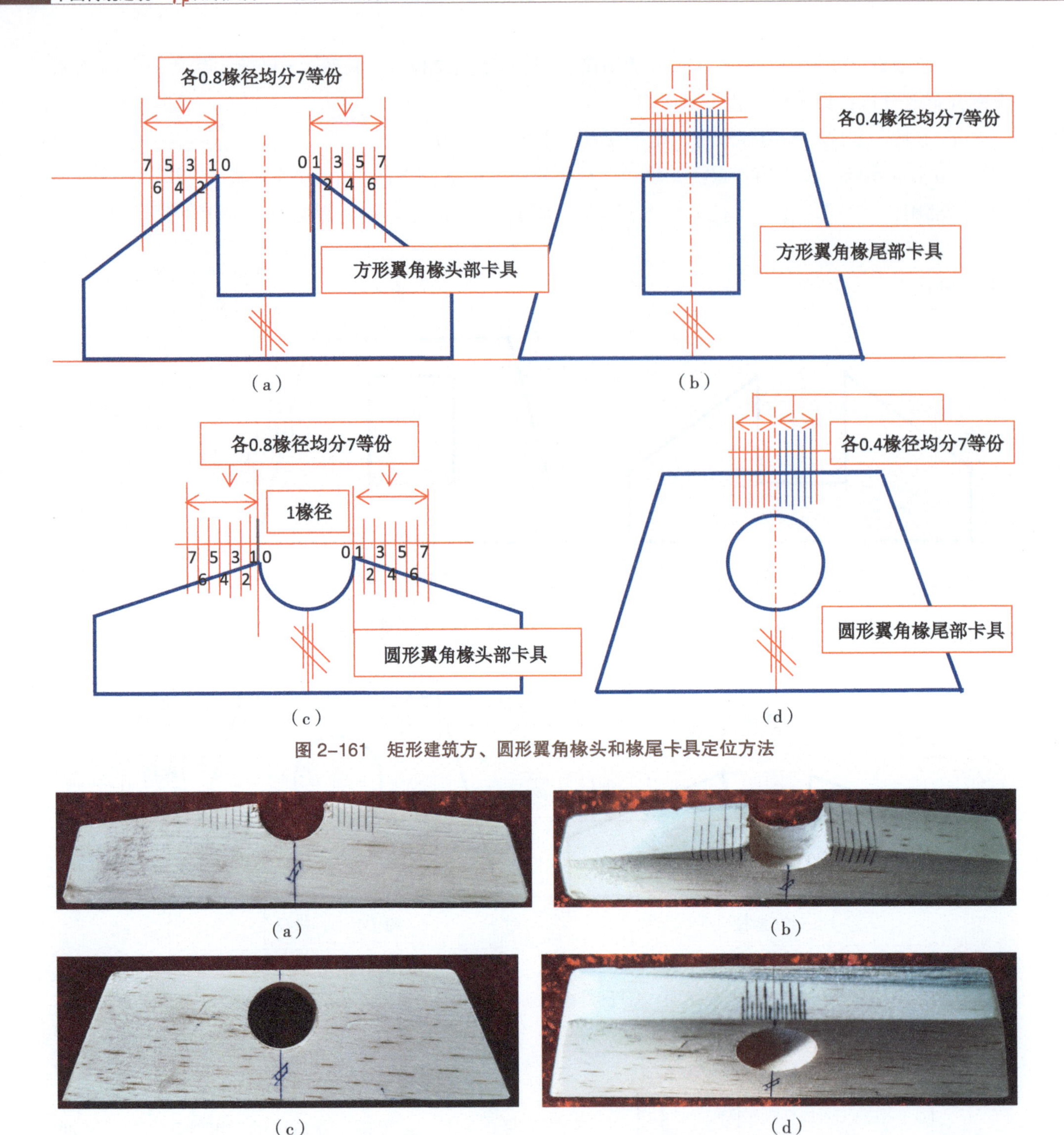

（a） （b）

（c） （d）

图 2-161 矩形建筑方、圆形翼角椽头和椽尾卡具定位方法

（a） （b）

（c） （d）

图 2-162 矩形建筑圆形翼角椽头、椽尾卡具示意

以上这种卡具分当方法是现在普遍使用的分当方法，这里再介绍一种撇度搬增板的排当方法（图 2-160），这种方法是 1976 年迁建天坛公园方胜亭的施工中学长林伟生师傅（时任北京房修二公司古建队“七二一”大学木作班副班长）带着笔者亲手划线、亲自参与安装验证的。安装时，翼角椽或翘飞椽放在对应的位置就基本合适，二次的刮刨量很少，效果很好。这里仅供读者参考，不作为规矩使用，由读者在实践中来体验决定取舍。

前面讲到翼角中的“翘”指的是翼角部分的立面檐口曲线，也就是大、小连檐的底皮曲线，反映在每一翘翼角椽、翘飞椽椽头上皮就是它的“撇”度。详见图 2-163、图 2-164。

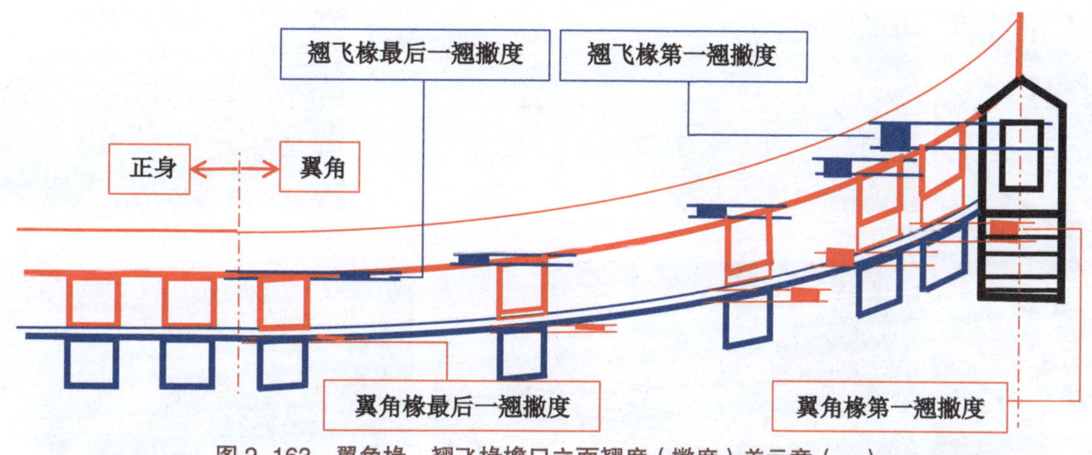

图 2-163　翼角椽、翘飞椽檐口立面翘度（撇度）差示意（一）

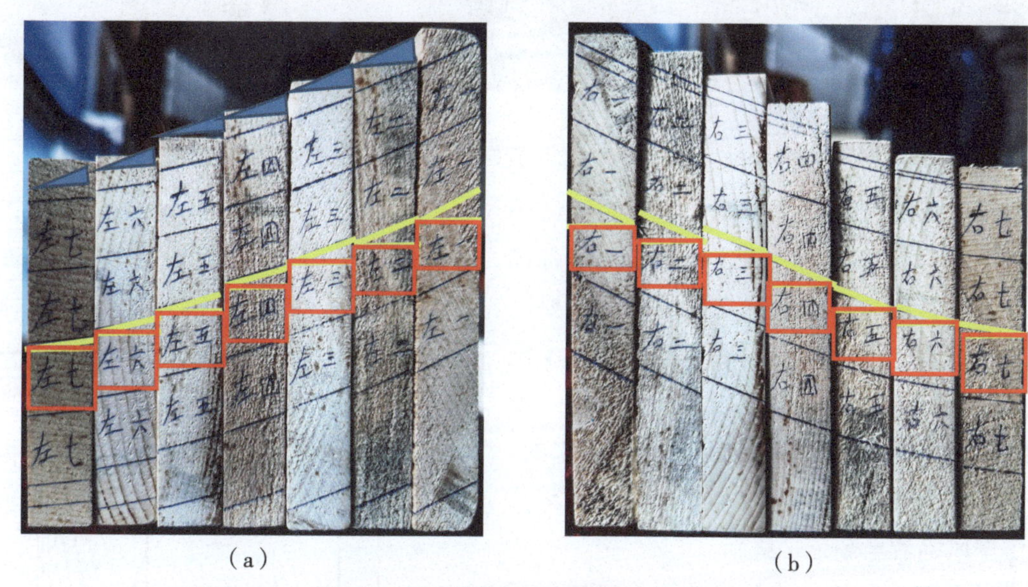

（a）　　（b）

图 2-164　翼角椽、翘飞椽各翘立面翘度（撇度）差示意（二）

从图 2-163 中能明显看出第一翘翘飞椽、翼角椽与最后一翘翘飞椽、翼角椽在椽头撇度上有很大的差异，不是均分递减而是呈几何状的递减。而在放线时，对撇度的分配却是均等分配，这就导致在安装翼角椽（翘飞椽也同样）时通常不能一步到位，都需要对椽头的撇度进行刮刨整修再加工，头几翘需要加大撇度，后几翘需要减小撇度。

至于这种撇度均分的方法为什么能作为“规矩”延续至今，笔者认为有如下原因。一是翼角檐口部分的曲线是由大、小连檐来完成的，而大、小连檐的曲线形状的形成是靠安装工匠来完成的。由于这道曲线不是正圆中的一部分，它是一段弧度不规则的弧线，在图 2-162（a）中能看到，起始平缓，端头弧度加大，这就造成了翼角檐口曲线没有现成的丈量工具来测量大、小连檐，其安装也就是翼角檐口曲线的设置，全凭工匠师傅眼观掌握（图 2-165），而工匠师傅的艺术修养及个人喜好决定了翼角檐口各段曲线弧度的不同。虽然在翼角椽放线过程中是按照一定的规矩放线并制作，但在安装过程中各种因素造成翼角椽不可避免地要对撇度进行二次加工以求椽头与连檐附实，这就淡化了我们对翼角椽撇度均分法放线合理性的认知评判。另一个原因是翼角椽（也包括翘飞椽）檐口的曲线弧度在建筑物的空间外形中由于没有比照物，人们也没有严格的对与错的认定，只是以和缓、舒服为标准评判，所以就使这种撇度均分方法传续至今。

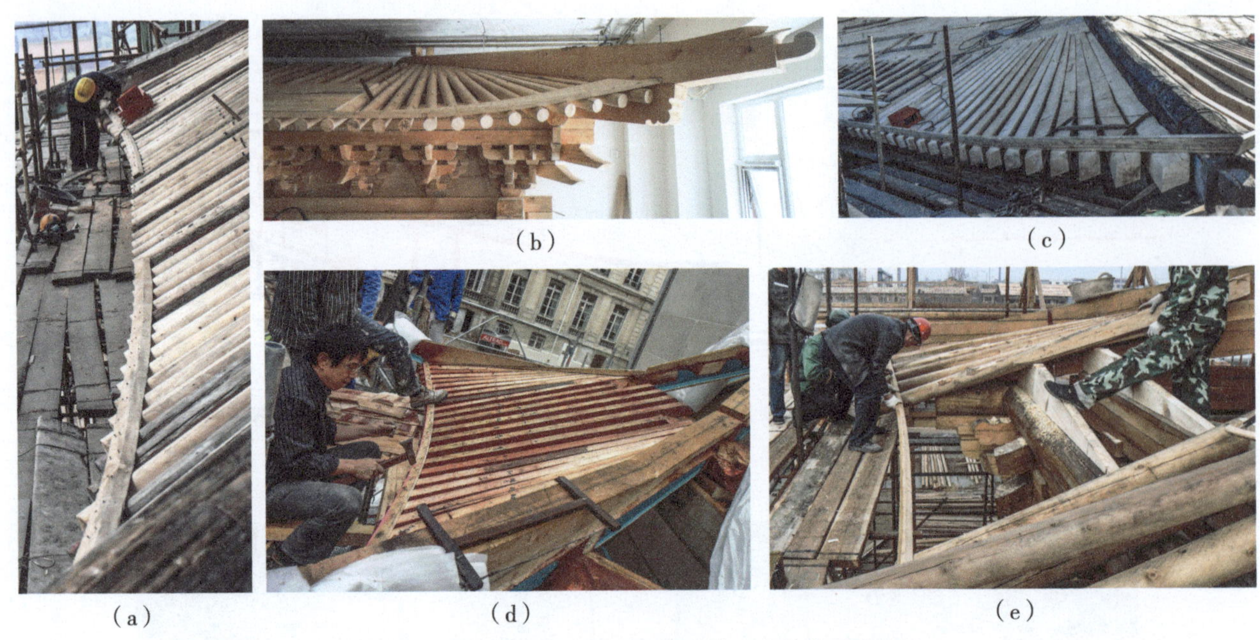

图 2-165　翼角安装中工匠师傅对檐口曲线的眼观掌控

图 2-166 中翼角椽撇度搬增板是笔者凭记忆按当年学长林伟生师傅的分当方法还原的。图中各椽撇度不是均分而是渐进，1、2 翘之间的撇度差要远大于 6、7 翘。笔者当年曾经问过林伟生师傅撇度排当有没有什么可遵循的规律？比如倍数。他说“没有现成的规律，只是做得多了自己一次次试出来的，仅限于探索，谈不上规律”。他这种严谨务实、刻苦钻研的工作作风笔者至今记忆犹新。

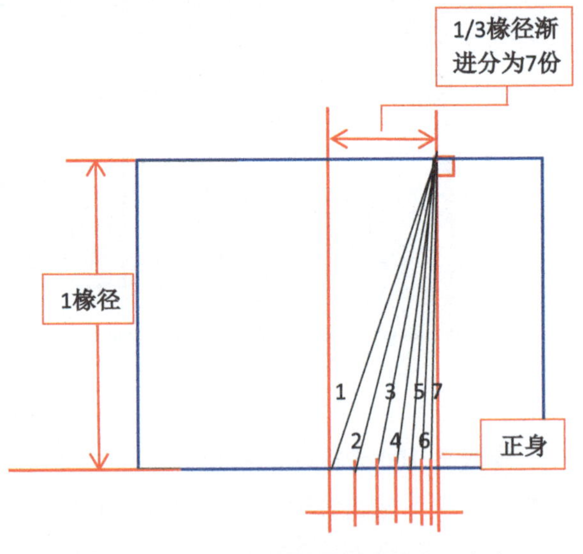

图 2-166　翼角椽头撇度搬增板定位方法
——撇度渐进

笔者通过自己的实践经历及请教师弟王建平后得出一个结论：翼角椽（包含翘飞椽）的放线和安装是一个整体，最好是由一个工匠师傅带班负责完成，特别是放线和摽连檐这两道关键工序。如果由同一个人来同时掌握翼角椽撇度的渐进分当和翼角椽檐口的曲线控制（自己动手摽连檐或至少能有效掌控连檐曲线的弧度），就会最大限度减少在安装翼角椽时对撇度的二次加工。

图 2-167 是按同样的起翘尺寸划出的两种不同的檐口曲线，也就是连檐曲线。从图中可以看出，这两道曲线的弧度有明显的差别，但在传统规矩上并无对错之分，孰优孰劣基本上是靠工匠师傅自己掌握。这就说明翼角椽撇度放线与连檐曲线弧度之间的关系与重要性了。

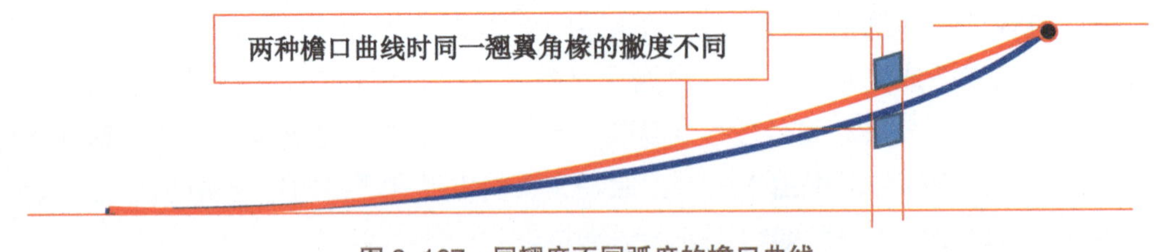

图 2-167　同翘度不同弧度的檐口曲线

②方形翼角椽的放线

a. 撇度线。用木工活尺按所放翼角椽翘数自搬增板同翘数撇度线套取撇（角）度，然后在板材迎头施划撇度加工线并留足锯口、刨光余量并在椽头标出方向、位置；按同向撇度在椽尾划出撇度加工线，按线锯解各翘翼角椽。需要注意的是：翼角椽（包括翘飞椽）用板材通常都是毛边大板，为节约用材，坡棱方向与撇向保持一致。详见图 2-168。

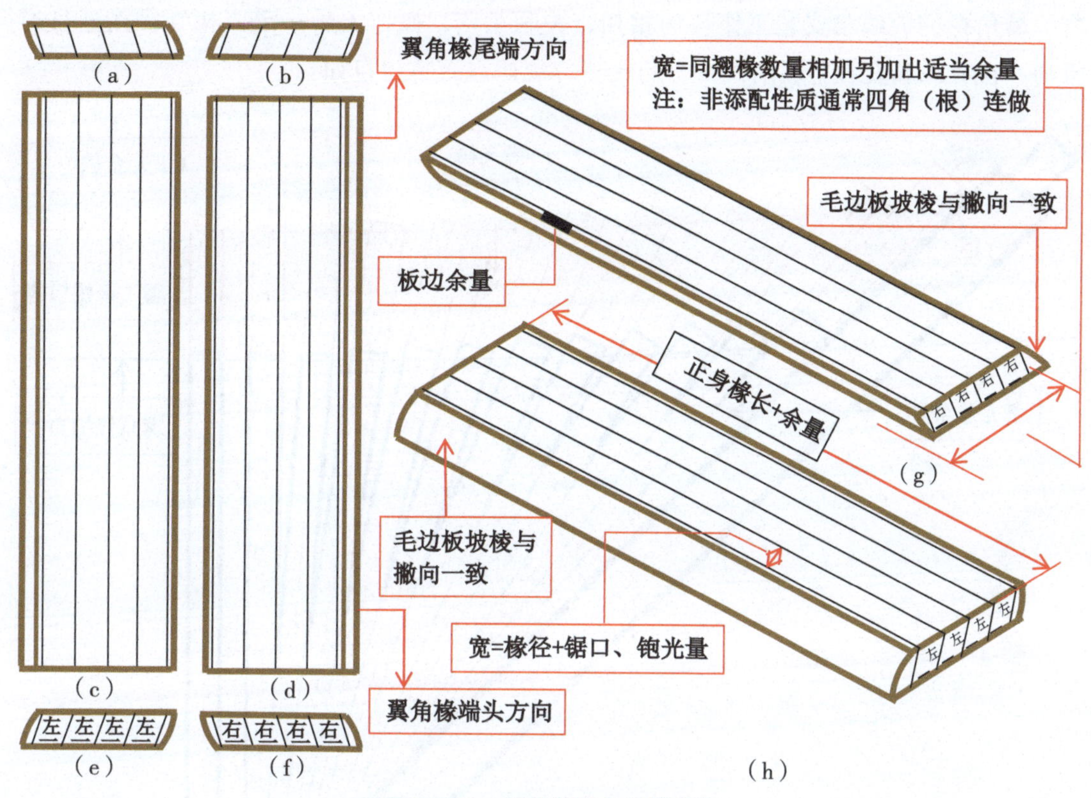

图 2-168　翼角椽椽身放线示意

b. 绞尾线

ⅰ. 将头、尾卡具固定在工作台上，通常情况下四方形建筑翼角椽头、尾卡具之间的距离为 0.8 椽长，就是尾部卡具与椽尾端头摆齐，向前按 0.8 椽长摆放头部卡具。详见图 2-169。

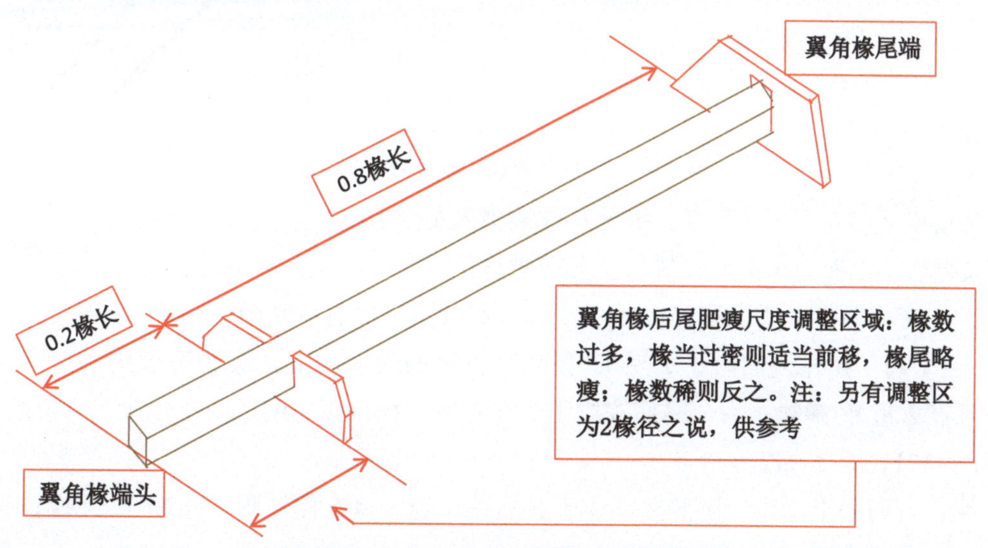

图 2-169　翼角椽绞尾放线卡具位置示意

在实践中如果遇到翼角椽根数定得过多，椽当过密（翼角椽根数的确定有一定的可调性）头部卡具就适当往前一些，不拘泥于 0.2 : 0.8 的尺度，可改为 0.1 : 0.9 或其他，这个尺度没有硬性规定，需要自行掌握。在没有十足的把握时，可以将椽尾留得稍肥一些，这样虽然加大了一些二次加工的工作量，但能保证翼角椽安装的质量；再者，翼角椽长上也可多留出一些余量，一旦翼角椽尾子拔瘦了可以向后移位，不至于整根废掉。翼角椽头、尾平面形态示意见图 2-170。

总之，翼角椽的放线与安装工作环环相扣，关联紧密，操作人员一定要相互多沟通且遵循循序渐进的原则，在放线和安装中逐渐找出它们的特殊规律直至掌控自如。

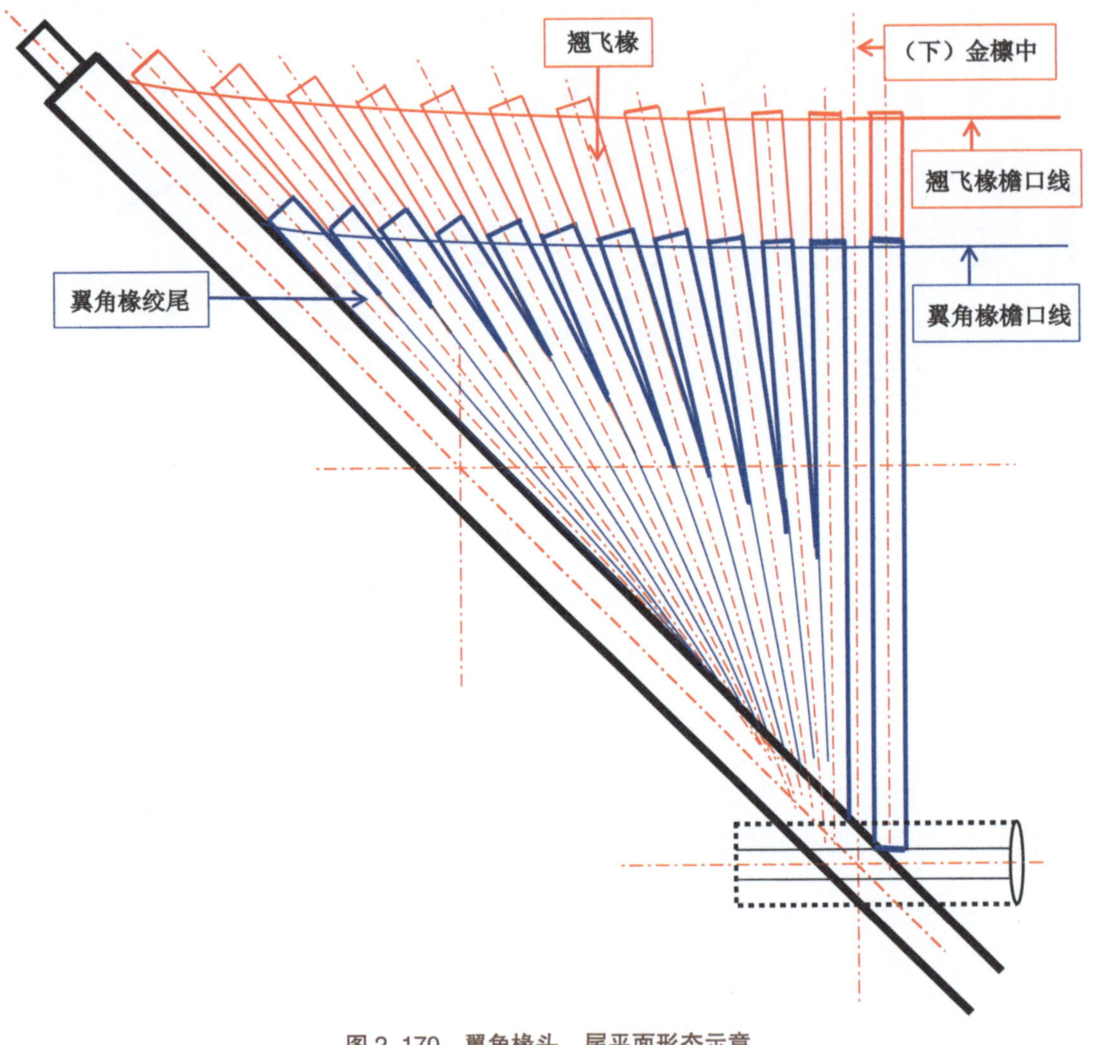

图 2-170　翼角椽头、尾平面形态示意

ⅱ. 将翼角椽后尾套入尾部卡具，平齐；前端坐入头部卡具。

ⅲ. 双人操作（以面向椽头的师傅为主方向描述）

· 左 1 翘：背面向上，头、尾部按线于卡具右侧 0 翘（椽右侧贴附于角梁），弹线；头、尾部按线于卡具左侧 1 翘（椽左侧贴附于 2 翘），弹线。将椽的腹面向上，头、尾部按线于卡具右侧 1 翘（椽右侧贴附于 2 翘），弹线；头、尾部按线于卡具左侧 0 翘（椽左侧贴附于角梁），弹线，左 1 翘放线完成（图 2-171、图 2-172）。

· 左 2 翘：背面向上，头、尾部按线于卡具右侧 1 翘（椽右侧贴附于 1 翘），弹线；头、尾部按线于卡具左侧 2 翘（椽左侧贴附于 3 翘），弹线。将椽的腹面向上，头、尾部按线于卡具右侧 2 翘

（椽右侧贴附于 3 翘），弹线；头、尾部按线于卡具左侧 1 翘（椽左侧贴附于 1 翘），弹线，左 2 翘放线完成（图 2-171、图 2-172）。

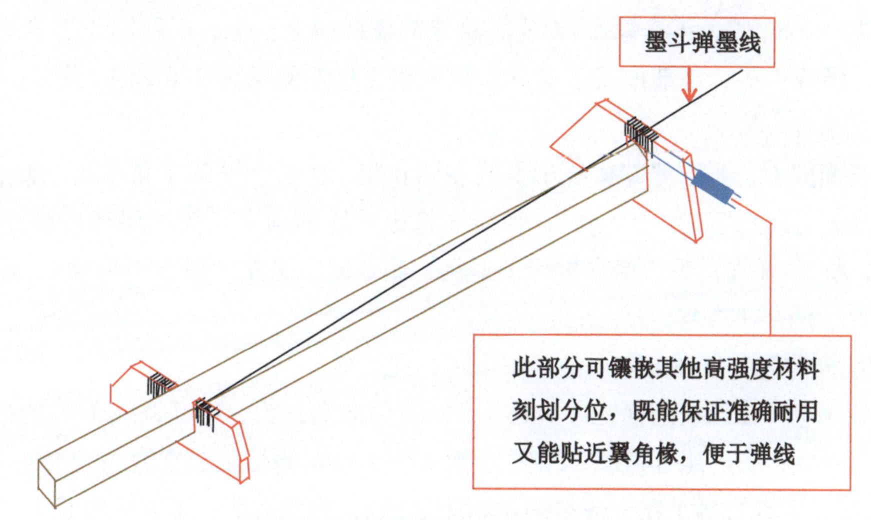

图 2-171 翼角椽绞尾放线作业示意

注：双人，一人站立椽头掌线定位，另一人站立椽尾配合按线定位、弹线。

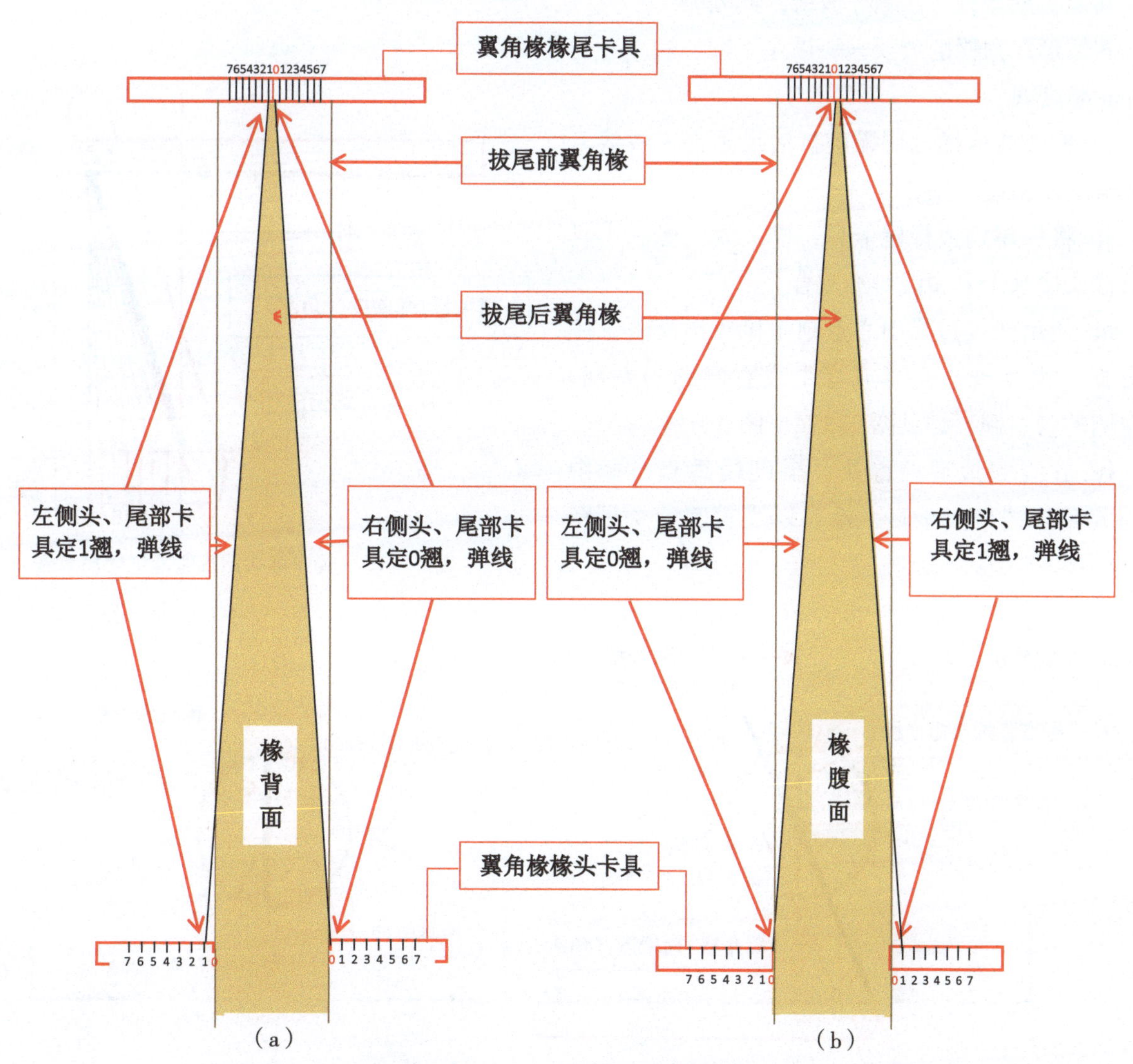

图 2-172 左 1 翘放线背、腹面示意

· 左 3 翘至左 6 翘：同左 2 翘。

· 左 7 翘：背面向上，头、尾部按线于卡具右侧 6 翘（椽右侧贴附于 6 翘），弹线；头、尾部按线于卡具左侧 7 翘（椽左侧为正身椽），弹线。将椽的腹面向上，头、尾部按线于卡具右侧 7 翘（椽右侧为正身椽），弹线；头、尾部按线于卡具左侧 6 翘（椽左侧贴附于 6 翘），弹线，左 7 翘放线完成（图 2–171、图 2–172）。

· 右 1 翘：背面向上，头、尾部按线于卡具左侧 0 翘（椽右侧贴附于角梁），弹线；头、尾部按线于卡具右侧 1 翘（椽左侧贴附于 2 翘），弹线。将椽的腹面向上，头、尾部按线于卡具左侧 1 翘（椽右侧贴附于 2 翘），弹线；头、尾部按线于卡具右侧 0 翘（椽左侧贴附于角梁），弹线，右 1 翘放线完成（图 2–171、图 2–172）。

后续各翘放线同左翘，仅在方向上做调整即可，此处略。

· 左 1 翘放线顺序（以椽头迎面方向叙述）：椽背面向上，头、尾部按线于卡具右侧 0 翘（椽右侧贴附于角梁），弹线；头、尾部按线于卡具左侧 1 翘（椽左侧贴附于 2 翘），弹线。将椽的腹面向上，头、尾部按线于卡具右侧 1 翘（椽右侧贴附于 2 翘），弹线；头、尾部按线于卡具左侧 0 翘（椽左侧贴附于角梁），弹线，左 1 翘放线完成（图 2–171、图 2–172）。

其余各翘按此方法顺序放线，此处略。

③圆形翼角椽的放线——以左 1 翘、右 1 翘为例示意

a. 撇度线

ⅰ. 按放线椽翘数的撇度扳活尺（木工放线专用工具）定撇度（图 2–173）。

ⅱ. 将椽尾插入椽尾卡具，椽头放入椽头卡具并将椽头中线卡具中线对准重合。

ⅲ. 使用活尺过椽中心点划出椽头撇度线，注意方向：撇度线在金盘或椽中线右侧的为左翘，在左侧的为右翘。详见图 2–174～图 2–177。

ⅳ. 放线完成后的椽头：撇度线垂直，椽中线与翼角椽檐口线垂直。椽头划线实例示意见图 2–178。

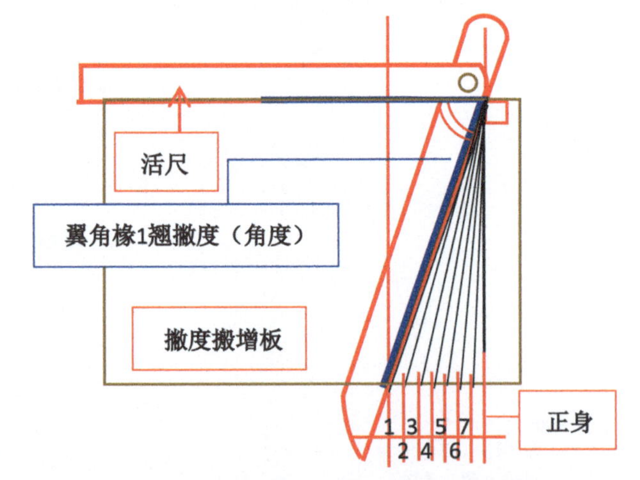

图 2–173　翼角椽头撇度搬增板使用方法

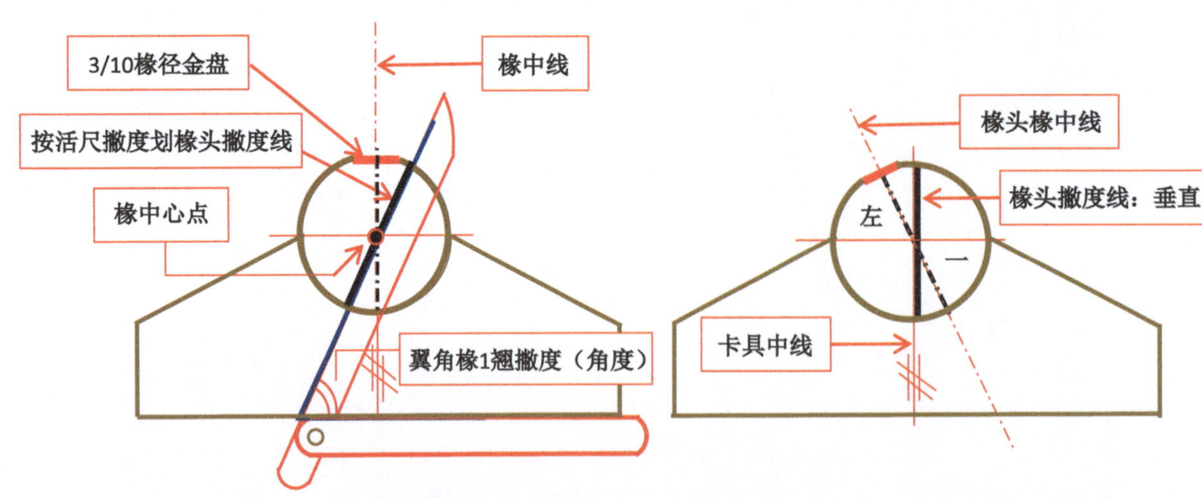

图 2–174　翼角椽头左翘撇度线划线方法 1–1

图 2–175　翼角椽头左翘撇度线划线方法 1–2

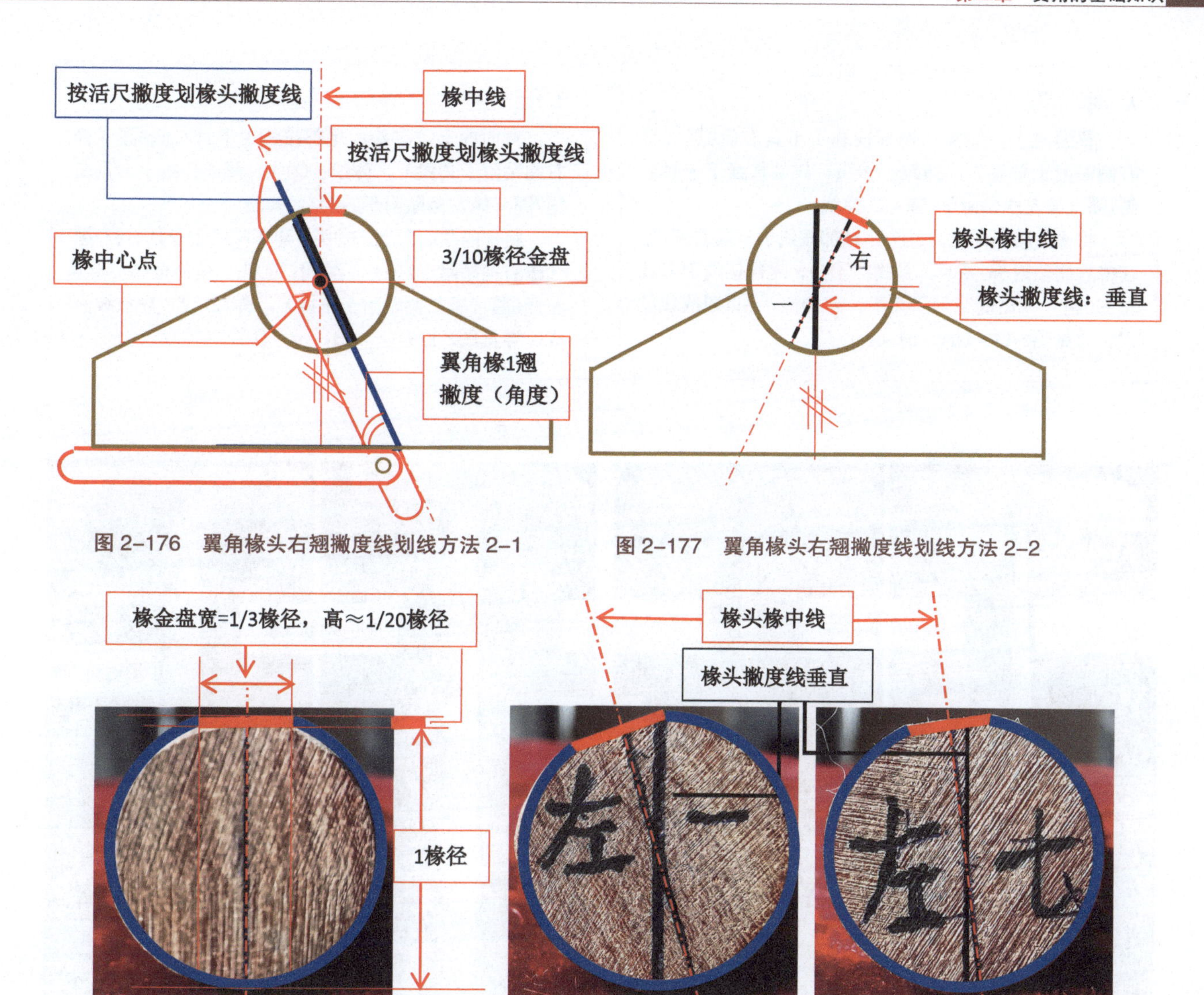

图 2-176　翼角椽头右翘撇度线划线方法 2-1

图 2-177　翼角椽头右翘撇度线划线方法 2-2

图 2-178　椽头划线实例示意

b. 绞尾线。圆形翼角椽绞尾线的放线方法与方形翼角椽绞尾线基本相同，只是需要在放线的时候将椽头撇度线垂直并与卡具标划的中线对齐。详见图 2-179。

（4）翘飞椽的认识

①适用范围。凡双层椽（檐、飞椽）建筑均适用。

②外形特征。从平面看，也是呈放射状排列，与翼角椽类似，只是因为平面位置向外（前）延出不少，后尾所处的空间比翼角椽后尾所处的空间大了许多，这就使得翘飞椽的后尾不用像翼角椽后尾那样做成很极端的楔形。详见图 2-180、图 2-181。

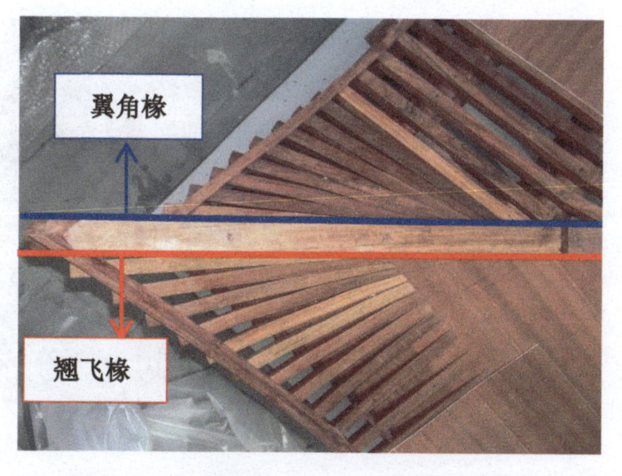

图 2-180　翼角椽、翘飞椽平面形态（一）

翘飞椽最大的特征就是它的不规则外形：后尾翘起，侧帮平直，椽头、椽尾的背腹面扭曲变形（俗称为“皮楞”），是一个非常不规则的构件。详见图 2-182、图 2-183。

③左右翘和翘数的区分。翘飞椽左右翘的区分与方形翼角椽相同。

左1翘：

背面向上，①头、尾部按线于卡具右侧0翘（椽右侧贴附于角梁），弹线；②头、尾部按线于卡具左侧1翘（椽左侧贴附于2翘），弹线

将椽的腹面向上，③头、尾部按线于卡具右侧1翘（椽右侧贴附于2翘），弹线；④头、尾部按线于卡具左侧0翘（椽左侧贴附于角梁），弹线，左1翘放线完成。详见图2-179（a）（b）（e）（f）

左7翘：

背面向上，①头、尾部按线于卡具右侧6翘（椽右侧贴附于角梁），弹线；②头、尾部按线于卡具左侧7翘（椽左侧贴附于2翘），弹线

将椽的腹面向上，③头、尾部按线于卡具右侧7翘（椽右侧贴附于2翘），弹线；④头、尾部按线于卡具左侧6翘（椽左侧贴附于角梁），弹线，左7翘放线完成。详见图2-179（c）（d）（g）（h）

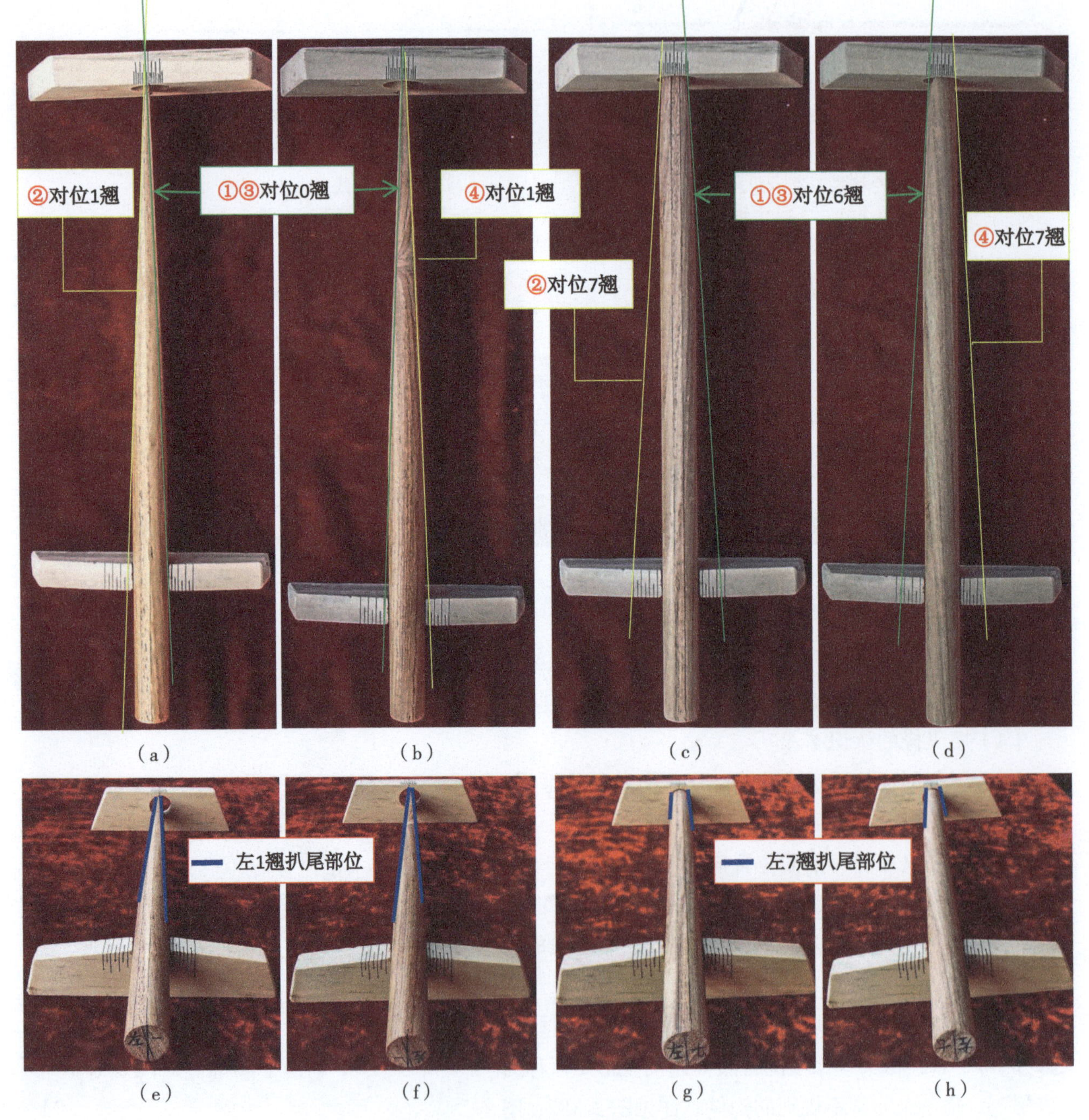

图 2-179　翼角椽弹划线实例示意

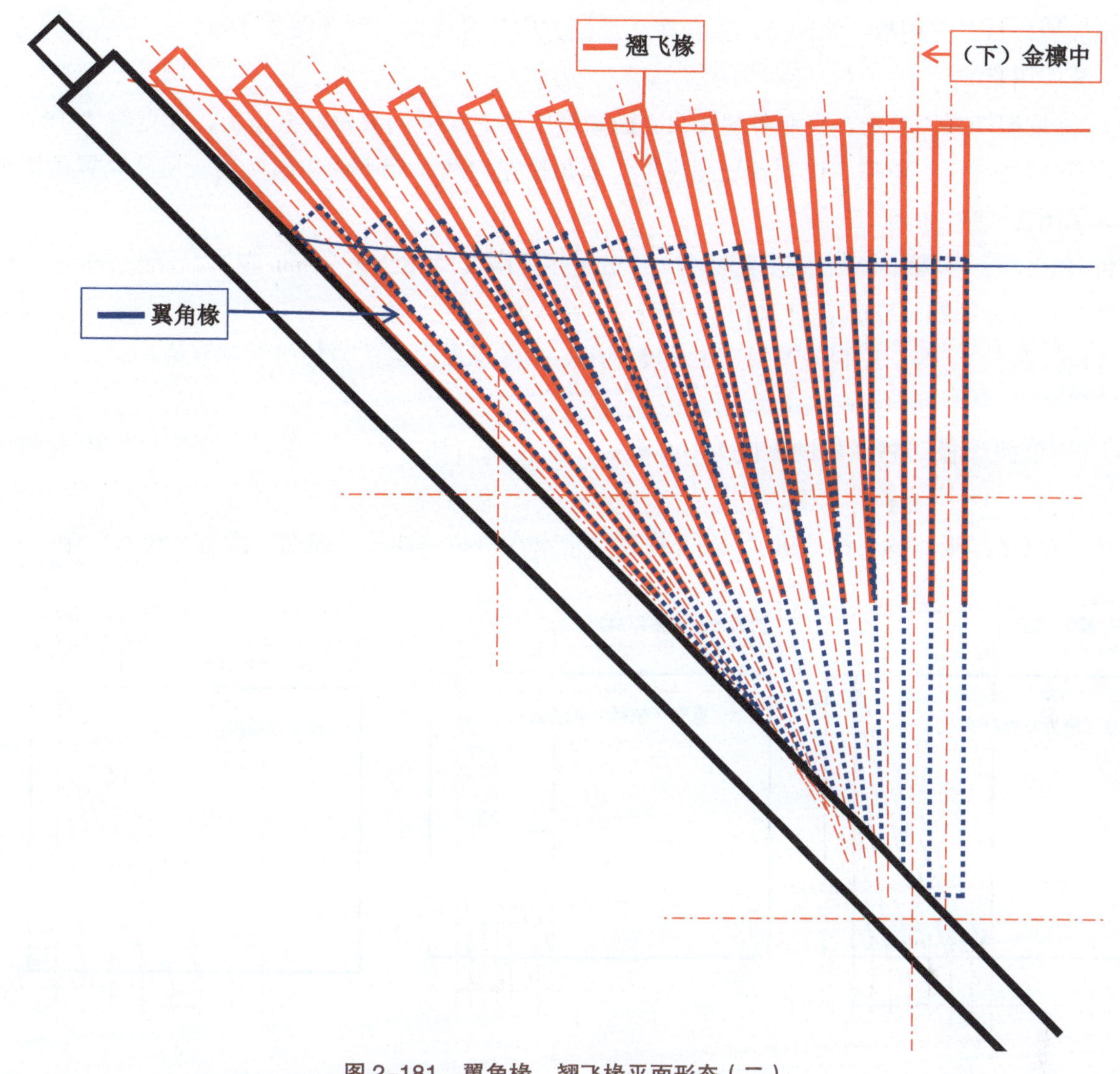

图 2-181　翼角椽、翘飞椽平面形态（二）

图 2-182　翘飞椽形态（一）

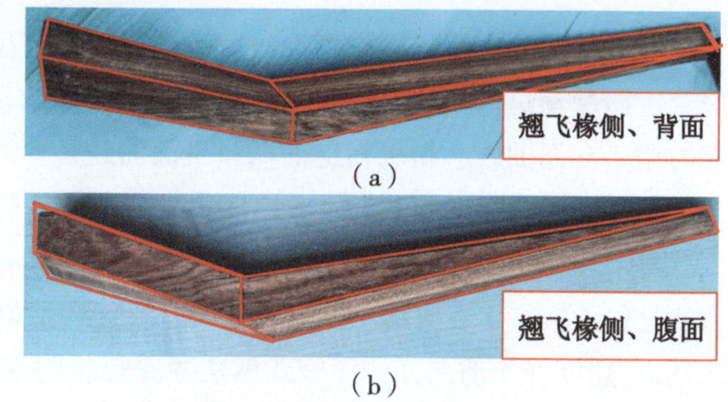

图 2-183　翘飞椽形态（二）、（三）

（5）翘飞椽的放线

①准备工作

a. 备料。翘飞椽用料厚按椽宽度加刨光余量；宽按椽厚度加椽撇度、翘度（见翘度杆）、锯口、刨光量、同翘椽根数相加（非添配性质通常四角（根）同翘连做）再加出适当余量；长按正身飞椽长加出冲长度（见长度杆）另加余量（加荒）；如果是左、右翘对称制作，通常采用对头连做，尾尾相交的方法，这样，用料长度就为两个翘飞头加一个翘飞尾长再加出总共约 2 椽径余量（加荒）；

如使用坡棱板材，其用板方法同方形翼角椽，坡棱方向与椽撇向一致（图 2–168）。

b. 放线用具

ⅰ. 撇度搬增板。掌握、控制各翘椽头立面撇度所用。尺寸同翼角椽搬增板，详见图 2–184（a）。

ⅱ. 扭度搬增板。掌握、控制各翘翘飞母（翼角椽檐口线）处平面扭向所用。尺寸同翼角椽搬增板，详见图 2–184（b）。

ⅲ. 翘度杆。掌握、控制各翘椽头、尾侧立面起翘高度所用。宽 25mm 左右，厚约 20mm，长为最大翘度尺寸另加约 100mm。详见图 2–185。

ⅳ. 长度杆。掌握、控制各翘头、尾长度所用。一椽尾加两椽头另加扭度及余量长。

c. 尺度

ⅰ. 撇度搬增板。翘飞椽的撇度为 0.5 椽径，在传统口诀“冲三、翘四、撇半椽”中有明确的记载。

ⅱ. 扭度搬增板。翘飞椽的扭度为 0.8 椽径，记录在口诀“冲三、翘四、撇五、扭八”中。

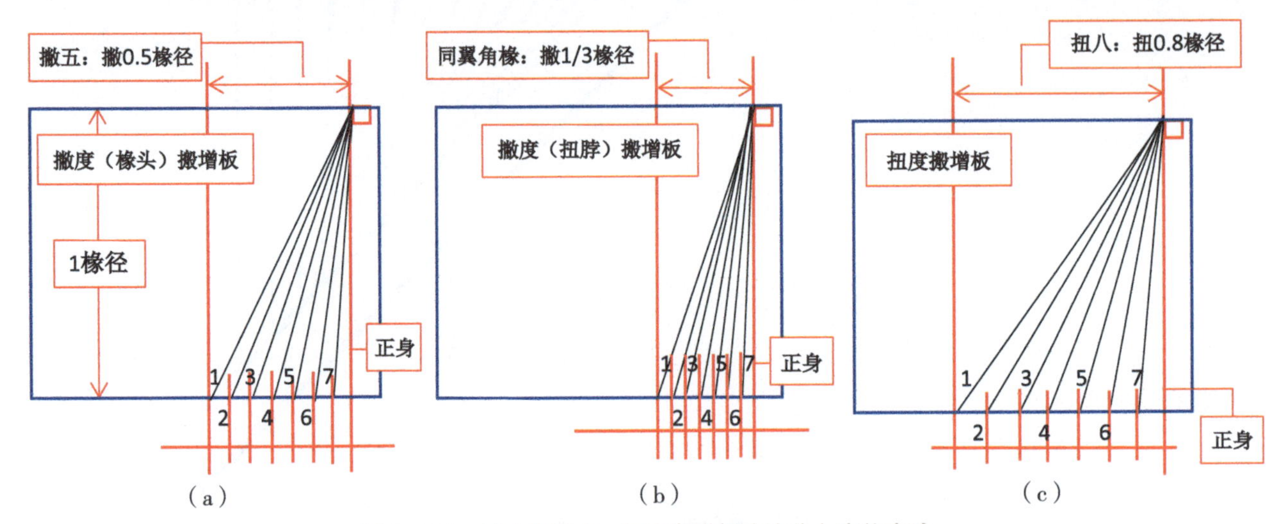

图 2–184　翘飞椽撇度、扭度搬增板（均分）定位方法

以上介绍的是翘飞椽撇度、扭度搬增板均分定位法，在翼角椽的撇度搬增板定位方法中我们还提及了撇度渐进的方法。这种渐进分位的定位方法也同样适用于翘飞椽的撇度和扭度，因为撇度对应的檐口立面曲线和扭度对应的檐口平面曲线是不规则的圆弧线，如果机械地采用均分定位的方法会增加安装时的二次加工工作量，也会使椽头产生不同程度的变形。

由于现在使用的方法多是均分定位法，所以本书只对该法进行详细叙述，渐进法定位不做详解，大家见仁见智，多在实践中加以验证，以求官式翼角做法更加完善、准确、好用。

ⅲ. 翘度杆。前面介绍了官式做法的翼角起翘不是只靠翼角椽来完成翘起，而是翘飞椽也参加，共同完成整个翼角的翘起。

在翼角椽翘起尺度的掌握上只需要在安装时按角梁上小连檐口子的定位再配合小连檐和枕头木的整修就可以完成，而翘飞椽则不然，它头、尾的上皮也就是椽的背面是折线状而不是翼角椽的平直状。这道折线根据各翘翘飞椽所处位置不同（1 翘或 2 翘或……）翘起的高度也就是翘度也不同，就像上面撇度、扭度搬增板一样，需要在一定的尺度内划分出各翘的高度差，这个尺度源自于角梁（图 2–186）。

· 以角梁第一翘翘飞椽实样头、尾点 ● 为基准线过翘飞椽扭脖点（翘飞母）划垂直线并量取第一翘翘飞椽椽头长度及第一翘翘飞椽翘度尺寸。详见图 2-185、图 2-186。

· 正身飞椽与第一翘翘飞椽翘度差按翘飞椽数均等分位（也可试用渐进分位法），翘度杆尺寸控制线完成（图 2-185）。

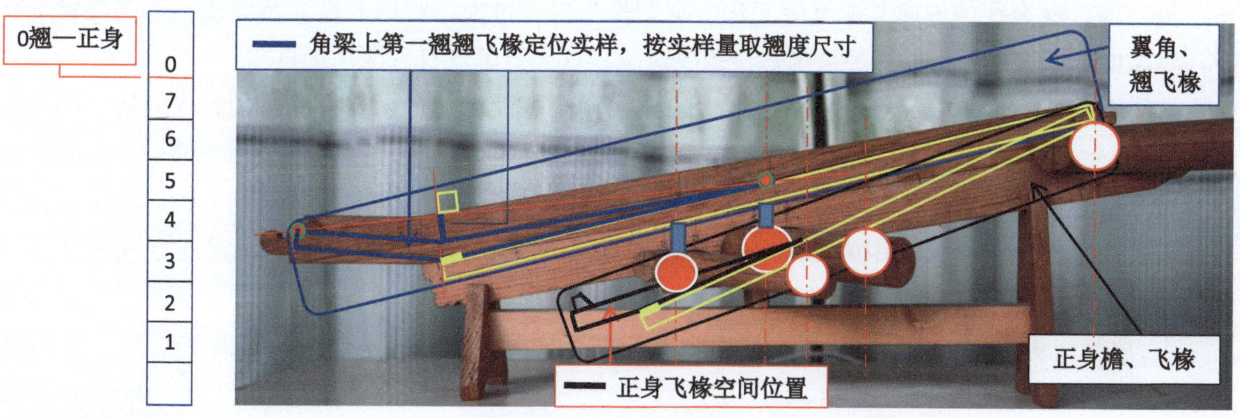

图 2-185　翘度杆　　图 2-186　翘飞椽与正身飞椽空间位置示意

ⅳ. 长度杆

· 在长度杆适当位置定点翘飞母；自翘飞母向前按正身飞椽椽头长定点正身分位；按第一翘翘飞椽椽头长度定第一翘分位，之间的长度差按翘飞椽数量均等分位（也可试用渐进分位法），还要留出一定尺寸的余量（加荒）；自后向前依次标注“正身、7、6、……”翘标识，长度杆翘飞椽头部尺寸控制线完成。

· 自翘飞母向后按正身飞椽尾长定点并标注正身标识；取角梁第一翘翘飞椽实样尾长定点并标识“1”翘，1 翘与正身间的长度差按翘飞椽数量均等分位（也可试用渐进分位法），同时标注翘数，长度杆翘飞椽尾部尺寸控制线完成。

· 翘飞椽非零星添配时采用对头套裁的方式：在长度杆的另一面反向掉头按上述同样的方法划出反向翘飞椽的头、尾分位线。需要注意的是，反向翘飞椽的尾端 1 翘对准正向翘飞椽的翘飞母；反向椽的翘飞母对准正向椽的尾端 1 翘（图 2-187）。

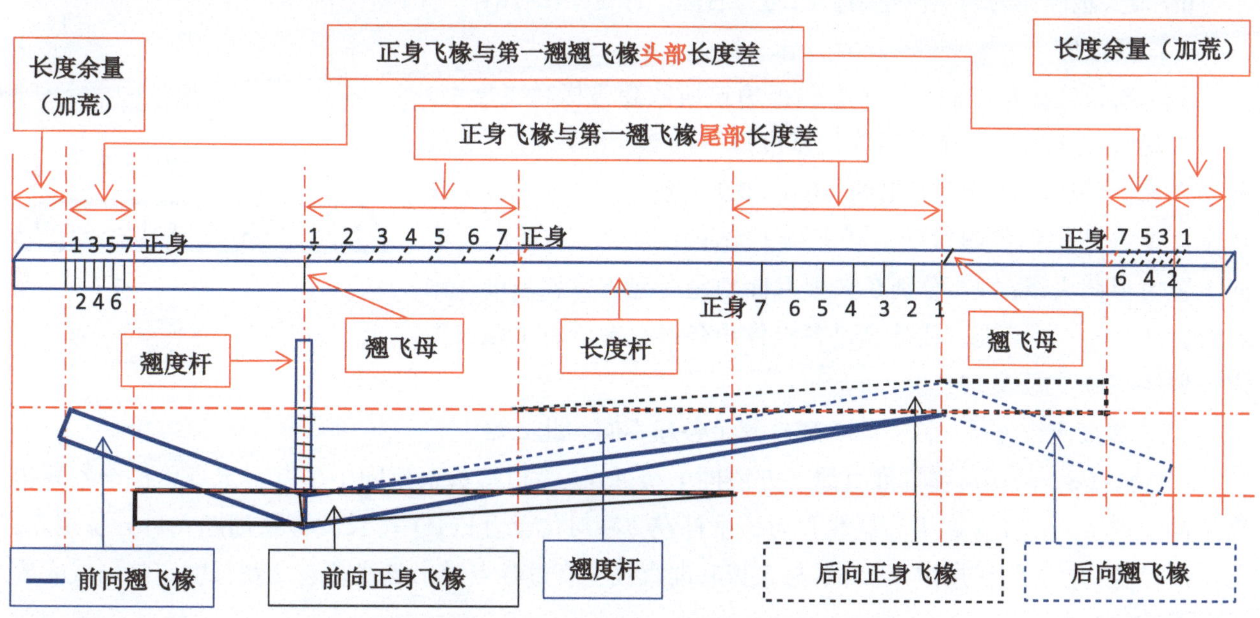

图 2-187　翘飞椽长度杆、翘度杆分位方法示意

②放线。翘飞椽放线有一定的难度，它除了要求操作人员掌握翘飞椽的各种尺度外，还需要操作人员有较强的方向辨别能力。如锯解翘飞椽所用大板——以通常对头套裁做法为例。板两端左右翘名称不一样；椽头腹、背面不一样；两端撇度方向不一样；两端扭向不一样，板的一面线放完翻转到另一面，所有线的方向又要有所变化，特别是当椽径过大，所用大板非常厚重，调向检验不易时，对撇向、扭向的辨别极易产生误差，造成返工，这一点笔者有着深切的体验。

a. 用板方向的辨别。笔者在介绍翼角椽的放线方法中没有刻意强调放线时的方向问题，因为翼角椽是单根、单向的放线，方向的辨别很容易，描述起来也好理解，而翘飞椽则不然，不仅是有对向套裁，而且椽腹、背面、撇向、扭向在大板翻转划线时容易产生方向性的误判。针对这个情况笔者试着找出一个既简单又实用的方法来进行文字描述和展示，这样相互呼应对比参照，更利于读者理解和掌握翘飞椽放线方法。

ⅰ. 放线用板长向平放，掌线人员迎面方向为前，依次在大板的各个面标划出上、下、前、后、左、右的标识编号。详见图 2-188。

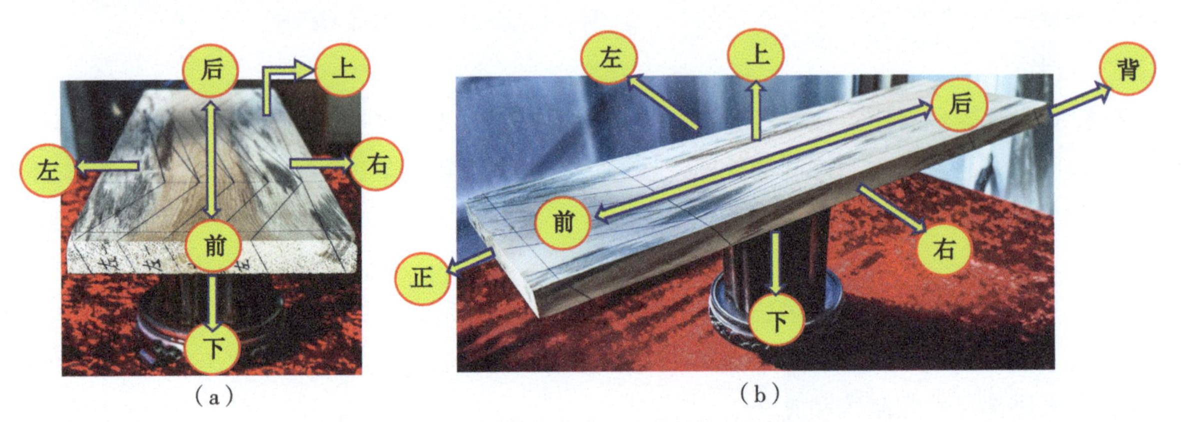

（a）　　（b）

图 2-188　翘飞椽划（弹）线大板标识编号示意

ⅱ. 由于大直径的板材较为稀缺，为了有效地利用，通常不采用加工直边板而是使用毛边板材的方法。放线时，使大板的毛边坡棱面向上。

ⅲ. 设大板前向为翘飞椽左翘；后向为右翘。详见图 2-189。

b. 长度定位

ⅰ.1 翘长度定位方法。（a）右侧板边按所放翘飞椽翘飞母 1/3 撇度留足大板上、下面余量后弹划基准线（图 2-190）；（b）大板前向左翘、后向右翘分别留出约（0.6～0.9）椽径、（1.4～1.1）椽径（其他各翘根据各翘扭度不同下调）余量（加荒）定前向、后向 1 翘大板截头线；（c）分别在大板上标划左右翘飞椽翘飞母、尾点位；（d）与大板基准直线垂直过各点弹出各线，左、右 1 翘长度定位划线完成（图 2-191）。

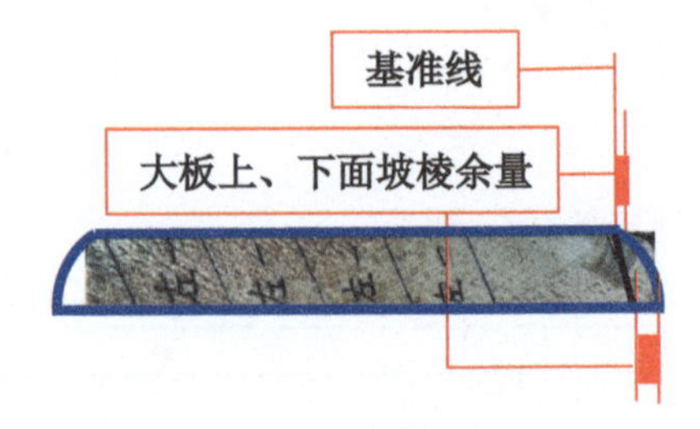

图 2-190　大板坡棱余量

ⅱ.3 翘度定位方法。注：除 1 翘外其余各翘类同，此处略。

· 左翘：（a）沿板边弹基准直线，方法同 1 翘；（b）大板端头余量同 1 翘方法定点（根据各翘扭度不同下调）划出左 2 翘椽头截线并与长度杆左 2 翘对位重合；（c）按长度杆左翘翘飞母分位定点；（d）按长度杆左 3 翘椽尾定点；（e）与大板基准直线垂直过各点弹出各线，左 2 翘长度定位划线完成（图 2-192）。

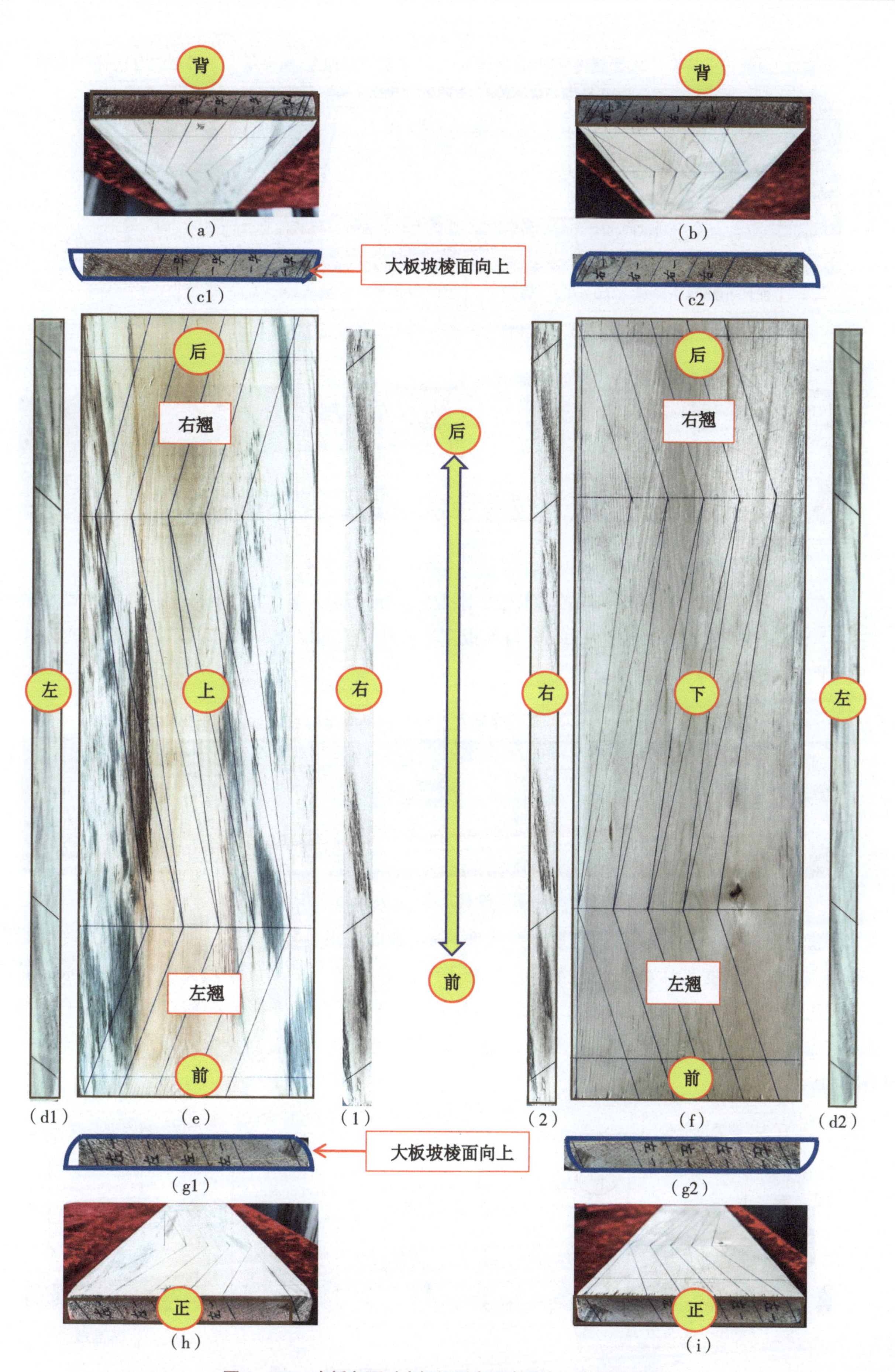

图 2-189　大板各面对应标识形态示意及左、右翘的确定

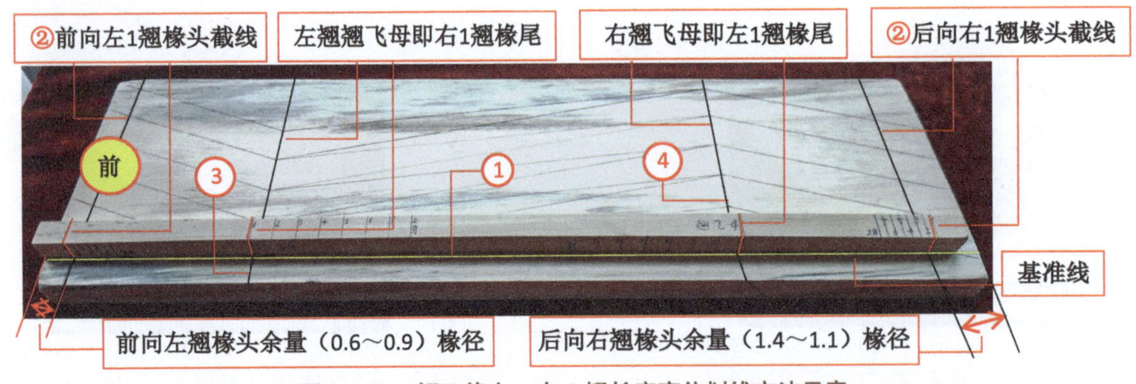

图 2-191　翘飞椽左、右 1 翘长度定位划线方法示意

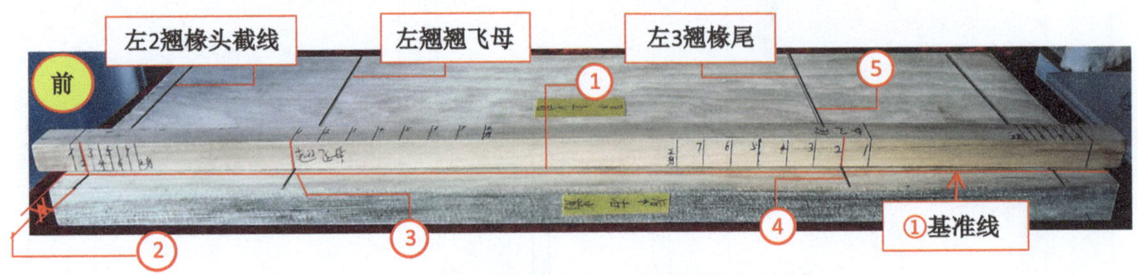

图 2-192　翘飞椽左 3 翘长度定位划线方法示意

· 右翘：（a）长度杆前移，使右翘翘飞母对准左 3 翘椽尾定点；（b）按长度杆右 2 翘端头截线定点；（c）按长度杆右 2 翘椽尾定点；（d）与大板基准直线垂直过各点弹出各线，右 2 翘长度定位划线完成（图 2-193）。

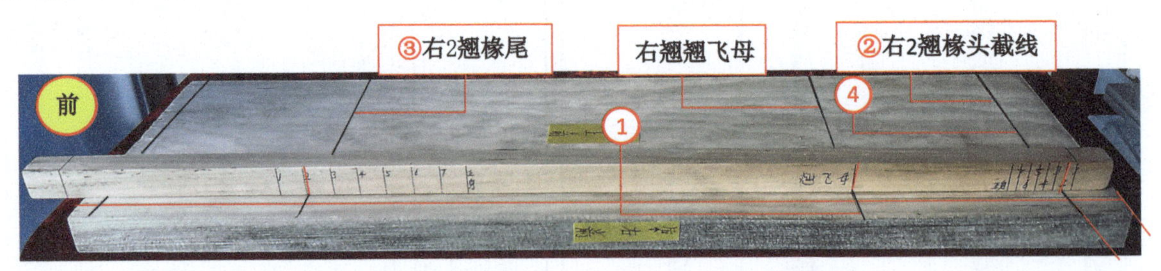

图 2-193　翘飞椽右 3 翘长度定位划线方法示意

c. 翘度定位（以 2 翘为例）。左翘椽头腹面：（a）翘度杆正身分位（0 翘）与基准线、左翘椽头截线重合，按 2 翘翘度定点 ● 并与基准线左翘翘飞母交点 ● 连线弹划出左翘头部腹面轮廓线，轮廓线延至大板端头；右翘椽头背面：（b）翘度杆正身分位（0 翘）与基准线、右翘翘飞母线重合，按 2 翘翘度定点 ● 并与基准线右翘椽头截线交点 ● 连线弹划出右翘头部背面轮廓线，轮廓线延至大板端头（图 2-194）。

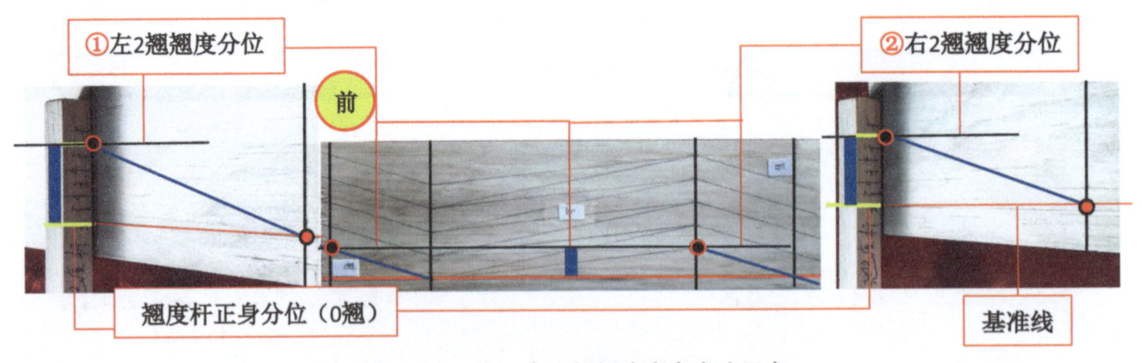

图 2-194　左、右 2 翘翘度定点方法示意

d. 撇度、扭度、翘飞椽轮廓定位（以 2 翘为例）。在翘飞椽放线中，这三个步骤交错进行（为理解方便，按部位顺序叙述，施工顺序另叙）。

ⅰ. 左翘椽头部定位（详见图 2–195）。

①大板㊣向截头面与左翘椽腹面轮廓线交点●按撇度搬增板过划左 2 翘椽头撇度基线。

②椽垂直净高 + 锯口 + 刨光量按撇度投影到大板截线边棱得出线段▬。

③按线段▬尺寸在大板截线、左翘翘飞母线上依次点划椽头部轮廓点●并连线延至大板截头边棱。

①′按椽头部轮廓延伸线依次过划左 2 翘椽头撇度线。

④大板㊣向截头面与基准线交点按翼角椽 1/3 撇度搬增板过划翘飞母撇度线。

④′大板㊦向面按翘飞母撇度线弹划基准线。

⑤大板㊧、㊨向面按扭度搬增板过划左 2 翘扭度线。

⑥依㊦向板面基准线按㊧、㊨扭度线过划椽头截线、翘飞母线至㊦向板面。

⑦按③相同方法弹划出㊦向板面左翘椽头部轮廓线。

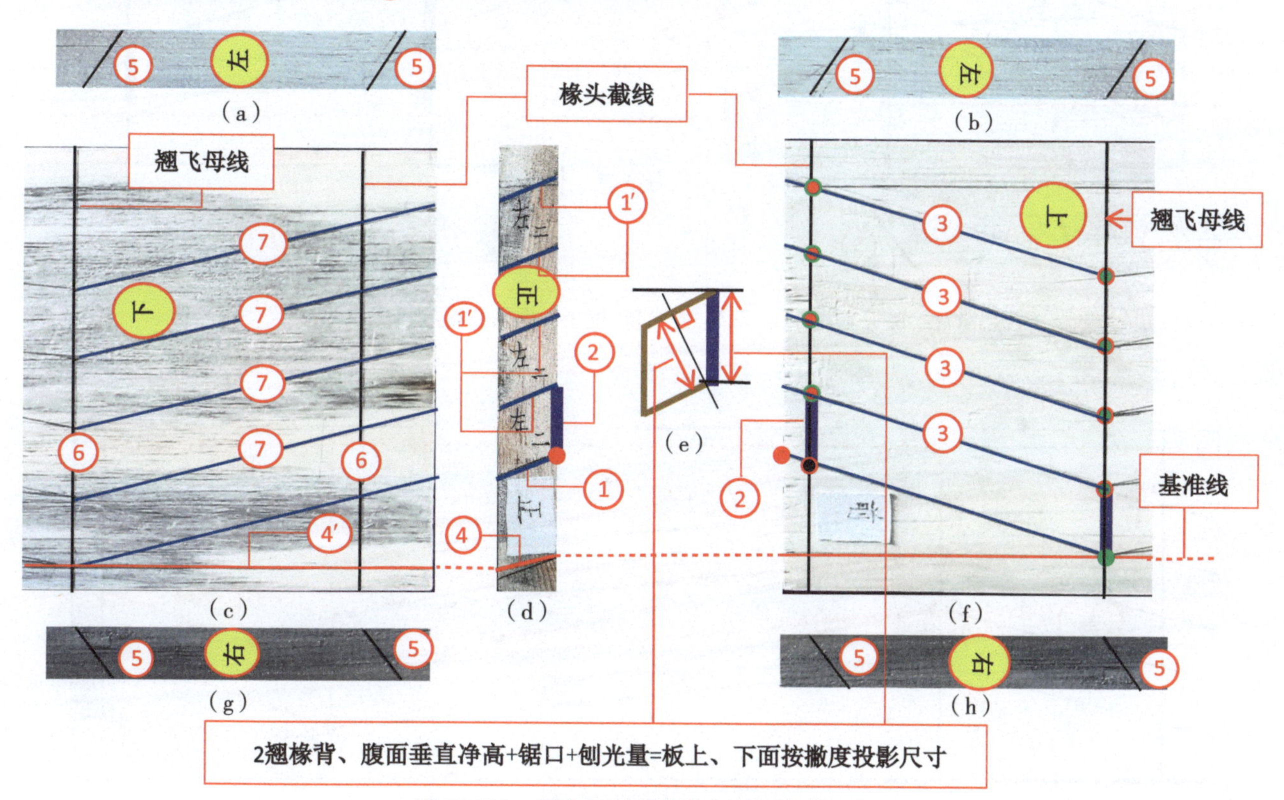

图 2–195　翘分椽头部放线方法示意（一）

ⅱ. 右翘椽头部定位。右 2 翘头部的定位方法与左 2 翘定位方法相同，只是方向相左，故本处不再赘述，用图 2–196 说明，以便于大家对方向的辨别。

ⅲ. 翘飞椽尾的定位划线。翘飞椽后尾的定位放线比较容易，只需按照左右翘飞母处的椽脖定位点●直接连线即可，只是注意不能绞（串）线，左右翘椽一定要腹与腹面、背与背面连线，而不能左翘椽腹面与右翘椽背面连线，详见图 2–197。翘飞椽放线完成正向面、背向面分别如图 2–198、图 2–199 所示。

以上是翘飞椽各部位详细的放（弹）线方法，由于是为了让读者左右对照，看得明白，所以是按部位进行描述的，这与实际放线的顺序不同，因为实际放线中，翘飞椽大板因为椽径的原因非常厚重，翻转调头不易，所以通常都是一面的线一次划完，尽量少做翻转。图 2-200 是按照通常的实际放（弹）线顺序做一个前后排序，便于读者在施工中参考借鉴。

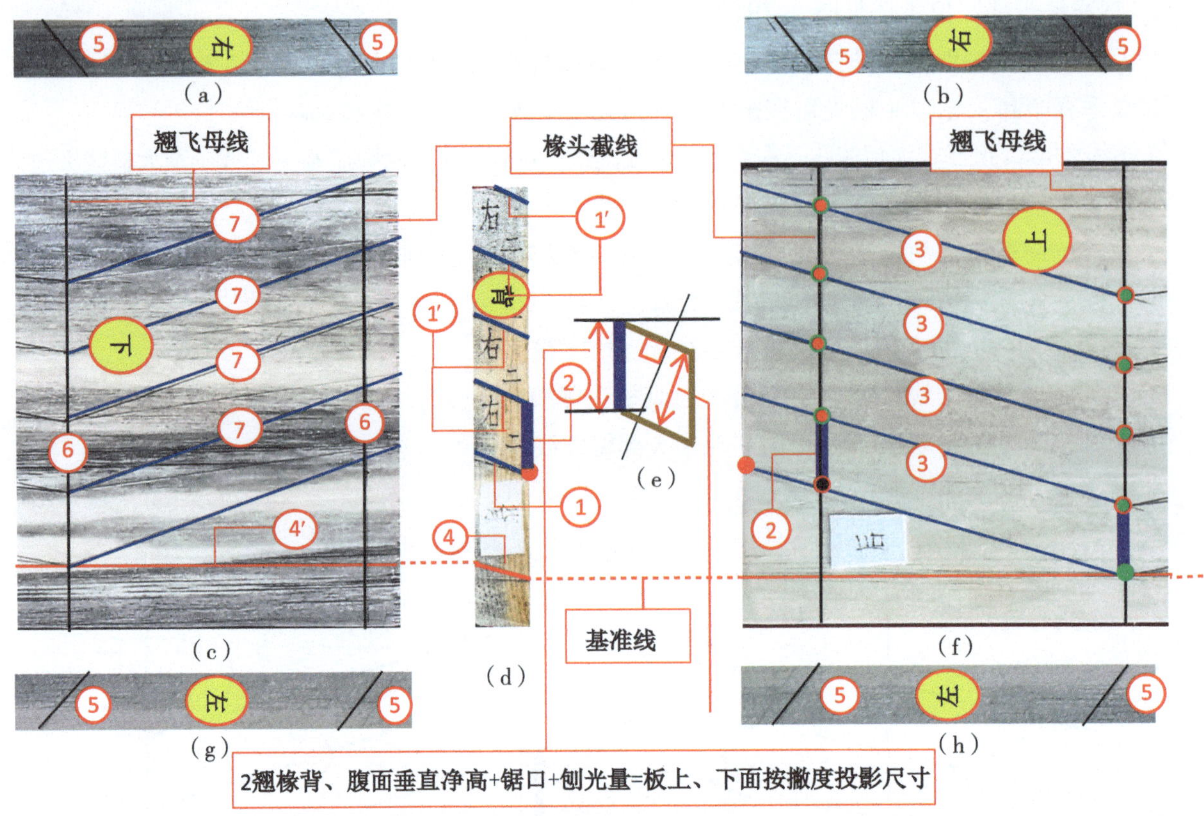

图 2-196　翘飞椽头部放线方法示意（二）

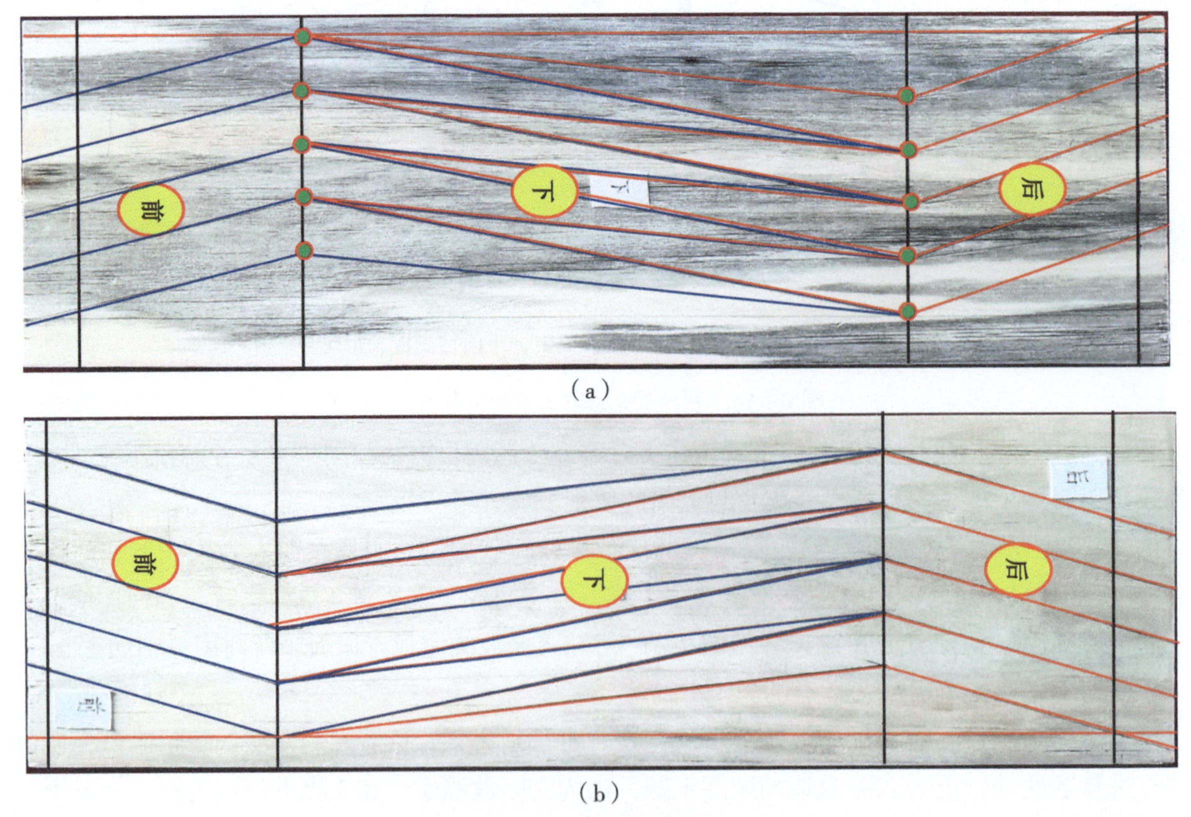

图 2-197　翘飞椽后尾放线方法示意

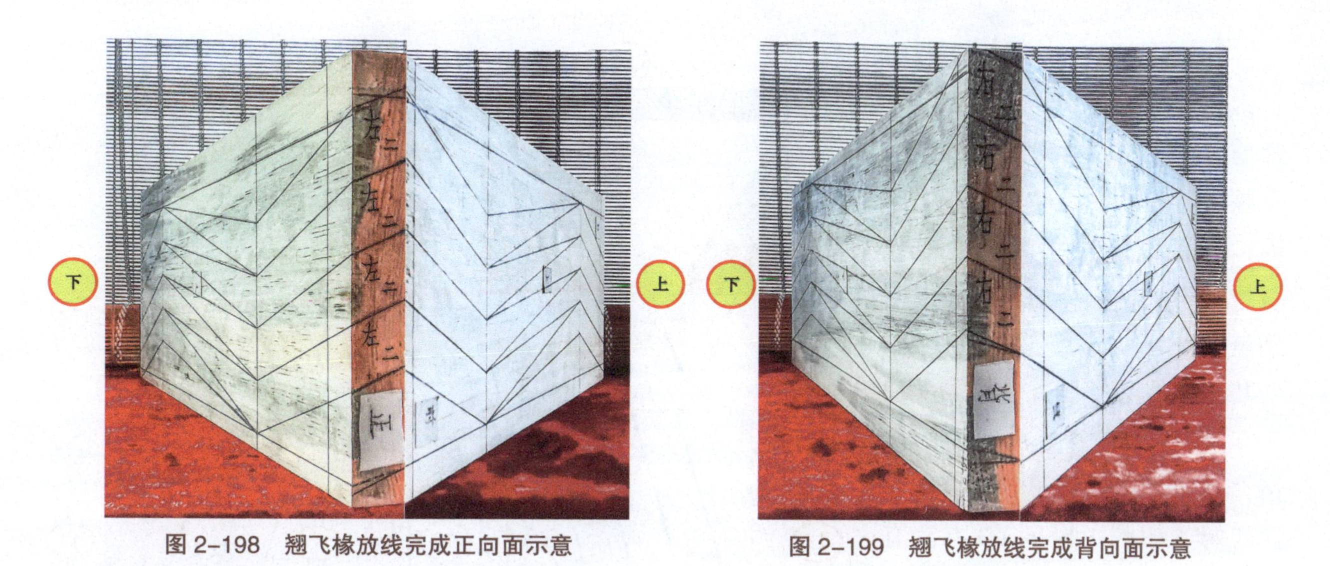

图 2-198　翘飞椽放线完成正向面示意　　图 2-199　翘飞椽放线完成背向面示意

翘飞椽放（弹）线顺序如下。

①根据要求施划长度杆、翘度杆，撇向、扭向搬增板。

②按长度杆、翘度杆对应尺寸备出翘飞椽大板。

③弹划基准线。

④按长度杆定位左右翘飞母、椽头截线、大板截线●。

⑤按翘度杆定位头、脖（翘飞母）翘度●——。

⑥弹划椽头部腹、背面线●●并延至大板截头●。

⑦自●按搬增板过划大板正（迎）面椽头撇度线——。

⑧按图 2-195（e）的方法找出线段——尺寸，并依此尺寸过划左右翘椽头部腹、背面轮廓线，椽尾腹、背面轮廓线。

⑨同撇度过划椽头撇度线——并标写标识号。

⑩自基准线过划翘飞母撇度线——。

⑪按扭度搬增板过划扭脖线。

大板上、左、右、正、背向板面的弹划线完成，将大板翻转，下向面冲上。

⑫按大板左、右向扭度线过划大板下向面翘飞母线、翘飞椽椽头截线④′。

⑬同⑧方法定位右翘椽头部腹、背面轮廓线，椽尾腹、背面轮廓线，与大板正、背迎面椽头撇度线连线⑧′。

至此，翘飞椽大板放线完成。详见图 2-200。

需要说明的是，以上是放线步骤的顺序，具体的细节、方法在图 2-185～图 2-196 及对应的文字中有介绍。

还有一点需要说明，以上是按“翘飞椽迎头撇向 1/2 椽径，翘飞母（扭脖）撇度 1/3 椽径”尺度所讲的放线方法，在实际当中，还有一种尺度，这种尺度的翘飞椽头与翘飞母（扭脖）处的撇度都是 1/2 椽径，就是口诀“撇半椽”所指。笔者在 20 世纪 70 年代中期初学翘飞放线时就是按照这个尺度学的。80 年代后期，由马炳坚老师提出翘飞母撇 1/3 椽径的说法，笔者几番琢磨推敲后深以为然，并在日后的工程中亲自实践，感觉这种尺度更为准确、实用，效果很好，所以这里着重介绍了这种放线方法。

“撇半椽”的放线尺度沿用了多年，即使是现在，许多工匠师傅也仍在使用。究其原因，一个是师传如此，是使用习惯的原因；二是1/3与1/2的尺度本身就差别不大，再分配到各翘中差别就更小了。这个很小的差别，安装翘飞椽必须要进行的二次加工工序中只是多刨几刨子的事情，甚至可以忽略不计；再就是翘飞母（扭脖）撇度1/3方法有些麻烦，椽迎头撇度是1/2椽径，翘飞母（扭脖）的撇度是1/3椽径，在不同的部位要按照不同的撇度来放线，用起来比较麻烦。所以本书在着重介绍前一种放线尺度时也对这两种放线方法的利弊进行了客观的评价。

图2-201是这两种尺度放线的对比，这样可以对这两种尺度的翘飞椽有更直观的认识。

笔者推荐前一种尺度的划线方法，毕竟这个尺度更接近于现实，更准确。如果原始尺度就不准确，在后续的加工、安装工序中再出现些许误差，那反映到成品上一定会影响成品的外观和质量。

6. 翼角椽、翘飞椽的制作

（1）翼角椽的加工制作

①加工工序：椽材打截加工、金盘制作——弹划线、标写编号——绞尾（锯解、刨光）初加工——成品码放。

②椽材加工

a. 根据翼角椽的尺寸、数量加工椽材。

b. 圆椽材常使用“杉圆”。圆

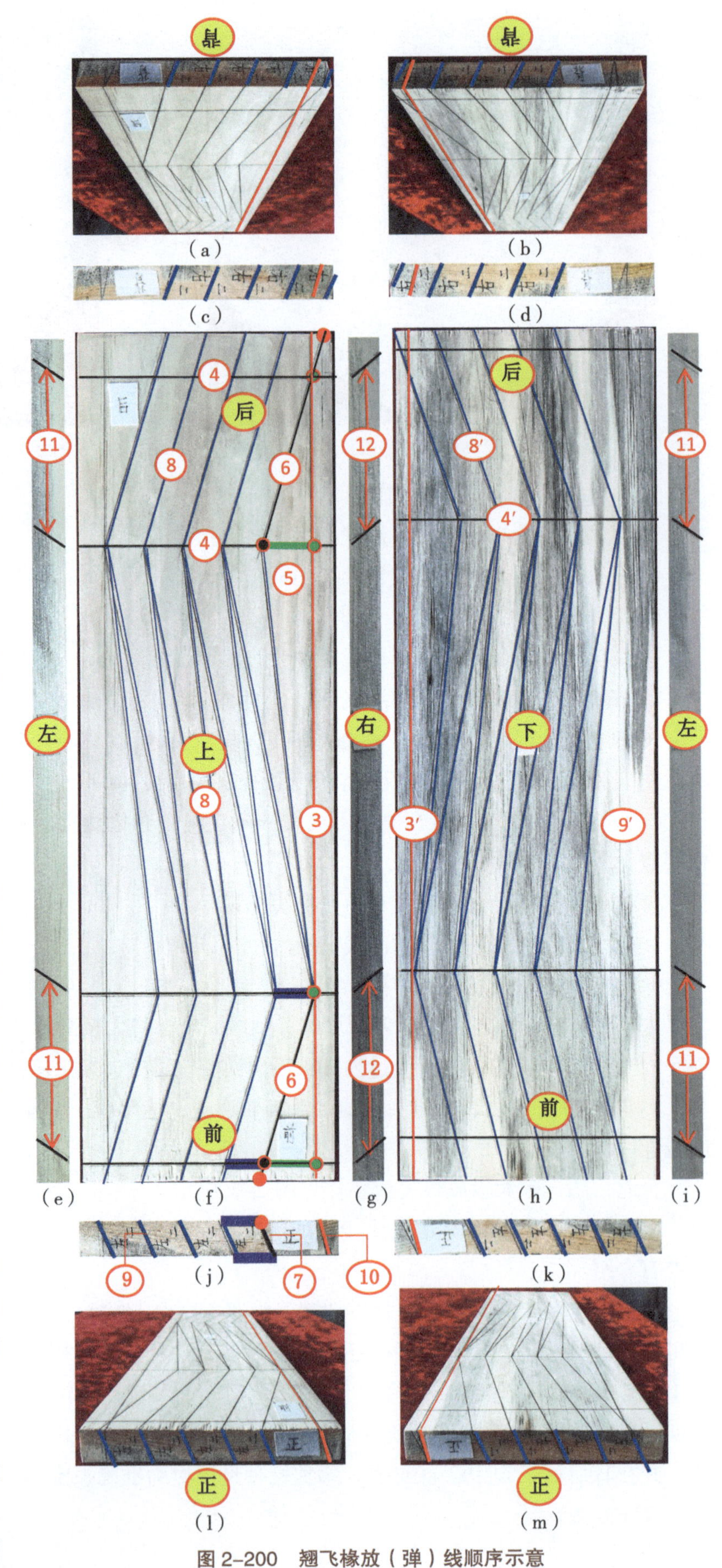

图2-200 翘飞椽放（弹）线顺序示意

椽材加工要求按传统弹放八卦线（或按样板）刮圆，有“金盘”要求的，直径应加出“泡”量，表面平直圆顺、尺寸准确，“金盘”宽窄均匀一致；方椽按尺寸下料，要求表面方正直顺、尺寸准确，各种指标符合国家标准规定。

c. 椽材长短应留出适当余量，以便在安装中进行调整。

③弹划线、标写编号（详见前文）

a. 翼角椽的弹划线使用墨线，其他除按前文所述方法进行外还应注意不得绞线、串线。

b. 椽头盘头截线应保留，以备安装时参考。

④绞尾（锯解、刨光）初加工

a. 椽尾绞尾加工时，必须两面跟线，保证两侧加工面垂直。

b. 加工时应留出线影，给安装时的二次加工留出余量。

c. 加工好的椽材要求分类码放待用。详见图 2-202。

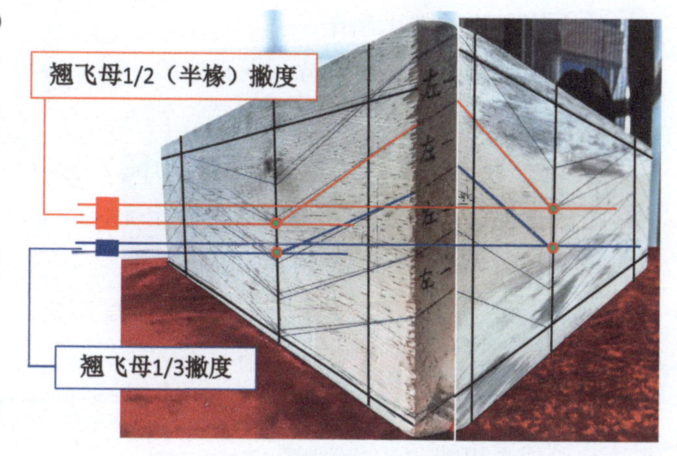

图 2-201　翘飞母两种撇度对比示意

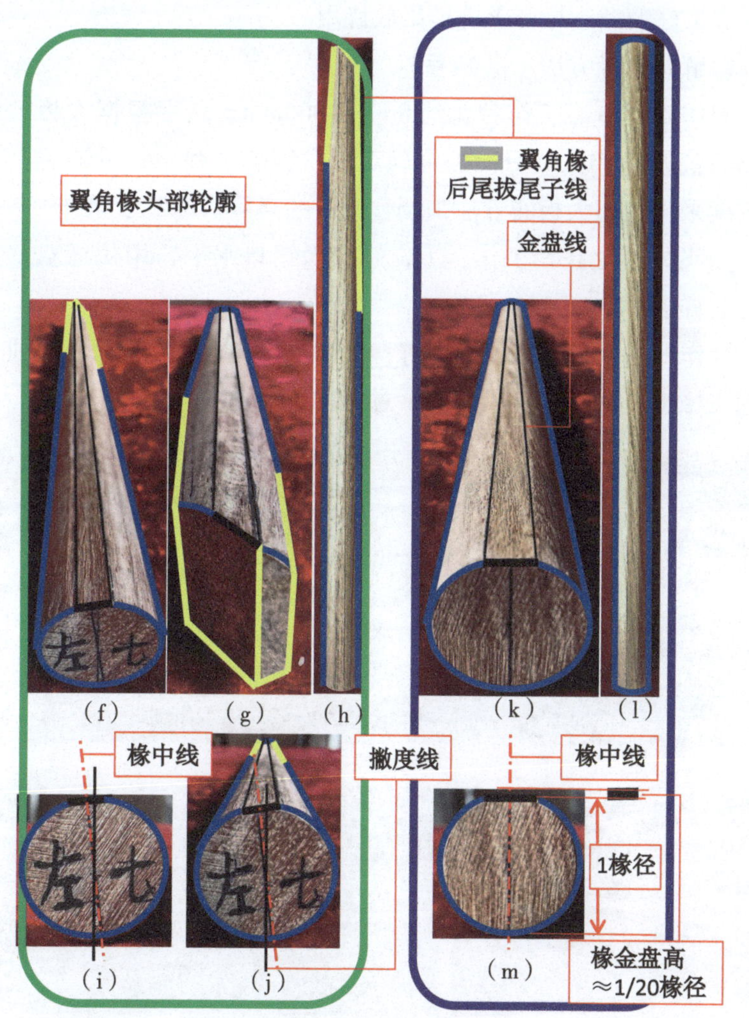

图 2-202　翼角椽 1 翘、7 翘及正身椽认识及对比示意

注：图（a）～图（e）是左 1 翘示意，图（f）～图（j）是左 7 翘示意。

（2）翘飞椽的加工制作

①加工工序：椽板材打截——→弹划线、标写编号——→锯解、刨光初加工——→成品码放。

②板材打截备料

a. 根据翘飞椽的套裁形式决定大板的长度并留出适当的余（荒）量。

b. 根据翘飞椽的翘度及连做数量决定大板的宽度，通常情况下，非维修添配性工程多是四角连做，即一块大板做出左、右翘共八根翘飞椽。

c. 大板长短应留出适当余（荒）量，厚度留出刨光量。

③弹划线、标写编号（详见前文）

a. 弹划线使用墨线，其他除按前文所述方法进行外还应注意不得绞线、串线。

b. 椽头盘头截线应保留，以备安装时参考。

④锯解、刨光初加工

a. 锯解翘飞椽需使用木工架子锯，两人对面手工操作，保证大板两面按线锯解，不得偏移。

b. 椽头腹面使用木工推刨，手工刨光。

c. 加工好的翘飞椽要求分类码放待用。

⑤锯解翘飞椽方法（供参考）

a. 制作工作台。工作台宽约800～1000mm，高度根据大板宽、锯口高及操作人员习惯综合确定；在锯解过程中，可随着锯解进度采用垫高大板的方法来调整锯口的高度，以利于操作。

b. 翘飞大板立在在工作台上，翘飞椽锯口水平，用拉杆双面固定。详见图 2-203。

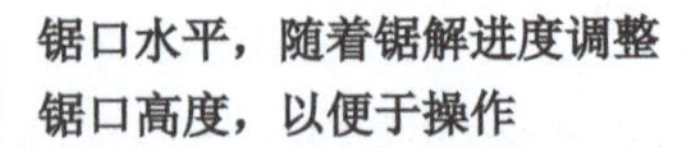

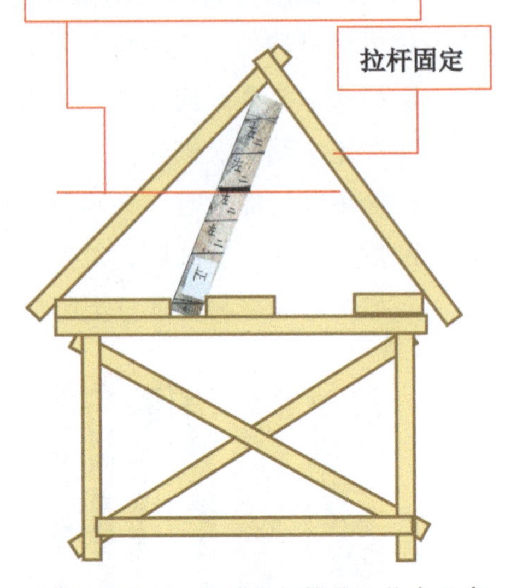

图 2-203　翘飞椽锯解操作工作台示意

c. 操作师傅两面一定追线锯解，保证成品椽头部锯解面呈扭曲（俗称“皮楞”）状。

翘飞椽锯解操作、成品码放示意见图 2-204。

（a）（b）（c）（d）（e）

图 2-204　翘飞椽锯解操作、成品码放示意

成品翘飞椽识别对比以总翘数 7 翘为例，详见图 2-205～图 2-208。

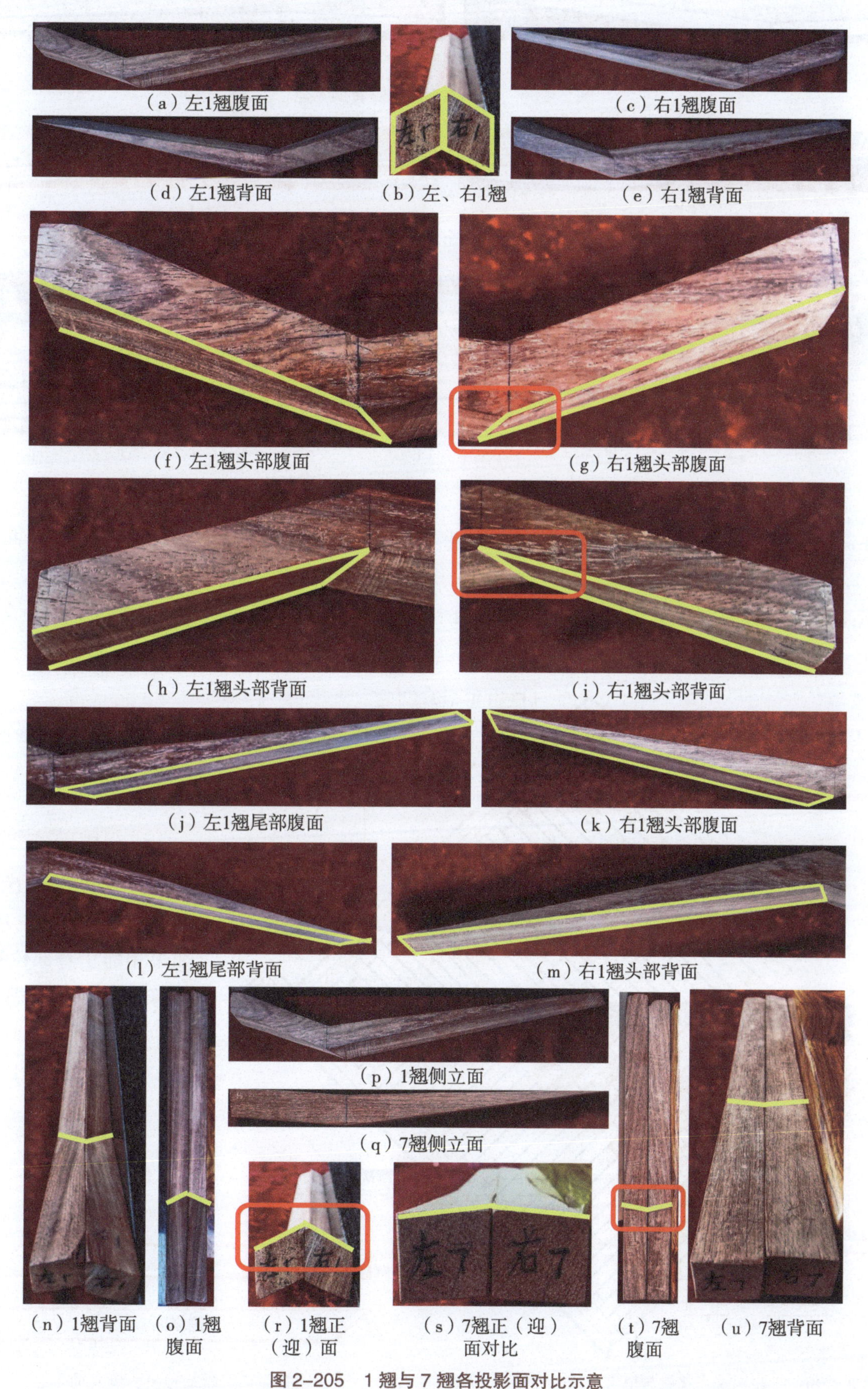

（a）左1翘腹面 （b）左、右1翘 （c）右1翘腹面 （d）左1翘背面 （e）右1翘背面

（f）左1翘头部腹面 （g）右1翘头部腹面

（h）左1翘头部背面 （i）右1翘头部背面

（j）左1翘尾部腹面 （k）右1翘头部腹面

（l）左1翘尾部背面 （m）右1翘头部背面

（n）1翘背面 （o）1翘腹面 （p）1翘侧立面 （q）7翘侧立面 （r）1翘正（迎）面 （s）7翘正（迎）面对比 （t）7翘腹面 （u）7翘背面

图 2-205　1 翘与 7 翘各投影面对比示意

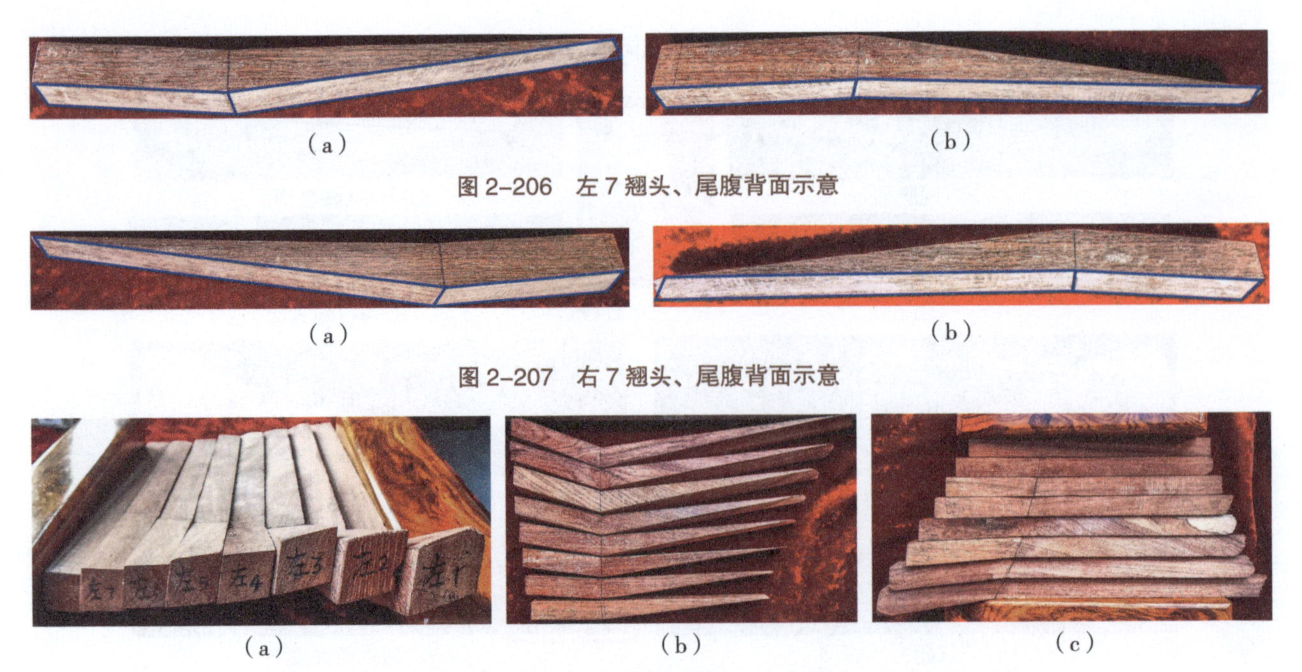

图 2-206　左 7 翘头、尾腹背面示意

(a)
(b)

图 2-207　右 7 翘头、尾腹背面示意

(a)
(b)
(c)

图 2-208　正身飞椽与翘飞椽各翘椽起翘度、出冲长度、扭度对比示意

在图 2-205～图 2-208 中我们能看到成品翘飞椽各个锯解面的形态，特别是 1 翘，扭曲变形（皮楞）非常厉害，这就是我们前面反复强调的“椽头撇度 1/2，翘飞母撇度 1/3”造成的。这给施工人员带来了一定的操作难度，它需要在锯解时两个人拧着劲儿地按线走锯，所以在操作中一定要谨慎操作避免误差。

四、里掖角蜈蚣椽的制作

1. 配置

里掖角蜈蚣椽的配置根据所处部位决定，如果相邻正身部位是檐、飞椽双层配置，那蜈蚣椽也是双层配置。详见图 2-209～图 2-211。

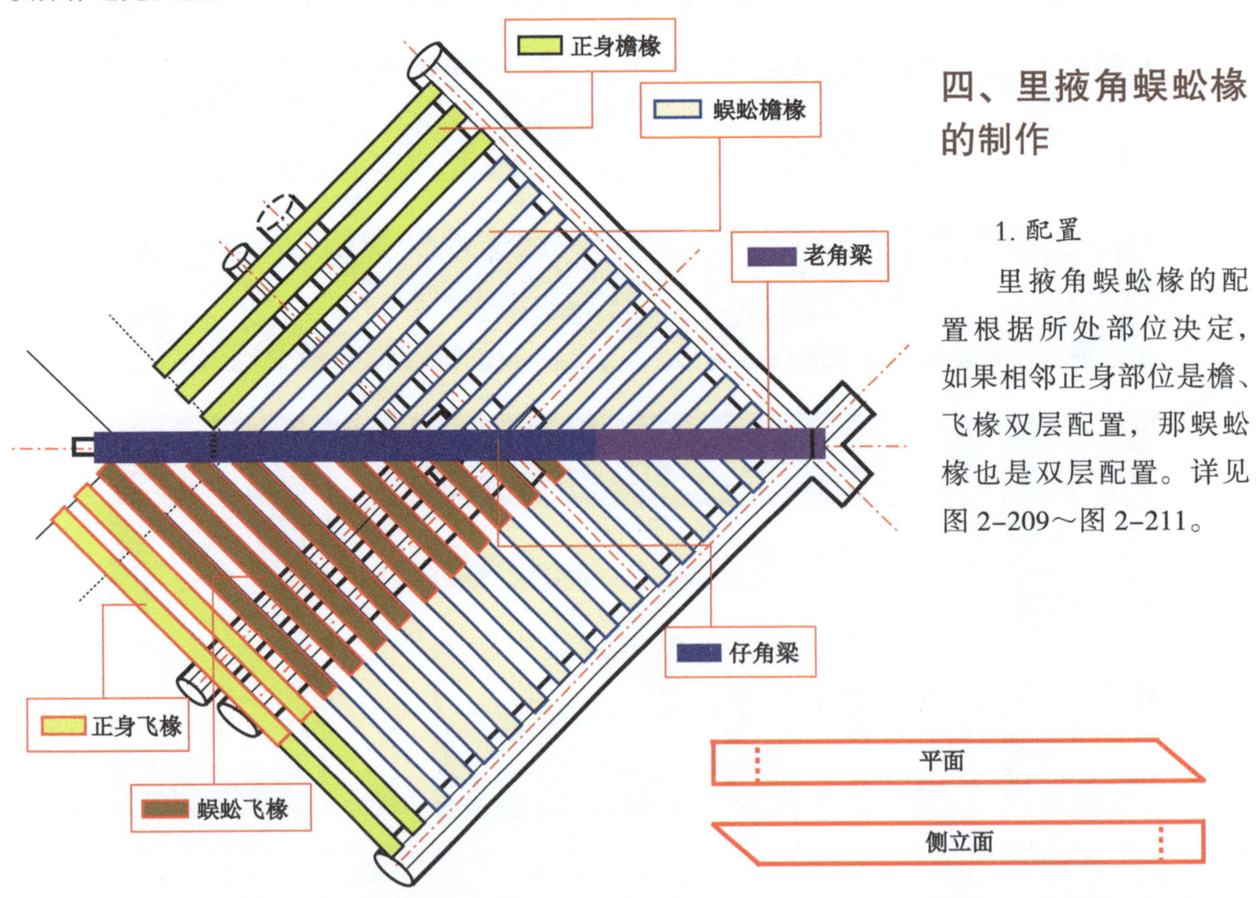

图 2-209　正身檐椽、飞椽与里掖角蜈蚣檐椽、飞椽位置示意

图 2-210　蜈蚣椽平、侧立面示意

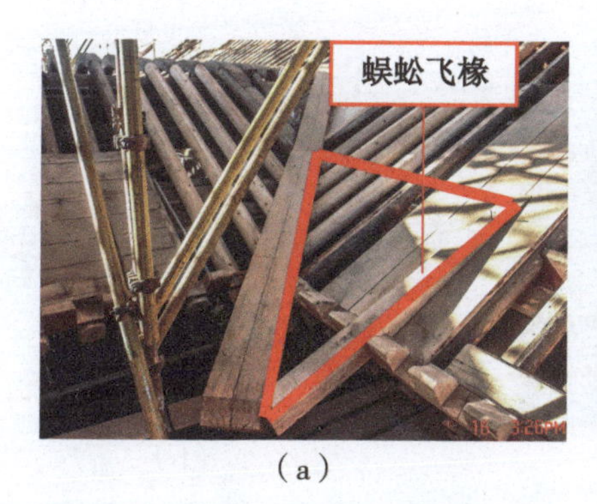

（a）

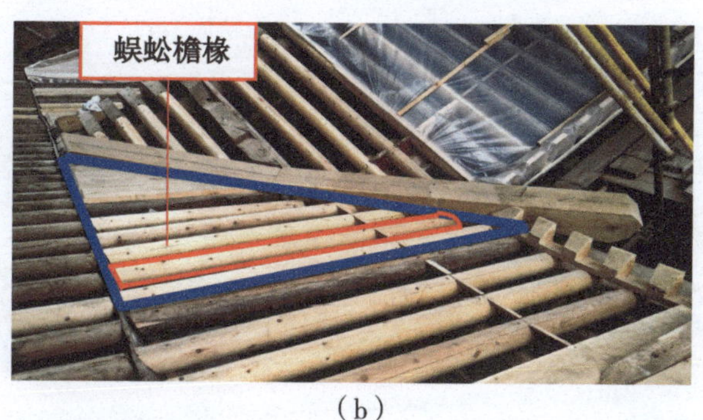

（b）

图 2-211 里掖角蜈蚣檐椽、飞椽示意

2. 排列方式

蜈蚣椽呈平列状排列，与正身椽的排列方式相同。

3. 根数确定及分位方法

蜈蚣椽根数的确定以角梁定，凡椽头一端未出连檐并与角梁相撞的椽子都为蜈蚣椽。蜈蚣椽椽当分位按正身椽椽当分位顺序排列。

4. 蜈蚣椽的特征

蜈蚣椽的特征是一端坐于檩上，或墩掌或压掌，随正身椽做法；另一端与角梁相撞，按角梁的平面角度、举高斜度做异形截面与角梁贴附。

5. 蜈蚣椽的放线方法

蜈蚣椽的放线方法与正身椽相同，只是在做与角梁撞接部位的截面时需要实地摹划，这样更为准确且能避免人力和材料的浪费。

6. 蜈蚣椽的制作

同正身椽的制作，此处略。

五、其他附件的制作

1. 枕头木

（1）位置　枕头木是翼角椽翘起后与桁檩之间悬空部位的楔形衬垫构件。

（2）尺度　枕头木厚与椽径相同；长按自正身起至角梁侧帮；高点自角梁椽槽底皮至桁檩上皮净高另再加上约半椽径至正身低点半椽径。详见图 2-212。

2. 大连檐

翼角部分的大连檐与正身部分大连檐相同，只是需要根据翼角部位的长短及翘度的高低在大连檐断面横向锯出 2～4 道锯口，以便于大连檐按翘起尺度摽出适宜的囊弯。它要求使用木工手锯人工锯解，避免因锯口过大使翼角部分的大连檐高度与正身部分大连檐高度相差过大；锯解的长度最下层锯口直达正身，其余锯口按 200～500mm 向角梁方向递减，详见图 2-213。锯解完成的大连檐用绳子捆绑浸泡在水池中待安装，没有条件的可采用地面挖坑，铺墁塑料布以达到浸泡的效果。

3. 小连檐

小连檐在外形、尺度和做法上与正身小连檐相同，只是由于起翘和出冲的原因对用材的要求高一些，不得有节疤，特别是死节，如果有的话极易在节疤部位发生断裂，形成死弯。小连檐示意见图 2-214。

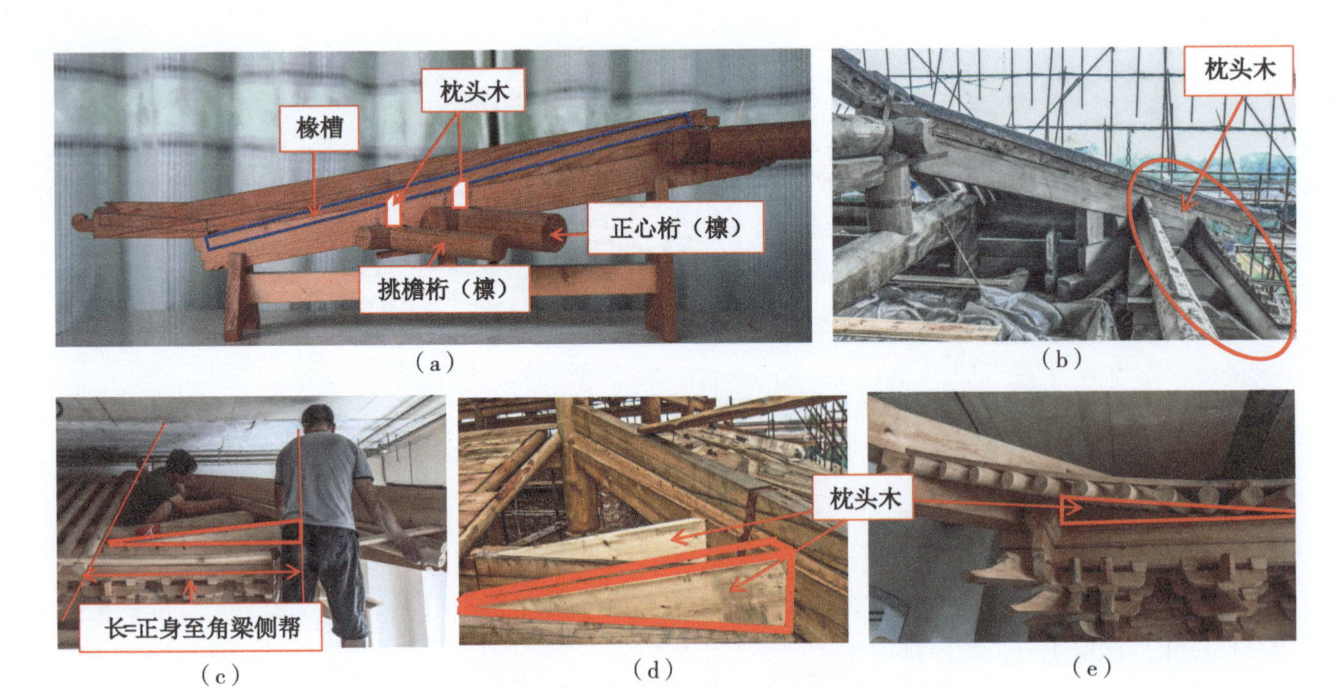

（a） （b）

（c） （d） （e）

图 2-212 枕头木位置、尺度示意

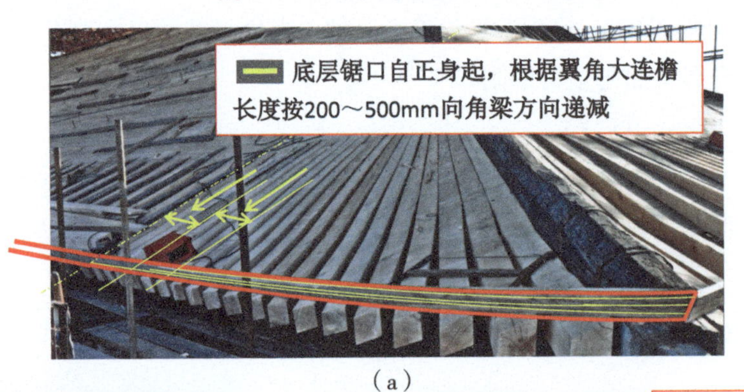

（a）

（b） （c） （d）

图 2-213 大连檐及锯口示意

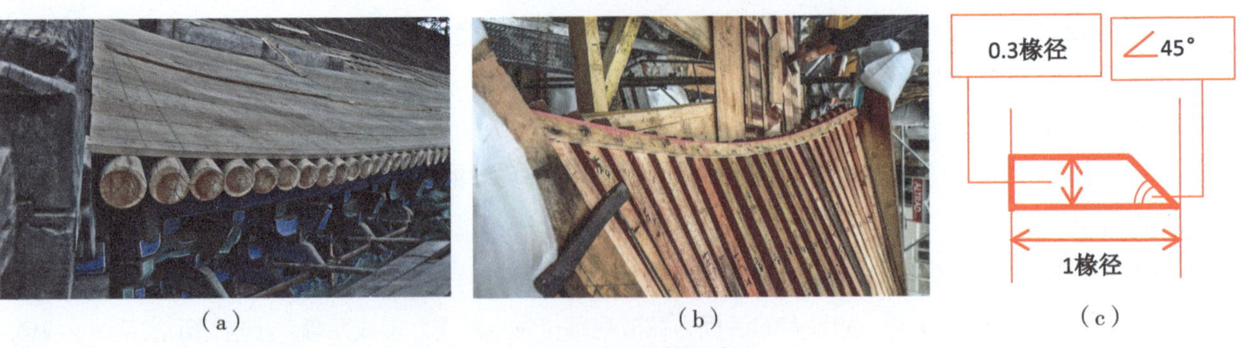

（a） （b） （c）

图 2-214 小连檐示意

第三节　翼角的安装

一、角梁的安装

角梁安装与上架大木安装同时穿插进行。

1. 安装工序

安装位置水平、方正尺寸、构件榫卯复验⟶安装老角梁⟶安装金桁（檩）⟶安装仔角梁⟶尺寸校核⟶角梁钉固定。

2. 安装方法

①在安装前，对挑檐、正心（檐）桁（檩）及金步交金墩或交金瓜柱的水平标高和平面夹角方正进行复验；对上述构件的各卯口、榫头进行复验，确保准确无误。

②老角梁入位。角梁两侧面老中、里外由中线与挑檐、正心（檐）桁（檩）线线对齐；对前端桁（檩）椀进行二次整修加工，保证贴附严实，受力均匀。整修桁（檩）椀时需注意循序渐进，不要追求一次到位，保证不损伤保留部位。

③安装金桁（檩），按大木安装规程操作。

④仔角梁入位，与老角梁榫卯对位准确，老、仔角梁叠压严实；后尾桁（檩）椀二次整修加工同前端。

⑤校核角梁的平面方正及水平高度。

⑥用角梁钉固定老、仔角梁。详见图 2-215～图 2-221。

图 2-215　老、仔角梁叠合面刮铯整修

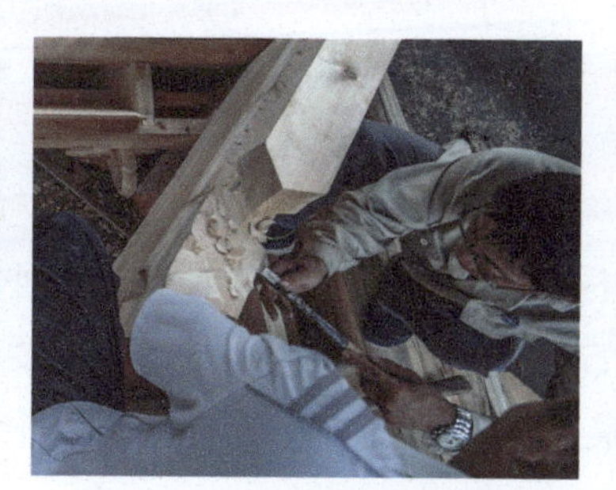

图 2-216　桁（檩）椀二次整修铲削

图 2-217　桁（檩）椀整修入位

图 2-218　老角梁后尾与交金瓜柱、金桁（檩）相交

图 2-219　桁（檩）椀整修入位，与桁（檩）叠压

图 2-220　角梁钉固定

图 2-221　安装完成的老、仔角梁

二、翼角椽、翘飞椽、蜈蚣椽及附件的安装

1. 翼角椽及附件的安装

（1）安装工序　安装小连檐——→排椽花——→安装枕头木——→钉翼角椽——→牢檐、盘头、钉望板。

（2）安装方法

①在翼角的中间部位先按位置预钉1～2根翼角椽，然后根据此点、正身椽头点和老角梁头小连檐口子点安装小连檐。安装小连檐，使用麻绳打摽的方法以眼观的方式随时调整小连檐的曲线尺度，保证小连檐冲、翘的曲度和缓、囊向一致，不得出现死弯、鸡脖囊等现象。

②在小连檐上派点翼角椽椽花线。

③贴附角梁在桁（檩）金盘位置安装枕头木。

④钉翼角椽

a. 翼角椽头按小连檐空间位置，椽花线、椽尾按老角梁椽尾分位线入椽槽安装。

b. 翼角椽头与小连檐临时固定，待最后调整确定后再加固钉牢。

c. 圆椽枕头木按椽形状剔出椽椀并留出“椀口山”，不得一抹砍平。

d. 翼角椽椽当按“一翘伸进手，二翘跟着走”的传统规矩，自1翘起逐渐加大至与正身椽当接近。

e. 每椽安装完成，与下一翘翼角椽的贴附面要求垂直。

f. 翼角椽与角梁、各椽相互贴附严实，并用铁钉固定。

g. 对安装完成的整体翼角进行囊向曲度、椽当当距及椽尾高低等复验，合格后，对椽头进行牢檐，对椽尾进行加固。

h. 椽头盘头：椽头以椽身做直角盘头并要求留出“雀台”，尺寸为（1/5～1/3）椽径，同时做出“擦棱”“扫眉”。

⑤钉望板。

至此翼角椽的安装完成。图2-222为翼角椽安装工序示意。

2. 翘飞椽及附件的安装

（1）安装工序　翘飞椽分位——→安装大连檐——→排椽花——→钉翘飞椽——→牢檐、盘头、钉闸挡板、望板。

（2）安装方法

①在翼角椽望板上按翼角椽外棱（正心方向）弹划翘飞椽外棱控制线。

②按小连檐安装方法安装大连檐；要求大连檐的接口一定要过正身800～1000mm。

③将翘飞椽外棱线引至大连檐上，并做适当调整使椽头当距符合要求。

④钉翘飞椽

a. 按控制线钉翘飞椽，椽头、椽尾临时固定；要求翘飞椽与下层翼角椽顺向延伸，不错位。

b. 翘飞椽头为正菱形，侧帮垂直。

c. 翘飞椽椽当自1翘起渐进加大。

d. 翘飞母不得探出小连檐。

e. 对初装完成的整体翼角进行囊向曲度、椽当当距及椽尾高低等复验，合格后，对椽头、椽尾牢檐加固。

f. 钉闸挡板、望板。

⑤椽头盘头：椽头以椽身做直角盘头并要求留出“雀台”，尺寸为（1/5～1/4）椽径，同时做出“擦棱”“扫眉”。

图 2-223 为翘飞椽安装工序示意。

（a）摆小连檐

（b）钉翼角椽：枕头木椽窝加工

（c）钉翼角椽

（d）固定小连檐

（e）牢檐

（f）檐口囊向曲线示意

（g）钉翼角椽

（h）盘椽头、钉望板

图 2-222 翼角椽安装工序示意

（a）弹划翘飞椽分位线

（b）摆大连檐

（c）钉翘飞椽

（d）盘头、牢檐　（e）檐口囊向曲线示意　（f）铺钉望板、闸挡板、盘头

图2-223　翘飞椽安装工程示意

3. 蜈蚣椽及附件的安装

蜈蚣椽的安装方法同正身椽，只是绞掌的方向与正身椽不同，此处略。

第四节　多边形建筑翼角的一些不同做法

在出角建筑中，除前面叙述的矩形、正方形的方角建筑外，多边形的建筑比比皆是，三方、五方、六方、八方、……这其中有体量大的诸如大式带斗栱的八方楼阁式建筑——应县木塔；也有庭园最常见的杂式六方亭、八方亭……这些建筑木结构的步架、檐出与方角建筑近似类同，但角度原因造成翼角部分的檐口线长度要短于方角建筑，这时，在一些细节做法上多边形建筑的翼角就有了不同于方角建筑翼角特殊之处。

一、根数的确定

多边形建筑翼角椽在根数的确定上另有一套规矩，前面讲了在角梁椽槽后尾翼角椽分位上有一个口诀“方八、八四、六方五”，这里面就把方角建筑与八方、六方等多边形建筑的比例关系确定了下来。如：按方角建筑“(步架 + 檐出) ÷（1 椽 +1 当)，得数取整，遇双加 1 取单”的计算方法计算出翼角椽的根数，再用这个根数除以方角与多边角之间“方八、八四、六方五”的倍数关系：八方 = 方角建筑翼角椽数 × 0.5 ；六方 = 方角建筑翼角椽数 × 0.63……得数取整，遇双加 1 取单。

和方角建筑一样，多边形建筑翼角椽数的确定也有多种说法，如：廊（檐）步架 + 平出檐（含拽架）尺寸 ÷（四方：2 椽径；五方：2.5 椽径；六方：3 椽径；八方：4 椽径）尺寸，得数取整，遇双减 1 取单。（笔者对这个说法进行了一些比对，认为这里提到的几个数据与古人“方八、八四、六方五”的口诀基本暗合，按这种方法算出的翼角椽根数也与古人的算法基本一致，也只是在“加 1 或减 1”上与现在的计算方法有些出入，有关“加 1 或减 1”在方角建筑中已有论述。）详见图 2-224。

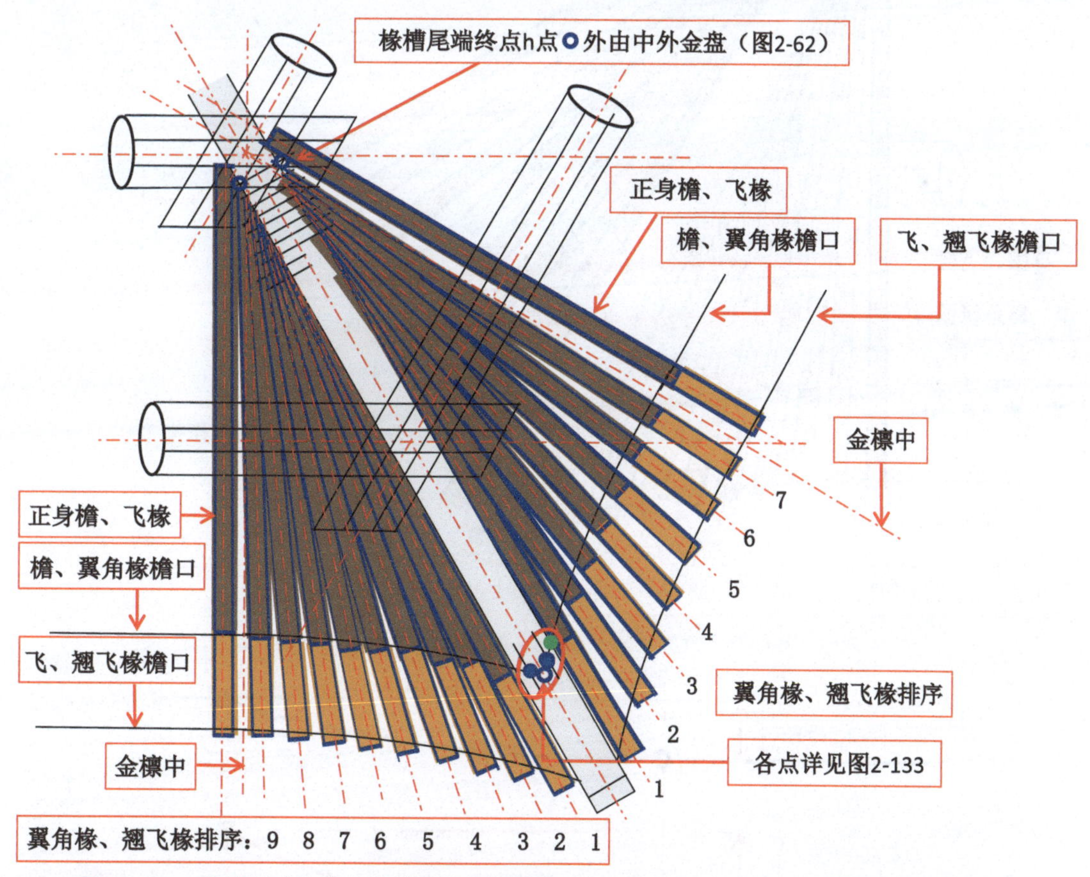

图 2-224 多边形（六方）建筑翼角、翘飞椽“加 1 翘”或“减 1 翘”平面排列疏密对比

还有，前面讲的“按檐口线实量长度”计算出翼角椽根数的方法在多边形建筑中也适用。

以上所介绍的这些方法虽然源于不同师傅的传授，但大同小异各有短长，也没有硬性的规定。

二、冲、翘、撇、扭的尺度

方角建筑冲、翘、撇、扭的尺度规矩是“冲三、翘四、撇五、扭八”，而在常见的六方、八方形建筑及少见的三角形、五方形等不规则形建筑中这些尺度就要有一些变化了，因为它的角度变了，翼角部分檐口线的长度也发生了变化。小于方角 45° 的檐口线就要长一些，大于方角 45° 的檐口线就要短一些，这时如果还是采用与方角建筑相同的冲、翘、撇、扭尺度，那角度小于 45° 的三角形等建筑由于檐口线长而显得出冲少起翘低，外观上少了些灵动感；而角度大于 45° 的多边形等建筑由于檐口线短而显得出冲大起翘高（详见图 2-225、图 2-226），虽然外观上更显轻灵，但如果按官式做法做不但会加大制作、安装的难度，而且在材料的使用上加大了成本，同时还增加了安全风险。我们知道，中国传统建筑讲究的是权衡对称，尤其是在官式建筑中更是循规蹈矩，所以在多边形建筑的翼角做法中以上的因素一定要考虑在其中。

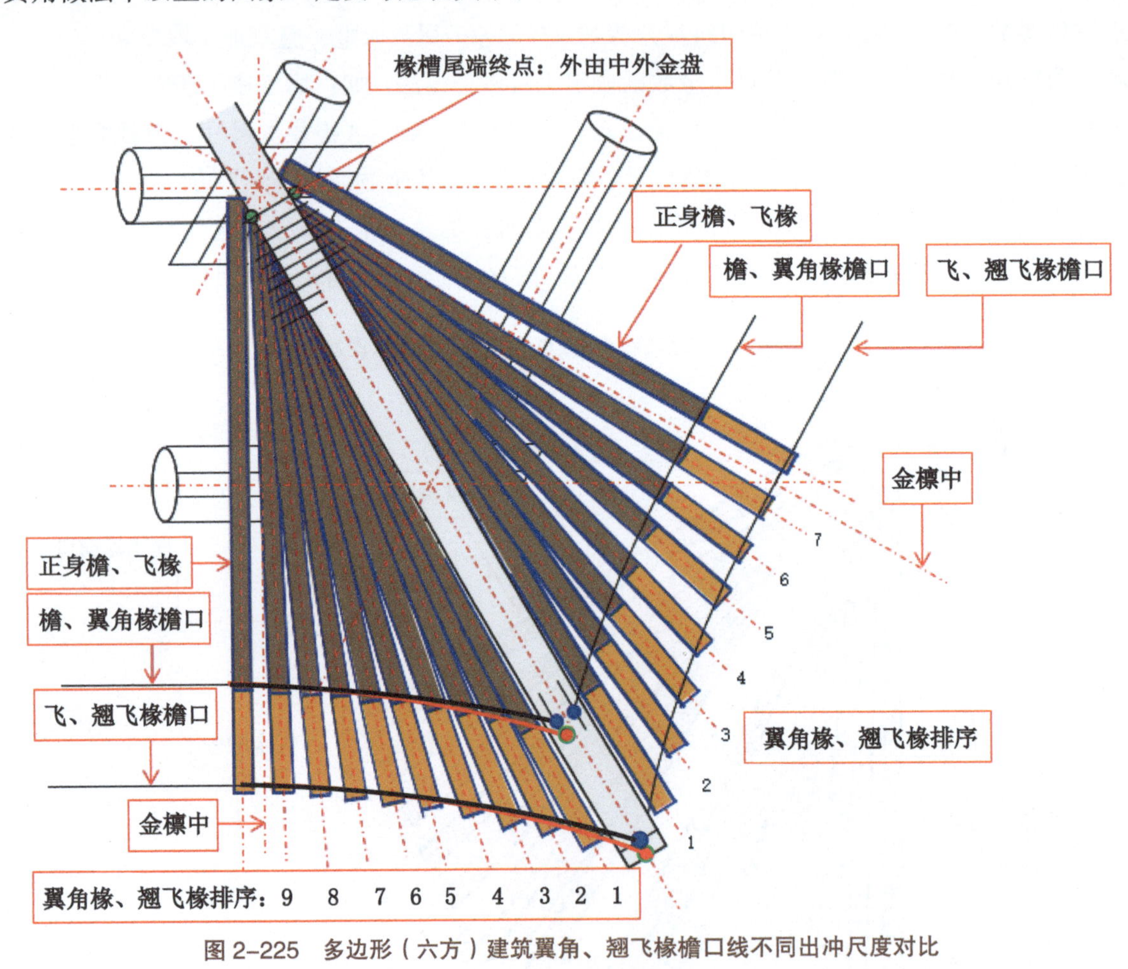

图 2-225　多边形（六方）建筑翼角、翘飞椽檐口线不同出冲尺度对比

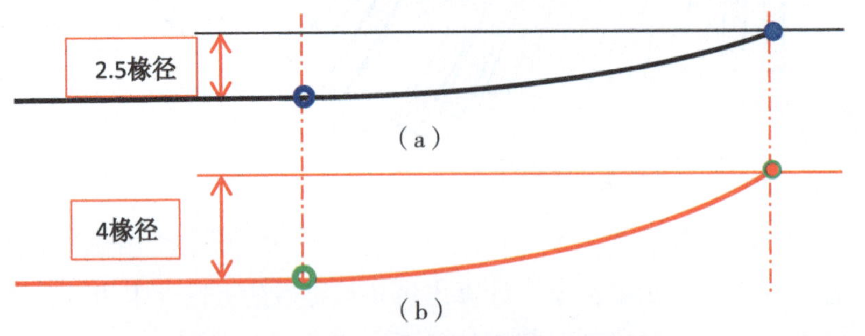

图 2-226　翘飞椽檐口线不同起翘尺度对比

以上主要介绍了多边形建筑翼角在“冲”和“翘”上与方角建筑的区别，至于“撇”与“扭”，因为“撇”与“扭”的尺度源于“冲”和“翘”，所以如果按照上面介绍的“冲”“翘”尺度进行制作、安装，那么，相应地也要把“撇”与“扭”的尺度按照比例进行变动，否则在翼角椽和翘飞椽的细节部位就会与整个翼角的尺度有冲突。

下面笔者根据自己的理解对多边形建筑翼角与方角建筑不同的一些做法进行相对细致的对比描述与尺寸计算，并在图中一一列出。需要强调说明的是，由于有关多边形翼角权威做法的文字资料不多，以下是笔者通过记忆及实践并求证实操经验极为丰富的师弟王建平得出的数据并记录下来的，希望对读者能有帮助。

1. 多边形建筑中的冲与翘

图 2-225 中 ▬ 所示为出冲 2.5 椽径时翘飞椽檐口线的出冲弧度，此尺寸是根据方角建筑与六方形建筑翼角椽比例关系即“冲 3”×0.63 ≈ “冲 2”而来，至于由“2”改为“2.5”是笔者认为从翼角曲线增加一些弧度会更显轻灵而人为增加的，可根据实际情况适当增减。图 2-225 中 ▪▪▪▪ 是按方角建筑“冲 3”椽径所划翘飞椽檐口出冲曲线，如按这个尺度安装大、小连檐则非常困难，不建议使用。

图 2-226 中 ▬ 所示为起翘 2.5 椽径时翘飞椽檐口线的起翘弧度，此尺度是根据方角建筑与六方形建筑翼角椽比例关系即“翘 4”×0.63 ≈ “翘 2.5”而来；图 2-227 中 ▬ 所示为方角建筑起翘 4 椽径时飞椽檐口线的起翘弧度曲线，如果按这个尺度安装大、小连檐不但操作非常困难而且费料、降低强度，不建议采用。

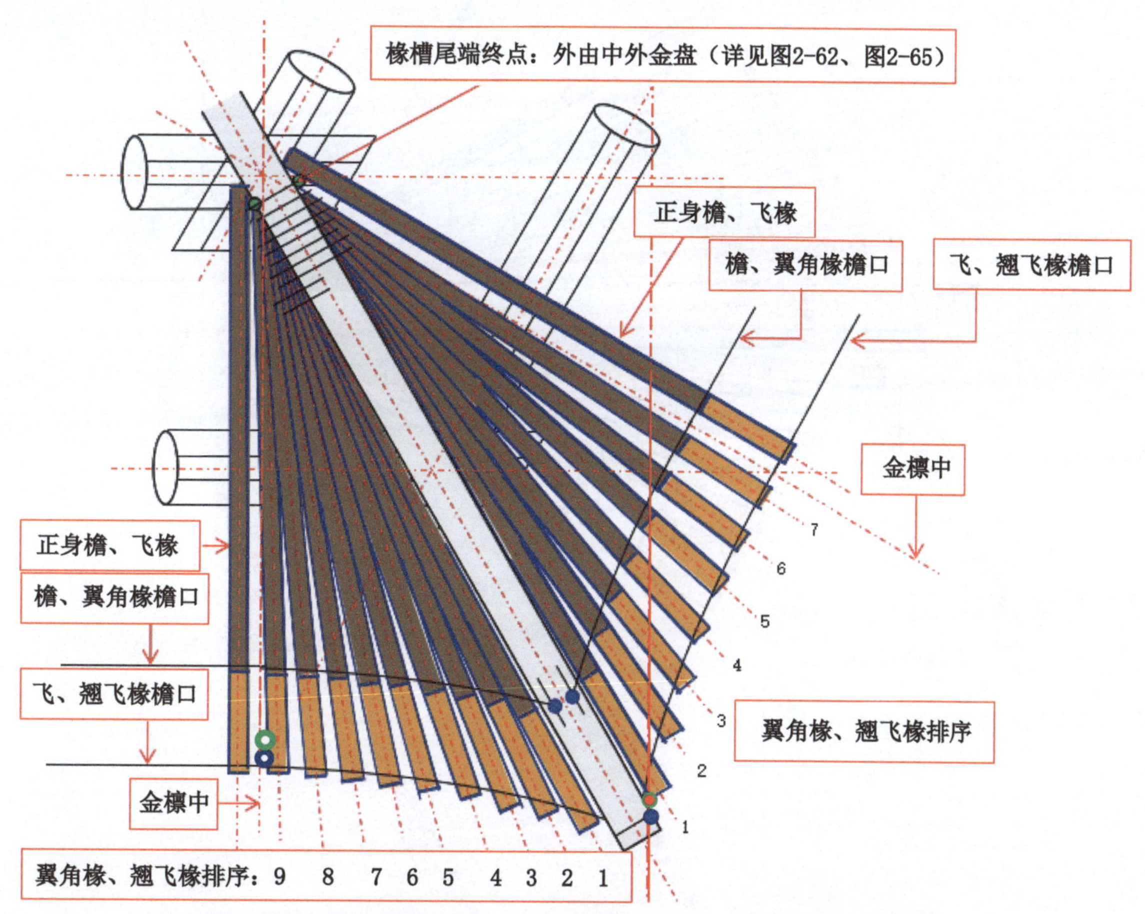

图 2-227　翘飞椽檐口线平、立面起翘起点 ○○、终点 ●● 对应示意

图 2-228 为多边形（六方）建筑压金角梁起翘尺度的确定方法，及翼角椽根数的确定——多边

形（六方）建筑平面排列疏密对比。

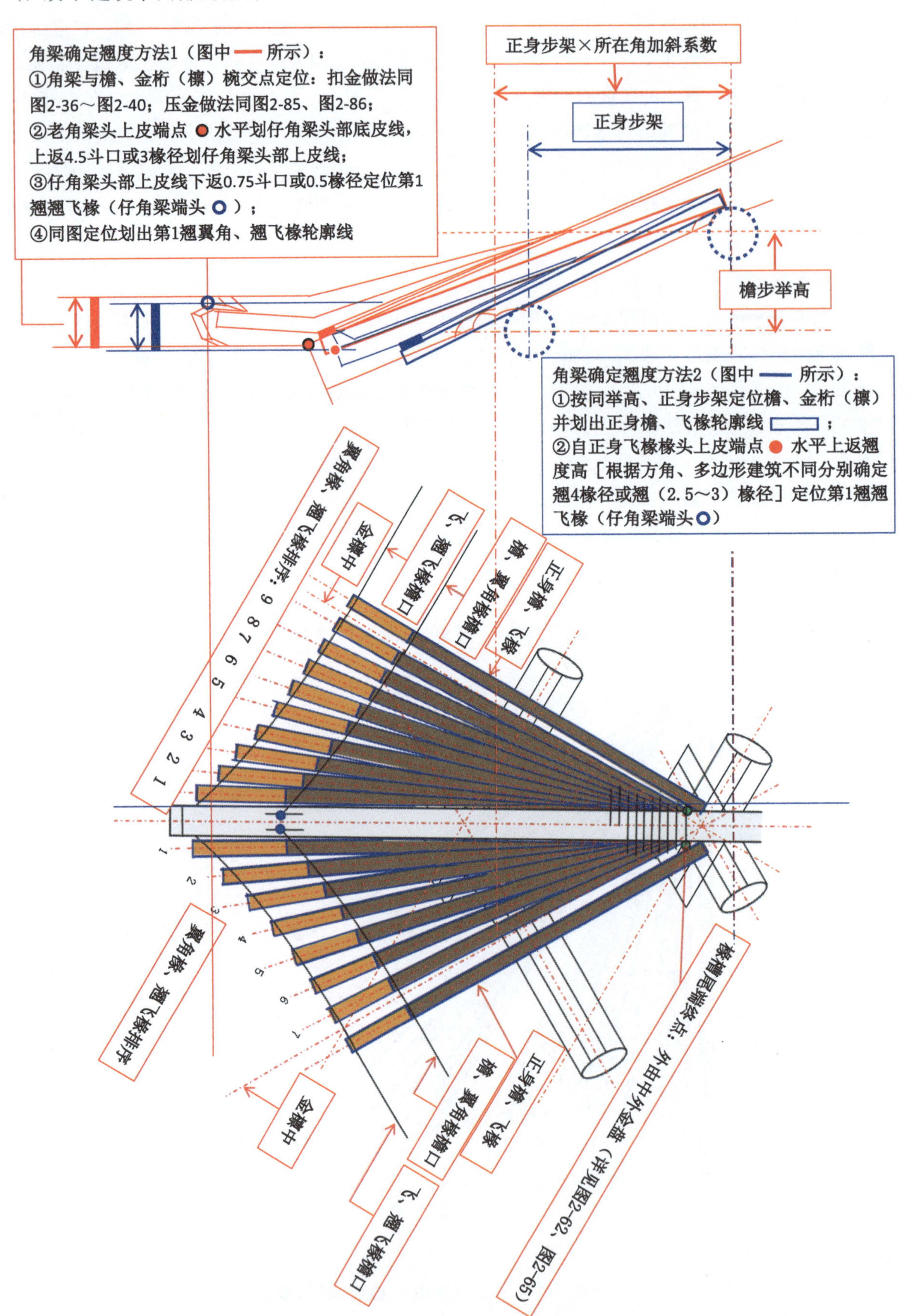

图 2-228　多边形（六方）建筑压金角梁起翘尺度的确定方法

2. 多边形建筑中的“撇”与“扭”

图 2-229 和图 2-230 分别为方角建筑与多边形建筑翘飞椽、方、圆形翼角椽撇向和扭向对比示意。

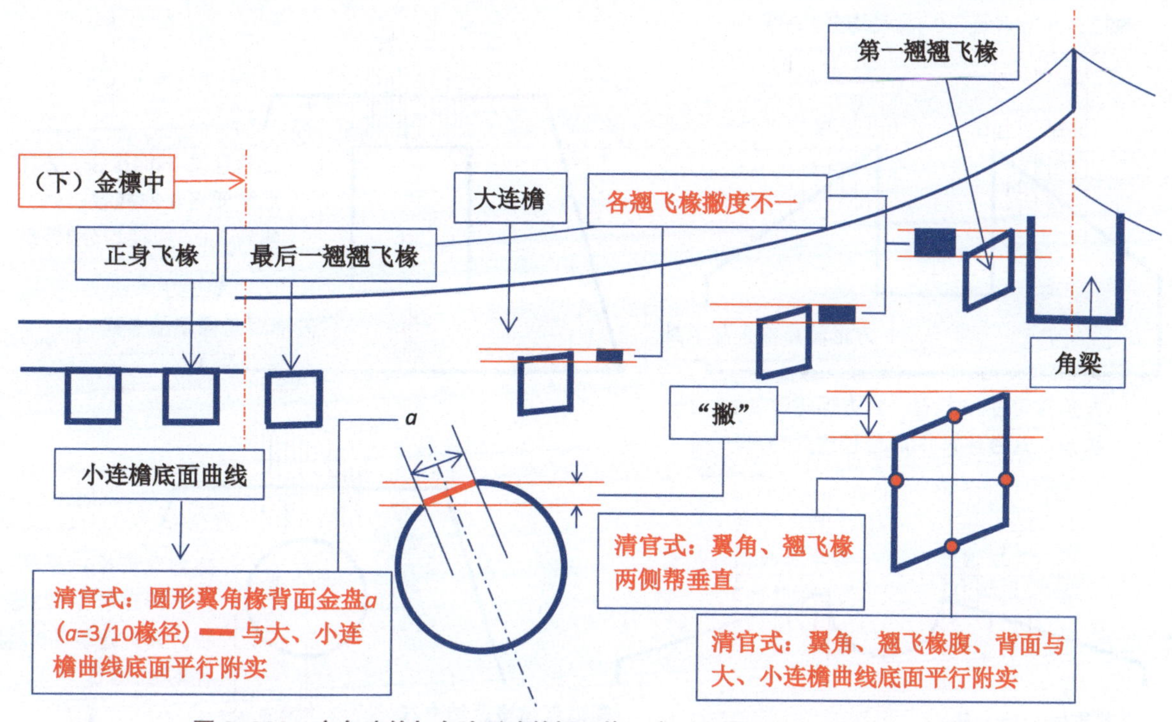

图 2-229　方角建筑与多边形建筑翘飞椽、方形和圆形翼角椽撇向对比示意

注：1. 第一翘翘飞椽扭向：当方角建筑“冲”3 椽径时，“扭”为 0.8 椽径；当多边形建筑“冲”2.5 椽径时，“扭”约为 0.66 椽径；
2. 第一翘翘飞椽撇向：当方角建筑“翘”4 椽径时，“撇”为 0.5 椽径；当多边形建筑“翘”2.5 椽径时，“撇”约为 1/3 椽径；
3. 第一翘翼角椽撇向：当方角建筑“翘”4 椽径时，“撇”为 1/3 椽径；当多边形建筑“翘”2.5 椽径时，“撇”约为（1/5～1/4）椽径；
4. 上述多边形建筑尺寸为近似值，仅作参考，不作规矩使用。

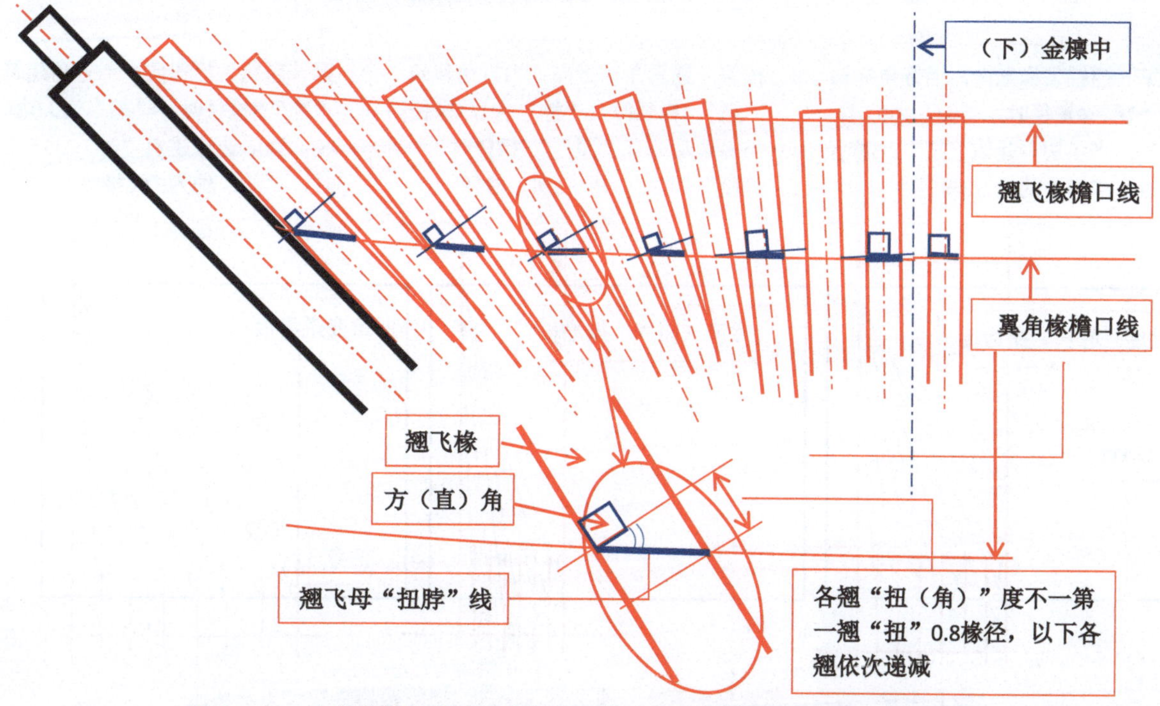

图 2-230　方角建筑与多边形建筑翘飞椽、方形和圆形翼角椽扭向对比示意

3. 多边形建筑翼角椽放线（以翼角、翘飞椽数为 7 翘为例）

图 2-231 为方角、多边形建筑方形和圆形翼角椽头、椽尾卡具定位方法对比。

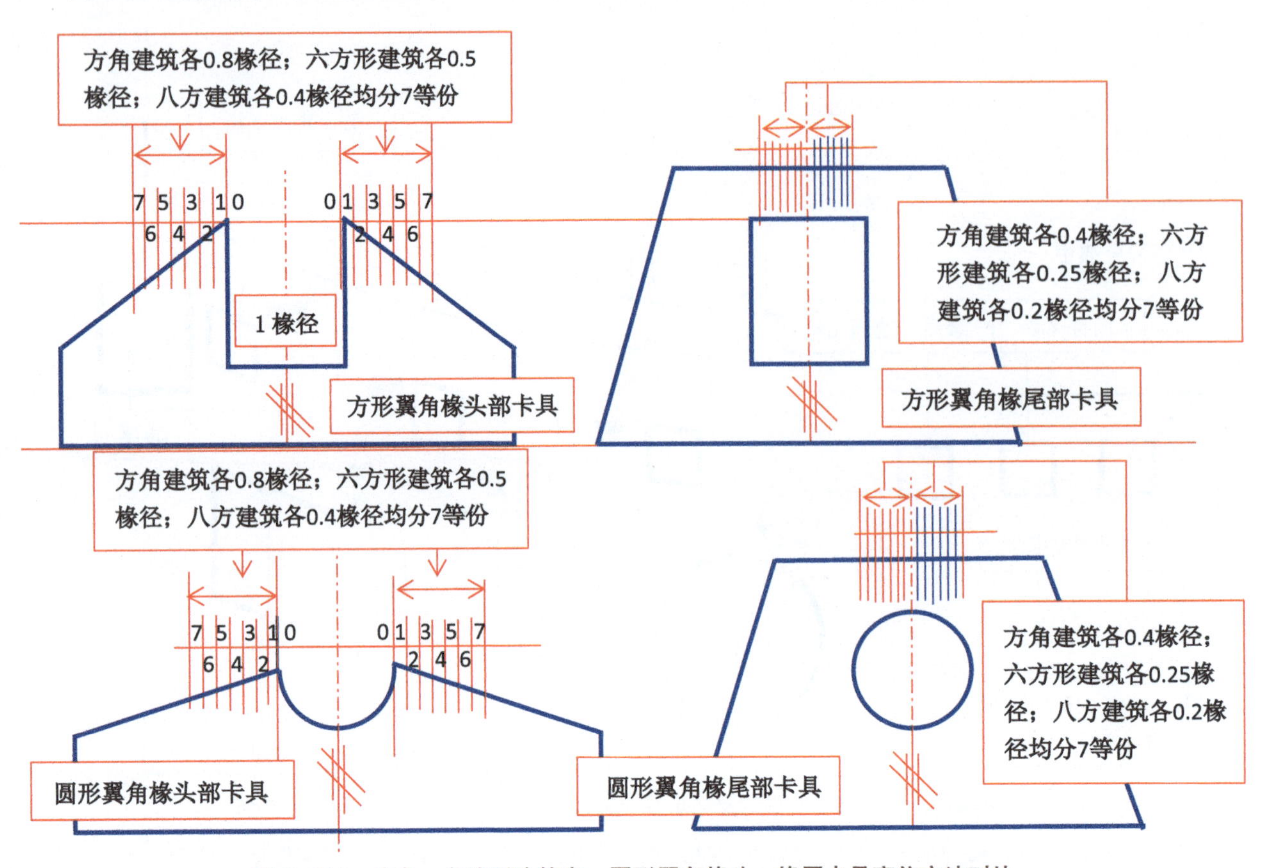

图 2-231　方角、多边形建筑方、圆形翼角椽头、椽尾卡具定位方法对比

4. 多边形翘飞椽放线

图 2-232 为方角、多边形建筑方形和圆形翘飞椽头、扭脖搬增板定位方法对比。

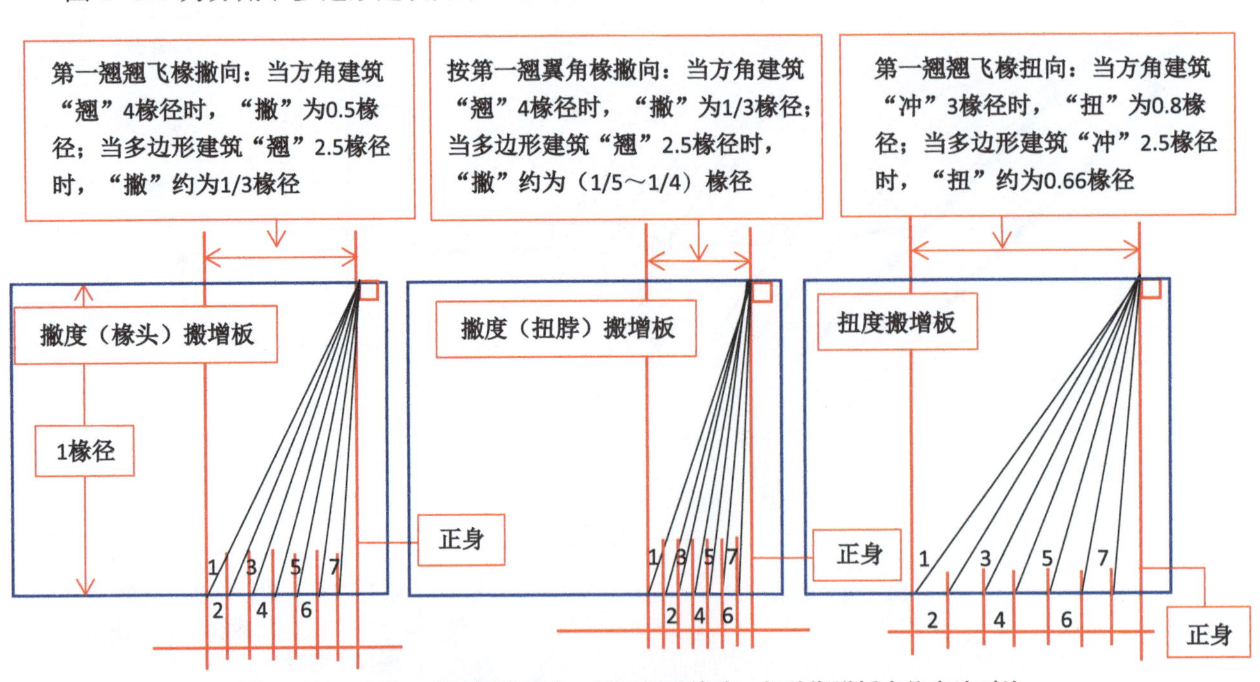

图 2-232　方角、多边形建筑方、圆形翘飞椽头、扭脖搬增板定位方法对比

第五节 官式建筑翼角做法与其他地方做法的主要区别

我国幅员辽阔，地理环境、习俗传统都有很大的不同，建筑也是一样，虽然都被冠以中国传统建筑之名，但细节做法差别很大，就像木结构就有抬梁式、穿斗式、井干式之分一样。作为中国传统建筑主要的外形特征之一的飞檐翘角——翼角，各地的造型、构造多种多样，认识、了解它对掌握官式建筑翼角的独特尺度、做法有着很大的借鉴作用。

各地不同做法、不同风格的建筑翼角详见图 2-233～图 2-240（图 2-233～图 2-236 见本书二维码）。

（a）

（b）

（c）

图 2-237 江浙一带建筑翼角

（a）

（b）

（c）

图 2-238 山西、河北一带建筑翼角

（a）

（b）

图 2-239 北京官式建筑翼角

(a)

(b)

图 2-240　山西建筑翼角

各地不同做法的翼角角梁详见图 2-241～图 2-243。

(a)

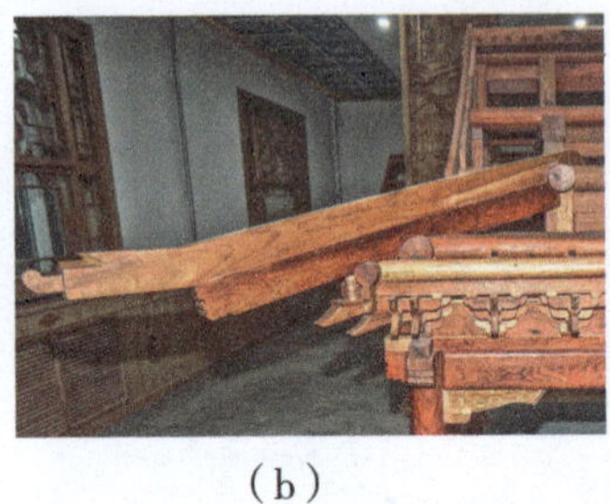
(b)

(c)

图 2-241　北京一带官式建筑翼角老、仔角梁

(a)

(b)

(c)

(d)

(e)

图 2-242　山西、内蒙一带建筑翼角大角梁和子角梁

注：名称引自《营造法式》。

(a)

(b)

(c)

图 2-243　江浙一带建筑翼角老戗、嫩戗

注：名称引自《营造法原》。

各地不同做法的翼角、翘飞椽详见图 2-244～图 2-250。

翼角：仅翼角椽扬起，翘飞椽无翘度

（a）　　（b）

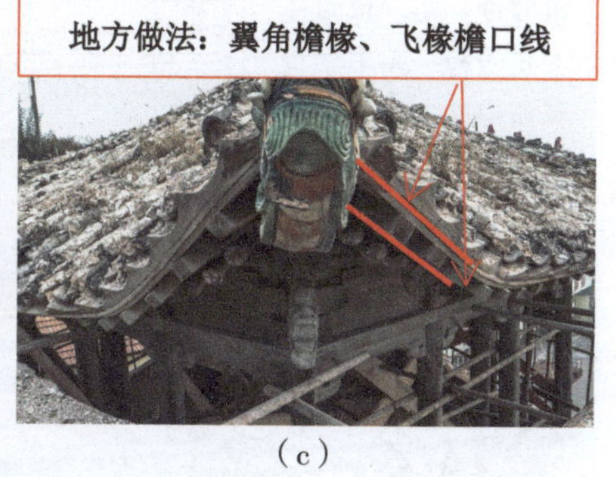

（c）

图 2-244　山西一带建筑翼角、翘飞椽

（a）

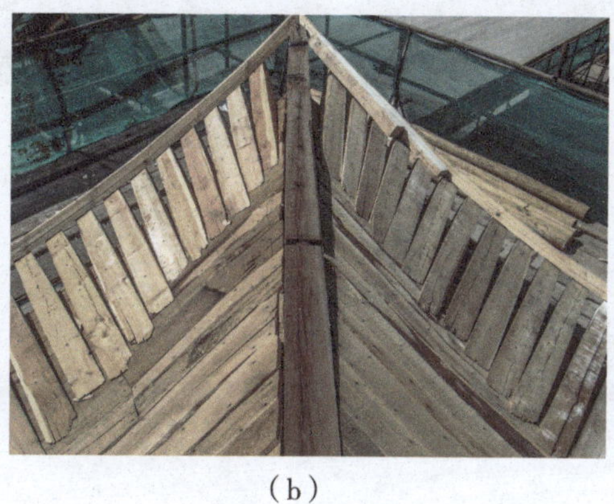

（b）

（c）

图 2-245　江浙一带建筑翼角摔网椽、立脚飞椽

注：名称引自《营造法原》。

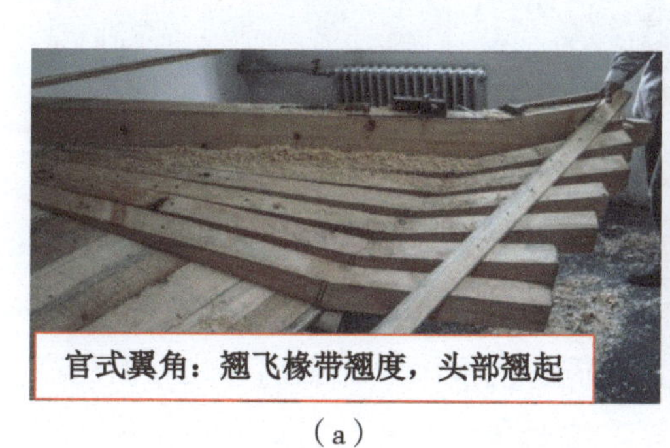

（a）

（b）

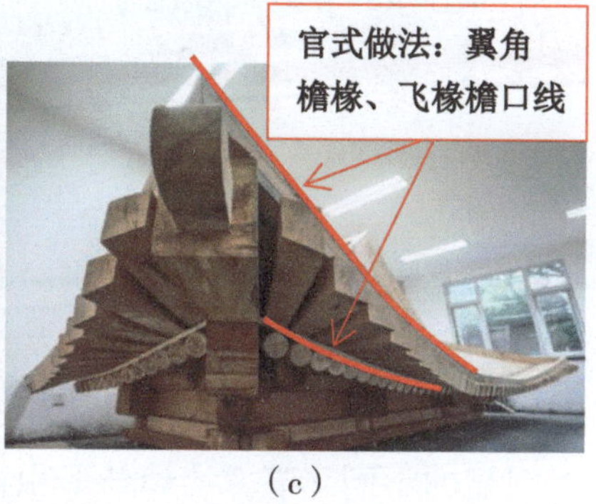

（c）

图 2-246　北京一带官式建筑翼角、翘飞椽

正身飞椽

翘飞椽翘度

特征：翘飞椽自身带翘度；头、尾均长于
正身椽——参与翼角出冲、起翘

左1翘翘飞椽

图 2-247　官式做法正身飞椽与 1 翘翘飞椽翘度对比

图 2-248　非官式做法正身飞椽与 1 翘翘飞椽翘度对比

（a）　（b）　（c）

图 2-249　官式做法翼角、翘飞椽椽头迎面示意

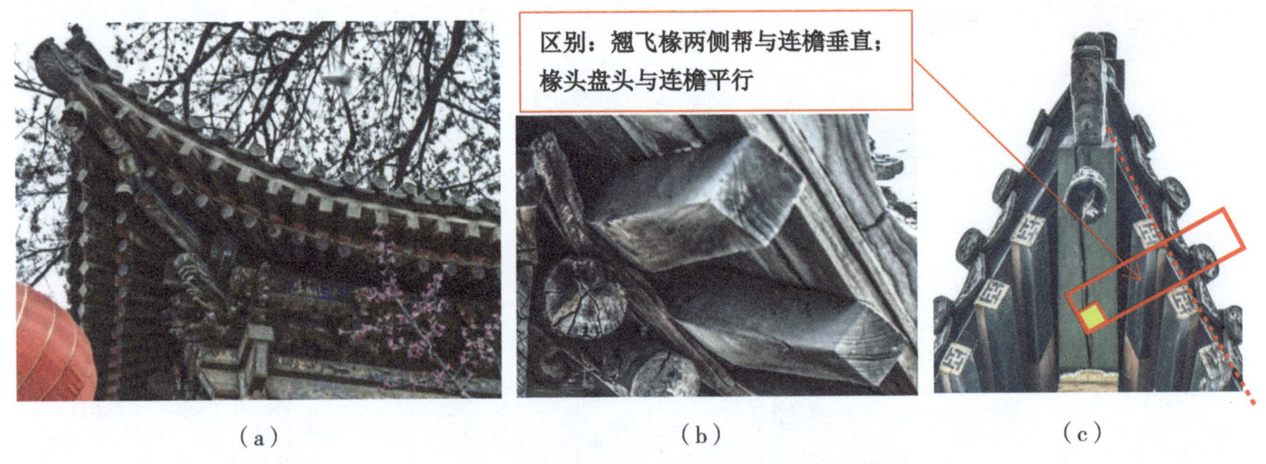

（a）　（b）　（c）

图 2-250　官式做法翼角、翘飞椽椽头迎面示意

以上图片展示的是各地不同翼角做法的外形和细节做法。从外形风格上看，江浙一带建筑的翼角，翘起夸张，曲线灵动，显示出极强的人文及地域特色；而北方建筑的翼角，出檐深远，低调翘起，尽显庄重。从做法上看，江浙一带建筑翼角的做法受人文环境、气候因素等影响与北方做法有着明显的不同，笔者选择外形相近、做法交集点众多的山西等多地翼角做法来与官式翼角做法加以对比分析，以强化读者对官式翼角做法特征的认识。

通过以上图片的展示对比及前面所讲的官式建筑翼角的特征，我们能体会到尽管各地建筑的“飞檐翘角”风格各异，各有千秋，但殊途同归，都是在建筑物转角部位高高扬起，与正身部分相连而形成的檐口曲线随习俗做法或高或低。但仔细分析一下，它们之间在细节做法上有几处明显的不同。

一是官式建筑翼角角梁前端梁身叠压在挑檐、正心桁（檩）上，后尾与金桁（檩）相接，斜状安装。非官式建筑翼角角梁则不仅有斜状安装的，也有水平安装的，详见图 2-237、图 2-238。

二是官式建筑“飞檐翘角”的尺度是分解到老、仔角梁当中，由翼角椽、翘飞椽共同分担来完成翼角部分檐口曲线，而其他非官式建筑“飞檐翘角”的尺度仅是由老（大）角梁、翼角椽来完成，这在两种做法的翘飞椽与正身飞椽之间的长度、翘度对比中一目了然。官式做法的翘飞椽自身带有翘度，长度也比正身飞椽要长得多；而图 2-248 中所示做法的翘飞椽无翘度；因为是斜向安装，要乘以加斜系数，所以长度上只是比正身飞椽略加长了一些，这些都足以说明这两种做法的不同。详见图 2-241、图 2-242、图 2-244、图 2-246。

再一个不同就是官式翼角做法中的方形翼角椽和翘飞椽都要求椽两侧椽帮垂直地面，椽头迎面呈不同角度的规则菱形（图 2-249），而图 2-250 中所示做法的翘飞椽中则不然，椽头迎面与正身飞椽一样呈方或矩形，安装方法也与正身飞椽一样，基本与连檐垂直；还有在非官式做法的椽头截面（盘头）上，有与椽帮垂直也有与连檐平行的做法，而官式做法的椽头截面（盘头）都与椽帮垂直，这也是它们之间的区别之一。

以上几处不同就是官式翼角做法最大的特点，也是区别于其他做法的明显特征，我们在做官式建筑的翼角时，一定要掌握这几点，避免做成“四不像”。

以上作为案例分析的这些做法，各不相同，又各有千秋。像角梁，随举高安装的和水平安装的只要能满足翼角的翘起高度就可以，无所谓做法对与不对。当然，如果是明确了做法要求的必须按照要求去做，还要尊重当地的习惯做法。再比如翼角椽、翘飞椽如果不是明确要求采用官式做法，而当地习惯做法也不是官式做法就可以采用当地的做法，这样可以节省很大一部分人工和材料。

最后介绍一种翼角椽的铺钉方法，这是 2009 年笔者在宁夏施工时看到的旧有做法，这种做法简单易学，融汇了通俗的杠杆原理，显示出民间工匠们的智慧才能。前面介绍的几种翼角椽做法都是以后尾平面顺序安装来作为基础后续展开的，它的翘起全靠枕头木的衬垫；而宁夏的这种做法是翼角椽后尾没有采用平面顺序而是采用了高低顺序安装的方法，它的翘起完全靠椽尾的高低掌控，通过檐檩这个支点将檐口自正身逐渐向角梁翘起。详见图 2-251～图 2-255。

图 2-251　翼角椽后尾平面顺序安装

图 2-252　翼角椽后尾高低顺序安装

（a）

（b）

图 2-253　宁夏某翼角椽安装方法示意

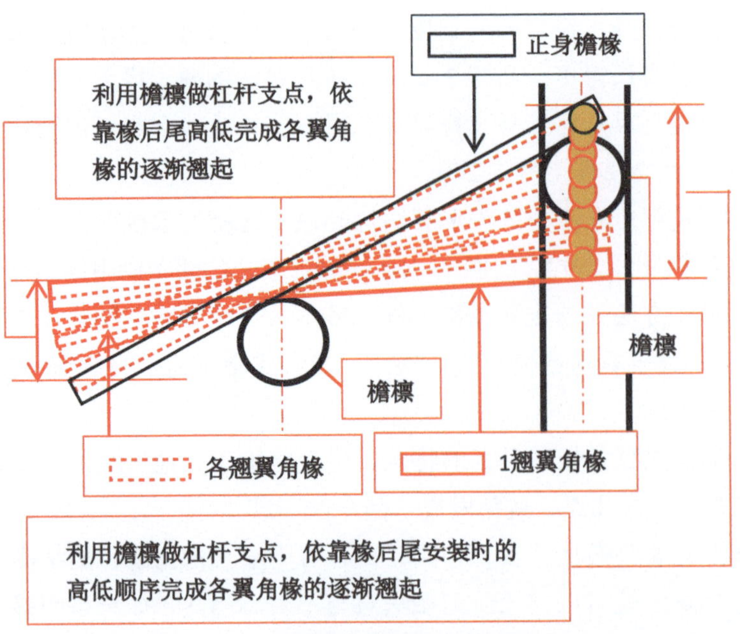

图 2-254　翼角椽后尾高低顺序安装示意

（a）　　　　　　　　（b）

图 2-255　某地翼角椽安装方法示意

注：本图由中国遗产研究院查群老师提供，特表感谢。

参考文献

[1] 李诫 . 营造法式 . 重庆：重庆出版社，2018.
[2] 陈明达 . 营造法式大木作制度研究 . 北京：文物出版社，2000.
[3] 姚承祖原著，张至刚增编，刘敦桢校阅 . 营造法原 . 北京：中国建筑工业出版社，1986.
[4] 王璞子 . 工程做法注释 . 北京：中国建筑工业出版社，1995.
[5] 梁思成 . 清式营造则例 . 北京：中国建筑工业出版社，2006.
[6] 中国科学院自然科学史研究所主编 . 中国古代建筑技术史 . 北京：科学出版社，2006.
[7] 马炳坚 . 中国古建筑木作营造技术 .2 版 . 北京：科学出版社，2018.
[8] 刘大可 . 中国古建筑瓦石营法 .2 版 . 北京：中国建筑工业出版社，2015.

编写后记

本书初稿写好后，交予马炳坚、刘大可二位老师审改，二位老师极其认真，逐字逐句推敲批改，不管是当面还是电话、网络指教，每次下来，我都愧疚自己的文稿耽误了二位老师宝贵的时间……虽说是愧疚，但文稿能得到他们的指教和认可更是一种大幸。

二位老师除了指出文稿中的一些谬误外，还提出一些图片应进行调整，删掉重复和多余的部分，细节再放大一些，让读者更直观易懂；结构上再增加一些内容，比如重檐建筑等。这使我记起几年前刘大可老师建议我顺应建筑潮流，在唐、宋建筑上下些功夫。老师们的这些肺腑之言我深以为然，但这五年来的伏案压力已经让我有了力不从心甚至是心力交瘁的感觉，第四册的完稿让我一下“踏实了！”感觉真好！如果按照两位老师的话去做，还要再下更大的功夫，再承受更大的压力，再回到以前……不敢去想。所以在这里也要向二位老师说声“对不起，让您失望了！”其实，除去这个原因，让我收笔的另一个原因就是我清楚地知道随着古建筑知识的普及及大量高层次、高学历人才的加入，还有高科技手段、方法的使用，我所掌握的这些知识在现阶段还能派上用场，但未来会有更好的后来者超越、替代，相信他们会给中国的传统建筑带来更大的活力，做出更大的贡献。

在这里还要特别感谢北京建筑工程研究院建设工程质量司法鉴定中心教授级高级工程师宋慧杰女士对本书极为认真的批改、指正，字字句句甚至标点符号都一一过目，费尽心血。

自 1974 年我进入到古建行当，至今已近五十年。这近五十年锛凿斧锯、摸爬滚打的经历让我充分体会到了古建工匠的不易，特别是靠老一辈匠师口传心授传承技艺的艰难。随着社会的不断进步，各种先进技术手段的使用及人们的文化水平大幅度提高，往日那些深藏不露、晦涩难懂的独门技艺一一被解读到书中及图纸上，让古建少了一些神秘感，也更贴近了大众。随着旅游产业的快速发展，新建的仿古建筑遍布全国；传统的文物建筑也在精心修葺，用来展示中华民族千年的文化历史及工匠技艺。但这其中不乏年代做法张冠李戴，更有细节照猫画虎不得其法甚至于将成百上千年的文物建筑修成了“四不像”，严重损害了这些建筑的文物价值。所有这些，就像我们现在看当年北京城墙、城门的拆除一样，痛在心里！鉴于此，我把自己近五十年所体会、掌握的木作知识、操作技能整理出来，用最浅显的语言、最直观的图片提供给广大读者，希望能对大家有所帮助，特别是对初学入门的同行们有所帮助，这也我的一点心愿，也是对社会的一点贡献！

古建是手艺行当，师徒相授，受旧传统旧意识影响较深。特别是 20 世纪 70 年代前，各门之间很少有技艺交流，“一个师傅一个传授”……这大大地限制了既美观合理又省工结实的做法的传承和统一。所以，今天的古建人一定要摈弃那种狭隘的观念，虚心体会、学习各门技艺的精华，博采众长，这样才能百尺竿头更进一步！

最后，就这本书包括前三册而言，许多细部做法及观点也只是一家之言，希望各位读者能有所收获。

2020 年 12 月 18 日